创造力、教育和社会发展译丛
丛书主编◎戴 耘 申继亮

创造力与全球知识经济

Creativity and the Global Knowledge Economy

（澳）Michael A. Peters　Simon Marginson　Peter Murphy◎主编
杨小洋◎译

华东师范大学出版社

Creativity and the Global Knowledge Economy
By Michael A. Peters, Simon Marginson, Peter Murphy
Copyright © 2009 Peter Lang Publishing Inc., New York
Published by arrangement with Peter Lang, Inc.
All rights reserved.

上海市版权局著作权合同登记　图字:09-2012-215号

创造力、教育和社会发展译丛

主编

  戴耘,纽约州立大学—奥尔伯尼,华东师范大学

  申继亮,北京师范大学

丛书顾问委员会

  James Kaufman,加利福尼亚州立大学,美国

  Xiaodong Lin,Columbia University,哥伦比亚大学,美国

  Jonathan Plucker,印第安纳大学,美国

  Mark Runco,乔治亚大学,美国

  Dean Keith Simonton,加利福尼亚大学—戴维斯,美国

  Keith Sawyer,华盛顿大学—圣路易斯,美国

  Larisa Shavinina,魁北克大学,加拿大

  Heidrun Stoeger,瑞钦斯堡大学(Regensburg),德国

  Ai Girl Tan,国立教育学院,新加坡

  Wilma Vialle,沃龙岗大学(Wolongong),澳大利亚

  Yong Zhao,俄勒冈大学,美国

  Albert Ziegler,厄尔姆大学(Ulm),德国

  丁钢,华东师范大学

  董奇,北京师范大学

  方平,首都师范大学

  胡卫平,陕西师范大学

  林崇德,北京师范大学

  彭凯平,清华大学

  任友群,华东师范大学

  施建农,中国科学院心理研究所

  周永迪,华东师范大学

  张文新,山东师范大学

关于《创造力与全球知识经济》的好评

《创造力与全球知识经济》是一本关于知识综合化（intellectual synthesis）的重要书籍，它为全面探讨知识如何显著影响当代社会经济发展提供了十分独到的见解。本书作者重点探讨了在所谓的后工业化社会中，知识的角色是如何变化的。同时，他们也对知识经济的定义进行了批判性思考。本书对该领域过去的发展历程进行了全面回顾，同时为我们展现了一幅令人激动的未来发展路线图。

Bill Cope，伊利诺伊大学香槟分校教育学院教育政策研究系研究讲座教授

本书见解深刻，可读性强，提出了教育家在 21 世纪将迫切需要解决的重要问题。Peters、Marginson 和 Murphy 对当前全球知识资本主义大背景下的经济、政治及知识变革进行了敏锐的分析和深刻的探讨。他们强调创造力、想象力和教育对于当前不断发展的知识社会的重要性。在风云多变的当今时代，像本书这样严谨而深入的分析是人们迫切需要的。《创造力与全球知识经济》在回顾过去的同时也展望了未来。由于本书对知识领域的卓越贡献，我愿意向更多的人推荐。

Peter Roberts，新西兰坎特伯雷大学教育学教授

本书体现了一流的社会科学研究水平。一般情况下，预言家与喜欢质疑的批评家之间总是存在着巨大的分歧，而那些喜欢发明新概念来描述经济社会与文化变革的社会学家同样也总是受到另一派学者的批评，后者认为流行概念的创造者大多数缺乏严谨的科学态度，而且总是曲高和寡。本书则超越了这一争论的局限，书中对于"全球知识经济"的阐述不仅脚踏实地，同时也指出这一概念仍需进一步分析和情境化。Peters、Marginson 和 Murphy 对于奥地利经济学派的思想、后工业化时代的社会学、管理学、高等教育学、创造力以及 Web 2.0 均有深入研究，他们在书中提供了大量关于"全球知识经济"的观点、材料及研究结果，同时，他们提出了一系列对于新经济具有推动力量的关键概念，

如"全球知识工人"(global knowledge worker)、"学术型团队创业"(academic entrepreneur)、"留学生"(sojourning student)、"创造性世界主义者"(creative cosmopolitans)等。

Eduardo de la Fuente,莫纳什大学通讯与媒体研究所

随着全球化知识经济的不断发展,相关理论与应用层面的新想法不断涌现,数不胜数。而《创造力与全球知识经济》一书对这些呈爆炸式增长的新思想进行了深入而富有创见的梳理与探讨。本书作者认为,知识经济在当今科技发展的新时代具有令人激动的广阔前景,而且可以为每个人的自我实现提供无限的发展机遇。同时本书还对科研机构之间那种过时的门户之见以及企业中自上而下的陈旧组织模式提出了质疑,认为这些观念和做法不仅不能培养创造型企业,而且还会阻碍其发展。在一个思想为王的世界中,知识的开放性、共享性和几乎无代价的可获取性,将打破稀缺资源的消耗对人类经济发展模式的束缚,从而促进人类的持续发展。书中所提出的广泛流通与严谨反思的思想,将指导我们更好地去理解与建设一个后工业化时代的世界。

Edward A. Kolodziej,伊利诺伊大学香槟分校全球化研究中心主任

本书作为该系列的第一部著作,成功地将教育、政治经济学、艺术与工程等多方面的研究融合在一起。作者认为目前"知识经济"已经进入到了一个新的发展阶段,即"创造力经济"阶段。书中提出,发明与创新的能力已经日益成为商业与社会优先发展的策略之一。什么是创造力?它从哪里来?对于个人和生产型组织来说,如何培养创造力?作者认为这些问题在当前全球化的竞争环境中是首先必须解决的问题。

但是,单就个人才能的层面来讲,在不同的教育与工作情境中自觉地计划、训练与管理创造力也可能会引发一系列的问题,对此本书作者也做了详尽的阐述,毕竟创造力是多元且不遵循常规的。个人和学习型组织如何解决这些矛盾与问题,决定了他们在未来将具有什么样的竞争优势。

Nicholas C. Burbules,伊利诺伊大学

Michael A. Peters、Simon Marginson 和 Peter Murphy 对新自由主义知识经济观进行了解构。在这一过程中,他们分析了大量与知识、经济发展以及广泛的社会管理有关的学术论文,进而对如何更有创造性地进行知识生产和传播提出了建议,这将十分有助于大学在整个社会发展进程中更好地传承知识与文明。

Bob Lingard,昆士兰大学教育学院

总序

戴 耘

引言

创造力是一个世界性话题,各个国家已经意识到,国家竞争力的本质是创造力的竞争,缺乏创造力的国家,只能花钱消费别人的创造,只能处于生产链的最低端,只能靠廉价劳动力、廉价产品、巨大环境成本和能源消耗去赢得竞争力。创造力成为显学,还因为当今的经济已经从过去的规模生产经济转型为智力资本,更直接地转化为市场价值的知识经济。就中国而言,过去 30 多年改革开放在经济、技术、文化上取得了巨大的成就,但是如何提高经济发展中创造力贡献的比重(比如科研成果、核心技术、文化产品、品牌、专利、知识产权在 GDP 中的份额)是中国后 30 年的巨大挑战。在当今世界,创造力是国家的核心竞争力,也是国家软实力的核心所在。一个国家是否有活力,是在上升,还是在衰退,创造力的勃兴或衰退是关键,无论是对中国历史的纵向考察,还是对中国和其他国家的横向比较,都可以得出同样的结论。缺乏核心技术(如尖端发动机技术)和与之相关的研发能力,乃至某种民族的社会和文化自我更新的想象力,已经成为中国可持续发展的瓶颈。从当年的"现代科学为什么没有在中国出现"这个"李约瑟问题"到近年流行的"中国为什么鲜有科学大家出现"的"钱学森之问",都体现了某种对体制和文化短板的焦虑和忧患。中国的社会和经济发展越来越有赖于社会各个领域的创新人才,用头脑创造财富,这是一个共识,但是如何提高一个社会的创造能力,尤其是如何在基础教育和高等教育中有意识地从课程到教学,从学校建制到社会环境,营造有利于创造力的培养、发挥,以及创造人才的成长的教育和社会环境是本丛书的着眼点。

译介"创造力、教育和社会发展译丛",目的是为中国的教育研究者、工作者提供一个切入途径和参照系。面对创造力这一极其复杂的课题,许多中国的研究者面临理论和方法的困惑。应系统地认识创造力的本质和社会、教育的关系,以及个体在创造力发展和发挥上的作用。如何在教育这一环节对年轻一代的创造潜能进行有意识的培养,是各个国家提高国家核心竞争力的着眼点。但是,理解人的创造力,必须建立在发展心理学、社会心理学、人格心理学、认知心理学、教育心理学、智力理论、人才理论、成就动机理论等坚实的心理科学基础之上。国外在这方面已经积累了大量成果。系统地介绍这方面的研究著述,有助于中国的研究工作在更高的台阶上起步。其次,国外在创造力培养教育方面已经积累了一定经验,这些经验对中国教育有直接和间接的借鉴意义。

把促进创造力的教育纳入社会的大背景来考量有现实意义。今天的学校教育体系是工业革命的产物,这种体制满足了当时大量未成年人对获得阅读写作等基本知识技能的需求。虽然今天的学校仍然担负着这样的责任,但它能否满足当今世界的经济和社会发展对教育的要求,这已经成为社会极其关注的问题。比如以美国的龙头企业和全国教育协会为核心的"21世纪技能合作组织"(2008)明确把批判思维和创造性思维能力作为教育的目标。传统的教育理念和教育体制,在新的社会需求面前,变得越来越力不从心。同时,随着网络技术和电脑为主体的教育技术(如课程软件)的蓬勃发展,知识和技能的学习不再局限于学校,符合个人特长、兴趣和意图的个性化学习已经逐渐成为世界主流(Collins & Halverson, 2009)。个体创造潜能的发展恰恰在这种教育格局的变化中获得了前所未有的机会(Craft, 2010;见本译丛之《创造力与教育的未来》)。在世界范围内,延续了一百多年的传统学校模式,包括课程设置、课时结构、教学方式、评价模式都在面临转型(见世界经合组织"教育研究和创新中心"的报告;CERI/OECD, 2008)。积极探索新的、更加灵活多样的办学模式,是更能发挥人的创造潜能的培养学生的方式,得到了像比尔盖茨基金会、卡耐基基金会这样的具有风向标作用的机构的支持。教育与创造力关系的研究在这样的大背景下,就显得极其重要。中国的教育体制是否面临转型的挑战,国外在这方面有哪些探索,有必要深入地了解。

从社会的角度观察教育和创造力对中国还有另一层意义。在谈到培养创造力时,从教育决策层到基层教师,常常把它看成是一个技术问题,如课程、教学如何改进,如何选拔"拔尖创新人才"。但是,如果不从价值观上认同人的个性自由、独立思考,认可对权威的怀疑和挑战,尊重包容"离经叛道"的思想,允许尝试和"犯错误",那么,培养创造力就无从谈起。因此,创造力的解放首先是精神的自由和解放。教育原本应该引领社会(Dewey,1930),现在中国的教育更多的是受制于社会本身的诸多问题(钟启泉,吴国平,2007)。同样,欧美发达国家也正在更高的社会和国家战略层面上反思教育(CERI/OECD,2008;Estrin,2009)。我们希望在丛书中能够找到对教育在社会中定位的启示。中国的政治、经济社会的后30年怎么走,是一个战略问题。如果"创新"是中国的唯一出路,那么,大量的政策资讯、咨询需要以社会与创造力的关系研究为基础。本丛书希望介绍这方面的最新信息。

本丛书选择在国外有影响但尚未介绍到中国的有关创造力的研究著作。这些著述在微观或宏观上揭示教育、创造力和社会发展的各种关系,对创造力在中国教育和社会发展中的地位、作用的认识,和对中国的有关研究,都有启发意义。这些著述的重点包括:(A)创造力的本源与个体发展;(B)儿童青少年的教育培养与创造力形成的关系;(C)创造力形成的社会和个体机制;(D)个体创造活动和社会发展、社会活力的关系,及创新社会与个体价值实现的关系;(E)信息知识社会的人才构成和创新机制;(F)创造的经济学与社会价值;等等。

为了让读者对这个课题有一个总体上的了解。本文在下面几个方面作一个简要描述:(1)创造力研究的历史、现状和走向;(2)教育如何促进创造力的发展;(3)创造力与社会的关系;(4)创造力研究在政策和实践指导方面的初步展望。希望通过这一概述,对读者有一定的"导读"作用,使读者在阅读具体章节或接触具体理论观点时能有一个参照框架。

创造力的心理学研究的历史、现状与走向

虽然创造力已经是家喻户晓的日常词语,而且我们很容易在生活中辨别有创意和没创意的理念、产品、表现,但是对创造力的研究,从定义、理论到方法依然存在很大的不确定性。我们能够为具有创造性的产品和成果作一个相对明晰的定义,如新颖性和有用性(价值),但是如何解释产生这些成果的过程,并将理论成果应用于教育实践,是研究的难点。其一,创造性产品可能有偶然发现的机遇作用(serendipity)。研究人的专长心理学家艾里克森(Ericsson,2006)把在实验室环境中的"可复制性"(reproducibility)作为判断一个人的卓越表现的可靠依据。创造力如果具有偶然性,就难以在可控条件下重复。其二,是创造力的多样性。科学的创造力和艺术的创造力性质不同,科学的发现过程与技术的发明也有明显的差异。甚至同一领域,多样性也是显见的,比如古

典音乐的严整形式与爵士乐的即兴随意,实地作业的生物学家与实验室里的分子生物学家考虑的是不同层次的问题。这种复杂性和多样性,是创造力研究面临领域具体性和领域一般性的问题(Sternberg, Grigorenko, & Singer, 2004)。其三,是创造力评价的主观性。什么是"新颖的",争议较小,但什么是"有价值的",可能见仁见智,而且对创造力表现和产品的认可,本身是一个社会过程,往往经历从拒绝到逐渐接受乃至大受欢迎的过程。科学技术创造的"有用性"还是有客观标准可循,艺术的创造则和受众趣味的变化有关。这种"以成败论英雄"的评价尺度,也使创造力研究缺少某种客观依据。

上述的困难都和创造力研究本身缺乏清晰的概念分辨有关。西方创造力研究关注的是三个P(person, process, product;人,过程,产品)。而研究的思路是从产品的重要性和影响力,来推导创造过程的独特性和创造者的独特性。比如大家公认爱因斯坦相对论是20世纪最伟大的发现(产品),从而推论追寻爱因斯坦的思路一定能发现创造过程的某种秘诀(过程),或者爱因斯坦一定有超凡的头脑(人),乃至他的大脑构造与众不同(Diamond, Scheibel, Murphy, & Harvey, 1985)。在爱因斯坦这个案例上,这个推论可能是有效的。但在很多其他案例中,从结果的重要性推导出过程的独特性,乃至人的超凡绝俗,会产生许多谬误,因为三者之间关系成正比的预设可能是错误的。契克斯米哈依(Csikszentmihalyi, 1996)把对某个领域具有重大创造性贡献的成果称为大写的创造力(Creativity),而日常生活中的创造力则是小写的创造力(creativity)。这同样是以结果的影响力论创造力。如果用过程来定义创造力,那么很难说一个中学生对某个问题的独特直觉所展示的创意,就一定比一个成熟的专家对这个问题的新学说所表现的创意小。同理,过程与人本身的特质也未必是对应的关系。期待一个有创造特质的人能源源不断地产生新的创造性思考,也必然高估了创造力的持久性。更有可能的是,创造力的发展呈现出起伏性,而且和任务性质、任务环境密不可分,与天时、地利、人和有关(Renzulli, 1986)。从这样的观点看,把创造力看成是完全内源性生成(endogenous)的3P观点反映了历史上的理论偏颇。这一点在本丛书中索耶(Sawyer, 2012,《创造性:人类创新的科学》)的书中有详细论述。尽管在研究中只看3P中的一项都有缺陷,但研究需要一个逻辑起点。历史上,这个出发点可以追溯到基尔福德(Guilford, 1950)。

创造力的心理测量和人格研究传统

美国的20世纪史延续着一条技术主义的脉络,心理测量传统是这一脉络在心理学领域的分支。从斯坦福大学教授推孟(Lewis Terman)20世纪初将法国人比奈和赛蒙的智商测试引进美国后，对人类能力结构的揣摩和测量的努力一直没有停止过。选拔人才的实用需要（如二次大战期间飞行员的选拔）推动了这一发展。基尔福德在1950年作为美国心理学会主席第一次将创造力研究提到议事日程，并且根据他的智力结构理论把发散思维作为创造思维的最重要特征，标志了一个新时期：把创造力视为与智商同样重要的个体差异的重要维度。在这一心理测量传统中，托伦斯创造思维测试（Torrance Test of Creative Thinking, TTCT; Torrance, 1966）应用最为广泛，而且延续至今。这类测量工具主要用某些日常用具或图案作为刺激物，看儿童能否枚举尽可能多的、不同种类的或有新意的可能用途，所以理论上测试的是发散思维的能力。虽然创造力的心理测量传统把发散思维等同于创造力并视其为个人稳定的资质，但当时并非所有人都信服这一诠释。加州大学柏克莱校区的麦基能教授开辟了另一研究创造力的途径。他认为要研究创造力，就必须研究已经具有创造性贡献的成人，而不是未经证明的孩子。他的主要方法是访谈，以及大量的生平资料的收集。他对创造性人才的特征的许多描述后来被不断证实，如对经验的开放性，不抑制自己的想象和冲动，偏好复杂和含混的事物和现象等等（MacKinnon, 1962）。

虽然心理测量运用的是通则性方法（nomothetic），而访谈和传记方法用的是个别性方法（idiographic，见丛书之一的拙著；Dai, 2010），两者都从认知和人格的个体差异和特质（trait）的角度理解创造力。这一传统为我们提供了大量关于怎样的人更具有创造力素质，以及创造力的来源的线索，比如创造性人格更加坚持自我，更愿意独辟蹊径，更富有游戏感（playfulness），更喜欢冒险（Ciskszentmihalyi, 1996），等等。这些品质显然使他们比常人更愿意尝试新的理念、方法、手段。但是人格特质描述法停留于静态特征描述，不足以解释创造力，作为预测变量也缺乏准确性（测量误差）。其次，这一方法带有还原论色彩，把创造力这样的复杂现象还原为简单因素，理论上相对粗糙，确认了创造力的某些内源因素，但这些内源因素如何与外源环境因素互动而产生创造力，缺乏完整的解释。另外，心理测量方法还隐含了创造力存在于少数人身上的预设。现在学界的观点是创造是人的基本共性，每个人都或多或少具备创造能力（见Richards, 2009）。从对"创造者"的研究转向对"创造过程"的研究，主要是从认知革命开始的。

创造力研究的认知传统

对创造力的认知过程研究应该追溯到格式塔心理学对解决问题中的"顿悟"

(insight；见 Köhler，1947）以及学习迁移（transfer）和生产性思维（productive thinking）的研究（Wertheimer，1982）。另外，英国早期社会学家、心理学家华莱士的《思维的艺术》（Wallas，1926）一书提出的创造四阶段理论影响深远，在以后的问题解决理论中依然能看到它的影子。皮亚杰的认知发展理论，试图从发展心理学角度解决康德的"知识如何可能"的问题，他的知识发生的建构主义理论，本质上是一种创造发生学理论。在美国，早期的杜威对思维活动的论述，如《我们如何思考》（Dewey，1910）对思维活动如何摆脱日常惯性和心理陋习而深入事物本质提出了许多独到见解。20世纪中叶的信息论、控制论、系统论，以及电脑的研发，对人的记忆功能的研究，开启了认知革命，正式告别了行为主义时代。心理学的认知革命推动了从70年代到90年代对创造力的认知过程和动机过程的研究。其中，有以实验方法为主，对一般创造认知（creative cognition）过程的研究（如 Finke，Ward，& Smith，1992），和对环境与动机对创造表现的影响的研究（Amabile，1983）。也有以案例研究为主，着重探讨杰出的科学发现或艺术表现的认知过程（如 Weisberg，1999，2006），或实地研究艺术学院学生、艺术家的创作过程（Getzel & Csikszentmihalyi，1976）。

创造力研究的认知传统今天依然是创造心理学最富有成果的力量。其成果表现在它对创造力的过程及其内源和外源影响的洞悉，如认知的变异与选择（variation and selection；Simonton，1999），视觉空间思维（Miller，1996），隐喻和类比思维（Holyoak & Thagard，1995），问题发现和解决（Klahr & Simon，1999），优化挑战和内在动机（Csikszentmihalyi，1990），社会条件对创造意念的激发或抑制作用（Amabile，1983），框范效应，思维定势和认知重构（Ohlsson，2011），等等。和认知革命的初衷相吻合，创造力的研究也试图打开大脑的"黑匣子"，了解创造的心理过程，这一研究的本质是创造过程的非神秘化。由于创造过程的研究注重一般过程，对创造主体人的作用相对忽视，也使许多心理学者，从早先的诺贝尔经济奖得主赛蒙（Simon，1989）到后来的韦斯特（Weisberg，2006），得出了创造力就是日常的解决问题的能力的结论。也就是说，创造者依靠知识的积累，依靠前人的工作，依靠解决日常问题相似的方法，所以"创造力并无神奇之处"。

这个结论把我们带回先前对创造产品和创造过程是否等价和对应的问题。赛蒙还与同事研制出计算机模拟程序能复制和演绎出历史上重大科学发现，用以说明科学发现有据可循，并不神秘（Langley，Simon，Bradshaw，& Zytkow，1987）。这一观点遭到诸如契克斯米哈依（Csikszentmihalyi，1996）和塞孟顿（Simonton，1999）等一些学者的反对,认为计算机依靠给定的数据和规则演绎的科学"发现"与人通过问题发现、界定和归纳推理得出的发现有质的不同。撇开这些具体争议,认知科学具有明显的机械论色彩,注重创造的内源性、可计算性、技术化,这一倾向受到创造力系统理论的批判。按照创造力的系统理论(Csikszentmihalyi, 1999),个体不仅与文化领域(domain)互动,而且和代表特定文化领域的社会组织建构互动,由此产生感知和思维的新质,并最终通过产品为社会接受,在这个过程中,"生产者与接受者的互动"(Csikszentmihalyi, 1999)是创造的不可或缺的环节。而把创造性现象视为具有自足性的内部过程,完全忽略了这个社会文化过程。

创造力的社会生成:创造力研究的新动向

创造力研究的最新动向是跳出3P的内源取向,而关注创造过程的另两个长期被忽视的维度——内容和背景(2C, content and context),这一取向与整个心理学界转向情境认知(situated cognition)和分布智力(distributed intelligence)的理论有关,强调思维新质的社会情境生成或突现性(emergence),例如通过实践活动中思想碰撞产生的新质(Sawyer, 2012;本丛书之一)。量子力学科学家海森堡关于"科学从根本上植根于对话之中",印证了思维内容及其社会背景的重要性。从这个角度,科学不是孤立的实验室劳作,而是一种存在于一个特殊人群之间的独特的话语形态,表征对某类现象的独特思维方式,科学发现源于这种对话。也因为这种信念,研究者不再满足于从事可控实验,提取重要变量,而是投身于实地考察,利用民族志(ethnography)或"活体"研究方法,对科学团队的研究活动或艺术工作室进行实地跟踪(Dunbar, 1997),并用"话语分析"(Sawyer, 2006)理解一个创意从萌芽到成熟的真实过程。其中索耶的观点尤其值得关注。索耶在芝加哥大学读博时师从契克斯米哈依,所以他沿袭了系统论观点不足为奇。但索耶更进一步提出,创造的源头不是意念,而是行动,即人的实践活动是产生创造力的源泉。这个观点和过去注重创造意念如何发生的着眼点完全不同。杜威在论述思维活动的动力特征时也强调实践驱动的意义(Dewey, 1910/1997),但索耶的创造力理论和研究(如他对爵士乐创作,对硅谷科学家的科学技术发明的研究),对过去的研究具有明显的突破。同类的研究还有佩奇(Page, 2007)对人群的认知多样性与创造力关系的研究,都突出了创造力的群体动力学(group dynamic)特征。

创造力的个体生成:一种整合的发展观

强调创造力的社会生成突出了个体间差异性、多样性和冲突、合作、竞争所带来的动力,但另一方面客观上对内源性因素,如上面分别论述的认知和动机过程,或创造者个体的特质,有所忽略。社会层次的研究结论不能否定个体层次的研究结论。在一个领域中,还是能很清晰地发现创造性贡献的大小,而且任何领域,小部分人作出大部分贡献不是例外,而是基本规律(Simonton,2008)。即使是在集体创造力的研究中,也不难发现个体贡献的差异,以及个体的个人特质对集体的具体贡献。因此,研究内源性创造力依然是不可回避的任务。如何让内源性研究和外源性影响有机地结合呢?笔者认为只有从个体的发生发展史中才能求得所需的整合。

和研究静态特质不同,个体发展观注重的是个体与环境的互动特征,如兴趣的发展,知识的个人化构建,个体对某些问题的执著思考,等等。和简单研究认知和动机过程不同,发展观强调认知和动机的情境性、发展性。这样,创造力的解释便不再局限于某些静态的个人特质或者某种特殊的心理过程,而是着眼于发展中的个体的认知、情感、价值和性向的整合所产生的思维新质(Perkins,1995;Shavinina,2009)。在这方面,费尔德曼(Feldman,1994)提出的"非普遍性发展"(non-universal development)极富启发性,即人不仅像皮亚杰所论述的那样,建构人类共通的认知结构;人还通过自身的个体和文化经验建构独特的知识结构和世界观,创造性即是从这种差异发展中产生的新质。笔者受这一思想影响,对这一过程有具体探讨(Dai,2010;丛书之一;Dai & Renzulli,2008)。

现状和走向

21世纪以来,创造力研究呈现更大细分化倾向,包括对创造力的不同程度(Sternberg,1999)、不同类别(Kaufman & Beghetto,2009)、不同领域(Sternberg et al.,2004;Meheus & Nickles,2009;Turner,2006)进行更深入的研究。随着核磁共振等脑科学研究技术的日益普及,对创造力的脑机制研究也方兴未艾(Heilman,2005)。细分化也造成零散化的弊端,所以也有创造力学者化繁入简,追求更朴素、更本质的创造力理论。Runco(2010;见丛书之一《培养学生的创造力》有关章节)的观点,就是在3P(人,过程,产品)的框架中,从注重社会文化和认知过程的创造力理论,回归到注重人的创造力概念。Sternberg也应和这种呼吁,他把创造归结为个体的决定,突出了求异倾向和冒险精神的作用(Sternberg,2012)。Root-Bernstein则将创造力归结为人对13种体验、观察、思维工具的掌握和运用(Root-Berntein & Root-Bernstein, 1999),同样是一种返璞归真的追求。与这一追求创造力共性的趋势相应的是摒弃对"大写"的创造力(具有重大影响的产品和结果)的一味膜拜,而把更多注意力投向"小写"的日常创造力(注重个体的能动性;Richards,2009)。因为对人类的杰出贡献始于个人化知识和个人创造力(Polanyi,1958)。总之,创造力研究的走向,一方面呈现多元态势、不同理论共存的格局,另一方面表现为追求共性的努力。显然,注重人的创造潜力的发展,而不是期待重大发明发现,是基础教育更为根本的任务。如何针对青少年成长特点,如何在学习中启发创意思维,培养创新倾向,是教育的基本着眼点(Dai & Shen,2008)。

培养创造力的教育探索:策略和问题

如何在教育中培育乃至训练创造思维、创造倾向,无论在欧美发达国家,还是在像中国、印度这样的走向发达的国家,都有不少的理论和实践探索(见 Dai & Shen,2008)。总结起来,心理学研究至少提供了三种思路:

第一种培养创造潜力的思路是在教学中注重一些与创造力相关的思维方式和行为倾向。从发散思维到批判思维,从思想实验到实地考察,培养的是一些好的思维习惯。所以这种思路重视的是"思维课程",培养的是思维品质和思维习惯,其中包括"非智力"因素,如批判意识、冒险精神等。倡导这一思路的代表人物有托伦斯(Torrance,1963),斯腾伯格(Sternberg,2012),润克(Runco,2010)等,我们可以把它称为"托伦斯模式"。

第二种思路是在课程设置和教学上为学生创造空间,鼓励他们根据自己的特长和兴趣对现实、知识和意义进行独特的建构。其最终目的是希望从个体知识结构兴趣点的发展独特性中产生思维内容的新质。这种通过差异化发展增强创造潜力的思路的代表人物有费尔德曼(Feldman,1994),谢维尼纳(Shavinina,2009),帕金斯(Perkins,1995)等,我们可以称之为"费尔德曼模式"。

第三种思路是通过参与特定领域(艺术、科学、商业、技术等)共同体的创造实践活动,培养与之相关的习惯、性向、知识,从而形成专长,并跃升到创造新的理念、方法和产品的新水平。这一思路更注重真实情境和实际作业对创造力培养的重要性,并且更强调创造力的领域具体性,也就是说创造力受制于具体领域的实践模式和思维模式,不能指望人的创造力能迁移到不同领域。这一思路的代表人物是索耶(Sawyer,2012),基依(Gee,2007),魏斯伯格(Weisberg,2006),所以我们可以把它称为"索耶模式"。把这些模式放到教育背景中,我们就能看到在哪些层面上教育需要适应这样一些创造力发展模式。

除了心理学研究和理论的支持,在教育背景下大致可以分为三个相关联的基本问题:教育理念、教育体制、教学方法。教育理念是文化和教育目标问题,教育体制是社会建制包括学校建制(如课程)问题,教学方法则是如何组织、支持学生的学习,教师如何与学生互动的问题。本节介绍在西方尤其是美国的几种主要教育策略,并讨论这些策略如何应和上述三种模式,以及它们在贯彻实践中可能遇到的教育体制和教学方法的问题。

教育理念的理想与现实

托伦斯在他 1963 年出版的《教育与创造潜能》一书中比较了两种学习模式:一种他称为"创造性的学习和思考",另一种是"依赖权威的学习":

> 当一个孩子在提问,在寻找,在操纵,在实验,甚至在毫无目的地把玩,我们说这孩子在创造性地学习;简言之,孩子在试图弄清真相。创造性学习和思考发生在感知到困难、问题、信息的缺口的过程中;发生在对这个缺失作出猜想或设想出假说的过程中;发生在测试这些猜想和可能修改和在测试这些猜想并最后传达测试结果的过程中……当我们被告知我们该学什么,当我们因为话出自权威之口而言听计从时,我们是依赖权威进行学习。(Torrance,1963,p.47)

托伦斯的这番言论,上承杜威的思想,下有整个建构主义理论思潮的依托,体现了一脉相承的西方教育思想。在相当程度上,创造性学习和研究式学习、研究性学习、项目式学习具有直接文化血缘关系(Aulls & Shore, 2008)。但是,即使在美国,类似中国的双基(基础知识、基础技能)的教育目标,依然是教育重点。当今学校教育模式源于流水线加工模式,和工厂一样以"绩效"为衡量学校业绩的标准。布什执政期间"不让一个孩子掉队"的法案强化了学校的这一功能,同时对托伦斯所倡导的创造性学习是沉重打击,因为托伦斯(Torrance,1972)强调根据创造性学习的理念,学校教育应该超越教科书、课堂、课程的限制,让学习更开发,摆脱学校设置的"条条框框"(各种划一的标准),与个人、与现实有更密切联系,而布什的法案,以3—8年级每年的全员统测,把学生重新放回到"条条框框"里去了。作为结果,教师也更多用托伦斯所称的"依赖权威的学习方式",更多采用学生被动吸纳知识的方式,以达到更好的"绩效"——学生的考试成绩。其隐患则是对知识兴趣的降低,学习迁移的缺失,解决问题的实际能力的缺失,以及学生本身的理解力、批判力、想象力、创造力没有得到充分的施展和开发。可以说,各种培养创造力的探索,正是在学校的传统架构和现实语境下进行的。

多种着眼于创造力培养的教育策略

面对传统的教育体制,尤其是越来越多的自上而下的绩效、问责、标准化的趋势,北美教育工作者和研究者至少在探讨五种策略:(1)建立知识建构创造的学习共同体;(2)围绕解决真实问题的学习;(3)学科知识的拓展和专业化;(4)在互联网环境下学习方式的根本改变;(5)英才教育对少部分特别优秀学生的重点培养。这五种策略多少都回应了上述培养创造力的三种模式。每一种策略都体现特定的教育理念、教学方法的相应变化,以及对现行教育体制和资源限制的突破。

1. 建立知识建构创造的学习共同体。这一策略的目标是通过课堂不断深入的讨论,探究获得对具体知识理念的深入理解。其理论预设可以用布鲁纳的思想来概括,即我们学习的知识都是一些前人创造的理解世界的假想模型(Bruner,1986);学习本身实质是"再创造"、"再建构"的过程。如果是这样,教师的职能就从教授知识转为启发思维方式。最著名的教学模式有布朗的"促进学习共同体"(Fostering Communities of Learning;Brown,1997),以及斯卡德梅利亚和布莱特的"知识建构"(Knowledge Building)和"创造性知识工作"(creative knowledge work)的教学模式(Scardamalia & Bereiter,2006;Zhang,2012)。这些模式都注重学生互动,以及把学生的知识和思维的外显表征(representations)作为深入探讨的契机。其中,后者更注重技术平台的支持,如利用叫做"知识论坛"(Knowledge Forum)的技术平台,为学生勾勒建构知识和提升理解的轨迹,促进学生对自己学习的元认知意识(Zhang,2012)。学习共同体的平台可以是课堂,也可以是研讨会,如美国科技高中联盟学生的研究年会,甚至网络讨论会(webinar)。学习共同体的建设,本质上是对学习模式的建立,也就是托伦斯模式所倡导的,学习是主动思考、探索、解惑的过程,而不是被动吸纳的过程。在这样的过程中,学习活动成为"再创造"、"再探讨"的思维过程,得到磨练和开拓的,是如何思考,如何举一反三,如何拓展新思路的能力。

2. 围绕解决真实问题的学习。 与第一类以"话语方式"为主的学习不同,第二类学习以解决问题的"行动"为主要学习方式(Dai,2012)。这一策略的目标是在解决问题的实践应用中建构知识,提高技能,培养创造能力和倾向。其理论预设是只有在应用的经验中知识的目的、用途、方法才能被掌握,从而增强了在今后继续拓展知识,灵活地应用知识的倾向(即学习的迁移)。比较著名的课程模式有"头脑历险"(Odyssey of the Mind)、"全校范围丰富课程"(Reznulli & Reis,1997)和"未来问题解决"大赛(Future Problem Solving;http://www.fpspi.org),适用于从小学到高中的所有年龄学生。在高中阶段,这一模式则集中体现在基于项目的学习(project-based learning; Krajcik & Blumenfeld,2006),其特点是强调研究课题、探究方法和结果的真实性(比如向社区利益相关者汇报结果),这种真实性要求使得大部分项目呈现跨学科特点,而且许多学习内容可能超出标准课程范围,如"未来问题解决"大赛2012—2013年度的课题是"名人文化"、"机器人时代"、"超级城市"、"海洋粥"。有些项目学习作为课程之外的课程存在,有些则是用校际比赛、课余活动和兴趣俱乐部(clubs)的方式。这类活动更符合"索耶模式",虽然也强调思维技能、思维习惯的培养,但更重视真实情境和知识的实践性、工具性意义,即知识的用途,更强调货真价实的知识,是能够被转化为能力的知识。它是对传统课程"去情境化"的一种反驳。

3. 对学科知识的拓展和专业化。 这一学习方式主要在高中阶段,使部分高中生有机会对知识进行拓展和深入,使部分学生有机会走向知识的前沿,以便尽早进入知识开拓者的行列。具体做法有选修高级课程(如先修课程,AP classes),自选课题独立研究,跟随大学教授进行研究工作,撰写研究论文,从事影视创作,创办公司,等等。比较著名的计划有全美科技高中联盟的学生研究项目,英特尔科学人才搜索计划(Intel Science Talent Search),各种主要为高中生设置的"青少年学者"项目(Young Scholars Program)等(具体参见戴和蔡,2013)。一般而言,没有大学、企业、社区、基金会资源的支持,这类活动很难展开。所以像拥有上百所学校的"全美科技高中联盟"(NCSSSMST),单单加盟的大学就有50多所(其中包括许多一流大学)。这类活动虽然也强调真实情境,但属于更具有专业性,更符合个人特长和兴趣的知识和技能拓展,所以更符合"费尔德曼模式"。这类活动大大弥补了刻板划一的学校课程,使有特长的学生能够开阔眼界,了解知识技术的前沿,并且发现自己,坚定志向,使人才能够脱颖而出。

4. 灵活多样的英才教育体系。 上述第三类学习实质上可以归为英才教育(gifted education),但英才教育并不局限于某一种课程设置或教学方法,而在于是否对少数特别优秀的学生有特殊的教学支持。英才教育的主要动力是一个国家的繁荣富强,很大程度取决于人口中最优秀的少数(大致是 5% 的人口;见 Rindermann, Sailer, & Thompson; 2009)。研究还发现,在任何一个领域,大部分的贡献都是少部分人作出的(Simonton, 1999)。美国英才教育主要是通过灵活的课程和教学区分化手段,因材施教地让才学卓著的学生能够按照自己的进度、方式接触更广、更深、更前沿的内容,以便更容易成为高端创造型人才(即中国习惯的用语:拔尖创新人才)。英才教育可以是集中的,如"人才搜索计划"、英才学校、少年班,也可以是分散的,根据个人情况安排的。英才教育对教育政策、学校体制、课程资源都提出了新要求。从美国的经验看,学制上的灵活,课程的丰富,大学的联手,社会支持体系是必不可少的(戴和蔡,2013)。从一个社会为创造力的勃兴提供有利的人才保障的角度来看,英才教育是一条符合"费尔德曼模式"的可行路径(详见 Dai, 2010;丛书之一)。

5. 互联网时代的个人化、定制化学习。 最后一个策略是与网络和教育技术紧密联系的,按照一些教育前沿的改革者的观点,传统的集中教学、划一的课程、进度、评价标准已经过时(最著名的是最近点击率超过 1300 万的 Sir Ken Robinson 的《学校扼杀了创造力》"Schools kill creativity"的视频;http://www.ted.com/talks/ken_robinson_says_schools_kill_creativity.html),在今天每个人都能随时从网络和手机提取大量信息和有用的知识,"正式"教育与"非正式"教育的界限已经模糊,意味着学校不是唯一的,甚至是最重要的学习场所(Sawyer, 2006),一种依靠教育技术的新的学习方式将逐步取代旧的学习模式,新的学习方式的主要特点是定制化、由学习者自己控制和互动性(Collins & Halverson, 2009)。英国学者克拉夫特对数字化时代学习与创造型的关系做了独到的解读(Craft, 2010;丛书之一);另外,选择在家就学(home schooling)也成为许多父母为自己孩子选择的教育方式,在美国估计有近两百万在家就学的学生。其中一个重要原因就是给因材施教提供了条件。理论上说,越是个性化的教育,越有可能培养出有独特知识结构、有鲜明特长和兴趣的孩子,而这符合费尔德曼模式的差异化发展创造理论。

对结构性问题的探讨

无论采取什么策略,教育工作者在传统的教育体制下都需要面临一些基本的结构性矛盾。下面,我从教育理念、学校建制、课程设置、教学方式四个方面简要论述一些结构性问题。

教育理念与创造力理论

教育的顶层设计是采用"工业生产模式"还是"用户服务模式",是决策者需要考虑的问题。前者是划一的、标准化的、讲求全面绩效的,后者是个别化的、量身定制的、满足特殊需求的。课程和教学上,前者是外部(或高层)控制的,后者是与学习者互动协调的。前者是封闭式的、格式化的(便于管理和控制),后者是开放的、拓展的(需要灵活应对)。哪一种更符合创造力的形成,根据前面创造力本质的论述,结论不言而喻。在美国,教育顶层设计的矛盾体现在面临教育过程的建构主义(主体对世界的理解和意义建构)与教育评价的技术主义(标准化产出)的矛盾性(Wile & Tierney, 1996)。根据培养创造力的三个模式,教育理念上必须面对三个问题:被动吸纳,还是主动建构;真实情境,还是"去情境化";划一的课程和标准化评价,还是不断区分化的课程和差异化发展。这是一个顶层设计的问题。如果教育理念没有包含对个体创造力发展的理解,创造力就必然会像 Ken Robinson 所说,牺牲在各种标准化的条条框框的约束之中。

教育体制的灵活性和学校的开放性

重视创造力培养的学校,需要教育体制具有弹性,能够让学生有充分的机会去探索他们感兴趣的问题。许多探索基于项目的学习的中学,已经打破了传统的课时安排,安排更大的时段,使学生集中钻研某个问题。但对许多传统学校,打破学科界限依然受到学制和课时安排上的限制。中国的固定班级制度和教室条件的限制,会使教育失去这种灵活性。创造力的培养,离不开对校外资源的利用,所以如何建立学校与社区、企业、大学的联系,利用社会上各种资源,尤其是大学资源提升教学水平和各种服务,也是各个学校的挑战。

课程设置如何把握牢固的知识基础和个性化拓展、应用的关系

创造力本质上是拓展的、开放的、个性化的。如何从以教科书和教科书为主的学科知识为中心的课程到以人的思维、想象和解决问题能力培养为中心的课程,这个转型始终是一个难点。在承认知识和技能个人化建构的前提下,如何掌握好牢固知识基础和个性化拓展、应用的关系,在西方也有保守派和进步派的争论。保守派认为学生缺乏足够的知识技能从事对真实问题的探究活动,所以这样的学习是无效的(比如 Kirschner, Sweller, & Clark, 2006)。知识基础是创造力的必要条件,但是不能灵活应用的知识是死的知识,或用怀特海(Whitehead, 1929)的话,是"呆滞的知识"(inert knowledge)。这是传统灌输式教育的积弊。进步派认为教育的关键在于如何把知识内化为个人化视野中的思维工具、思维习惯,强化学习的迁移性、生成性(generativity; Wise & O'Neill, 2009)。与沉浸式的基于项目的学习不同,"普度创造性丰富三阶段模式"(Feldhusen & Kolloff, 1986)试图用"脚手架"扶持这种创造性解决问题能力,可以看作是一种折衷的做法。不管怎样,强调知识内容或思维过程的结构性矛盾将始终在课程中出现。理论上说,托伦斯模式侧重思维方式、思维形态,索耶模式侧重领域性和情境性,费尔德曼侧重知识建构的个人化。与之相应,重内容,还是重过程,是潜移默化的引导,还是明确对批判和创造思维的训练都是值得在实践中探索的问题。

教学方式和教师职能的转变

怎样让教学活动真正体现学生主体的作用,从一味传授知识内容,到把知识内容放到大的学科背景、社会背景、历史背景中让学生去感受它的价值、意义、局限;如何成为学生探究"真理"的导师、教练,而不是"真理"的宣讲者。这是对教师职能和教学方式的新挑战。不仅如此,教师的教学与学生的学习结果,不应该是一对一的对等关系(教什么,学什么),而是一个互动的,不断产生思维新质的,不断将理解推向深度广度的过程(Scardamalia & Bereiter, 2006)。教师的作用在于引导,而不是作为权威意志压制学生主体的能动性(Torrance, 1963)。加之在数码化时代学生的学习已经不完全依赖教师(Craft, 2010;《创造力和教育的未来》),这不仅意味着教师的职能面临转型,而且对教师提出了更高的要求:他们不仅需要良好的专业训练,而且需要如何深入浅出地让学生领略专业的方法、思维特点和门道(Shulman, 1987)。如上所述,21 世纪大部分需要创造性解决的问题都是多学科、跨学科性质,所以教师还要有宽广的知识视野。这对教师培训和发展提出了新的挑战。

创造力与社会形态的研究

教育最终是社会的一部分,如何使整个社会环境,从机制到文化有利于创造力的生成和发挥,是一个社会是否具有活力,乃至一个社会成败攸关的问题。创造力与社会的关系,可以见诸以下几方面。首先,在知识经济的时代,创造力直接作为知识资本进入市场,使得教育与社会和经济的关系变得非常直接。Peters 等所著的《创造力与全球知识经济》一书对这种关系做了理论上的梳理。其次,教育的"红利"不可能直接在社会中兑现,而必然涉及政府如何在政策法规上鼓励创造力的实现,公司企业和学术机构如何发掘人才、充分利用人才实现创造力的问题。再次,无论是"李约瑟问题",还是"钱学森之问",都涉及对社会机制、思维方式、文化价值的反思(金,樊和刘,1983),反思的目的无非是希望找到改善现状的杠杆。对中国来说,如何优化教育的环境(包括朱清时教授创办南方科技大学,追求学术自治的努力),很快就会成为如何优化社会体制环境的问题。

社会本身的结构、机制、主流价值是否有利于创造力的形成是一个研究的着眼点。从宏观层面,垄断的经济和市场的经济,威权社会与公民社会,公民参与的民主与人心涣散的民主,法律对市场竞争的公平的保证,对知识产权的保护等等,对一个国家的创造力都会有举足轻重的影响。从中观层面,一个企业、一个学校和一个科研机构的内部构造、管理方式、文化氛围,对员工的行为具有重要调节作用。企业是否注重学习,是否具有鼓励创意的机制,与这个企业或组织是否富有创造力有直接关系。在微观层面,人与人在特定情境中的关系和互动,个人性向如何与社会期待互动而形成有利于想象力和创造力的表达,或者如何抑制个人想象力和首创精神。例如,各级政府或者企业的核心领导层的决策模式和过程,是否能集思广益,做到决策的前瞻、合理、优化,还是使决策过程被长官意志所左右,下级人云亦云,明哲保身。或者,决策层倾向于"不犯错误"的保守选择,而不是富有创意但有风险成本的抉择,与这个组织的成败发展息息相关。限于篇幅,这里只能在两个方面案例作简单的演示性描述:什么样的社会能激发创造力,什么样的组织文化有利于创新。

Judy Estrin 是前思科总技术执行官。她见证了美国硅谷 20 世纪 90 年代的兴盛和 21 世纪初的危机。在她的研究总结中,把硅谷的成功归结为"创新的生态系统"的成功(Estrin, 2009),这个系统包括教育、文化、政策、资金、领导力这些大环境和研发应用的周期性。在企业文化层面,她尤其谈到硅谷早年科技人员对研发本身的巨大热情和进入 21 世纪后许多公司上市后的急功近利和浮躁心态。Richard Florida 是一个研究城市的经济学家。按他的统计,美国有近 4000 万人构成了一个以创造为生计的阶层(科学家、工程师、艺术家、企业家、教师,等等)(Florida, 2003)。正是这个阶层主导了美国生活方式的方方面面,习惯、趣味、时尚等等。他从对美国所有科技重镇的研究中得出四项创造力重要指标:(1)当地就业人口中"创造阶层"的比例;(2)作为创新指数的人均专利数;(3)高科技企业比重;(4)人群多样性(社会宽容度)。最著名的如硅谷、波士顿高科技园区、北卡州府地区研究金三角。上述两人的研究都说明,创造力的勃兴和所处的环境和氛围(机制、文化和生态)有关。

从更微观的企业机制和文化角度,如何营造学习和创新的新型企业环境,成为很多研究者的课题(Hemlin, Allwood, & Martin, 2004);如何将固化的知识转化为活的智力,本身是学习和迁移的问题(Rothberg & Erickson, 2005)。一个有趣的现象是,知识型企业关注的问题和关注创造力培养的学校是一些同样的问题。另外,从管理角度,对等级化管理向平面化过渡,也是鼓励创新的一个举措。美国通用电器在管理上提出的"逆向创新"(reverse innovation)便是其中一例。所谓"逆向",是不遵循传统的先在研发中心开发产品然后推广的路径,而是由地方针对新兴市场(如东亚地区)直接发展高端产品,并向世界其他地区推广(Immelt, Govindarajan, & Trimble, 2009)。这样的企业产品创新模式成功的原因是对市场的灵敏度,对当地情况的深入理解。"谷歌"宽松的、鼓励员工创新的管理风格也受到广泛关注(Anthony, 2009),管理层如何将员工的想象的自由和管理层理性的自律有机结合,和教师如何使学生的创意建立在坚实的知识标准之上,有异曲同工之处。

结语:对创造学的展望

大量的研究材料表明,从学校到企业,从国家到个人,创造力已经占据了一个极其显著的地位,足以成为一门显学,到了可以探讨建立一门创造学(Creatology)的地步。我们可以想象这门学问应该有一个坚实的理论部分和一个涉猎广泛的应用部分。理论部分应该包括创造心理学、创造经济学、创造伦理学、创造社会学这些分支。应用部分应该覆盖学校教育、企业管理、社区规划、城市建设、国家政策等等。作为政策资讯,一个社会中教育(人力资源、人才资源)在生产资源中的比重,对国民生产总值的贡献份额,企业创造力的文化和机制,学校创新指数,城市创造力指数,从社会群体到个体,国民创造力与国民生活满意度和幸福感的关系,这些都有可能建立在创造力的应用研究之上。培育发展国民创造力作为国家社会战略和教育战略,也可在应用研究中获得可操作性。虽然与本丛书的主体无关,创造学的应用部分,还应该包括人机互动的研究和人工智能的研究。传统的人工智能缺乏像人那样的学习、建构和创造的能力。新一代的人工智能研究(如"自律的认知发展", autonomous mental development, AMD)试图突破这一瓶颈。可以想见,这样的突破具有革命性意义,从智能交通系统到新一代智能无人机,到智能型外星探测车。创造这个现实,需要凝聚数代人的创造力。而人工智能研发的困难，让我们反观人的创造能力的神奇，激起我们理解它、保护它、开发它的意识和决心。

致谢

本丛书的编撰、翻译、出版得到了华东师范大学出版社的大力支持，在此对王焰社长和参与编辑的同仁，尤其是彭呈军编辑，表示谢意和敬意。在最初的选题和书籍遴选中，我们邀请的中外专家组成的顾问委员会进行了两轮的评选和"投票"，对他们的支持和工作我在此表示感谢。Howard Gardner 博士在百忙中对丛书的遴选也提出了建议，在此一并致谢。同时，我还要对参与翻译的各位同事，为他们的辛勤劳动，以及对和我一起主持、组织这套丛书的翻译工作的申继亮教授表示感谢。最后，我对我的家人的支持表示谢意，使我能为这项工作腾出足够时间，使这套丛书能尽早问世。

参考文献

戴耘, 蔡金法. 英才教育在美国——兼谈对中国的启发[M]. 杭州：浙江教育出版社, 2013.
金观涛, 樊洪业, 刘青峰. 文化背景与科学技术结构的演变// 自然辩证法通讯杂志社. 科学传统与文化：中国近代科学落后的原因[M]. 陕西：陕西科学技术出版社, 1983.
钟启泉, 吴国平. 反思中国教育[M]. 上海：华东师范大学出版社, 2007.
Amabile, T. M. (1983). *The social psychology of creativity*. New York：Springer-Verlag.
Anthony, S. D. (2009). Google's Management style grows up. Bloomberg Newsweek, June 23rd. Retrieved on Nov. 25, 2012 from：http://www.businessweek.com/managing/content/jun2009/ca20090623_918521.htm.
Aulls, M. W., & Shore, B. M. (2008). *Inquiry in education：The conceptual foundations for research as a curricular imperative*. New York：Erlbaum.
Beghetto, R. A., & Kaufman, J. C. (2010). Broadening conceptions of creativity in the classroom. In R. A. Beghetto & J. C. Kaufman (Eds.), *Nurturing creativity in the classroom* (pp. 191-205). Cambridge, UK：Cambridge University Press.
Brown, A. L. (1997). Transforming schools into communities of thinking and learning about serious matters. *American Psychologist*, 52, 399-413.
Center for Educational Research and Innovation/OECD (2008). 21st century learning：research, innovation and policy directions from recent OECD analyses. Retrieved on December 1, 2012 from：http://www.oecd.org/site/educeri21st/40554299.pdf.
Collins, A. M., & Halverson, R. (2009). *Rethinking education in the age of technology*. New York：Teachers College Press.
Craft, A. (2010). *Creativity and education futures：Learning in a digital age*. Sterling, VA：Trentham Books.
Csikszentmihalyi, M. (1990). *Flow：The psychology of optimal experience*. New York：Harper and Row.
Csikszentmihalyi, M. (1996). *Creativity：Flow and the psychology of discovery and invention*. New York：HarperCollins.
Csikszentmihayi, M. (1999). Implications of a systems perspective for the study of creativity. In R. J. Sternberg (Ed.), *Handbook of creativity* (pp. 313-335). Cambridge, UK：Cambridge University Press.
Dai, D. Y. (2010). *The nature and nurture of giftedness：A new framework for understanding gifted education*. New York：Teachers College Press.
Dai, D. Y. Shen, J-L. (2008). Cultivating creative potential during adolescence：A developmental and educational

perspective. *The Korean Journal of Thinking and Problem Solving*, 18, 83-92.

Dewey, J. (1916). *Democracy and education*. New York: The Free Press.

Dewey, J. (1997). *How we think*. Mineola, NY: Dover Publications. (Originally published in 1910).

Diamond, M. C., Scheibel, A. B., Murphy, G. M., & Harvey, T. (1985). On the brain of a scientist: Albert Einstein. *Experimental Psychology*, 88, 1998-2004.

Dunbar, K. (1997). How scientists think: On-line creativity and conceptual change in science. In T. B. Ward, S. M. Smith & J. Vaid (Eds.), *Creative thought: an investigation of conceptual structures and processes* (pp. 461-493). Washington, DC: American Psychological Association.

Ericsson, K. A. (2006). The influence of experience and deliberate practice on the development of superior expert performance. In K. A. Ericsson, N. Charness, P. J. Feltovich & R. R. Hoffman (Eds.), *The cambridge handbook of expertise and expert performance* (pp. 683-703). New York: Cambridge University Press.

Estrin, J. (2009). *Closing the innovation gap: Reigniting the spark of creativity in a global economy*. New York: McGraw-Hill.

Feldhusen, J. F., & Kolloff, M. B. (1986). The Purdue three-stage model for gifted education. In R. S. Renzulli (Ed.), *Systems and models for developing programs for the gifted and talented* (pp. 126-152). Mansfield Center, CT: Creative Learning Press.

Feldman, D. H. (1994). *Beyond universals in cognitive development* (second ed.). Norwood, Nj: Ablex.

Finke, R. A., Ward, T. B., & Smith, S. M. (1992). *Creative cognition: Theory, research, and applications*. Cambridge, MA: The MIT Press.

Florida, R. (2002). *The rise of the creative class*. New York: Basic Books.

Gee, J. P. (2007). *What video games have to teach us about learning and literacy*. XX: Palgrave/Mamillan.

Getzels, J. W., & Csikszentmihayi, M. (1976). *Creative vision*. New York: Wiley Interscience.

Guilford, J. P. (1950). Creativity. *American Psychologist*, 5, 444-454.

Heilman, K. M. (2005). *Creativity and the brain*. New York: Psychology Press.

Hemlin, S., Allwood, C. M., & Martin, B. R. (Eds.). *Creative knowledge environments: The influences on creativity in research and innovation*. Cheltenham, UK: Edward Elgar

Holyoak, K. J., & Thagard, P. (1995). *Mental leaps: Analogy in creative thought*. Cambridge: MA: The MIT Press.

Immelt, J. Govindarajan, V., & Trimble, C. (2009, Oct.). How GE is disrupting itself. *Harvard Business Review*.

Kaufman, J. C., & Beghetto, R. A. (2009), Beyond big and little: The four C model of creativity, *Review of General Psychology*, 13, 1-12.

Kirschner, P. A., Sweller, J., & Clark, R. E. (2006). Why minimal guidance during instruction does not work: An analysis of the failure of constructivist, discovery, problem-based, experiential, and inquiry-based teaching. *Educational Psychologist*, 41, 75-86.

Klahr, D., & Simon, H. A. (1999). Studies of scientific discovery: Complementary approaches and convergent findings. *Psychological Bulletin*, 125, 524-543.

Köhler, W. (1947). Gestalt Psychology: An introduction to new concepts in modern psychology. New York: Liveright Publishing Corporation. Krajcik, J. S., & Blumenfeld, P. C. (2006). Project-based learning. In R. K. Sawyer (Ed.), *The Cambridge handbook of the learning sciences* (pp. 317-333). Cambridge, UK: Cambridge University Press.

Langley, P., Simon, H. A., Bradshaw, G. L., & Zytkow, J. M. (1987). *Scientific discovery: Computational explorations of the creative process*. Cambridge, MA: MIT Press.

MacKinnon, D. (1962). The nature and nurture of creative talent. *American Psychologist*, 17, 484-495.

Meheus, J., & Nickles, T. (Ed.). *Models of discovery and creativity*. New York: Springer.

Miller, A. I. (1996). *Insights of genius: Imagery and creativity in science and art*. New York: Springer-Verlag.

Ohlsson, S. (2011). *Deep learning: How the mind overrides experience*. Cambridge, UK: Cambridge University Press.

Page, S. E. (2007). *The difference: How the power of diversity creates better groups, firms, schools, and societies* Princeton, NJ: Princeton University Press.

Partnership for 21st Century Skills (2009). Framework for 21st century learning. Retrieved on July 28, 2009 from: http://www.21stcenturyskills.org/index.php?option=com_content&task=view&id=254&Itemid=120.

Polanyi, M. (1958). *Personal knowledge: Toward a post-critical philosophy*. Chicago: University of Chicago Press.

Perkins, D. N. (1995). *Outsmarting IQ: The emerging science of learnable intelligence*. New York: Free Press.

Renzulli, J. S. (1986). The three-ring conception of giftedness: A developmental model for creative productivity. In R. J. Sternberg & J. E. Davidson (Eds.), *Conceptions of giftedness* (pp. 53-92). Cambridge. England: Cambridge University Press.

Renzulli, J. S., & Reis, S. M. (1997). *Schoolwide enrichment model: A how-to guide for educational excellence*.

Mansfield Center, CT: Creative Learning Press.

Richards, R. (Ed.). (2007). *Everyday creativity and new views of human nature*. Washington, DC: American Psychological Association.

Rindermann, H., Sailer, M., & Thompson, J. (2009). The impact of smart fractions, cognitive ability of politicians and average competence of people on social development. *Talent Development and Excellence*, 1, 3–25.

Root-Bernstein, R., & Root-Bernstein, M. (1999). *Sparks of genius: The 13 thinking tools of the world's most creative people*. Boston: Houghton Mifflin Company.

Rothberg, H. N., & Erickson, G. S. (2005). *From knowledge to intelligence: Creating competitive advantage in the next economy*. Amsterdam: Exsevier.

Runco, M. (2010). Education based on a parsimonious theory of creativity. In R. A. Beghetto & J. C. Kaufman (Eds.), *Nurturing creativity in the classroom* (pp. 235–251). Cambridge, UK: Cambridge University Press.

Sawyer, R. K. (2006). Conclusion: The schools of the future. In R. K. Sawyer (Ed.), *The Cambridge handbook of the learning sciences* (pp. 567–580). Cambridge, UK: Cambridge University Press.

Sawyer, R. K. (2010). Learning for creativity. In R. A. Beghetto & J. C. Kaufman (Eds.), *Nurturing creativity in the classroom* (pp. 172–190). Cambridge, UK: Cambridge University Press.

Sawyer, R. K. (2012). *Explaining creativity: The science of human innovation* (2nd ed.). Oxford, UK: Oxford University Press.

Scardamalia, M., & Bereiter, C. (2006). Knowledge building: Theory, pedagogy, and technology. In R. K. Sawyer (Ed.), *The Cambridge handbook of the learning sciences* (pp. 97–115). Cambridge, UK: Cambridge University Press.

Shavinina, L. (2009). A unique type of representation is the essence of giftedness: Toward a cognitive-developmental theory. In L. Shavinina (Ed.), *International handbook on giftedness* (pp. 231–257). New York: Springer.

Shulman, L. S. (1987). Knowledge and teaching: Foundations of the new reform. *Harvard Educational Review*, 57(1), 1–22.

Simonton, D. K. (1999). *Origins of genius*. New York: Oxford University Press.

Simonton, D. K. (2008). Scientific talent, training, and performance: Intellect, personality, and genetic endowment. *Review of General Psychology*, 12, 28–46.

Sternberg, R. J. (1999). A propulsion model of types of creative contributions. *Review of General Psychology*, 3, 83–100.

Sternberg, R. J. (2012, November). *Creativity is a decision*. Keynote speech at the National Association for Gifted Children annual convention, Denver, Colorado.

Sternberg, R. J., Grigorenko, E. L., & Singer, J. L. (2004). *Creativity: From potential to realization*. Washington, DC: American Psychological Association.

Torrance, E. P. (1963). *Education and the creative potential*. Minneapolis, MN: The University of Minnesota Press.

Torrance, E. P. (1966). *Torrance tests of creative thinking: Norms-technical manual* (Research ed.). Princeton, NJ: Personnel Press.

Torrance, E. P. (1970). *Encouraging creativity in the classroom*. Dubuque, IA: Wm. C. Brown Company.

Turner, M. (Ed.) (2006). *The artful mind: Cognitive science and the riddle of human creativity*. Oxford, UK: Oxford University Press.

Wallas, G. (1926). *The art of thought*. New York: Harcourt, Brace.

Weisberg, R. W. (2006). Modes of expertise in creative thinking: Evidence from case studies. In K. A. Ericsson, N. Charness, P. J. Feltovich & R. R. Hoffman (Eds.), *The Cambridge handbook of expertise and expert performance* (pp. 761–787). New York: Cambridge University Press.

Wertheimer, M. (1982). *Productive thinking*. Chicago: University of Chicago Press.

Wile, J. M., & Tierney, R. J. (1996). Tensions in assessment: The battle over portfolios, curriculum, and control. In R. C. Calfee & P. Perfumo (Eds.), *Writing portfolios in the classroom: Policy and practice, promise and peril* (pp. 203–215). Mahwah, NJ: Lawrence Erlbaum.

Wise, A. F., & O'Neill, K. (2009). Beyond more versus less: A reframing of the debate on instructional guidance. In S. Tobias & T. M. Duffy (Eds.), *Constructivist instruction: Success or failure?* (pp. 82–105). New York: Routledge.

Whitehead, A. N. (1929). *The aims of education*. New York: The Free Press.

Zhang, J. (2012). Designing adaptive collaboration structures for advancing the community's knowledge. In D. Y. Dai (Ed.), *Design research on learning and thinking in educational settings: Enhancing intellectual growth and functioning* (pp. 201–224). New York: Routledge.

目录

前言 / 1

致谢 / 3

引言:知识商品——思想之源与富裕经济学 / 5
    Michael A. Peters

第一章 关于知识资本主义 / 27
    Peter Murphy

第二章 教育与知识经济 / 52
    Michael A. Peters

第三章 学术型团队创业与创造力经济 / 69
    Michael A. Peters and Tina（A. C.）Besley

第四章 思想的自由与创造力 / 88
    Simon Marginson

第五章 教育、创造力与激情经济 / 121
    Michael A. Peters

第六章 创造力与知识经济 / 143
    Peter Murphy

第七章 大学排名与知识经济 / 177
    Simon Marginson

第八章 留学生与创造性世界主义者 / 209
    Simon Marginson

第九章　在知识的世界中管理悖论 / 248
Peter Murphy and David Pauleen

关于作者 / 268

前言

本书是我们关于创造力、想象和知识经济的三部曲中的第一本书。我们——Peters, Murphy & Marginson——都是澳洲人,但生活在不同的国家,从事不同的行业,服务于不同的机构。我们共同构思了三本书:《创造力与全球知识经济》由 Michael A. Peters 担任第一作者;接下来的《全球创造:知识经济时代的空间、流动性与同步性》将由 Simon Marginson 担任第一作者;而《想象力:知识经济时代想象力的三大模型》将由 Peter Murphy 担任第一作者。每一本书都是我们真诚合作与努力付出的结晶,虽然每本书的侧重点不同,但都紧紧围绕我们所想表达的一系列主题与调研结果。

我们的三部曲将为大家提供一个完整的视角,不仅仅包括创造力与想象力在全球知识经济时代的角色与重要性,而且也涵盖了教育的重要性——尤其是在当前所谓的"创造力经济"大环境下,高等教育如何培养和促使受教育者产生出无尽的创意能力,更是本系列书籍所想要表达的。

当今时代,各种矛盾和危机不断浮现与激化,金融体系不稳定、信用危机、油价的剧烈波动与不断下滑的生产力并存,不论以什么样的价值观来衡量,全球都面临着一个长期的和大范围的环境、能源与贫穷问题。面对这些问题,创造力与创新能力是我们所拥有的全部能力。只有采用全新的、创造性的方法来获取知识、组织知识以及无偿地交流思想才能解决这些问题。同时,在当前全球数字化经济时代的背景下谈创造力与想象力的作用,必须要更加强调"开放"的态度与实际行为,只有这样才能为个人及机构进行的创新提供最基本的技术支持和跳板,只有这样才能从本质上更新我们对知识传播系统的认识,使得学术信息能够更有效率地进行传播,从而有利于解决那些在贫穷国家普遍存在的能源与食品危机问题。

衷心希望这三本相互关联的小册子能够像软件一样,为重构我们的知识体系及相关政策提供实际的帮助,将启蒙运动的精神发扬光大,指引我们走向未知的将来。

Michael A. Peters

加利福尼亚 San Bernardino

2008 年 8 月

致谢

本书第三章由 Michael A. Peters 和 Tina（A. C.）Besley 撰写，第五章由 Michael A. Peters 撰写，分别引自 *Thesis Eleven* Issue 94, 2008 & Issue 96, 2009. 第二章"教育与知识经济"由 Michael A. Peters 撰写，同时出版在 Hearn, G., & Rooney, D. (Eds.) (2008). *Knowledge Policy：Challenges for the Twenty First Century*, Cheltenham：Edward Elgar.

由 Peter Murphy 所撰写的章节源自于 *Thesis Eleven*（Sage Publications），*Management Decision*（Emerald），以及 *Cross-Cultural Perspectives on Knowledge Management*（Greenwood）。包括：Peter Murphy and David Pauleen, 'Managing Paradox in a World of Knowledge', *Management Decision* 45：6（Bingley, UK：Emerald Group Publishing, 2007）, pp. 1008 – 1022. Peter Murphy, 'The Art of Systems：The Cognitive-Aesthetic Culture of Portal Cities and the Development of Meta-Cultural Advanced Knowledge Economics' in David J. Pauleen (ed.) *Cross-Cultural Perspectives on Knowledge Management*（Westport, CT：Greenwood, 2007）, pp. 35 – 63. Peter Murphy 'Knowledge Capitalism', *Thesis Eleven：Critical Theory and Historical Sociology* 81（London：Sage, 2005）, pp. 36 – 62.

第七章"大学排名与知识经济"由 Simon Marginson 撰写，源自 *Thesis Eleven*, Issue 96, 2009.

Michael A. Peters 对他的两位澳大利亚合著者所付出的努力表示诚挚谢意。与他们的合作令人感到舒适，体现出真诚的合作与坦诚的沟通。他同样感谢 Peter Lang 公司的 Chris Myers 和 Bernadette Shade 对于这一项目及本系列丛书所作出的贡献。Simon Marginson 对 Nick Burbules, Peter Murphy 和 Erlenawati 分别阅读了他所著的部分章节内容同样表示感谢。

引言:知识商品——思想之源与富裕经济学

Michael A. Peters

> 信息的代价是显而易见的,它所耗费的是信息接收者的注意力。因此,信息的富有会造成注意力的贫乏。
>
> ——Herbert Simon

过去的 10 年间,高等教育已经发生了巨大变化,而且这种变化在未来的 10 年仍将快速、持续地进行。知识与学习经济的发展,尤其是经济发展过程中人力、社会以及智力资本的变化,均表明智力资本与策略性知识的重要性正在悄然改变。一种"象征性的"、"无重量的"经济模式让我们开始重视那些符号化的、无形的、数码形式的商品与服务对经济及文化发展所做出的贡献。而且这一现象也催生出了新形式的劳动力市场,在这个市场中,人们对高水平的分析技能以及知识的买卖有着强烈的需求。同时,通信与信息技术的发展对全球化进程也做出了多方面的贡献,它不仅改变了知识流动和交换的形式、密集程度与性质;而且在高等教育中,数字化、传输与压缩技术已经重塑了信息沟通与交流的模式,强化了文化作为符号系统的存在价值,同时也促进了全世界不同文化之间以知识为载体所进行的交流以及相关研究网络的建立。

上面这些发展图景已经不是第一次被提及,在过去的 50 年中,许多人用不同的术语描述过"知识经济"的发展,或是谈到其发展趋势的不同方面。"知识经济"(knowledge economy)这个术语第一次出现并被确定下来是在 1996 年国际经济合作与发展组织(OECD)的报告《基于知识的经济》当中。这么做可能是为了区别于其他一些类似概念。此外,这一报告也为我们了解这一术语提供了一些历史背景信息。我们可以从一系列经济学与社会学论著中发现,从 von Hayke(1936;1945)开始,学者们就开始尝试对经济学与知识的关系进行阐述与辨析:

1. Fritz Machlup(1962)通过对知识的产生和散播进行研究,探讨了知识的经济价值;

2. Gary Becher(1964;1993)在分析人力资本时曾提到与教育相关的一些观点；

3. 管理理论家 Peter Drucker(1969)曾强调"知识工人"的概念，他在1959年创造出了这个概念，并且为"知识管理"概念的提出打下基础；

4. Daniel Bell(1973)强调，理论知识和基于新科技的工业应当处于后工业时代社会学的核心位置，同时这标志着从制造业向服务业的转变，以及新技术精英的崛起；

5. Alain Touraine(1971)在《后工业化时代的社会》中曾假设了一个由"技术专家治理"的"程序控制型社会"，在这样的社会中，技术专家们控制着信息及其沟通交流；

6. Mark Granovetter(1973;1983)认为市场中的信息是基于社会网络的，信息与市场的联系实际上是一种弱连接；

7. Marc Porat(1977)曾经为美国商务部界定过"信息社会"的概念；

8. Alvin Toffler(1980)曾在"第三次浪潮经济"中谈到基于知识的生产；

9. Jean-François Lyotard(1984)将后现代主义的条件界定为打上年代烙印的"对元叙述的怀疑主义"，另外 David Harvey(1989)曾谈到工业生产中大范围出现的从福特制向更加灵活的资本积累方式的转变；

10. James Coleman(1988)对社会资本如何创造人力资本进行了分析，并论述了 Pierre Bourdieu(1986)和 Robert Putnam(2000)一些思想的发展与应用；

11. Stankosky(2004)指出，1980年代曾经流行的那些与知识管理相关的标准或被广泛接受的商业模式，在1995年终于被认可为一种行业规律；

12. Paul Romer(1990)提出，由技术改进驱动的进步，产生于投资决策时对技术因素的充分考虑，这种考虑将技术看作一种非共享的、具有部分排他性的商品；

13. 一系列关于1990年代"新经济"的阅读材料(Delong et al., 2000；Stiglitz, 2003；Hübner, 2005)；

14. 经济合作与发展组织(1994)提出影响力模型时的理论基础"内源性增长理论"使用了"基于知识的经济"这一术语；

15. Joseph Stiglitz(1998;1999)在阐发世界银行的"发展的知识"和"知识经济教育"理念时曾将知识看作是全球性的公共福利；

16. Lundvall 和 Johnson(1994;2001)以及 Lundvall 和 Lorenz(2006)提出了"学习经济"的概念；

17. Danny Quah(2003)和其他人提出了数码化或"无形"经济的概念；

18. 信息社会世界高峰会议(WSIS)提出"全球化信息社会"的概念；[1]

19. Manuel Castells(1996;2006)基于网络理论提出后现代主义的全球化系统理论;

20. Rooney 等人(2003)以及 Hearn & Rooney(2008)提出"知识经济"的公共政策应用与发展概念。

列举这些理论观点是重要的,因为这样不仅有助于梳理这些资料的时间顺序,而且可以帮助我们认识到知识经济在不同的政治体制及其公共政策管理模式中究竟具有什么样的能力与责任。很明显,并不是所有的知识经济相关概念都根植于新自由主义的基本原则。一些理论观点体现出对新自由主义的认同,而另一些则对新自由主义的全球化概念提出了批评。很大程度上,这两种关于知识的经济学与社会学观点是相互独立且平行发展的(参见 Peters & Besley,2006),前者更关心生产的模式,而后者则更关注于产品的分配与层级化效果。

作为社会学家,Daniel Bell 以及 Alain Touraine 等人的观点并不能用新自由主义的术语来加以阐释,同样,经济学家 Stiglitz,Romer,Lundvall 和 Quah 的观点也跟新自由主义的思想有所不同。尽管他们的研究对象和观点多少有些相似,但是他们的理论出发点、研究切入点、研究方法论以及研究工具仍然大相径庭。同样的,Machlup 的观点带有明显的奥地利学派的特点——他在 Ludwig von Mises 的指导下完成了他的毕业论文——相比之下 Stiglitz 对"新凯恩斯主义"有着更多的思考,而 Romer 则被看做是一位"少有的预言家"。[2] 这里需要强调指出的是,"知识经济"并不单纯与意识形态上的政策构建有关,它同样指出了一些必须被描述、分析和探讨的真实现象。尽管从意识形态的角度将"知识经济"作为一种政策来确立是重要和必需的,由此它可以推动各种公共基金的建立,并且有助于对未来更加自由的经济态势进行理论描述;但同时必须考虑,知识经济作为一种全新的经济组织形式,它有哪些区别于传统经济模式的特点。从 Machlup 和 Bell 早期的经济学与社会学研究文献,到 Romer 具有革命性的经济学思考当中,我们会发现一个贯穿始终的关于知识经济本质的认识,那就是理论性知识(或知识的根源)作为创新的源泉所具有的核心地位,以及对基础学科或基于科学技术的新型工业的重视。而且在实证研究中可以找到许多研究方向,比如对不同行业中知识密集型生产模式的讨论(Kochan & Barley,1999),以及在公司内部学习和持续性创新的角色定位等(Drucker,1993;Nonaka & Takeuchi,1995;Prusak,1997)。

Walter W. Powell 和 Kaisa Snellman(2004)指出,目前在发达的工业化国家中正在发生一种转变,其特征是那些以自然资源和体力劳动输入为基础的传统经济模式,正在逐渐转化为以智力资产为基础的新经济模式。这种新经济的特征是"能够通过开放的数据显示出知识储备量的惊人增长,而且这种增长变化与新兴产业紧密关联,比如那些基于信息与计算机技术以及生物技术的新兴产业"。但他们同时也警告说,"我们不能假设在知识产品与灵活的工作模式之间一定存在着某种自然的联系,因为新的信息技术在带给我们全新的控制模式的同时,也可能会让我们失去对工业生产或经济发展的控制"(p. 215)。

尽管一直以来对于知识经济就有着各种论述或观点,但这一术语真正被研究者广泛接受和大量使用,则是在经济发展与合作组织(OECD)(1996)于 1990 年代中期正式使用这个术语,以及英国 1999 年将其正式写入政策文件之后。而"创造力经济"则是一个附加的政策文件用语,它来自于对理论知识的核心地位以及创新重要性的大量经济学探讨之中。许多定义强调知识相对于那些传统生产要素——自然资源、物质资本以及低技术含量的劳动——来说显得越来越重要,当前大规模的创造与知识创新在经济的各个层面都是竞争优势的来源,尤其是在研发领域,在高等教育与知识密集型产业比如媒体与娱乐业,知识经济的作用更加明显。至少有两类准则可以区别知识商品与其他商品,尤其是在其表现层面,它与其他传统类型的商品、货物或服务有着本质的区别。第一类准则是将知识作为一种全球化共享的商品;第二类准则关注知识商品的数字化过程。

这些特点导致一批经济学家开始设想"知识经济"的具体图景,并开始将知识经济描绘成与传统工业经济完全不同的一幅景象,这其中最根本的变化是一种结构性的改变。上述第一类准则虽然将知识看作是一种有利可图的商品,但知识与我们传统上对财产及其流通规则的理解完全不同,知识应当更遵从于我们对公众商品的界定标准:

1. 知识是*非竞争性*的:知识的储备并不会因为使用而被耗竭,从这个意义上讲知识并不是可消费品,与他人分享、使用、重复利用以及修正知识恰恰可以增加而不是消耗其价值;

2. 知识几乎不具有*排他性*:我们很难阻止别人对知识的使用,或是强迫某人成为知识的购买者;而且实际上很难限制知识商品的传播,因为知识的复制通常没有代价或是代价极小;

3. 知识并非*浅显易懂*:当一个人去挖掘知识的价值时,通常需要具有一定的相关经验,而且需要事先清楚知识是否与特定的目标相符合或有关联。

因此,知识具有以思维改变世界的力量,同时又是毫无物理形式的存在,其纯粹的思想性使得它在很大程度上与商品的稀缺定律相违背。它并不遵从那些适用于传统经济商品的标准和定律,所以关于知识的经济学原理并不来源于对传统意义上的财产特点的理解,并不遵循其流通定律,也不遵守传统的稀缺公共商品的分配法则。当然,一旦知识以白纸黑字的明确形式被编辑并记录下来,或是确确实实地被运用到某一系统或过程当中,我们就可以通过申请版权或专利的形式让知识变得具体化,就好像其他商品、货物那样(Stiglitz,1999)。

数字化信息商品是纯粹的思想

第二类区分准则将数字化信息商品看作是纯粹的思想或观念层面的知识,认为数据和信息通过实验、假设检验这类传统科学的方法可以变成经得起考验的真实信念。换句话说,数字化信息商品同样在逐渐改变着传统经济学关于商品的竞争性、排他性,以及透明性的固有看法和观点,因为知识经济是在创造智力资本而非物质资本。数字化信息商品在很多方面都与传统商品存在区别:

1. 信息商品,尤其是数字化的信息商品极容易被复制,所以增添新用户的成本很低或根本没有成本。尽管生产最初的信息商品的成本可能很高,但由于电脑技术的不断发展,实时发布以及复制、获取技术的不断改进,再加上内容方面的创新,这都会导致生产信息商品的固定成本大幅度降低。

2. 信息与知识商品具有非常典型的经验性和可参与性特征,因此会在很大程度上要求读者/作者、听众和观众进行积极参与,从而合作生产此类商品。

3. 数字化信息商品能以极低的代价在人群中传送、广播或分享,甚至可以通过巨大的交流网络比如国际互联网进行免费的传播。

4. 由于数字化信息可以被精确地拷贝以及非常方便地传播,所以它不会被消耗殆尽。(参考 Morris-Suzuki,1997;Davis & Stack,1997;Kelly,1998;Varian,1998)。通过上述分析我们不难发现,传统的基于产品稀缺性而得出的商品供需定律,是不适用于数字化信息商品的。

伦敦经济学院的 Danny Quah(2001)指出,知识在经济当中的重要性可以通过机器在经济活动中所产生的强大推动力得以体现,比如工业革命时期的情形就是如此。与之相比,他谈到这种"没有重量的经济"时曾说:"无论在哪里,知识在经济活动中具有重要作用的观点都会使人们产生强烈共鸣。"他认为知识由四种核心要素构成：

1. 信息与通信技术，即国际互联网；
2. 知识资产，并不仅仅是专利与版权，同时也包括品牌、注册商标、广告、金融与咨询服务以及教育等；
3. 电子图书馆与数据库，包括新媒体、视频娱乐与广播；
4. 生物技术，以碳为主要原料的图书馆与数据库、药品等。[3]

在其他场合他也提出："数字化商品其实就是字符串，由 0 和 1 有序地构成，这就是它的经济价值。有五个特点使得数字化商品与其他商品区别开来：无竞争性、无限的扩展可能性、不连续性、非空间性以及可重组性。"（Quah，2003，p. 289）

Quah（2001）的观点也很有代表性，他认为知识的集中同时也会导致其自身在空间上出现一定程度的聚合，尽管知识的物理距离与其传输成本之间本无关联，但是知识的空间传播机制本身就会导致它们逐渐产生聚类的效果。这被认为是一个非常重要的特征，尤其是当我们看到互联网经济在美国硅谷的发展壮大以及"第二硅谷"、"第三硅谷"出现在世界各地的时候。

J. Bradford DeLong（2000；2002）是美国财政部负责经济政策的前副助理部长，他认为数字化经济与正统经济学概念中的市场经济是完全不同的。他指出，数字化经济的现状就好像是现代英国早期的圈地运动，正是这场运动为英国从农耕时代进入工业时代铺平了道路。他强调，数字化的商品并不具备经济理论中所提到的那种标准商品或服务的诸多特征。例如，从因特网上下载数字化的音频资料并不会导致其消失，而且消费者在购买一个软件之前也并不清楚这个软件到底有多好，更不会知道该软件的后续版本在将来会变成什么样子。

"知识经济"作为一种新的经济形式，它的这些特点足以让杰出的经济学家们去假设，与工业经济相比知识经济究竟发生了多么大的结构性变化。

知识经济的结构性变化

在《关于知识的经济学》（2004）中 Dominique Foray 写道：

> 一些人认为新经济与基于知识的经济所描述的或多或少是同一种现象，因此他们认为一旦那些高风险的高科技泡沫开始破灭，就足以证明基于知识的经济不

过是昙花一现。可我并不这么认为。我想"基于知识的经济"这个术语仍然是充满活力的,至少它代表着一种可能是"发生在我们现有的经济模式基础之上的结构性变化"。而且这一术语也正是一些主流国际组织如世界银行、经济合作与发展组织(OECD)正在使用的概念之一。(p. ix,我强调的重点)

这种情况下,"新知识的迅速创造与知识获取途径的不断扩大(教育、训练、技术性知识的传播、创新行为与产品的扩散等)将会导致经济效益、创新行为的不断增加,同时不同的个体、社会群体与代际之间的人所能获得的商品与服务质量均会有所提高且更加公平"。他同时也认为,"传统上那种扩大对知识相关产业的投资"与"一个全新的技术革命"之间的冲突仍然是存在的。

> 这两种现象之间的冲突引发了一个独特的经济现象,其基本特征包括:(1)知识正在以前所未有的速度被创造和累积起来,而这很可能导致其传统经济学特征及价值被逐渐削弱;(2)从根本上降低了知识编码、传播及获取的成本。这就为知识的大量增长与具体化创造了极大的可能性。从历史的角度来看,这种知识具体化(这正是他所想要提出的问题关键所在)的程度仍然取决于技术的进步及组织的形式。(p. x)

尽管仍然存在不少争议和问题,但大多数杰出的经济学家以及国际组织均同意采用 Foray 的结构性变化观点作为一种合理的假说。这是一个富有创见的理论假说,不仅照顾到了不同的知识经济观点,而且也强调了各层次水平教育的重要性。比如基础教育层面的联合国"全民教育"千年计划,以及高等教育在这种结构性变化中的重要角色等。同时这一理论也在政治层面提出了一个基本问题,即知识经济是否应当与新自由主义的全球化概念相区别,应当如何与更加温和的社会民主主义知识经济观兼容并存?或者说,在当今资本主义发展阶段,上述三种政治标签哪一种更加重要?

在《经济发展的未来:新旧更替》一书中,Robert Boyer(2004)对"新经济"的崩溃进行了探讨,提出了一个关于美国 1990 年代经济活力状况的全新解释,预见性地提出尽管信息与通信技术的扩散是经济复苏的原因之一,但这也必须基于对金融系统所出现变化的理解,以及对公司管理模式的重新组织和对新政策的充分把握。他强调,以人为本的生产模式突然出现并不是无本之木,这正是在对健康、教育、培训、休闲娱乐等方面进行大量投资的基础上出现的。不论有多少人质疑这种生产模式在社会与人力资本方面的问题,不断发展的理论与技术革新的重要性都使人们越来越相信,经济效益与社会正义终会有结合的一天,而这种结合在一些北欧国家已经成为现实。

维基经济学与长尾理论

Don Tapscott 和 Anthony Williams 在他们的畅销书《维基经济学》开篇中写道:

> 尽管等级制度尚未消亡,但一种意义深远的变化已经出现在全球经济、技术领域并且影响到所有人。一种全新的充满活力的生产模式是这一变化的核心,这是一种基于公众共同参与、协同合作以及自组织特点的新生产模式,它不再依靠等级制度的命令和控制。(p.1)

那种"博客世界"的法则,以及在"维基工厂"中雇员所采用的同伴协作生产模式,正在源源不断地促使一个又一个创意的产生;消费者变成了产消者(prosumer),大家共同创造着产品与服务;哪里的产品分配出现问题,新的供应链条就会在哪里产生;有着远见卓识的新兴互联网公司也开始持续不断地为那些具有高度参与性和开放精神的合作提供着各种便利条件,因为他们已经认识到合作参与在当今互联网经济模式中的真正价值。《维基经济学》是一本关于"同伴生产的艺术与科学"的书,就像该书作者在开放性一章中所讲的:

> 我们所处时代的经济、技术、每一个人以及整个世界都在发生着深刻的变革,我们正在进入一个全新的时代,人们会以前所未有的方式参与到经济活动中来。这种新的参与方式几乎已经达到了顶点,即通过大规模协作生产,在一个全球化的基础上重新定义商品和服务应当如何被发明、生产、营销以及分配。(p.10)

这就是真实发生在诸如谷歌、MySpace、Facebook、YouTube、Linux、维基百科、亚马逊以及 eBay 这些公司身上的事情,他们无一例外都遵循了大规模协作生产的基本规律。Tapscott 和 Williams 认为,这些公司都处在一个革命的前沿位置,"在这个新的经济民主形式逐渐浮现的时候,我们每个人都是领导者"(p.15)。协作生产的优势在于,它可以对同行生产模式进行管理,从而能够最大限度地利用智力资源,这一基于共同智慧的新生产模式最终将会代替(或至少改变)传统的基于层级命令的合作组织模式,而且这一新模式将成为创造财富的新引擎。正如作者所言:"维基经济学中所讲的新型艺术与科学,来自于四大新观念:开放、对等、分享和全球运作。这些新准则正在改变许多旧有的商业教条。"(p.20)

这就是维基经济学的新世界。他们书中的其他部分是一系列的个案,通过探讨这些个案,他们对上述四大基本准则进行了阐发,并提出了一系列新的商业模式,包括对等先锋(peer pioneers)、创意集市(ideagoras)、产消者(prosumers)、新亚历山大派(New Alexandrians)、参与平台(platform for participation)、全球工厂平台(global plant floor)和维基工厂(wiki workplace)等。

但并非所有人都赞同他们的观点。纵观全书之后,Christian Fuchs(2008)认为维基经济学:

> 以一种很微妙的方式在剥削无偿劳动,同时是一种不切实际的空想。其主要思路就是将劳动外包给散布在全球各地的消费者及协作生产者,即他们所说的产消者,并通过这种方式来降低劳动力及其他成本……以维基经济学的观点来看,这实际上已经占用了产消者的个人业余时间,因此其经济扩张和工具性特征更加明显,同时由于产消者产生了无偿的剩余价值,这使得对无偿劳动的剥削更加普遍。(p.4)

Fuchs 接着说:

> 作者提到的 Web2.0 时代资本积累的大多数策略,都是以全球化劳力外包所造成的成本降低为代价的,而这种劳动力外包通过因特网进行。实际上,这种策略只不过是一种新的个体雇佣模式,过去的经验已经证明,这种模式风险高、稳定性差、社会安全系数低,是一种不可靠的雇佣模式。维基经济学最可能的结果就是风险不断增加,同时无偿劳动只会使那些剥削无偿劳动的特定公司获益。(p.5)

他总结道,Tapscott 和 Williams 关于资本的观点过于理想主义,不切实际,同时大规模协作生产模式实际上在传统社会学的自我管理概念以及合作式经济模式中已经出现。正像 Fuchs(2008)所指出的那样,"Web2.0 最大的特点在于它所体现出的那种数字化网络生产力与最普遍的资本主义生产关系之间的对抗性"(p.6)。正是这种对抗导致了剥削和人际关系疏远的出现(参考 Fuchs,2008b)。同时他也承认,确实有证据表明,基于社会媒体和对等协作生产方式的新经济模式能够在一定程度上超越"基于机械工业逻辑和工具理性主义的竞争模式",同时有可能促使我们的社会向合作、共享、共同参与的方向发展(p.8)。另外,他还推荐阅读 Atton(2004),Barbrook(1998;1999;2007),Benkler(2006),Lessig(2006)和 Söderberg(2002)在谈到因特网所固有的公益性质时论述的反资本主义和社会民主主义两种潜在发展方向。

Chris Anderson(2006)作为《长尾理论》一书的作者,同时也是《连线》杂志主编,曾多次谈到与 Tapscott 和 Willams 所持观点相类似的主题。他将其观点总结如下:[4]

> 长尾理论是指,我们的文化和经济将很快把关注的焦点从那些很有人气但相对数量较少的需求曲线的"头部"(主流商品与市场)转移到数量庞大的曲线"尾部"。随着生产与分配成本的降低,尤其是通过在线模式,不论是产品还是消费者都不再需要"以不变应万变"。当产品的分配不再受到货架空间大小或交通堵塞等诸多问题的限制时,目标群体狭窄或需求不旺的产品与服务同样能够像主流商品那样创造惊人的经济价值。

长尾理论的基础是所谓的"富裕经济学",这是 Anderson 的另一个常用词汇,显然他并没有意识到这个词传统上的用法。他旁征博引,从风险资本家的想法到媒体评论员的观点,最终目的都是要阐明他所说的基础性变化是指媒体公司从产品分配者(基于商品的稀缺性)向自主发行者(基于富裕经济学)的转变。在他的一篇博客文章中,[5]他将经济学界定为"在物质缺乏情况下做出选择的科学",同时指出现在的经济学家都不知道该如何理解或定义"富裕"。他的博客写道:

> 富裕的思维——理解如何利用"完全免费"——是我们这个时代的核心能力之一。它能帮助我们理解并处理很多事情,从 iPod("如果你能非常容易地把所有你想听的音乐放进口袋里,你会怎么做?")到 Gmail("为什么你曾经不得不删除一封电子邮件?")。大多数真正糟糕的技术最后都失败了,因为它们都是基于稀缺性假设而设计的。所以要感谢那些真正能够使商品变得富裕的技术手段,它们

才是真正应该被推广使用的。

Anderson看起来好像有点得意忘形,似乎忘记了其实"富裕经济学"并非他所首创。但他的确也提到了那些有远见的前人们,比如Max More和Tom Bell曾在1980年代末指出,一个系统应当具有自我组织的智力或能力。当然,真正将此类概念发扬光大的仍然是Chris Anderson,并且经过technorati这一知名博客搜索引擎的加工,Anderson的"长尾经济学"得以正式出炉。但必须认识到,尽管这一发展历程体现出一种对富裕经济的思想不断磨砺的过程,但这一思维过程中仍旧缺乏求证、检验或深思熟虑。

后稀缺性(post-scarcity)作为一个概念已经存在一段时间了。它不仅存在于经济学文献或政治制度描述中,用以描述基于平均主义原则的商品无偿分配过程;同时也被像Anthony Giddens这样的社会学家用来描述工业化社会未来发展的方向。另外,纳米科学家也使用这个概念来衬托纳米技术为人类带来的原材料极大丰富以及自我复制等益处;数码技术专家同样用这个概念来描述大规模拷贝的无成本复制与分配过程,或是用以佐证网络上的开源技术与公开发布活动。

富裕经济的后稀缺性观点有许多理论根源,比如互助论与机器人经济(Albus,1976,orig. 1927);生产的自动化控制(Douglas,1922;MacBride,1967);经济民主与社会信贷说(Douglas,1992,orig. 1921;1967);Robert Theobald(1971)的《富裕的挑战》;Stuart Chase(1934)的《富裕经济学》;无政府主义的诸多观点(Berkman,1929;Bookchin,1971);民主主义工业管理理论,包括员工所有制(Kelso,1986;Kelso & Hetter,1968);不同文化下经济体制的人类学研究及其早期影响(Benedict,1959;Firth,1965;Sahlins,1972;Lee,1979);反工作宣言或废除工作观点(Black,1986a,b)、《慵懒的权利》(Lafargue,1989)、《懒人颂》(Russell,1932)或《工作的终结》(Rifkin,1995);《公益技术学》(Shuman & Sweig,1989)、技术乐观主义与计算机文化革命(Hilton,1966);和平研究与"核子噩梦"的终结(Melman,1961;Speiser,1984);以及关于贫穷、失业的相关讨论(Theobald,1966;Miller,1993;Pierson,1996;Wilson,1996)等。[6]

上述这些思想或作品都多少谈论到一些后稀缺性观点,同时它们都包含有一定的乌托邦思想内容。其中既有激进的资本主义思想,又有相对保守的市场分配观念,甚至还有无政府资本主义思想和自由主义乌托邦思想(Rothbard,1962;Nozick,1974;

Von Mises，2005）。许多杰出的硅谷人士（Mark Pincus，Scott McNealy，Craig Newmark，John Gilmore，T. J. Rodgers，Peter Thiel）都曾经是技术自由论者。不论是乌托邦思想的激进一方还是保守一方，其根源都在浪漫主义思想。尽管所有的市场乌托邦派都坚定不移地支持稀缺性思想，认为给商品定价天经地义，无政府资本主义派却认为所谓富裕是指时间上的以量取胜。自由资本主义乌托邦派认为无限制的时间最有利于个体做出选择。相应的，免费信息可以帮助人们更好地做出选择并有助于市场的发展与完善。谷歌就是一个获取免费信息的利器，它能够确保理性的使用者获得最大的收益。相反，反资本主义的无政府乌托邦派认为只有无限制的时间才是想象力的真正来源。与其说他们是受了 William Godwin 的启发，倒不如说是 Johan Schiller 对他们的启发更大。但就后稀缺性理论来说，可能激进与保守两种倾向都是错误的。很难想象人类在任何条件下会拥有无限的时间来让自己做出选择。的确，现在的经济活动速度越来越快，人们正在源源不断地生产更加廉价和可以自由获取的信息，但同时，这些信息也越来越虚假。我们可以用来做选择的时间实际上越来越少而不是越来越多。我们也不知道能够用来自由发挥想象力的时间是否真的增加了，我们是否应当以市场规律来规范它。时间本来就是一种稀缺资源，随着生活节奏的加快，它将变得更加稀缺。当一些事情变得越来越不受约束之时（显然是说信息），其他的一些东西却显得越来越受束缚，更加受我们的需求所限。

我们可以推论出：谷歌的服务为我们所有人都提供了一种公共福利，即免费信息的福利。但其实所有的公共福利都是有代价的，在谷歌的个案中，其服务的代价正好与免费信息有关。储存服务的单位成本可能逐年下降，但它仍然需要花费成本，并且这个成本不可能是零。当然，这个成本可以通过谷歌广告的形式得以收回，但在这之前人们仍然要承担这部分成本。举例来说，我的 iPod 可以储存好几年都听不厌的音乐文件，这是塑料唱片时代的便携式媒体技术所无法比拟的，但是我们都忽略的是把音乐文件进行转录、分类和排序时，我们所花费的大量个人时间。这对于免费时间经济学来说同样适用：尽管我们感觉没有花费时间，但实际上并非如此。许多对等生产的案例都喜欢夸大业余爱好者的自愿参与或是专业人士是多么愿意把他们的时间奉献给公共事业。但天下没有免费的午餐，天上也不可能掉馅饼，不管是时间还是物质，任何事都会有代价。也就是说，可以用来发挥想象力的时间是有限的，不管乌托邦派再怎么吹嘘，这个时间仍然会被渐渐耗费。更直接一点讲，这里边至少还存在着机会成本：如果我贡献了个人时间来上网编辑在线百科全书，那么我就没时间陪我的另一半，或者是帮我所在的运动俱乐部委员会解决他们的问题，甚至是完成我十分喜爱的个人绘画作品。

简而言之，包括创作时间在内的各种时间都是有限的。时间对每个人都是公平的。将商品数字化并不会给经济与社会生活带来多么大的改变，也不会在时间成本方面有多大的改观。数字化已经并将继续改变的，是生产与分配的模式。它使得科学技术、知识创新与传播、信息获取与大学教育等要素在社会中的作用更加凸显出来。这并不能简单判断它好还是不好，也不能说它一定可以改变世界。商品数字化在创造新的平等时也同样在创造着新的不平等；它解决了一些既有的问题，但同时也产生了新的问题；它揭露了现实当中的老问题，比如时间限制的问题，同时它也在创造着新的关于生产与消耗的现实，也就是我们每一个人的未来——不管这个未来将会越来越好还是越来越差。

本书的组织

这本书主要探讨了创造力与设计、研发、高等教育及知识资本之间复杂的关系问题。当今世界，各国政治家和决策者们都开始重新思考创造与创新及其相关问题，尤其是对诸如"创造力经济"、"知识经济"、"企业型社会"、"创业精神"以及"国家创新体系"等概念及其相互关系十分感兴趣。创造力经济的概念最初来源于一些人关于工业经济应当给创造力经济让位的观点，他们认为现在思想与虚拟价值的力量正在不断增长，换句话说，钢铁与汉堡包应当被软件和知识产权（IP）所代替。在此基础上，关于版权的政策法规不断出台，盗版与反盗版、各种发布系统、网络读物、公共服务内容、创意产业、新的兼容标准、世界知识产权组织（WIPO）以及各种蓬勃发展的机构、世界贸易组织（WTO）及各种商业贸易活动，所有这一切都将创造力与商业贸易行为联系了起来。与此同时，对创造力的关注也引发了决策者们将教育与新兴资本更加紧密联系起来的强烈愿望，他们通过制定新的政策法规来规范和强调创造力教育的重要性，他们认为现在应当关注教育理论，研究怎样才能促进学生的数学、语文与科学探究能力，知识与创造力的不同模型怎样才能更好地运用于教育教学实践。在大力宣传创造力经济的今天，各种新的学习与教学方法如雨后春笋般不断涌现，同时我们对天才儿童的关注也不断增多，人们设计出多种学习方案来帮助这些独特的儿童成长。此外，也有一些人对于创造过程中产品的表现与表达十分关注，他们认为产品的审美元素与设计因素对于创造力经济来说是一个非常重要的前提与基础。

过去的 20 年间，我们已经从后工业化经济时代进入到以信息经济、数字化经济、知识经济以及"创造力经济"为主的时代。本书对最近发生的一系列变化进行了追踪与解析，并试图为我们这个时代的变迁寻找到一种政治经济学的标签。或者我们可以这样说，本世纪早期 John Howkins 和 Richard Florida 所探讨过的"创造力经济"思想，现在已经与后市场化时代的思想紧密联系在一起，而后市场化时代的典型特征是开源的公共空间。我们认为创造力经济的思想正在不断发展完善，它不仅使得创造力更加民主化，也促进了知识产权相关法律法规的不断出台，同时也强调了创造性工作的社会条件。例如，创业精神（entrepreneurship）最早由 Schumpeter 提出并阐释，现在已经远远超出其最初的商业涵义，成为一个更大范围的变革的指导性思想。通过这种变革，一系列有助于创造力活动开展的基本条件得以确立。与此类似，内生性生长理论（endogenous growth theory）由 Paul Romer 等经济学家同时提出，这一理论强调思想的重要性，而这一观点直接影响了 OECD 经济政策的制定，使后者将可持续性创新作为其经济政策的主体内容，并且可持续性创新现在也是 CEO 职业素质的核心要素之一。现在，创造力经济仍有很大发展空间，同时人们的思想也已经走出很远，许多人已经认识到知识生产的最先进模式应当是基于公共资源的，从根本上应当是由思想而非利益所驱动的——是时候重新考虑知识与经济之间的新型关系模式了。现在正在发生的一切不仅仅向人们提出了"知识该如何管理"的问题，更涉及应当如何设计"创新型工作场所"，以便于更好地体现新的生产模式的问题。

本书借鉴了许多最新的研究成果，内容的探讨涉及许多不同领域及观点，希望能够为政策分析者、企业管理者，以及不同专业领域的学者、大学生等读者提供一个全方位、多角度的概览。本书对近年来在知识经济理论方面所发生的一些重要变化进行了分析，同时对于知识资本在不同领域所取得的研究成果也进行了追踪和阐释。

第一章对当代基于科学与艺术的资本主义制度进行了概述，尤其深入阐述了公民在形成智力资本过程中的作用，及其在合理性与空间性等方面的特质。同时本章对创造力与设计的智慧在智力资本生产模式中的角色及其在当前资本主义制度中的社会经济学应用也进行了探讨。在 20 世纪末的美国，以垂直管理网络为主要特征的组织形式开始明显地向平行的对等协作模式转变，同时网络化计算（networked computing）和计算机媒介化沟通（computer-mediated communication）也逐渐流行起来。这种转变的原因在于，管理过程中固有的命令—控制模式越来越需要进行基于知识的更新和重组,人们只有通过合作、开放以及对等协作的工作方式才能创造和利用最有价值的知识和最先进的技术。本章还对福特制早期出现的"底特律模式"的特点进行了分析,阐述了它如何基于集体活动逐渐转变为更加具有参与性和分享性的生产模式,如何基于人们的共识与公民审美观而不是通过市场化或命令得以不断发展壮大。

第二章是关于知识经济、信息经济的一篇政治性分析文章。该文以"知识资本主义"和"知识经济"为基本概念,阐述了资本主义制度的彻底变革。本章试图通过分析有关知识与信息的经济学理论来寻求对于这种变革的理解。"知识资本主义"是最近才出现的术语,用于描述"知识经济"所带来的变化,很多时候也用于描述"富裕经济学"、"距离的消亡"、"国家的去地区化"以及对人力资本的投资。本章先对 Friedrich Hayek 在知识经济领域的观点进行了回顾,接着集中阐述了关于知识资本主义的三种不同理论:OECD 的新增长论、世界银行的"发展的知识"观点以及 Burton-Jones 的知识资本主义新模式理论。本章的最后对"知识文化"概念做了注解。

第三章对不同理论之间的关系进行了梳理。比如"创造力经济"与新增长论以及思维的领先性观点之间的关系,学术型创业活动与文化产业的新范式之间的关系等等。一般来看,创造力经济的定义十分宽泛,它同时与艺术和科学领域的思维领先性相关,并且与企业家的创业精神存在着十分紧密的、社会化的关联。这就把教育置于了一个中心位置,因为教育研究机构是知识产生的源泉,只有它才能为新思想的产生、发展和变化提供良好的条件。对等协作网络内部的创业精神必须通过新的信息与通信技术才能不断发展,而艺术、人性、社会科学则重新成为创造力经济中新思想产生的核心要素,能够帮助人们转变思想,将对产品的讨论与分析从单一的"自然科学"层面转换至"人文科学"层面(Edwards,2008)。纳米科技的发展就是一个很好的例证。

第四章对于创造力的智力因素——尤其是想象力的发散—聚合变化以及如何"打破"知识的问题进行了探讨。本章主要探讨了与创造性工作有关的三个相互交叉重叠的因素,尤其是在前两个要素着墨较多:(1)自主的创造性个体或小组的自由性特征,尤其是 Amartya Sen 和 F. A. Hayek 的观点;(2)创造性工作的组织与机构设置特征,比如当代大学中流行的以账目、审计技术为核心的新公共管理模式;(3)城市、地区、国家所处地理位置对创造力的影响。毫无疑问,自主性程度越高、个体的执行力越强,创造性智慧工作及独立思维的成效就会越大。此外,当代大学一个值得关注的方面,就是在时间、财力始终有限,且组织要求与行为控制方面总是束手束脚的情况下,如何才能将潜在的学术创造力源源不断地转化为生产力,并创造价值。

第五章探讨了教育、创造力与"激情经济学"之间的关系,并比较了两种创造力观点:"个人的独特审美观"与"设计的原则"。前者是现在比较流行的观点,更加符合商业模式的需求,类似于"头脑风暴"、"思维导图"、"战略规划"之类的概念。这种大量出现在世纪之交心理学文献当中的高度个人化的理论观点起源于德国理想主义与浪漫主义思想,它强调创造力应当产生于更深层次的潜意识活动过程,不受束缚的、充满激情的想象力是创造力的源泉,并且个人在发挥想象力时应当冲破理性思维的束缚与控制。与这种个人主义的观点相反,"设计的原则"观点既不反对理性也更加社会化。这种观点出现相对较晚,且多见于社会学、经济学、技术类及教育学等多学科交叉的文献当中。通过对"社会资本"、"情境学习"以及"对等协作"等理念在公共化生产模式中的作用进行阐发,"设计的原则"理论逐渐成熟。该观点是社会化与网络化环境的产物,也可以说,在符号化意义丰富的环境中,"每个事物都会说话"。它同时也是高交互性系统的产物,遵循知识传播与智力累积的基本原则。本章首先对这两种与创造力相关的不同理论观点的发展历史进行了回顾,然后评述了它们对于教育实践的深刻影响,最后解释了为什么它们都与新的资本主义制度有着千丝万缕的联系,以及它们怎样与创造力的课堂教学相联系。

第六章指出目前知识经济的发展势头十分强劲,并进一步分析了为什么会出现这种状况。在分析原因时,本章将矛头主要指向了模式化思维(pattern thinking)与审美方式(aesthetic form)这两个因素。此外,这一章还特别谈到了知识经济会在一种特别的地理区域中产生汇聚——港口城市。在港口城市,各种文化现象及元素进行着相互融合,不仅包括港口城市本身的艺术与文化元素,也包括大量汇聚于此的设计的智慧(designing intelligence),它们使得各种知识长期在此积累、交融。审美的文化与远距离港口经济在此相互呼应,和谐共处。通过审美的过程,人们能够在混乱中发现不同的美,从而有助于对港口的社会与经济不稳定因素进行规范与管理。同时,强大的经济实力也可以使人们有能力应付各种偶然事件和危险,从而阻止混乱的发生。因此,以高度发达的进出口贸易为特征的港口城市,早已具备应付突发事件的能力,对各种混乱状况均可泰然处之。尤其是这些城市中的各种公司和组织,他们已经能够熟练运用模式化思维及设计的智慧来处理大量纷繁复杂的信息流,并将港口城市多变的环境中所固有的潜在危险消灭在萌芽状态。

第七章对于研究型大学中呈现爆发式增长的知识经济与开源生产模式进行了探讨。当代大学已经演变成具有全球竞争力的网络化研究机构,有着共同的发展目标,采用相似的发展方式。在不同领域研究者的相互交流和共同努力之下,在出版物、引用率规则尤其是大学排名制度的激励下,当代大学取得了长足的进步。就好像《美国新闻与世界报道》的大学排名已经改变美国高等教育的状况,将其变成了一个具有准经济地位的市场一样,在很短的时间内,全球化的大学评级制度已经被证明是一种强有力的工具,可以用它来改变大学的地位与价值,影响乃至塑造大学的行为。同时,知识商品的蓬勃发展使大学具有了公益服务的性质,同时使新自由主义试图通过知识产权等商品贸易政策霸占知识商品的计划无法实现。与新自由主义相反,OECD等国际组织已经越来越认识到大学与知识商品的重要性,他们通过不断为研究与创新提供政策支持,将大学知识的自由、广泛传播放在了一个越来越显著的位置。尽管如此,当前大学知识的公益性特征仍不够明显,在很长一段时间里知识仍然要遵从于大学本身发展的客观要求,以及国家地缘政治发展的需要。基于大学自身发展的知识生产与自由形式的文化生产其实并不矛盾,矛盾的焦点在于如果大学只是着眼于自身实力的增加,那么应该如何发展才能不断超越自我。一个很好的例子是对中美洲玛雅文明的社会、经济与文化发展机制的探讨。通过考察历史上此类低地城市国家的复兴过程,以及这一过程中文化发展的参与模式,能够为我们提供很好的参考资料。本章还以上海交通大学的大学排名研究范式为例,对大学排名制度进行了回顾,探讨了这种排名对于大学的研究能力、大学的全球发展战略,以及国家对大学的政策与投入等方面的影响。本章还认为,这种大学排名的综合作用效果,体现了当前以创新投资为主的新"军备竞赛"的发展。

第八章主要以目前越来越多的国际交流学生为例,探讨了不同文化及不同文化下的教育之间的交流,比如留学中介服务在当前的开源大环境及文化交流政策支持下,如何才能更好地为留学生创造服务的平台和渠道。本章对国际教育的不同研究取向与学术成果进行了探讨,尤其关注国际交流机制的建立与国际留学服务机构的发展,以及仍在进行的关于文化与同一性的讨论。本章提出,当前国际化教育的理念正在发生巨大变化,人们开始将国际化教育看作是一个自我塑造(self-formation)的过程,研究者开始关注在留学生自我同一性形成的过程中,应当如何促进其多元化、交互性,同时保持一定的自我中心性。过去50年对国际教育的研究,尤其是西方国家对于教学与辅导过程中的多元文化影响研究,大多数来自于心理学的视角。心理学的力量有限,而且其量化研究规则只是对于单一文化情境下行为规律的探究有所帮助。在当前教育国际化的大背景下,开放性、随机性与多元的文化观、自我观相互交织,心理学的局限性更加明显。过去20年间,另一种研究范式开始发展起来,此类研究以社会、文化及政治等领域的相关理论为基础,关注全球化的融合趋势以及个体自我决定理论的应用。此类更加兼收并蓄的研究以世界大同主义(cosmopolitanism)为基础,其思想涉及从"多元文化能力"到"全球主义"的诸多不同内容,认为未来的机构应当能够同时具有本地和全国性的竞争力,同时能够进行全球互联。本章最后对未来国际教育中知识的演化发展进行了预测。

第九章主要探讨了大量依赖于智力资本而发展起来的新型组织是如何成功地管理有创造性的员工的。此种类型的组织必须不断吸纳新的思想,而想要做到这一点,就必须要能够在新思维不断产生的情境中对各种混乱、不清晰的认知与实践问题进行有效管理。本章探讨并强调了当前全球商业与管理领域中一些引人注意的新发展趋势,包括社会资本与智力资本、创造力与创新、艺术型公司(arts firms)与审美管理(aesthetic management)等。尤其是智力资本的产生与储存,必须在大型的知识型组织中才能成功实现。本章同时也对管理模式中那些容易引起问题的因素进行了阐述,这些因素包括跨越组织边界、个人与组织时空使用的相关规则、权力控制点(locus of authority)、思想的自由(freedom to think)等,通常如果在涉及这些因素时采用传统的管理方法,很容易引起与创造型员工的冲突。本章还提出,管理冲突需要一些特殊的知识与技能,其中关键的是各种反常规的知识,比如信任你看不见的员工,容忍不清晰的想法和模棱两可的行为,以及模式化的思维(pattern thinking)等。

注释

感谢Peter Murphy和Simon Marginson关于本章的建设性意见以及对上述章节概要的贡献。Peter Murphy还针对无政府资本主义及自由主义乌托邦为本章提供了两段非常重要的观点。

1. 可参考网站:http://www.itu.int/wsis/index.html(2008年9月6日访问)。WSIS在2003年发布的一个关于行动计划与规则的公告中首次提到类似概念。
2. 可参考理由在线网站:http://www.reason.com/news/show/28243.html(2008年8月30日访问)。
3. 这些描述来自于他关于无重量经济的网页:http://econ.lse.ac.uk/staff/dquah/tweirl0.html(2008年8月30日访问)。
4. 可参考他的网站:www.thelongtail.com/about.html(2008年8月30日访问)。
5. 参见www.thelongtail.com/thelongtail/2006/11/moreontheeco.html(2008年8月30日访问)。
6. 这些参考文献来自于阅读书单"后稀缺性时代的富裕经济学/文化学",参见网站:http://web.achive.org/web/20060512163521/http://www.pa.msu.edu/people/mulhall/mist/PSE-COA.html(2008年8月30日访问)。

参考文献

Albus, J. S. (1976). *Peoples' Capitalism: The Economics of the Robot Revolution*. College Park, MD: New World.
Anderson, C. (2006). *The Long Tail: Why the Future of Business Is Selling Less of More*. New York: Hyperion.
Atton, C. (2004). *An Alternative Internet*. Edinburgh: Edinburgh University Press.
Barbrook, R. (1998). 'The hi-tech gift economy'. *First Monday*, 3 (12) at http://firstmonday.org/issues/issue3_12/barbrook/ (accessed 30 August 2008).
Barbrook, R. (1999). *The: Cyber.com/munist: Manifesto*. Retrieved on 7 December 2007 from www.nettime.org/Lists-Archives/nettime-1-9912/msg00146.html.
Barbrook, R. (2007). *Imaginary Futures*. London: Pluto Press.
Becker, G. (1964, 1993, 3rd ed.). *Human Capital: A Theoretical and Empirical Analysis, with Special Reference to Education*. Chicago: University of Chicago Press.
Bell, D. (1973). *The Coming of Post-Industrial Society a Venture in Social Forecasting*. New York: Basic Books.
Benedict, R. (1959). *Patterns of Culture*. Boston: Houghton Mifflin.
Benkler, Y. (2006). *The Wealth of Networks*. New Haven, CT: Yale University Press.
Berkman, A. (1929). *Now and After: The ABC of Communist Anarchism*. New York: Vanguard.
Black, B. (1986a). *The Abolition of Work and Other Essays*. Port Townsend, WA: LoomPanics Unlimited.
Black, B. (1986b). *Zerowork: The Anti-Work Anthology*. Brooklyn, NY: Autonomedia.
Bookchin, M. (1971). *Post-scarcity Anarchism*. Berkeley, CA: Ramparts.
Bourdieu, P. (1986). 'The Forms of Capital,' Richard Nice (trans). In: J. F. Richardson (Ed.) *Handbook of Theory of Research for Sociology of Education*, Westport, Connecticut: Greenwood Press, pp.241-58.
Boyer, R. (2004). *The Future of Economic Growth: As New Becomes Old*. London: Edward Elgar.
Cardoso, G. & Castells, M. (Eds). (2006). *The Network Society: From Knowledge to Policy*. Center for Transatlantic Relations: Brookings Institute Press.
Castells, M. (1996, 2000, 2nd ed.,). *The Rise of the Network Society: The Information Age: Economy, Society and Culture Vol. I*. Cambridge, MA; Oxford, UK: Blackwell.
Chase, S. (1934). *The Economy of Abundance*. New York: Macmillan.
Coleman, S. (1988). 'Social Capital in the Creation of Human Capital,' *American Journal of Sociology*, 94(Supplement), pp. S95-S120.
Davis, J., & Stack, M. (1997). 'The digital advantage'. In J. Davis, T. A. Hirschl, & M. Stack (Eds) *Cutting Edge: Technology, Information Capitalism and Social Revolution*. London: Verso, pp.121-144.
DeLong, J. B., & Froomkin, A. M. (2000). 'Speculative microeconomics for tomorrow's economy'. In B. Kahin & H. Varian (Eds), *Internet Publishing and Beyond: The Economics of Digital Information and Intellectual Property*, Cambridge, MA: MIT Press, pp.6-44.
DeLong, J. B., & Summers, L. H. (2002). 'The "new economy": background, historical perspective, questions, and speculations'. Retrieved from www.kansascityfed.org/PUBLICAT/SYMPOS/2001/papers/S02delo.pdf (accessed 30 August, 2008).
Douglas, Major C. H. (1922). *The Control and Distribution of Production*. London: C. Palmer.
Douglas, Major C. H. (1967). *Economic Democracy*. Hawthorne, CA: Omni.
Drucker, P. (1969). *The Age of Discontinuity: Guidelines to Our Changing Society*. New York: Harper & Row.
Drucker, P. F. (1993). *Post-capitalist Society*. New York: Harper Business.
Edwards, D. (2008). *Artscience: Creativity in the Post-Google Generation*. Cambridge, MA: Harvard University Press.
Esfandiary, F. M. (1970). *Optimism One: The Emerging Radicalism*. New York: Norton.
Firth, R. (1965). *Primitive Polynesian Economy*. London: Routledge & Kegan Paul.
Foray, D. (2004). *The Economics of Knowledge*. Cambridge, MA: MIT Press.
Fuchs, C. (2008a). 'Review of *Wikinomics: How Mass Collaboration Changes Everything*'. *International Journal of Communication*, Vol.2, pp.1-11.
Fuchs, C. (2008b). *Internet and Society: Social Theory in the Information Age*. New York: Routledge.
Granovetter, M. (1973). 'The Strength of Weak Ties,' *American Journal of Sociology*, Vol.78, No.6, May, pp.1360-1380.
Granovetter, M. (1983). 'The Strength of Weak Ties: A Network Theory Revisited,' *Sociological Theory*, Vol.1, pp.201-233.
Harvey, D. (1989). *The Condition of Postmodernity*. Oxford: Blackwell.
Hayek, F. (1937). 'Economics and Knowledge.' Presidential address delivered before the London Economic Club, 10 November 1936; Reprinted in *Economica* IV (new ser., 1937), pp.33-54.

Hayek, F. (1945). 'The Use of Knowledge in Society', *The American Economic Review*, Vol. XXXV, No. 4, September, pp. 519-530.
Hearn, G., & Rooney, D. (Eds). (2008). *Knowledge Policy: Challenges for the Twenty First Century*. Cheltenham: Edward Elgar.
Hilton, M. A. (Ed.). (1966). *The Evolving Society*. Proceedings of the First Annual Conference on the Cybercultural Revolution. New York: Institute for Cybercultural Research.
Hübner, K. (Ed.). (2005). *The New Economy in a Transatlantic Perspective: Spaces of Innovation*. Routledge Studies in Governance and Change in the Global Era, London: Routledge.
Kelly K. (1998). *New Rules for the New Economy*. London: Fourth Estate.
Kelso, L. (1986). *Democracy and Economic Power*. Cambridge, MA: Ballinger.
Kelso, L., & Hetter, P. (1968). *How to Turn Eighty Million Workers into Capitalists on Borrowed Money*. New York: Random House.
Kochan, T. A., & Barley, S. R. (Eds). (1999). *The Changing Nature of Work and Its Implications for Occupational Analysis*. Washington, DC: National Research Council.
Lafargue, P. (1979). *The Right to Be Lazy*. Chicago: C. H. Kerr.
Lee, R. (1979). *The !Kung San: Men, Women, and Work in a Foraging Society*. Cambridge, New York: Cambridge University Press.
Lessig, L. (2006). *Code: Version 2.0*. New York: Basic Books.
Lorenz, E., & Lundvall, B.-Å. (Eds). (2006). *How Europe's Economies Learn*, Oxford, Oxford University Press.
Lundvall, B.-Å., & Archibugi, D. (2001). *The Globalizing Learning Economy*. New York: Oxford University Press.
Lundvall, B.-Å., & Johnson, B. (1994). 'The Learning Economy,' (with Johnson, B.) in *Journal of Industry Studies*, Vol. 1, No. 2, December, pp. 23-42.
Lyotard, J-F. (1984). *The Postmodern Condition: A Report on Knowledge*. Geoff Bennington and Brian Massumi (trans.) Manchester: Manchester University Press.
MacBride, R. (1967). *The Automated State: Computer Systems As a New Force in Society*. Philadelphia, PA: Chilton.
Machlup. F. (1962). *The Production and Distribution of Knowledge in the United States*. Princeton, NJ: Princeton University Press.
Melman, S. (1961). *The Peace Race*. New York: Ballantine.
Miller, J. H. (1994). *Curing World Poverty: The New Role of Property*. Saint Louis, MO: Social Justice Review.
Morris-Suzuki, T. (1997). 'Capitalism in the computer age and afterward'. In J. Davis, T. A. Hirschl, & M. Stack (Eds), *Cutting Edge: Technology, Information Capitalism and Social Revolution*. London: Verso, pp. 57-72.
Nonaka, I., & Takeuchi, H. (1995). *The Knowledge-Creating Company*. New York: Oxford University Press.
Nozick, R. (1974). *Anarchy, State and Utopia*. New York: Basic Books.
OECD (1996). *The Knowledge-Based Economy*. Paris: The Organization.
Peters, M., & Besley, T. (2006). *Building Knowledge Cultures: Education and Development in the Age of Knowledge Capitalism*. Lanham & Oxford: Rowman & Littlefield.
Pierson, J. H. G. (1996). *Full Employment*. Amherst, NY: Prometheus Books.
Porat, M. (1977). *The Information Economy*. Washington, DC: US Department of Commerce.
Powell, W. W., & Snellman, K. (2004). 'The knowledge economy'. *Annual Review of Sociology*, Vol. 30, pp. 199-220.
Prusak, L. (1997). *Knowledge in Organizations*. Boston, MA: Butterworth-Heinemann.
Putnam, R. (2000). *Bowling Alone: The Collapse and Revival of American Community*. New York: Simon and Schuster.
Quah, D. (2003a). 'Digital Goods and the New Economy.' In Derek Jones, (Ed.), *New Economy Handbook*. Amsterdam, the Nethderlands: Academic Press Elsevier Science, pp. 289-321.
Quah, D. (2003b). 'The Weightless Economy'. at http://econ.lse.ac.uk/staff/dquah/tweirl0.html (accessed 30 August 2008).
Rifkin, J. (1995). *The End of Work: The Decline of the Global Labor Force and the Dawn of the Post-market Era*. New York: G. P. Putnam's Sons.
Romer, P. M. (1990). 'Endogenous technological change'. *Journal of Political Economy*, Vol. 98, 71-102.
Rooney, D., Hearn, G., Mandeville, T., & Joseph, R. (2003). *Public Policy in Knowledge-Based Economies: Foundations and Frameworks*. Cheltenham: Edward Elgar.
Rothbard, M. (1962). *Man, Economy, and State: A Treatise on Economic Principles*. Princeton, NJ: Van Nostrand.
Russell, B. (1932). *In Praise of Idleness*. London: Kindle Books.
Sahlins, M. (1972). *Stone Age Economics*. Chicago: Aldine-Atherton.
Shuman, M., & Sweig, J. (1993). *Technology for the Common Good*. Washington, DC: Institute for Policy Studies.

Söderberg, J. (2002). 'Copyleft vs. copyright: a Marxist critique'. *First Monday*, 7(3) at http://www.firstmonday.org/issues/issue7_3/soderberg/ (accessed 30 August 2008).

Speiser, S. M. (1984). *How to End the Nuclear Nightmare*. Croton-on-Hudson, NY: North River Press.

Stankosky, M. (2004). (ed.) *Creating the Discipline of Knowledge Management: The Latest in University Research*, London: Butterworth-Heinemann.

Stiglitz, J. (1998). 'Towards a New Paradigm for Development: Strategies, Policies and Processes.' 9th Raul Prebisch Lecture delivered at the Palais des Nations, Geneva UNCTAD, October 19, 1998.

Stiglitz, J. (1999a). 'Knowledge for Development: Economic Science, Economic Policy, and Economic Advice.' Proceedings from the Annual Bank Conference on Development Economics 1998. World Bank, Washington D. C. Keynote Address, pp. 9 - 58.

Stiglitz, J. (1999b). 'Knowledge as a global public good'. Retrieved from http://www.worldbank org/knowledge/chiefecon/articles/undpk2/ (accessed 30 August 2008).

Stiglitz, J. (2003). *The Roaring Nineties: A New History of the World's Most Prosperous Decade* New York: W. W. Norton.

Tapscott, D., & Williams, A. D. (2007). *Wikinomics: How Mass Collaboration Change Everything*. New York: Penguin.

Theobald, R. (1966). *The Guaranteed Income: Next Step in Economic Evolution?* Garden City NY: Doubleday.

Theobald, R. (1971). *The Challenge of Abundance*. New York: Pitman.

Toffler, A. (1980). *The Third Wave*. New York: Bantam Books.

Touraine, A. (1971) *The Post-Industrial Society: Tomorrow's Social History; Classes conflicts & Culture in the Programmed Society*. L. Mayhew (trans.). New York: Random House.

Varian, H. R. (1998). 'Markets for information goods'. Retrieved from www.sims.berkeley edu/~hal/people/hal/papers.html (accessed 30 August 2008).

Von Mises, L. (2005). *Liberalism: The Classical Tradition*. Indianapolis, IN: Liberty Fund.

Wilson, W. J. (1996). *When Work Disappears: The World of the New Urban Poor*. New York Knopf.

第一章　关于知识资本主义

Peter Murphy

网络化组织

千百年来，人们的生产、生活、商业贸易乃至战争等所有涉及沟通与交流的人类行为都会首先面临人与人之间相距遥远的问题。然而随着现代股东制企业的出现，距离的问题不复存在了。荷兰人首先发明了股份制企业——后来以东印度公司为典型代表——并以这种准永久性质的网络化资金链条来保证和强化他们遍布于半个地球的海上贸易(Parry, 1964)。这是现代意义上的第一类网络化组织。19世纪中期之后，股份制公司的组织形式在美国迅速流行开来。伴随着美国的西部大开发，人们发现网络化的组织形式可以提高商业活动的效率。比如说股份制公司尤其适合于修建铁路。曾几何时，铁路的修建过程与全球化贸易公司的运作过程十分相似，都需要大量资本来进行网络化基础设施的建设(以铁路为例，即铺设路轨、设立火车站)，都需要大量员工广泛分布在大陆上的各个角落。通过不断实践"远程控制"的管理方式，美国铁路为全美公司企业的管理风格奠定了基础(Chandler, 1990)。

这种网络化组织——不管是地区层面或整个大陆层面的——首先让人不解的就是：在一个无法面对面进行交流的组织当中，尤其是当组织的每一个单位和成员都无法在空间上十分接近的时候，这个组织内部的协调工作是如何高效进行的？然而现实情况是许多公司都采取了这种管理和运作模式，从银行业、汽车制造业、电影公司到快餐连锁企业，都在建设各自不同的网络——包括像分配、供应、零售、宣传与展示等各种网络。这些网络化运营的公司在发展过程中，会把自己的办公室、仓库、生产、销售部门及其他分支机构遍布于地理上相距遥远的各个地方，那么这种组织形式一定会带来各种运作以及信任方面的问题。所以为了保证高效运作，这些公司都必须不断探索如何才能协调好这些"远距离活动"。

随着铁路线的延伸，美国的网络化公司开始探索如何协调、管理那些相互之间距离遥远的分支机构和组织单位。在此过程中，他们开始采用组织间相互沟通交流的新形式（Yates，1989）。电报的出现从根本上改变了这类公司对散落于大陆各处的分支机构的协调和管理方式。同时，各种新的书面文件类型层出不穷——传单、公告、关于规则和政策的书面说明、操作说明手册、内部刊物以及各种表格、备忘录和报告单纷纷出现。各种公司文件的发明创造和书面形式的信息组织工作密不可分，也跟数据的可视化过程，尤其是数据的图表化有很大关系。在此基础上，互不相识的人都可以很顺畅地进行沟通交流，口耳相传的交流方式逐渐退出了主导地位。在那个年代，虽然信息的传递效率仍显滞后，但与口头交流相比，书面文件上的沟通已经减少了很多不必要的寒暄和个人化的表达与沟通过程，大家可以就事论事，直奔主题。而缩写词的使用也使得这种现代化的语言文字运用方式更加为人们所熟知。同时，报表与图表在书写上也更加方便快捷，所有这些技术都使得那些具有不同背景、阅历的人——如经理、雇员、供应商、客户、服务提供商——之间可以更加简单而高效地进行沟通。

随着电报的发明，新的信息复制、存储和提取方式也出现了。从19世纪80年代到20世纪20年代，美国的现代化办公室以复写纸、染印、胶印、油印、影印等方式以及垂直归档系统（system of vertical filing）为特征，而到了20世纪的80以及90年代，则是以办公信息的数字化复制、存储和提取技术为主要特征。尽管数字化过程改变了信息操作的速度和范围，但这种对活动及个人进行远程管理的本质一直未改变。今天的电子邮件就是过去的电报，今天的电脑文档管理系统就是过去的文件柜，今天的电子复制就是过去的复写纸，今天的桌面电子印刷系统就是昨天的印刷厂。这只是升级换代的结果。

从更加本质的层面来讲，信息技术——也就是以前的电报技术——可以部分地解答理论和实践上的双重问题——也就是"如何实现秩序在时空上的扩展？"（Hayek，1989）。[1] 协调远程活动与管理面对面的两个人甚至是邻居间的行为是完全不同的两码事。[2] 面对面的时候，我们可以采取十分传统的模式来管理人的活动，比如等级制度。而现代社会的网络化组织，通过将所有权与管理模块的不同功能进行分离，开创了现代化的等级制管理模式。这种现代化管理模式更加客观，也不像传统的等级制度那样依赖社交关系。但不管等级制管理方式如何发展，它始终受制于距离因素，也就是必须依赖于人与人之间的面对面交流。当人与人之间的距离不是问题时，这种管理模式是十分奏效的。但随着人们之间的距离越来越远，这种管理模式将会逐渐失效。

管理一个横跨北美大陆的公司,或是在巴黎与东京之间进行管理,对传统的等级制整合管理活动是巨大的挑战。为了减轻这种管理压力,现代日本公司首先开始尝试建立网络化管理的关系网(包括金融家、政府部门、供应商以及联盟公司)。但如何在决策时保持各个部门之间步调一致的问题也随之出现,毕竟从传统的等级制度转换到组织内部的"大一统"是需要时间的。与日本公司不同的是,美国的公司通过产品的标准化与管理流程的形式化,更好地解决了垂直管理系统在网络化过程中可能造成的问题。换句话说,这些美国公司在不断尝试的过程中催生了大众化市场商品和标准化流程。比如铁路的出现导致标准化时间的产生(因此出现了"东部标准时间"),快餐连锁企业对食品的方方面面都进行了标准化,而底特律的汽车制造商们则对汽车模型进行了标准化。不得不说这种标准化的策略恰好弥补了传统的命令式管理的短板,而且其合理性也导致了这一策略在美国的成功。同时,这种标准化策略的合理性也使得等级管理制度在当今美国找到了进一步发展的空间。

合理化是合理性需求的具体行为体现之一。不管甲和乙两个人是否同处一室,要想将他们两人的行为进行整合与协调,就必须首先使他们的行为"合理化"。我们很难说清究竟有哪些因素构成了合理的行为,但目前清楚的是,合理化是协调不同行为的重要条件。在本书中我们将把合理化定义为行为的一致性(可重复性)。行为的一致性对于人类具有很强烈的吸引力,这是因为人类十分喜欢具有秩序和固定形式的事物。也可以说,人类并不喜欢各种无序和无法预测的事物——至少太阳每天清晨都会升起。但这并不是说不确定或无法预测性就十分令人讨厌,不确定的事物出现时,一个有理性的人会尝试从混乱和不确定的表象之下寻找秩序与形式,并以此来结束这种混乱。在一个混乱的组织当中,组织成员的行为必然也是乱作一团。因此如何才能避免混乱或顺利地度过混乱时期,就成为真正达成合理性的标志之一。一个具有合理性特征的组织,其成员应当能够在一段时间之内保证其行为的可预测性、可信度以及一致性。信任是合理性当中体现人性的一面。[3] 经验告诉我们,我们应当信任那些做事具有合理性的人;同时教训也告诉我们,我们不能相信那些做事毫无章法可循的人。

跨区域的网络化组织一直在寻找各种可以促进其成员保持行为合理性的途径,因为要保证成员的行为合理性是一个很大的挑战。让我们来看看荷兰东印度公司的例子:该公司在印度港口城市马德拉斯的一位雇员向阿姆斯特丹的会计申请了一笔款项,用途是喂养一只家养的老虎,结果遭到了会计的强烈质疑。乍一看,会计的确有理由质疑这笔费用的正当性,进而怀疑这个雇员是否忠诚。然而会计并不知道的是,在印度拥有一只老虎是合法的行为，而且在跟本地的王公贵族做生意时，这也是保证自身形象和权威性的一种通行做法。一般来讲，17 世纪时的全球贸易公司必须无条件信任它在世界各地的雇员。那个时代，信息的传递就跟其他普通商品一样慢，或者说，信息本身就是另一种物理形式的货物。因此，要想在这位会计和雇员之间完成一次质询和回答的过程，大概需要整整一年。在这种情况下，从管理的角度经常性地监控或质疑组织的成员就变得很不现实，公司雇员的绝大多数行为必须得到信任。

当美国的股东制企业在 19 世纪开始发家时，它具有荷兰人所无法比拟的优势。与铁路一起迅速发展的是美国的电报业，而电报业的出现无疑是人类沟通史上的一次重大革命。它使得人类历史上第一次实现了信息的远距离即时传递，信息不再需要像货物那样被运载和传递了，它们可以通过"电磁"的方式进行传递。以 Samuel Morse 的电报原理为例，信息是通过一个数据开关来控制电流的"开—闭"从而实现传递的。当然，信息的传统传递方式并没有消失，邮政业通过强化陆地与海上的输送站，也使得传统方式下传递信息所花费的时间大大缩短。但对于一个商业组织来说，通过"电"的方式来传输信息仍然具有其他方式所无法比拟的优势。进入 20 世纪，电报的优势不断被其他"电子"信息网络所扩展和深化——电话、电脑局域网、网间计算，各种无线媒体比如收音机、广播电视，以及随后出现的无绳电话和无线网络等。

网络化组织很好地利用了这些网络化沟通交流媒介，他们甚至把不同的网络媒体串联起来互通互用。现代办公室的雏形出现于 19 世纪 90 年代的芝加哥，当时的芝加哥肉类加工业大亨 Philip Armour 将其产品销往全世界，他的办公室工作方式与 20 世纪 90 年代他的继任者几乎相差无几（Miller，1997）。他通常在他的办公桌前处理公司事务，被一大群助手所围绕着，这些助手给他读各地雇员发来的电报，并将他的回复通过电报发给各地的雇员。从功能的角度来看，这种方式与 20 世纪 90 年代开始流行的电子邮件沟通方式相差无几。哪怕是电报用语的简洁性跟现在的电子邮件相比，也差异不大。可以说 19 世纪 90 年代芝加哥办公室模式的革新就是将打字机、文件柜和电报进行结合的结果，而 20 世纪 90 年代的网络化办公电脑只不过是将这三种功能和用具装进了同一台机器。

那么网络化办公电脑能否从根本上改变人们对远距离活动的管理呢？相比电报而言，网络化电脑的确从技术和功能的角度为人们提供了更多的可能性。比如以电子传输的方式传递文件信息。具有开创意义的计算机网络（ARPANET）——20 世纪 60 年代建立于美国少数大学之间的计算机网络——的设计者们开发出了世界上第一个文件传输工具，可以让研究者通过这一工具查阅、获取或存储不同研究所放在网络中的文件资料。这就促进了实验室之间的大规模协同合作，也让远距离即时共享资源成为可能。

具有讽刺意义的是，开发这一计算机网络的初衷并非为了促进科研的协同合作，而是为了保证美国国防部在核战争中信息顺畅传递的需要。谁也没有想到，为了满足军事组织的迫切需要而设立起来的电脑网络，同时也造福了普通大众。纵观古今中外军队历史，政府和将军们无一例外都极大地信任着战场上的指挥官们，因为前者没有办法在战斗进行期间与战场上的指挥官进行即时的沟通。电话出现之后，这种信任关系发生了微妙的变化。以克里米亚战争中的英国军队和美国内战中的北方军来说，政府第一次可以直接指挥战场上的战斗（并在首都建立作战指挥室）。后来，随着无线电技术的发展，军事命令甚至可以直达海军舰艇。因此，战场指挥官的权威相对来说就逐渐被削弱，他们并不像以前那样被完全信任了。[4]

底特律模式

20世纪后期，在进行垂直化整合管理的网络型组织当中出现了一个明智的变化，即人们对平行管理模式逐渐产生兴趣。这一转变在美国体现得尤其明显。随着计算机的网络化及远程沟通技术的逐渐成熟，企业与组织纷纷开始重组。人们理所当然地认为正是技术的进步导致了企业的重组——两者之间是相辅相成的关系。但实际上这种观点并不完全正确。在背后推动企业重组的其实是知识型组织所面临的窘境。这种知识型组织——其实根本不是什么新型的组织——早已成为先进经济体系的重要组成部分。从历史上看，早在20世纪70年代中期，那种曾经在美国铁路建设和发展过程中发挥过先锋作用的命令与控制式管理模式，面对知识型组织那种以产品、系统研发为核心的需求就已经开始显得力不从心。[5] 不论传统模式在开发和管理卖方市场方面曾经体现出怎样的高效率运转，如果美国的汽车制造商们无法设计出好的汽车，那么这种市场必然会萎缩。[6]

在汽车制造商和其他人的共同努力下，一种以封闭式系统、垂直整合化管理以及程序化生产管理为特征的经济模式早已形成并长期服务于汽车制造业。然而长期以来他们所面临的一个困境却是，与这种模式正相反，智力的价值只有在一种开放式的、同伴合作式的生产过程中才能被最大化地产生和利用。开放式与封闭式生产系统之间的矛盾通常会被人们所忽略,只有当设计与研发的智慧力量在整体经济价值增值过程中作用越来越大,乃至成为一个不可或缺的组成部分的时候,人们才开始重视这一矛盾。在封闭式生产系统中,公司的主要任务是依照某一模型生产商品,而在开放式生产系统中,关键的任务则是持续不断地创造出不同的产品模型。到20世纪末,后一种生产模式的公司不断出现,如思科公司(Cisco System)——"基本上不进行生产制造的生产制造业公司"(Castells,2000,128)。[7] 这类公司的核心组成部分是知识资本——包括研发、技术革新、设计、工程技术、信息与商业系统等。而承包商则会包揽余下的工作,尤其是传统的生产制造环节。[8]

然而具有讽刺意味的是,这类虚拟生产制造公司会把注意力重新集中于物品——也就是产品,而垂直整合化管理的公司则正相反,会更加关注制造的过程。后一类公司将合理性界定为遵守规则,而前一种公司则将合理性界定为一种结果——也就是在生产过程中总结出来的生产技术与策略。当公司的大部分业务与功能都被外包出去之后,对过程进行监控并以此来调节生产就会变得十分困难,程序合理化的压力会越来越大。当规则不能再全方位地界定合理化的时候,有没有替代方案?答案就是设计——包括各种行为、形式的产生,策略与创造力的集合等等。设计作为"技艺的天性"(Veblen,1964)的一部分,不仅与程序化管理模式中技术—结构的要素紧密关联,而且生命力更强。设计是那种以制造而非过程为核心的生产模式的重要标志。

其实在制造与过程之间并没有绝对的界限,毕竟规则及规则管理的过程本身就是通过设计活动而产生的。规则是对*过去的*设计活动的一种速记。但是,当一个规则不再有效,公司与机构——如果他们想避免穷途末路的话——就必须重新回到生成式的策略性思维环节上来,这样才能产生新的规则,或是找到其他互动的方式,而不是仅仅依赖于陈旧的规则。换句话说,这就好像在艺术、科学或数学领域中用传统方式去寻找各种新的规律和特征一样。这种生成式思维的成果就是规则。但是对于规则的记录与说明——这几乎是现代官僚主义的显著特征——不应该跟智力资本相混淆。智力资本——在很大程度上——是对生成式思维和设计智慧的客观化及记录的成果。

然而就是这种制造与过程之间的差异,在20世纪后期却始终困扰着许多大型的封闭型管理组织。20世纪70年代中期之后的20年里,那些以智力资本为核心领域的传统等级制公司——比如IBM——发现自己正在被年轻的对手所超越(Carroll,1993;Sobel,1981)。同时,新型的智力资本企业,比如生物科技企业,开始应用那种以伙伴和联合生产为特征的平行管理模式,并取得了一定的成功(Zucker,1996)。在某些特殊的案例当中,小型的生物技术公司会结成联盟,形成大型的企业集团公司。通过这种方式,小公司得以发展自身,而大型的联盟组织则可以获取到最新的研究成果(Barley et al.,1992)。在其他一些案例中,基础科学类的公司可以借助这种模式研发并获取专利,然后可以进行产品研发、临床测试、市场推广、生产制造以及将产品分配到其他公司(Powell & Brantley,1992)。不像传统的那种将多种功能整合在一个组织内部的做法,研究型公司主要是通过雇佣各种不同的技术——"合资、研究协议、小股东投资、授权许可及其他多种合伙形式"——来创造一种"网格式网络"(Powell & Brantley,1992,369)。

这种新型的智力资本企业在公司间协作以及全球化公司的伙伴关系中不仅生存了下来,而且现在还出现蓬勃发展之势。这就使得人们对这种跨组织及公司间合作的新兴企业兴趣越来越浓厚。而这种新型企业合作关系的出现实际上与"独特商品"的定制化有着紧密关联(Baker,1992,403)。所谓独特的商品,是指那种非标准化的,需要进行深思熟虑、精雕细琢以及多领域专家合作才能"定做"出来的商品。此类商品生产及企业间合作的案例很多,从以投资银行为中介而进行的金融交易(指那种按照领域来划分客户群体的金融交易),到那种需要法律事务所、租房中介、项目工程师、建筑师、设计师以及市政当局共同参与才能正常进行商业活动的房地产业,甚至包括好莱坞独立电影的发展等(Baker,1992)。所有这些活动都需要合作伙伴们"频繁地进行跨越常见边界的沟通与互动"(Baker,1992,404)。这就催生出了网络化组织的形式,但这并不是那种命令—管理式的网络。这种以横向、合作等为核心特征的组织模式,与底特律汽车工业中那种权威式命令的组织模式恰好相反。

实际上,在 Henry Ford 将许多零部件供应商的生产部门整合进他自己的企业之前,这种网格式网络跟底特律的汽车工业企业还有几分相似(Jacobs,1985;Hall,1999)。[9] Ford 开创了一种大范围的、集中整合式的生产模式,用以替代之前的单个工匠与工匠之间横向联合式的汽车制造模式。先前这种横向模式的一大特点是基于技术实验以及工匠个人之间的联系(Piore & Sabel,1984;Jacobs,1972,1985)。而集中式自动化生产的长期结果之一就是完全破坏了之前的那种个人化网络联系,使得底特律大片大片的区域都变成了被上帝遗忘的废土。与之相伴的另一个长期结果就是,那种美学与技术完美结合的设计革新也被极大地阻碍了。福特将生产进行集中化管理的初衷是为了保证他汽车生产线的供应。以分包和转包为基础的工业模式本身的确存在很多问题,比如,如何将一个个独立的制造业工人组织在一起,并完全信任他们?如何才能相信一个供应商或服务提供商会按时、保质保量地完成企业或客户的特殊要求,而且不会从中获取不正当的利益?如何保证服务提供商不会泄露企业的智力财产或市场方面的"商业机密"?对于通用汽车公司的 Henry Ford 或 Alfred P. Sloan 来说,最好的解决办法就是建立多工种的、部门化的、等级制管理的公司。

在底特律模式中,市场信息并不被看作是对组织功能进行调节的信号,与供应商之间的协议也不是最重要的,对于客户的管理也主要是通过广告和提升忠诚度的模式而按部就班地进行着。几乎所有的职能部门都通过指令来进行协调和内部管理。集中式管理可能产生的那种典型的信息浪费与内耗则通过各工种、部门之间的明确界限而在一定程度上得以改善。对于底特律模式的崛起,一种公认的解释是,它的出现使得进行企业内部生产的命令式管理的成本低于外部协同合作的成本(Williamson,1985)。另一种可能的解释是,汽车制造业中的设计部门可能会产生高昂的生产成本,哪怕只是标准化的设计工作,也会对纯粹的市场关系造成阻碍。因为设计工作及其背后的智力资本的运作,需要广泛的合作与沟通交流,通过市场对这些工作进行管理并不是最佳选择,而且我们也不能通过合同对创造力活动进行约束。实际上对于 Ford 所设想的标准化产品设计来说,同样也存在这种状况。因此福特汽车公司将研发的功能也一并整合进了自己的企业——将其纳入了自己的全面管理版图之中。

1921 年,Thorstein Veblen 曾警告美国企业,不要让价格体系左右了工程师(Veblen,1965)。很多年过去了,到 20 世纪 80 年代这一警告终于变为现实,价格过分地左右了设计工作,过分自信的市场理念与死气沉沉的设计工作混杂在一起,福特汽车制造系统发现自身正陷于危机之中,而且这种危机并不仅限于福特汽车公司(Lacey,1986)。取而代之的是,日本汽车工业逐渐吸引了人们的目光。[10]对于日本制造商来说,个人化的等级制管理模式中,高水平的人际信任关系一向被看作是其成功的秘诀,而这一特点在他们的美国同仁那里并未受到重视。对于 20 世纪的日本公司来说,人际关系是组织模式的根基所在。在日本的经济体系中,大型的集团制企业都是在人际关系的基础上建立起来的,包括供应商与制造商、雇佣者与被雇佣者之间的关系等等,这些关系会进一步促成企业集团(keiretsu)的建立,人际关系也会进一步在不同的制造商之间、制造商与银行之间形成并发挥作用(Gerlach,1992)。所有这些人际关系都会通过相互尊重和忠诚于对方的信任关系而得以维系(Fukuyama,1995)。相较而言,美国企业的管理思想更加强调对事不对人,比如会通过公平的市场机制来增加资本投入,但日本模式则更强调人际关系,比如与银行家的面对面的交流等。然而，对日本文化中人际关系的着迷和深入分析，往往会使人们忽略日本社会的一个重要方面：日本人在社会交往过程中所体现出来的性格特点往往具有让人费解的一面，比如他们往往会通过无处不在的特定审美与符号化设计理念，以及对于各种准仪式化团体的狂热参与，来致力于形成一种非常细致入微的、常人难以达到的审美和形式主义标准（Hsu, 1975）。这些准仪式化团体，尤其是家元（iemoto），掌控着传统技艺的传承、发展与管理。这些由家元组织所掌控的传统技艺包括插花、茶道、柔道、骑术、书法、歌唱、舞蹈、箭术、能乐、服装设计、盆景以及歌舞伎等。[11]家元组织现在甚至开始涉足现代绘画（"Cézanne学校"）和数学（"Wasan学校"）。

在能够产生高水平智力资本的社会中，科学与文化团体、个人之间的平行网络是产生智力资本最典型的孵化器之一，但是在一个像日本那样的社会中，人们并没有采纳非常城市化的生活模式，或是城市化的审美标准，取而代之的是在组织当中逐渐培养起来的各种细微的形式主义思想。家元（iemoto）学校中的师徒关系代替了市民—陌生人—同伴的关系模式。这就可以解释为什么当我们采用一些传统的方法去评估一个国家的创造力时，日本人能够成为技术领袖，因为他们是"效仿者"而不是"革新者"。尽管日本模式在其本土发挥了重大作用，但显而易见的是，这种模式很难成功移植到一个具有高度变化性、以新教徒式的良心驱动的文化当中去，比如美国。美国文化尽管对于设计过程中表现出来的智慧的形式表现出极大的关注，但对于审美的仪式化却并无兴趣。所以当日本模式在20世纪80年代日趋引人注意时，它对于美国模式所提供的实际帮助却微乎其微。在经历了数十年的苦心经营和小有所成之后，像福特和IBM公司那种组织当中的命令式管理模式却让他们自己为智力资本的发展付出了沉重的代价。倚重于设计的商业活动开始迷失发展方向，证据之一就是研发的成本跟实际的革新进步相比，越来越不成比例。这一奇怪的现象开始折磨所有的福特制企业，甚至包括后工业时代的软件业巨头微软公司。[12]

这一现象背后的问题在于，除了一些非常特殊的行业和个案之外，传统的命令式管理模式及结构已经不再适合于充满了科学技术和人性的创造性生产活动。智力资本的发展史不断向我们重复着同样的故事：智力资本是通过"相隔遥远"的同伴之间的沟通与互动才得以发展的。[13]科学与艺术的创造性活动总是伴随着那些高创造力个体的努力，这些人会跟其他地方具有高创造力的个人进行长期的书信往来，就共同感兴趣的问题进行隔空对话，就好像互相为对方设置了共鸣板一样。有一种观点认为，创造性的沟通是基于跟"熟人"的"微弱的联系"而开展的，有创造力的个人在这种沟通过程中就好像玩弄权术的政治家一样,他们会根据对自己工作是否有用的评价标准来随意地拉拢或疏远别人(Brass,1995)。尽管这种观点有一定参考价值,但与其说创造力活动是通过"微弱的联系"来进行的,倒不如说是通过高效的沟通交流而非复杂的社交关系网来进行的。比如面对面的真正的交流与互动就是这种高效沟通的范例。

由 Sloan 和 Ford 所创造的底特律模式对于这种创造性的"沟通"模式是持否定态度的。底特律模式的垂直整合化特点使得他们更加关注于工程技术精英——Veblen 的英雄们(1964,1965)——是如何在互不关联的、一维的"上—下"结构中发挥作用的,该模式也不鼓励进行两维的、横向的相互联系与沟通,更不会允许三维的、相互引导式的结构的存在,而这种三维结构却正好是智力资本生产的决定要素(Murphy,2001a)。但底特律模式有一个明显的优势:它解决了一个存在已久的问题。那就是,对于一个将所有权力集中于一处(比如底特律的首脑办公室)的组织来说,他是如何把自己的产品卖给处于全国各地(比如农场)的人们的?要知道在 20 世纪之初,美国各地的经济地理与经济人口学特征差异极大,都是由形形色色的本地特色所决定的。在这方面,Ford 的对策绝不仅仅跟"价格"有关,除了价格因素外,其对策也跟"信任"有关。Ford 的天才之处就在于他开发设计了标准件(比如 Ford 的 T 型号),采用标准化生产与市场推广技术,这一策略使得各地(比如广泛分布于各地的相对独立的社区中)的商家和消费者之间能够建立起一种信任关系,同时在其组织内部也可以建立类似的信任关系,当然这种信任关系也逐渐在陌生人之间生根发芽。[14]实际上,福特制的信任特点首先是基于一种可预见性,Ford 创立了一种相对封闭的"组织化的个人"系统以及忠诚的用户群体。

20 世纪 70 年代,美国进入了后现代时代。可预见性作为合理性的标准之一以及品味、信任关系的塑造者,其作用和意义开始大幅度下降。[15]这种下降后来直接导致人们开始寻求新的途径来对企业进行改造重组,以期能够取代福特制企业那种垂直整合化的、基于规则的等级制管理模式。福特制,这一美国工程制造业的庞然巨兽此时已然陷入了僵局:福特制企业的商业活动是基于知识的,但他们的组织特征却处处限制知识效益的最大化。这种问题还不仅仅出现于福特制企业当中。从某种意义上来说,20 世纪最具代表性的、多维度的、部门化的福特制组织是美国的大学。尽管在理论上,大学中应当存在许多横向联系,但实际上社会与大学之间的投入产出比例是很低的。[16]大学总是习惯性地将横向的、创造性的互动关系转变为社会化的、纪律森严的等级制关系模式。实际上这种横向联系与制度化、部门化的模式无关,它们也有可能被改造成创造性的"深度"关系,并成为开放式系统、陌生人—同伴生产模式的特征之一。

这种情况对于知识型组织来说无疑是一个两难困境——组织中无形的研发资产与有形资产相比规模相当甚至更大,那么传统上适合于对有形资产进行管理的等级制管理模式如何才能更好地管理以跨组织、跨领域、合作以及陌生人—同伴生产模式为基本特征的无形智力资产?20世纪末,一种以"通讯"关系——一种被重新发现的关系——为基础的创造性活动出现了。

参与的动力

通讯(correspondence)并不是一种市场关系,它并不以价格为信号或合约为形式来协调市场行为。实际上,就像前边我们已经提到的,市场对于智力资本的生产来说其能力是极其有限的。这并不仅仅是因为一次成功至少要以 20 次的失败为代价——更不用说你无法出售失败的产品。另一方面,通讯也并不依赖于传统的命令管理系统。那么,通讯型组织运作的机制有哪些?

在后现代化阶段,对这一问题最常见的回答是让你想象一下平行化组织的特征,包括一系列暂时的"团队"、"项目组"或者"单元",它们的功能是在供应商、战略同盟、生产商、商家以及客户之间所形成的网络中相互协调,共同协作。这就像是对底特律模式进行了一个简单的颠覆:即,在界限严格的组织形成之前就将不同功能进行外包。然而当这一切开始执行之时,企业会首先遇到 Ford 和 Sloan 曾经试图避免的那个老问题——如何尽量降低外包合同在设计、监控、执行以及促进等方面的成本。通讯模式既不是合约式的,也不是等级管理式的,其特征之一是非强制性协同合作——人们的协同工作并非依据合同或命令,这是非常可取的。这种模式既不受法律法规的约束,也少了很多官僚主义的环节,同时也不需要在公关等方面投入太多精力。

举例来说,汽车制造商允许车间工人甚至是客户与工程师一起负责系统和部件的设计开发工作,这就是基于通讯的协同合作的典型案例。在这一共同创造的过程中,不同的社会"单位"被有序地组合到一起——虽然通常来说这些单位之间都存在着不可逾越的界限——单位与单位之间可以相互交流、互动,其关系也因此从垂直变为平行。通讯并不意味着事必躬亲,也不意味着只是充当客户与工程师之间的传声筒。如果是的话,那交易成本会变得非常高。实际上这种通讯成本是非常低的,因为协同合作发生于大家对设计的共同认识和相关知识基础之上。不管设计师在技术上有什么样的优势,如果一辆车对目标客户来说"太大了",那么除非这一设计被撤销,否则它就是个失败的作品。客户的意见能够节省所有人的时间和精力。相对陌生的人之间的跨界通讯,是协同合作的基础。历史上这种协同合作曾经通过纸质信件得以实现(参见现代科学的"信件共同体"),现在它通过电子邮件和电子公告板的方式得以实现。从功能角度来说,两者之间并无差别。

普通人之间的协同合作是产生知识资本最有效率的方式。通过将书籍、艺术品、科学研究过程、服务活动、建筑物以及其他物品和消费品中的想法进行"消费"或"使用",人们在实践中检验着不同的思想。市场或者等级管理制度都不擅长对"思想"进行检验或研发。因此,有必要通过其他的社会组织形式来对各种设计、想法的有效性进行检验和实践。有一系列组织形式有助于协同合作,"实践共同体"(communities of practice)就是其中之一。这一概念最早用于描述那些来自于不同部门、办公室、组织的专家、技术专业人员所形成的松散的、非正式的合作小组(Stewart,1997)。当然,任何经济"单位"——供应商、生产商、零售商和客户——都可以形成"实践共同体"。实际上,影响力越大的合作行为越需要不同经济单位的参与,比如说,制造商可以给予零售商充分的信任,让他们不受约束地发挥自己的聪明才智,发现最佳的定价与供应模式。这种相互促进与合作的关系并不会受到合约或命令的影响与调节。这种关系并不依赖于任何正式的书面保证,共同体中的任何成员都可以自由地开发和使用"开源的"信息。而且,这种管理组织形式会使得成员之间高度信任,而不是相互怀疑。

这种信任既不是基于社会关系的,也不是基于合作过程的,[17]但其作用却是一样的。这是一种认知-情感投资,通过这一投资,可以产生更多的智力资本。那么这是怎么发生的呢?我们可以想象一下,假设在一个平行化管理的经济活动中,所有的参与者都是自私自利的——或者说,他们会想尽一切办法使自己获得更多的利润。他们所有人都问:"我能从中获得什么?"一个市场化的典型回答是:"你可以合法地依据约定Y获取X。"一个等级制管理的典型回答是:"你可以用你的思想换取你的薪水(可别忘记事先签署关于智力资产的协议)。"一个协同合作或"普遍"协议式的典型回答是:"一个被更好地设计的世界是更加高尚的、经济的和对使用者友好的。"在实践共同体中,所有的参与者都令人惊讶地愿意"无条件"参与合作——除了希望能依据事先的特定约定得到自己想要的东西——为了达到这一目标,所有人都会精打细算,给人以自私之感。但不管是"自私"还是"无私",人们都同样享受着"运转良好"的合作体系带给所有人的普遍利益。那是否有人会不劳而获?极端自私者是否会等着其他人先有所贡献,然后再从中坐享其成? 是不是所有人都应该对这种不劳而获者有所防范? 实际上,一个人只有真正参与到创造活动中,才能从公共成果中有所获益。在时间共同体中,参与的动机并不是"互惠互利"(对时间投入的一种报偿):参与的真正动机是创造更好的、更精致的、质量更高的产品。从宏观角度来讲,我们可以将这种动机称为公共动机。

高水平的互信是基于公共动机的互动的一个显著特征。这是一种很特殊的信任关系,但是像所有的信任关系一样,都必须基于一定的经历才能建立起来。公共动机下的互信是基于"实践共同体"建立起来的,在这个共同体中,没有人可以"不劳而获"。所有人在这个共同体中的诚实行为并不是基于某种社会性动机,或者是迫于某些公共法律法规的约束,而是他们相信,他们的努力有助于创造一些"美好的事物"。他们对此可能有不同的说法:"高雅的"、"高效的"、"便捷的"、"令人愉悦的"、"天衣无缝的"、"完美配合的"等等,但他们所持有的公共动机正是人们对美的感知与追求。公众对审美的共同追求与公共动机的结合会产生出很高水平的互信。一个具有这种结合关系的团体会极大地促进智力资本的产生。但也不是没有例外。比如日本,人们对美的感知和追求是私人的或公共仪式化的,绝非基于公共动机或公民意识。当然,对日本的高水平设计团队来说,强有力的公共推动力仍然是不可或缺的构成要素之一。也正是这一点,让他们和其他团体区分开来。历史上比较少见到有"公共—审美"或"艺术—工业"联合的团体,然而但凡出现这样的团体,他们都处于智力资本生产者的前列和领导地位上。[18]

具有较强公众审美基础的团体,可以在很大程度上帮助人们建立现代经济生活中各种重要的制度。历史上有很多这样的例子。比如 17 世纪时正处于"黄金时代"的荷兰人,13 到 16 世纪的威尼斯人和佛罗伦萨人,他们为现代银行制度、信贷制度以及股票市场的创立作出了不可磨灭的功劳。而 19 到 20 世纪资本主义革新的火药库——芝加哥和纽约——也是现代艺术与建筑学的重要中心。无论是站在宏观经济还是微观经济的角度来看,此类团体基本上都可以起到同样的作用。在智力资本的产生过程中,对于任何以创新、创造为目标的组织来说,这种公众-审美动机相结合的团体都是非常重要的。据估计,在今天的知识资本型组织中,无形资产的总和大概是以书籍为载体的有形资产的三到六倍之多(Stewart,1997)。在后福特制时代,一个十分重要但同时也难以解决的理论问题就是,组织的形式如何才能有助于而不是阻碍智力资本的发展。

让我们设想一个在许多公共利益方面都具有交叉性的组织,在组织及组织内部的各个小团体中,不同的参与者可能是通过传统方式雇佣的,一些团体之间可能还存在某种合约形式的关系。但这并不影响这些小团体创造智力资本价值,而这些都有助于大家对共同利益的追求——创造"美好"的事物。这种组织同时也会满足传统命令式组织的需求,因为组织中的成员会拥有更多的版权与专利,以及更好的知识基础。这种组织也能满足以合约形式参与进来的伙伴的需求,通过让他们参与具有公共利益的事物的设计、创造过程,他们能获取或提供更好、更有价值的服务。虽然跨界组合的模式看起来似乎为"外人"提供了"剽窃"潜在智力财产的可能性,但实际上我们在知识产权保护方面已经积累了丰富的经验。我们可以让作家、工程师和建筑师们十分安全地向其他人或机构贩卖思想,还有什么事是比一个学者向他人索取自己文章手稿的版权更让人觉得可悲的吗?当你的思想足够成熟,可以公诸于众的时候,版权和专利服务就变得十分有用。然而在"信件共同体"的时代,这种服务却起了相反的作用。这是一个悖论,但基于高水平的智力资本而建立的组织却必须依赖对这些智力资本进行的版权和专利保护才能健康生存和发展。版权和专利能够很好地保护那些对知识密集型产品所进行的投资——从书籍到汽车和药品,但它不能(实际上也并没有)阻碍对知识、思想的循环利用以及它们之间的相互影响。思想是从属于公共利益的,基于思想而生产出的产品和系统则是属于私人(或国家)财产的范畴。前者是不可分割的,而后者则是可分割的。

由许多相互交叠的"公共利益"小团体所构成的组织很自然地会具有通讯性特征。相比传统的福特制组织而言,这些通讯型组织并不强调把程序(规则、政策以及操作手册等)作为整合活动的重要中介因素。那它们是怎么做的呢?通讯型组织不依赖于成员的忠诚,也不靠什么特殊的、"传统的"社会关系纽带来协调、整合不同的行为。要想理解这类组织如何通过通讯来协调不同的组织行为,必须首先了解这种通讯关系是如何运作的。比如说我们应当问,通讯关系是如何解决 Henry Ford 的问题的,这些问题包括:如何才能知道我所信赖的供应商是否有能力交付特殊定制的零部件? 在面临周期性市场暴跌、生产计划延误或重大设计失误而导致资金流出现问题的情况下,如何保证供应商会为满足这些特殊要求竭尽全力? 这都需要长期以来建立的相互信任关系的支持。

信任是决策的组成部分。我们在选择商业伙伴的同时也会承担相应的风险,而信任则表示了我们双方对这一冒险行为或风险投资的一种接受(Luhmann, 1979),每一个伙伴都将自己置于可能被其他伙伴伤害的风险之中。信任是一种具有指向性的感觉(Heller,1979),它让我们相信"这个人不会害我/会给我带来好处"。当我们面临抉择时,信任就显得尤为重要(Luhmann,1979,1988),当我们需要探索陌生的社交领域时,信任就开始发挥作用(Murphy,1999)。能够正确地信任别人(既不过于天真也不过分怀疑)在充满陌生人的环境中是一种难能可贵的特质。随着工业组织的网络在世界各地不断扩张,与陌生人打交道的机会越来越多,所占比重也就越来越大,信任这种指向性感觉会帮助我们在陌生的人群、企业或组织里选择合适的伙伴,就算没有掌握关于对方的足够信息也没有问题。信任就像爱一样,是另一种指向性感觉(Murphy,2002),信任与爱基于同一个悖论:我选择了那个同时也选择了我的人,"我信任你是因为你也信任我",也就是说,"我信任你是因为你信任我"。这是一种非常复杂的关系——以至于"关系"本身已经成为了组织中的第三方伙伴(Murphy,2002)。[19]

在个人或社会化的等级制度中,信任都体现出朝夕相处的伙伴之间的忠诚;在程序化(福特制)等级制度中,信任是伙伴的可预见性的前提(这种可预见性通过认真遵守规则以及严格执行"标准程序"而得以保证)。忠诚是一种社会美德,同时程序化是一种社会标准,两者都可以用于规范人的行为,以保证过去已经发生的和未来将要发生的事件具有足够的相似性和可重复生产性,而伙伴之间相互信任的"关系"是这种可预见性或合理性的前提和基础。当通讯关系被用来代替等级制关系时,当人们希望可以藉由这种新型关系来协调网络中的组织与伙伴关系时,"关系"本身——使得伙伴之间形成信任关系的合理性基础——将会发生改变。那么,通讯型组织的合理性本质是什么呢?

创造力

在尝试回答刚才的问题之前,我们需要先考虑一下,为什么要用通讯型组织来替代传统的等级制组织?有两个理由。首先,等级制组织不够灵活多变。这一制度只能在本地范围发挥其最大作用。比如 Henry Ford 当初开创程序化等级制企业,就是为了将本地(底特律地区)范围内的供应商整合进他的生产线。然而一旦等级制企业扩展到全国、整个北美大陆、国际间乃至全球的范围,等级制度的优势和效率就会消失殆尽。

第二个理由是,等级制组织无助于创造力的发挥。这要归因于等级制度在合理性方面特殊的组织形式。合理性,就像我们之前界定的那样,从某种意义上来说是一种可重复性。然而,如果从消极的方面来理解的话,可重复性意味着十分的保守。作为保证可重复性的途径,忠诚与可预见性一样,都会阻碍创造力的发挥。理解这一点并不困难——实际上很简单——可以对比一下包含了各种"新颖假设"的创造力与重复劳动之间的巨大差异。然而其中可能也存在某种误解,因为这一意义上的"新颖"带来的更多是混乱而不是创造性。在促使每个行动都变得"独特"的伪装之下,无理性(irrationality)最有可能引发的并不是创造力——最好的情况下,无理性可以被看做是一种个人风格,但最坏的情况下这甚至会被看做是精神错乱。在大型组织的管理过程中,过程驱动的"改变"往往会造成同样的不良后果,它们都是对创造力本质的误解。创造力首先是一种体制上的创新。最有效率的体制不仅仅新颖,而且具有可重复性。说它新颖是因为它前所未有;同时它也可以被复制和模仿,并通过不断地重复来进行广泛传播。

从产品设计中所体现出来的那种节奏性以及充满了几何与数学美感的抽象特征,就像是一辆双人自行车,可以同时具有原创性和可重复性的特点。远距离的互动过程中类似的特点也发挥着强有力的中介作用。通讯型组织的一个潜在特征就是允许对遍布各地的、网络化的个体行为进行协调,使他们能够更好地协同合作,而想要做到这一点,鼓励创造力的发挥是最根本的一条道路。其本质也可以解释成,允许和接纳不同形式的合理性。

对此更进一步的解释是:创造力本就是设计活动中的常规环节。历史上有很多著名的艺术、宗教和政治团体,其杰出领导人都意识到了创造力的重要性,但往往在发挥创造力的方面受到很大限制。19 和 20 世纪,这种情况逐渐改观,社会上出现了一种将创造力规则化和常规化的趋势(Heller,1979)。20 世纪后半叶人们已经广泛意识到,某些国家已经跨过了卢比肯河①,他们开始称自己的国家为"信息社会"或"知识经济体"(Bell,1973;Castells,2000;Florida,2002)。相应地,人们也越来越深刻认识到创造力在经济发展和公共财富生产过程中的重要作用。一些特定的社会组织开始依赖"知识工人和管理者"来设计物品和系统,并通过这样的方式显著地提高了自己在社会生产和公共财富增值(即社会的发展繁荣)过程中所占的比重(Florida,2002)。这一过程后来被称为智力资本的增值过程(Roos et al.,1997;Burton-Jones,1999)。

---

① 卢比肯河:位于古代意大利和高卢之间,今意大利中部。公元前 49 年,凯撒在一次战争后率部队跨越了这条河流。寓意为一旦跨越就无法回头的分界线。

20世纪末,在欧洲、北美和环太平洋地区,一些经济体呈现出令人瞩目的社会经济发展态势,其主要特征是智力资产的增加——按照官方的说法,智力资产始终被产权和专利保护着(Stern,2002),[20]然而也有很多非官方、非正式的智力资产存在于会计、管理者、工程师、教练员和商人等的创造性活动或日常工作中。实际上,单从官方角度而言,上述地区许多国家的版权与专利事业发展速度也的确远远超出了其他经济领域的发展速度。[21]但这并不意味着这些经济体中的所有知识都具有创造性,或者说知识经济模式下的组织都必须依赖于知识、只能生产知识。这只是说明在一些私人和公众领域,大量时间和精力都被用在组织"创造性活动"上了,人们希望通过此类活动可以产生个人与社会财富。另一方面,像"知识经济"这样的术语也极大地促进了创造性活动的开展,以及基于数据收集和文件积累的知识管理与组织工作的开展。实际上,后者最早是服务于垂直化管理模式和忠诚度管理工作的,一个关于客户地址的数据库可能是一种信息财产,但其作用首先是促进公司与忠诚的客户之间的联系,因此它仍然是一个传统的上下封闭式的系统管理工具。

尽管一个组织的所有智力资产——报告、单据、文件和分析报告等——可以很方便地通过数据库和内部网来获取,并通过这种方式使信息在组织的雇员、消费者、客户之间产生更多横向而不是纵向的流动,但是在传统的命令与控制型企业中,单凭这些信息流还是不足以做出好的决策。因此,其作用在很大程度上是被夸大了的。信息的网络化在知识生产过程中最重要的价值,体现在它可以将分散在世界各地的、互不相识的人们通过网络聚集起来,让他们为了一个共同的目标奉献各自的聪明才智。这种智力活动并不通过社交方式(如握手)或者程序化方式(如报告)来开展,而是通过形式媒介(pattern media)来开展,比如对称性、比例、测量或节奏感等特征。创造性知识本身就具有跨界的特性,创造性思维能够在毫不相干的概念、原理、数据之间搭建桥梁,并从中抽取出上述形式媒介化的诸多特征,进而产生出全新的、而且可重复呈现的图像或模型。这种产生/抽象的媒介是想象力。[22]这一认知特点使人们可以利用所有的信息,以及从最简单到最复杂的,从形状类似到形式类似的("几何学的")各种图像。正是在这种认知特性的基础之上,创造性行为——各种概念、标语、图画、电影、图表、分析、修辞或任何东西——才得以出现。[23]

20世纪末,关于"信息社会"的明显标志无处不在,但却颇具误导性。比如办公室里出现的内部局域网计算机、键盘和电子文件,公众计算机网络以及各种电子数据传输工具等。我们可以让这些设备遍布各处,但这些东西对于智力财产的增值而言却意义不大——实际上,这些设备仅能充当智力资本的传输渠道。20世纪末,少数国家的专利和版权个案数量呈现爆炸式增长,而在这些国家中,可以为自己的产品增加版权和专利保护的地区高度集中于少数城市和地区(Jacobs,1972,1985;Florida,2002)。

智力资本的主要体现之一就是对物品或系统的设计,这其中包含了信息与材料、人文主义与技术路线的各种系统与物品。具体来说,包括组织与金融系统、工业与生物化学产品、市场化商品和文字作品等。工程师、作家、化学家和市场分析师工作的共同之处就在于他们的工作是由同一种力量驱动的,这种力量驱动着他们去设计"前无古人"的物品和系统,然后再将这些设计落实到生产、应用及复制等方面,这种力量可以让他们把以前并不存在的诸多要素及其组合方式变成可能和现实。创造性行为需要高水平的形式思维(pattern thinking),但实际上一些形式就像大自然本身一样古老。那么如果一个团体对韵律与节奏毫无感知将会怎样?实际上真正令人感到矛盾和困惑的是,哪怕再古老的形式和再古老的元素相结合,也可以产生出令人惊讶的新花样,而且这些系统和物品的真正魅力也并非来自于其新颖性。它们不仅仅是新颖("革新")的,也是秩序的形成与重组,这正是设计的智慧——通过形式、形状等方式来操弄材料和元素——所创造出来的结果。

在创造的规则方面,一些系统和物品的设计纯粹只是为了自己在家使用;一些则会授权给其他人使用。尽管严格意义上来说这只不过是一些"新颖的"系统或物品,但其中也包含了智力资产——也就是非常独特的经济价值(授权的价值、技术租借的价值、拥有版权和专利的价值等),这些价值超过了市场上物品交换所产生的价值或由市场管理命令所导致的价值——而创新的价值就体现在这些系统和物品的形式上,体现在构成系统和物品的诸多元素协调一致的程度上。信息或其他的系统、物品如果没有具体的形式和结构,将毫无经济或智力价值。"美丽、高雅、高效和经济的"结构是通过设计活动被创造出来的。

设计代表了一种截然不同的经济与社会生产、分配与互动方式,它能够整合经济与社会发展中不同的个体,而且并不会依赖于个人的"人际关系"。想想商品销售的案例吧,在一个人们都相互忠诚于对方的社会——比如说20世纪末的中国——销售活动首先是通过面对面的交往来进行的,而这跟市场化社会的做法正相反。比如在美国,商业活动的艺术性体现在广告设计、商标图案、连锁店的设置等方面,这些因素在零售商和消费者之间充当着中介。而这些也正是"设计"能够大展拳脚的地方——它为遍布于各地的陌生人之间进行沟通交流与互动提供了一个客观中立的媒介。在这种情况下,很显然陌生人之间的交往都是通过简明的设计元素来进行的,而不是通过像握手那样直接的、面对面的社交方式来进行。充满了陌生人之间互动行为的社会为设计文化的形成提供了强有力的环境与氛围要素(Murphy,2003b,1-24)。这种要素直接体现在其科学、艺术与技术的创造力上。

通过设计创造出的物品也能够充当交流的媒介。比如说伟大的艺术作品本身就能够造就粉丝,而且收藏艺术作品的美术馆、博物馆同样能够聚集起很多懂得欣赏的人。再比如一些特效药物也可以轻易地形成专门的销售链条和使用者群体;电脑游戏可以产生玩家联盟组织及相关论坛;由会计们设计的各种图表、报表则会引发很多人对这些图表进行研讨、写文章进行分析、解释甚至是开发软件工具来进一步进行分析。通过同样的方式,供应商、零售商和消费者也可以形成交流网络甚至是管理性质的论坛和团队,共同进行物品的设计研发。设计工作促进了陌生人之间的横向联系,尤其对于相距遥远的陌生人来说更是这样。17世纪时荷兰人和中国人进行接触的唯一原因是中国盛产优质的丝绸制品,当时在世界其他地方都无法找到如此高水平的丝绸工艺和产品。当时的欧洲人为了获取这种丝绸制品,在牺牲贸易公平的情况下开创了一条前所未有的贸易网络,也就是丝绸之路。

通过创造高水平、高质量的物品,不同地区的人们之间的横向联系不断加强。这么做的必然结果就是,要想设计出更好的产品,就必须依赖于来自各个地方的、相似但不相识的人们的共同劳动与合作。不论是哪种合作形式,陌生人之间的关系都是基于互信而建立起来的,而这种成员间的互信关系必须透过设计的*产品*而得以形成和不断强化。因此可以说产品是信任的媒介和合作者"互信关系"的核心。如果仍然对通过产品创造伙伴间的信任这一观点存有疑问,不妨来看看下面的例子:福特汽车公司在英国梅西赛特郡的 Halewood 有一间工厂,过去的几十年里,这间工厂不断出现工人闹事的状况,工厂里充斥着工人的不满情绪。20世纪90年代,福特公司新的"豪华轿车"分部,美洲豹生产部接管了这个厂子。结果工人的不满、沮丧和闹事的水平都大大下降,工作时间逐渐增加。导致出现这一改观的原因是工人们对他们所生产的汽车都迅速产生了一种自豪感,但自豪感的出现并非由于福特公司的流水线生产装配技术出现了大的改变,实际上在自动化生产过程方面,人们只做了些小范围的改进。那真正的原因何在?在卖给福特汽车公司之前,美洲豹这个品牌一直引领着"经典"汽车的潮流,有着很高的设计价值。而工人的自豪感则正是来源于这种设计的价值,设计使得该品牌的轿车处处给人一种高档次的感觉,工人们生产这种高档轿车自然就提高了其信任感。

在手工业生产领域,这种产品的研发创造与增进信任感之间的联系由来已久。Piore 和 Sabel 曾就此问题在 1984 年开展过一个关于高水平手工制造业的研究,产生了十分巨大的影响。他们考察了意大利的 Terza Italia 地区,这个地区以艾米利亚-罗马涅大区为中心,从托斯卡纳的佛罗伦萨开始,经过博洛尼亚、费拉拉,一直延伸到南部维内托区的威尼斯。Piore 和 Sabel 发现在这一地区有许多小型手工业作坊的聚集区,他们以同伴或分包制网络为组织标准,主要为一个出口型市场生产少量的定制型设计产品。自从这个研究开始以来,在这些小作坊的成功与其保持小规模是否有关的问题上人们就争论不休(Castells, 2000)。"小型化"曾经十分重要,因为越小的单位在市场转型或对合作的"社会资本"进行等级化管理时就越有效率。"社会资本"的观点认为,Terza Italia 地区的小型手工业作坊在经济上取得成功的主要原因在于,他们可以通过个人关系、家庭作坊和网络化的分包制结构而相互产生信任,而且这种信任关系会通过文化与专业的紧密联系而不断得以强化(Piore & Sabel, 1984; Putnam, 1993; Fukuyama, 1995)。

这种观点并非毫无道理,但对于解释这一地区经济的成功来说,仍显得解释力不足。实际上,这一地区成功的决定性因素应该来自于其设计和公共智慧(civic intelligence)的影响。这一地区集中了大量的智力资本,这才是驱动 Terza Italia 地区小作坊持续发展并获得成功的真正推动力。比如贝纳通公司,就是从一个家庭式作坊起家,到现在已经成为拥有多项专利的跨国公司。规模大小并不是根本问题,更别说"社会资本"了。Terza Italia 地区实际上是对传统上意大利的佛罗伦萨—威尼斯中轴线的一次替代和重新排序的结果。伟大的文艺复兴中心城市以他们闻名于世的工艺美术制造水平而取得了辉煌的成功(比如高质量的纺织品和玻璃制品),这不仅要归功于当时博洛尼亚和帕多瓦的大学对于科技、人文领域的诸多创新的不断融合,而且也体现了当时人们从事远洋贸易的水平(Murphy, 2001b)。同时,社会的繁荣和劳动力的充足也伴随着文艺复兴而出现。"从容"一直是威尼斯共和国给世人留下的印象,而且这种印象也深深的渗透进社会的各个阶层。20 世纪末,Terza Italia 地区再一次回到了他们的过去:这里再次成为出口商品的生产聚集区,只不过这一次,产品都有很高的设计价值,包括客户定制的机床、工业机器人以及时装等。支配着这一出口市场的公司同样通过强大的伙伴关系来获取知识和技能,就好像历史上的行业公会为他们文艺复兴时的先辈所做的那样。这种关系既不是市场关系,也不是命令式的关系,这是一种公众-审美的关系。[24] 从中世纪早期开始,驱动着生产者的这种力量就来自于对设计的复杂感觉。这是种对他们所生产的物品质量的感觉,通过生产者的设计与创造,学徒与大师、生产者与拥有者、买方与卖方、制造者与出售者、研发者与制造者被紧密地联系在一起。这就是知识经济的最一般法则。

注释

1. 尽管 F. A. Hayek 提出的问题很有趣,但是他的回答却显得比较无趣,甚至具有一定的误导性。众所周知,Hayek 始终坚持认为只有市场才有能力扩展陌生人之间相互联系的需求,同时他明确反对组织也可以成功创造类似需求的观点。他认为唯一可行的需求扩展模型在历史上由来已久——即家族生意的远距离市场行为模型,Hayek 认为该模型代表了公元前 6 世纪以雅典为代表的早期海上贸易的典型情况。Hayek 关于个人资本的模型带有强烈的盎格鲁-奥地利特征,跟以技术管理资本主义为主要特征的美国模型完全不同,后者在 J. K. Galbraith 的《*The New Industrial State*》中有令人印象深刻的描述。Hayek 忽略了美国管理主义思想的伟大革新——他将需求的扩展看作是继承自愚昧落后的苏维埃国家社会主义的产物。此外他还认为这种管理主义思想一直以来都面临着困难,即如何在需求不断内化(通过不断将其进行"内部消化")的情况下一直保持较高水平的外部需求的扩展。Hayek 一直不承认知识、设计和奇思妙想(artifice)在创造额外需求过程中的作用,他只是将这些因素看作是命令式管理的不同子类别。现在看起来这种观点有很多问题。对于他来说,额外的需求是自发产生的而非设计出来的,如果"不进行设计"意味着"不发出命令",那么他的观点基本上也是对的,但就像我们在本章中所探讨的,扩展的需求是"设计的需求"的一种表现形式(Shaftesbury,1914),当我们试图将审美、技术和系统设计融合在一起时,它就会出现并发挥作用。与 Hayek 的匠人经济模型正相反,本章所支持的观点是关于经济的 Shaftesburyian 模型(Shaftesbury,1914,1965)。
2. 一个奇怪的现象是,随着全美范围内商业联合组织的不断成立,自愿加入组织成为会员的人也在不断增多。这种会员制通常被看作是对同伴关系、社区关系的一种重视(Putnam,2000),但历史上这也曾经被作为一种将地方保护主义升华为爱国主义的有效方法。美国内战之后的国家建设时期,美国大量出现此类志愿者组织,同样的情况也出现在意大利复兴时期的意大利北部。Putnam(1993,2000)将这一现象看作是公民化的标志之一,Huntington 则更形象地将其描述成一辆有助于增进国家认同感的汽车(2004, 121 - 2)。最起码,这种自愿组织的做法可以将人们的情感、态度和观点进行升华,达到一种更加抽象的程度。
3. 关于信任与合理性的关系,可参考 Murphy(2003a)。
4. 在越南战争中我们为此付出了惨痛的代价,在那场战争中,官僚主义完胜军事行动命令。
5. 美国铁路的发展很好地诠释了设计智力在命令-控制网络型组织中的失效问题。到 2003 年,三分之二的美国铁路货运火车会通过芝加哥,但该市的铁路交通系统仍由人工操作的信号来进行控制,这一人工信号系统设计于 19 世纪 70 年代。
6. 美国超大型企业的设计危机信号出现于 20 世纪 70 年代。当时福特汽车公司不无讽刺地被人称之为美国历史上第一个被控有罪(过失杀人)的汽车制造商。当时客户的诉讼和辩护事件如滚雪球般越来越多。参见 Lacey(1986)。
7. 十分讽刺的是,在福特汽车公司刚刚开始发迹时,人们也曾如此形容它。参见 Lacey(1986)。
8. Castells(2000)认为剩余的工作主要是通过互联网对分处各地的客户、供应商、雇员以及生意伙伴之间的关系进行管理。但是关于此类工作可行性的问题首先被人提了出来,因为智力资本型组织自有一套"逻辑"来完美地管理此类人际关系。
9. 数以百计的汽车制造商最后只剩下了"三巨头"。那些与汽车制造紧密联系但并没有被整合进大型企业的原材料供应商、分包商们也被人鼓动加入进去:"形形色色功能重复的小型供应商已经不足以满足三巨头的需求,因为它们即将主宰底特律的汽车工业。从20世纪20年代开始,向三巨头供应原材料变成了一桩'简单'的生意"(Jacobs,1972,99)。供应商开始进行大规模生产,而不再像以前那样只是不断地重复做一些零散的事情。

10. 对日本的仰慕随着20世纪90年代日本经济衰退的开始而迅速降温。这种迅速迷恋日本的事实反映出整个社会的急功近利,人们往往喜欢在获得成功之后立即进行庆祝,不假思索地"放卫星",且不留后路。

11. 以花道为例,这是一种在种植容器中对花和植物进行全方位布置、修剪的古老技艺,当今日本大概仍有三百多家花道学校。花道艺术家的工作内容包括养育植物,挑选其最美的部分,然后将其按照一定规则摆放在容器中,最后赋予这件作品一定的、超出其植物自然意义本身的艺术内涵。传统技艺与商业的交融在日本并不是什么新鲜事物,14世纪末花道出现于日本,从安土桃山时代(1560—1600)一直到江户时代(1603—1867)初期,花道在日本的城市商人阶层一直十分流行。

12. Diane Coyle 分析了同样的情形是如何在制药行业重复上演的:"制药公司花费大量钱财尝试进行药品创新,有些公司甚至是屡败屡战……然而整个制药行业的创新步伐仍然令人感到失望。尽管投入了一亿五千万美元用于研发,但新产品仍然持续减少。正是由于不断出现这种令人失望的局面,许多制药公司开始尝试通过合并来改变现状。"(2001,238)然而,就像Coyle之前就已指出的,合并恰好起到了相反的作用:"尽管小公司没有大公司那么多的预算来进行研发,但不得不承认,到目前为止,大多数行业内仍然是小型公司的创新能力最强。"(240)公司规模不是问题的关键,如何对创新进行管理才是核心。过于谨小慎微的管理,过分强调研发的安全稳妥性,则必然不会产生什么真正有价值的结果。正因为如此,哪怕是一些投入了重金、被寄予厚望的研发工作,也不会有什么突破性的进展。Coyle以癌症研究为例对此进行说明:"过去人们在癌症研究方面的屡屡失败让世界顶尖的肿瘤学家深感忧虑,加上制药公司在癌症药品研发上面投入了巨资却不甚见效,2000年12月,一次名为'蓝色天空'的会议在英国剑桥召开。蓝色天空技术的关键在于,它试图将专家们从预防医学的思维模式中解放出来,从陈旧的治疗范式中解放出来,并将完全不同领域的专家集合到一起。这些不同领域的专家将从他们各自领域的思维和研究模式出发,尝试解决癌症问题。人们希望新想法的碰撞能够产生足够多的创造力,从而挽救癌症药物研发濒于绝境的现状"(2001,240-1)。

13. 一项在1945到1970年间开展的、以1641个加拿大人为被试的创新能力研究显示,只有不到10%的创意是完全出自于被试自己一个人的想法。(DeBresson,1996)。

14. Ford生长在密歇根的乡村,他把他的汽车看作是打破乡村之间孤立状态的一种工具。但他的乡村生活经历和特点却给他的公司带来了一个困扰。当他将他的公司打造成泰勒制企业的典范之后,他那种来自于乡村经历的浪漫主义和创造性天赋虽然十分符合Ralph Waldo Emerson关于自发性创造力的观点,但Ford认为要想发挥创造力就必须打破管理上的平衡,而这显然让他十分痛苦(Lacey,1986)。

15. 这种氛围改变的最早征兆出现于科学阵营当中。科学家往往被看成是最优秀的智力资本使用者、规则制定者以及预言家,可预测性、方法论作为合理性的标准最早就来自于科学家的阵营。1975年,由加州大学伯克利分校科学哲学家Paul Feyerabend所撰写的书籍 *Against Method* 出版,这是学术界首次有人公开批评合理性标准,随后一场批判和抛弃所有合理性理论的运动逐渐展开。而这距离Federick Taylor出版 *The Principles of Scientific Management* 仅仅过去了65年(1911年出版),这本书被看作是福特制的教科书。

16. 尽管当今美国与世界任何国家相比都算是智力资产方面的富翁,但如果我们以人均或年均等其他任何想到的方式来分析20世纪美国在科学、艺术方面的创新的话,会发现其结果都比不过历史上几个智力资本迅速增长的时期——比如公元前5世纪的雅典,文艺复兴时期的佛罗伦萨和威尼斯,17世纪的阿姆斯特丹等。当然,如果仅仅把纽约市、芝加哥、旧金山和波士顿的数据拿出来作分析并比较的话,结果就令人欣慰得多,但也只是在现存的政府"划拨土地"上所建立的大学数量方面,美国具有绝对优势。

17. 关于智力资本型企业在信任方面与传统企业的本质区别,参见Murphy(2003a)。

18. 关于历史上公共审美团体的发展历史,参见Murphy(2001b)。我们可能要对数据保持怀疑态度,因为有些分析和观点是将数据中冗余的、无效的部分、信息性、策略性知识与智力资本混为一谈。但其背后潜在的观点还是基本正确的,即智力可以创造出重要的社会价值。

19. 互惠互利并不是信任感增加的原因——因为没有一个组织的成员会被强迫甚至威胁必须要给予别的伙伴或"普遍意义上的他人"(一些社团、联合会或其他团体)优待。一些社会资本研究者比如 Putnam(1993)和 Gouldner(1973)过分夸大了互惠动机的价值。

20. 以人均科技专利的获得数量来排序的话,1995 年的排序(降序)是这样的:美国、瑞士、日本、德国、瑞典、芬兰、丹麦、法国、加拿大、挪威、荷兰、澳大利亚、奥地利、英国、新西兰、意大利和西班牙。如果基于上述排列来计算各国版权业对国内生产总值(GDP)的贡献的话,范围大概是从英国、美国的 5 个百分点到新西兰、澳大利亚的大概 3 个百分点左右。参见新西兰经济研究所(2001);Florida(2002);Allen 商业顾问集团(2001);Siwek(2002)。关于版权业的定义可能有所不同,而且目前也没有可以拿来进行国际比较的严谨、公认的定义,但一般来说,版权业聚集了广告、软件、计算机服务、出版、广播电视、电影录像、建筑设计、时装设计、音乐与表现艺术、视觉艺术与手工艺等行业。

21. Siwek(2002)指出,1977—2001 年间,美国的版权业在 GDP 中所占份额的发展速度两倍于其他经济成分(7% vs. 3%),同时期版权行业的雇工数量也翻了不止一番,达到了 4700000 人,占全美所有行业雇工总数的 3.5%——而且美国版权行业在这一期间的年平均雇工数量增长了 3 倍多,大大超越了其他行业(5% vs. 1.5%)。Allen 商业顾问集团对澳大利亚的一项研究显示,1995—2000 年间,澳大利亚版权行业雇工数量从 312000 人增长到 345000 人,占全国雇工总数的 3.8%。这一数据显示出其年雇工增长率为 2.7%,而全行业的年雇工增长率为 2%。参见 Siwek(2002);Allen 商业顾问集团(2001)。

22. 关于想象的本质,参见 Castoriadis(1997)。

23. 可能"广泛阅读"会被认为只不过是一种学术意见,但实际上 20 世纪美国的福特制企业当中并不提倡这种阅读,取而代之的是"纪律学习"。哪怕是当时流行的"综合性阅读"也不得不改头换面,缩小阅读的范围。这么做的结果反而使人们更好地理解了在商业活动中进行"广泛阅读"的意义。以美国历史上最成功的快递公司——联邦快递的创始人 Fred Smith 为例,他这样阐述想象力在商业中的作用:"我通常认为它(想象力)是消化吸收来自于不同行业的信息的一种能力,它能够让你将所有的信息放在一起进行分析和通盘考虑,尤其是关于改变的信息,因为改变中往往蕴含着机会。所以一个人应该读一读关于美国文化、历史方面的书籍、资料,然后思索一下这个国家会怎样继续发展。具有想象力的人有一些共同的特点,比如他们会花大量的时间来阅读和搜集信息,然后通过分析、综合性质的思考,直到他们形成某种观点。"引自 Conger(1995,56)。

24. 以合唱团为例。合唱团可能是 Putnam(1993)最常引用的一个例子了,他用它来说明那种可以产生"社会资本"(或信任)的公共社团。在此类社团中,社会资本或信任的价值就在于它可以使社团通过成本相对较低的合作来代替成本相对较高的契约与命令式管理模式。但意大利中部地区的合唱团,类似于日本的家元组织,在这方面具有更加突出的经济意义,它为团员持续不断地提供想象力方面的灌输和辅导,从而不断产生经济效益。与 Putnam 的观点相反,在思考组织中的艺术、科学技术问题时,我们不仅要将组织当作一个托克维尔式的社团,而且要思考艺术、科技的内容问题。例如,Antonio Gramsci 关于智力的理论——而不是 Alexis de Tocqueville 的理论——曾经在思想上对共产党在艾米利亚-罗马涅地区的长时间统治起到了指导的作用(那一时期被称为"红色博洛尼亚"时期),在那一时期,对于相信 Gramsci 思想的共产党人来说,艺术是一种具有创造性和生产性的力量。在伟大的人类艺术作品和智力资本创造性活动集中的区域之间,有着一种天然的紧密联系,当我们谈到第一次世界大战期间费拉拉地区的 Giorgio de Chirico,20 世纪 40 年代纽约的 Piet Mondrian 和 Jackson Pollock,20 世纪 50 年代芝加哥的 Mies van der Rohe 以及洛杉矶的 Igor Stravinsky 的时候,都会明显感受到这种关系的存在。与此类似,底特律的福特制企业其实也可以被看作是 Henry Ford 和(建筑师)Albert Kahn 之间关系的产物,或者也可以被看作是 Edsel Ford 和(壁画家)Diego Rivera 之间关系的产物(Lacey,1986)。就像所有文艺复兴和古代历史上的先驱们一样,这些艺术家的艺术作品是"国际化的",是扩展化需求所带来的艺术品。那些智力资本创造性行为非常成功的地区,到处充满了秩序扩展带给人们的科学和艺术作品。当然也不要忘记 Guglielmo Marconi,这位无线通讯技术之父,就是在意大利的博洛尼亚和佛罗伦萨接受的教育,而 Samuel Morse 则是纽约大学的艺术学教授。

参考文献

Allen Consulting Group. (2001). *The Economic Contribution of Australia's Copyright Industries*. Sydney: Australian Copyright Council.

Baker, W. E. (1992). 'The network organization in theory and practice'. In N. Nohria & R. G. Eccles (Eds.), *Networks and Organizations: Structure, Form, and Action*. Boston, MA: Harvard Business School Press, 397–406.

Barley, S. R., Freeman, J., & Hybels, R. L. (1992). 'Strategic alliances in commercial biotechnology'. In N. Nohria & R. G. Eccles (Eds.), *Networks and Organizations: Structure, Form, and Action*. Boston, MA: Harvard Business School Press, 311–47.

Bell, D. (1973). *The Coming of Post-industrial Society: A Venture in Social Forecasting*. New York: Basic Books.

Brass, D. J. (1995). 'It's all in your social network'. In C. M. Ford & D. A. Gioia (Eds.), *Creative Action in Organizations*. London: Sage, 94–99.

Burton-Jones, A. (1999). *Knowledge Capitalism: Business, Work, and Learning in the New Economy*. Oxford: Oxford University Press.

Carroll, P. (1993). *Big Blues: The Unmaking of IBM*. New York: Crown.

Castells, M. (2000). *The Rise of the Network Society*. Oxford: Blackwell.

Castoriadis, C. (1997). *World in Fragments: Writings on Politics, Society, Psychoanalysis, and the Imagination*. Stanford, CA: Stanford University Press.

Chandler, A. D. (1990). *Scale and Scope: The Dynamics of Industrial Capitalism*. Cambridge, MA: Harvard University Press.

Conger, J. A. (1995). 'Boogie down wonderland: creativity and visionary leadership'. In C. M. Ford and D. A. Gioia (Eds.), *Creative Action in Organizations*. London: Sage, 53–59.

Coyle, D. (2001). *Paradoxes of Prosperity: Why the New Capitalism Benefits All*. London: Texere.

DeBresson, C. (1996). *Economic Interdependence and Innovative Activity*. Cheltenham, UK: Edward Elgar.

Florida, R. (2002). *The Rise of the Creative Class*. New York: Basic Books.

Fukuyama, F. (1995). *Trust: The Social Virtues and the Creation of Prosperity*. New York: Free Press.

Galbraith, J. K. (1978). *The New Industrial State*. Boston, MA: Houghton Mifflin.

Gerlach, M. L. (1992). *Alliance Capitalism: The Social Organization of Japanese Business*. Berkeley: University of California Press.

Gouldner, A. W. (1973). 'The norm of reciprocity: a preliminary statement'. In A. W. Gouldner (Ed.), *For Sociology: Renewal and Critique in Sociology Today*. London: Allen Lane, 226–60.

Hall, P. (1999). *Cities in Civilization: Culture, Innovation, and Urban Order*. London: Phoenix.

Hayek, F. A. (1989). *The Fatal Conceit*. Chicago: University of Chicago Press.

Heller, A. (1979). *The Power of Shame: A Rational Perspective*. London: Routledge.

Hsu, F. (1975). *Iemoto: The Heart of Japan*. New York: Wiley.

Huntington, S. (2004). *Who Are We? The Challenges to America's National Identity*. New York: Simon & Schuster.

Jacobs, J. (1972). *The Economy of Cities*. Harmondsworth, UK: Penguin.

Jacobs, J. (1985). *Cities and the Wealth of Nations*. New York: Vintage.

Lacey, R. (1986). *Ford: The Men and the Machine*. London: Heinemann.

Luhmann, N. (1979). *Trust and Power*. Chichester, UK: Wiley.

Luhmann, N. (1988). 'Familiarity, confidence, trust: problems and alternatives'. In D. Gambetta (Ed.), *Trust: Making and Breaking Cooperative Relations*. Oxford: Blackwell, 94–100.

Mark Walton and Ian Duncan New Zealand Institute of Economic Research. (2001). *Creative Industries in New Zealand: Economic Contribution*. Weclington: Author.

Miller, D. L. (1997). *City of the Century: The Epic of Chicago and the Making of America*. New York: Simon & Schuster.

Murphy, P. (1999). 'The existential stoic'. *Thesis Eleven*, 50. London: Sage, 87–94.

Murphy, P. (2001a). 'Marine reason'. *Thesis Eleven*, 67. London: Sage, 11–38.

Murphy, P. (2001b). *Civic Justice*. Amherst, NY: Humanity Books.

Murphy, P. (2002). 'The dance of love'. *Thesis Eleven*, 71. London: Sage, 87–94.

Murphy, P. (2003a). 'Trust, rationality and virtual teams'. In D. Pauleen (Ed.), *Virtual Teams: Projects, Protocols and Processes*. Hershey, PA: Idea Group, 316–342.

Murphy, P. (2003b). 'The ethics of distance'. *Budhi: A Journal of Culture and Ideas*, 6(2/3). Manila, the Philippines:

Ateneo University Office of Research, 1 – 24.
Parry, J. H. (1963). *The Age of Reconnaissance.* New York: Mentor.
Piore, M. J., & Sabel, C. F. (1984). *The Second Industrial Divide.* New York: Basic Books.
Pomeranz, K., & Topik, S. (1999). *The World That Trade Created: Society, Culture and the World Economy: 1400 to Present.* Armonk, NY: M. E. Sharpe.
Powell, W., & Brantley, P. (1992). 'Competitive cooperation in biotechnology: learning through networks?' In N. Nohria & R. G. Eccles (Eds.), *Networks and Organizations: Structure, Form, and Action.* Boston, MA: Harvard Business School Press, 366 – 394.
Putnam, R. (1993). *Making Democracy Work: Civic Traditions in Modern Italy.* Princeton, NJ: Princeton University Press.
Putnam, R. (2000). *Bowling Alone: The Collapse and Revival of American Community.* New York: Simon & Schuster.
Roos, J., Roos, G., Dragonetti, N. C., & Edvinsson, L. (1997). *Intellectual Capital.* London: Macmillan.
Shaftesbury. (1914). 'A letter concerning design'. In Benjamin Rand (Ed.), *Second Characters, or the Language of Forms.* Cambridge: Cambridge University Press.
Shaftesbury. (1965). *Characteristics of Men, Manners, Opinions, Times, etc.* (J. M. Robertson, Ed.). Gloucester, MA: Peter Smith.
Siwek, S. E. (2002). *Copyright Industries in the U. S. Economy: The 2002 Report.* Washington, DC: International Intellectual Property Alliance.
Sobel, R. (1981). *IBM: Colossus in Transition.* New York: Times Books.
Stern, S., Porter, M. E., & Furman, J. L. (2002). 'The determinants of national innovative capacity'. Retrieved 5 September 2002 from http://web.mit.edu/jfurman/www/Innovative%20Capacity.pdf.
Stewart, T. A. (1997). *Intellectual Capital: The New Wealth of Organizations.* New York: Doubleday.
Veblen, T. (1964). *The Instinct of Workmanship and the State of the Industrial Arts.* New York: Kelley.
Veblen, T. (1965). *The Engineers and the Price System.* New York: Kelley.
Williamson, O. E. (1985). *The Economic Institution of Capitalism.* New York: Free Press.
Yates, J. (1989). *Control through Communication: The Rise of System in American Management.* Baltimore, MD: Johns Hopkins University Press.
Zucker, L. G., Darby, M. R., Brewer, M. B., & Peng, Y. (1996). 'Collaboration structure and information dilemmas in biotechnology: organizational boundaries as trust production'. In R. M. Kramer & T. R. Tyler (Eds.), *Trust in Organizations.* Thousand Oaks, CA: Sage, 90 – 113.

第二章　教育与知识经济

Michael A. Peters

本章将对知识和信息在新的政治经济背景下的作用进行深入探讨，内容主要涉及"知识资本"及"知识经济"概念之间的重叠，以及与此有关的当代资本主义剧变。同时本章也试图通过揭示有关知识和信息的经济学理论来理解和解释这一剧变。另一方面，一场关于知识价值和意义的大讨论正逐渐在教育界展开，一些比较教育学家认为要想参与这场讨论，他们必须同时理解其背后可能起到推动作用的经济学理论。之所以有这样的认识，部分是因为知识资本和知识经济在当代经济社会发展中已经逐渐崭露头角，发挥着越来越重要的作用，这种作用在很大程度上也影响着教育政策的制定与贯彻执行过程，并导致这一过程在不同地域、文化之间出现差异。而作为比较教育研究者，有必要了解这些过程和差异。

"知识资本"这一术语用于描述知识经济的变化是最近才出现的事。我认为这一概念的内涵包括富裕经济学、距离感的消失、国家的去地区化和人力资本投资等特征。正像商业发展政策倡导者 Alan Burton-Jones(1999，p. vi)所提到的，"知识正在迅速成为全球资本的最重要形式——也就是'知识资本'"。他将知识资本看作是一种崭新的，"具有普遍意义"的资本形式，从而反对那种将知识资本简单化地看作是一种地区模型或传统模型的变式的观点。对于 Burton Jones 以及其他来自于世界政策研究机构比如世界银行和经合组织(OECD)的分析家们来说，知识经济的出现首先意味着一种意义深远的再思考过程，人们对于传统上教育、学习与工作之间的关系进行了重新审视，尤其关注在教育和企业之间建立全新联系的那种需求。"知识资本"与"知识经济"从一开始就总是同时出现在人们的视野中，在它们成为世界各国政府在20世纪90年代末期共同关注的对象之前(参见，例如，Peters，2001)，最早可见于 OECD(1996a，b，c)和世界银行(1998)在20世纪90年代后期的一系列关于公共政策的报告中。在这些报告中，教育被重新界定为一种在很大程度上被低估了的知识资本的存在形式，它可以决定未来的工作特点、各种知识规范的组织形式以及在不远的将来，社会可能出现的变化。

因此，本章将主要分析两种与知识资本和知识经济相关且相互之间关系密切的观点，希望通过这些分析，能够有助于在比较中形成新的教育政策。具体来讲，本章首先探讨的各种理论，其根源大部分来自于 F. A. Hayek 具有划时代意义的、关于知识和信息化经济发展的理论；其次，本章对近期来自于各大世界政策研究机构的、关于上述两个重要概念的公开发表文件进行了相当深入的研究，尤其是 OECD 的"新增长理论"和世界银行的*发展的知识*。此外本章也将探讨 Burton-Jones（1999）最近关于知识资本的理论观点。上述这些例子可以看作是三种对知识资本的不同解说，或者可以说，这种探讨本身也显示出关于知识、信息经济的价值观探讨是如何从形单影只的状况发展到今天多种理论齐头并进的良好发展态势的。最后，本章向比较教育学者们提出了一系列的问题，并尝试提出知识社会主义（knowledge socialism）的概念，以便于从更加宏观的层面对知识创造、生产与发展等现象和过程进行概念组织。

Hayek 与知识和信息经济

Fridrich Hayek（1899—1992）可能是当今最具有影响力的经济学家、政治学家和哲学家，他创立并奠定了新自由主义的基础，然而多数人包括他自己还是更愿意把他看作是古典自由主义者。[1] Hayek 的理论源自 Carl Menger，Eugen von Böhm-Bawerk 和 Ludwig von Mises 在 20 世纪第一个 10 年中所创立的奥地利学派的思想。该学派与古典政治经济学学派有着根本区别，其先驱人物 Adam Smith 和 David Ricardo 所提出的"主观性"（subjective）思想与价值观，作为"客观性"（objective）思想及价值观的对立面，对奥地利学派思想的形成有着很大的启发。法国洛桑学院的 Leon Walras（1834—1910）将经济定义为"理性的个体对于快乐和痛苦的计算"，Carl Menger 则将价值的主观主义理论进一步发扬，发起了被一些人称之为"新古典主义革命"的经济学思想运动。在这场运动中，Menger 对构成经济人（Homo economicus）理论的完美信息说（the notion of perfect information）进行了质疑，尽管这种理论假说被古典主义和新古典主义经济学家们所广泛接受。

Hayek 也在其研究中对知识的根本局限性进行了强调："自由"市场的价格机制决定了关于供需的信息将在消费者和生产者之间广泛地传播，而且不受任何中央计划机制的调控。他早期的观点认为，经济增长的关键在于"知识"，正是基于这种观点，他一直对社会主义和国家调控机制持怀疑和抨击的态度,他提倡应当经由市场这一最好的途径来对现代社会进行组织。在1936年他投稿给伦敦经济俱乐部的一篇名为"经济与知识"的论文中(重印于《经济学》第四卷),Hayek(1937)写道:"经济理论的实证要素——唯一不仅仅关注理论应用,同时也关注前因后果,并因此可以针对基本原理的任一层面下结论并加以证明的部分——其中应当包括关于如何获取知识的观点。"(online n. p.)

此外,他在该文的一个脚注中解释道,他的这一观点有一部分内容是受到了 Karl Popper 关于伪造与歪曲的观点的启发——后者曾在1935年出版的德文版《科学发现的逻辑》一书中提到关于伪造的观点。因此 Hayek 可能是在他这位远亲的帮助下对自己关于20世纪智力发展历史的观点进行了梳理(Hayek,1937)。Hayek 还对形式平衡理论(formal equilibrium theory)的恒真性(tautologies)进行了探讨,他认为这些理论观点在多大程度上能够成立,取决于我们能够在多大程度上理解自身是如何获取和交流知识的,而这种获取和交流知识的程度则决定了我们对于真实世界中各种因果关系的理解水平。根据这一观点,他提出经济的必要条件是关于选择的纯粹逻辑——即一系列探讨因果过程的工具。这一观点的提出可能是通过下列典型问题而逐渐形成的:"人们是如何把知识的碎片组合在一起并形成解决办法的?如果深思熟虑是必需的,那么直觉是否也是必要的过程之一?"他对上述问题的回答之一就是现在人们极力提倡的自发式思考(spontaneous order):"个人意志的自发行为,在某种条件下会带来资源的分配与共享。我们可以将这种自发行为看作是某种灵机一动的结果,而非事先计划好的行为。"(Hayek,1937,online)他同时猜测,这也正是社会"公德心"产生的真正原因。

1945年,Hayek 重新开始探讨关于知识的问题,在一篇名为"社会中知识的运用"的文章中,他提出应当建立一种合乎理性的经济秩序,同时他对传统的微积分式的经济学思想进行了批驳。传统经济学思想认为,人人都拥有差不多相同的信息,人们的经济行为均遵循偏好和惯例,人们在发出指令时已经在最大程度上使用了知识。与此相反,Hayek 认为,问题不仅仅是怎么样寻找和利用资源,而且"是一个如何利用好支离破碎、各不相同的知识的问题"(Hayek,1945,online)。Hayek 强调特定时空环境中的知识是很重要的,因为不同的时空环境中,知识都具有独特性,每个人所掌握的知识也各不相同。而且他坚持认为那种实践性的、情境性的或"本地化的"知识("未组织的知识")与科学知识或理论知识并不相同,这应当成为经济活动的基本共识。尤其是

"本地化的知识",他补充解释道,这是一种朴素的知识,不能被统计分析,也无法传递给任何的中央决策者或专家。

Hayek发表于1945年的这篇文章后来成为关于中央调控体制与国家关系的一次经典探讨。在这次探讨中他提出了"进化经济学"(evolutionary economics)的概念,他认为价格体系是进行信息沟通与交流的渠道和中介,通过这一体系"价格将不同人的不同行为协调一致起来,就好像人们通过自己的主观感受来协调自己的行动计划一样"(online)。Hayek将这种过程看作是所有社会科学的核心理论问题之一——就像Whitehead所言——并不是时刻思考自己正在做什么的思维习惯,而是我们能够不假思索地、自发地做什么事情,才使得人类社会能够不断发展变化。有人认为Hayek的伟大之处就在于他能够认识到,不论是自由民主还是科学乃至市场,都是同一类自组织的自发式系统,这类系统基于自愿原则进行运作,最高目标就是为人类自身利益服务(参见,例如,DiZerega,1989)。

我开始研究Hayek是出于几个理由。第一,他关于知识经济的研究被公认为当代知识与信息的经济学研究的开端。[2] 第二,Hayek的自由立宪主义思想为当代自由主义的发展提供了一幅蓝图,有助于人们更好地理解为什么在撒切尔—里根时代,自由主义的兴起被看作是从国家层面对社会政治所进行的一次深刻批评,以及为什么自由主义在当时已经预见到应当对国家进行重组。第三,Hayek的价值不仅体现在其学术水平上,也体现在其思想在历史发展以及组织发展两个层面的贡献上。1947年,Hayek发起成立了著名的Mont Pelerin协会,这是一个国际化组织,致力于恢复和重建经典自由主义的昔日荣光,以及所谓的自由社会,尤其是其核心之一——自由市场。Hayek认为,尽管当时同盟国已经击败纳粹,但自由主义的政府仍然太过福利化了,他认为这束缚了自由市场的发展,消耗社会资源并侵犯个人权利。通过Mont Pelerin协会,Hayek聚集了一大批同意其自由市场理念的思想家,包括他的老同事Ludwig von Mises以及一些年轻的美国学者,这些人已经成为各自领域杰出的经济学家——如Rose和Milton Friedman,James Buchanan,Gordon Tullock以及Gary Becker——他们已经开始成为美国新自由主义思想的中流砥柱。第四,在教育研究和教育政策界,几乎没有教育家关注经济发展本身,甚至是关于教育的经济、关于知识的经济方面,也较少得到教育家的关心。实际上,概括而言,只有当人们能够从政治经济学的视角来认真思考经济问题,哪怕是从一个非正式的层面来进行探讨,他们才能真正理解新古典主义经济学及其当代发展趋势,才可以宣称自己已经真正理解了经济发展的历史进程,及其对当代教育政策可能产生的强大影响力。[3]

通过考察当今关于知识和信息的经济学发展情况,我们可以试着列举出至少六个重要的发展趋势,所有这些发展都始于第二次世界大战之后,除了其中一个(即新增长理论)之外,其余五大发展趋势都与新古典主义芝加哥流派的第二次(1960—1970 年代)和第三次(1970 年代至今)兴起有关:[4]

- 信息的经济学先锋 Jacob Marschak(以及其合作者 Miyasawa 和 Radner)和 George Stigler 的研究,后者因为其在信息经济学理论方面的开创性贡献而荣获诺贝尔经济学奖;
- Fritz Machlup(1962)的研究,为知识生产与传播经济学思想的发展进行了奠基,并做出不懈努力(参见 Mattessich, 1993);
- Milton 和 Rose Friedman(1962)将自由市场理念引入教育界的努力,尽管这使得 Friedman 所提出的货币主义思想显得相对不那么重要了;
- 在新的社会经济学视野下,首先由 Theodore Schultz(1963)以及后来由 Gary Becker(如 1964)所提出的关于人力资本的经济学思想;
- 由 James Buchanan 和 Gordon Tullock(1962)所提出的公共选择理论;
- 新增长理论。

新增长理论十分强调教育在人力资本生产以及知识生产过程中的重要意义,并努力探求包括新古典主义理论在内的各种经济思想在教育中进行实践的可能性。关于科学技术的公共政策的变化,部分反映在宏观经济学视角下,"新增长理论"与"内源性生长理论"正不断相互融合。根据 Solow(1956,1994)、Lucas(1988)以及 Romer(1986,1990,1994)的研究显示,当前经济增长的主要幕后推手是科技进步(也就是说,科技进步能够促使我们将科学研究的成果转化为实际的生产力)。根据新增长理论模型,科技进步是"内源性的",其决定因素来自于经济学家们依据金融因素做出的各种决策和行为。而由 Solow 提出的新古典主义增长理论则认为科学技术是外源性的,因此可以在全球范围内无限制地加以利用。相比之下,Romer 提出的内源性增长模型认为科技并不是一种纯粹意义上的公共商品,尽管其并不具有竞争性,但从法律和专利系统的角度来审视,则会发现科技也具有一定程度的排他性。因此科技政策的制定和实施至少有两个层面:一个是科学知识层面,一个是信息流层面。这两者对于经济发展都是至关重要的,会引发各种不同的增长模式。比如,知识鸿沟与信息匮乏将严重阻碍贫穷国家的美好发展前景,因此技术输出政策的制定就显得十分重要,这会在很大程度上改善贫穷国家的长期发展速度以及生活标准。[5] 下面请允许我将探讨转向对知识资本的三种学院派观点的介绍方面。

知识经济与知识资本：三种不同的解释

OECD与新增长理论

OECD的报告《基于知识的经济》(1996a)以下面的陈述作为开头：

> OECD对目前基于知识的经济发展产生了越来越浓厚的兴趣，这一新的经济形式与传统经济之间的关系，即所谓"新增长理论"也吸引了我们的注意。随着关于知识的法律法规不断增多，以及知识通过媒体和计算机网络广泛传播的情况越来越普遍，"信息社会"已经初具雏形。生产者对于知识技能需要不断掌握和更新的现实状况，使得"学习经济"的出现成为必然。想要将知识技能进行广泛传播，其重要前提之一就是要对知识网络及"国家创新系统"有更加深入和积极的理解。(p. 4)

该报告整体上分为三个部分，分别分析了基于知识的经济的发展趋势、应用前景以及科学系统在其中所扮演的角色，此外也对知识经济的各种指标，即关于如何测量和评价知识经济的问题进行了阐述（同时参见：OECD，1996b，c，1997；Foray & Lundvall，1996）。在总结部分，OECD的这份报告对"知识传播"（同时也包括知识投资）进行了探讨，报告认为通过正式和非正式渠道进行知识传播目前已经成为经济表现的重要衡量指标之一，该报告还假设在未来"信息社会"中关于知识的法律法规的制定将会越来越多。在基于知识的社会中，"生产者与消费者之间关于外显或内隐知识的不断交换将直接导致创新的出现"（OECD，1996a，p. 7）。根据这一观点，报告还提出了一个关于创新的交换模型（用以替代传统的线性模型），在这一理论模型中，企业、政府与学术界为发展科学技术而相互联合，知识则在这种联合体中不断流动。随着对于高熟练水平的知识工人的需求不断增加，OECD(1996a)指出：

> 我们需要给政府施加更多的压力，以促使政府更加重视对人力资本的改造升级，比如提供更多学习不同技能技巧的机会，尤其是要着力于提高工人的学习能

力;通过合作式网络和技术支持,不断增强在经济活动中进行知识传播的能力;为企业与公司提供各种便利条件,帮助他们在组织层面改善条件,以最大化地利用技术来促进生产效率。(p.7)

科学系统——比如对公众开放的科研实验室以及高等教育研究机构——被看作是知识经济的关键要素,报告认为,对于该系统来说最大的挑战在于如何将传统的象牙塔内的学院派知识产生模式与科学家的新角色,即直接为企业转化利用科学技术进行服务很好地融合起来。

在最早使用基于知识的经济这一概念的某篇报告中,OECD已经发现那些依赖于知识生产、传播和使用的经济模块发展势头强劲,并且其发展趋势已经超过了以往任何时候。那些知识密集型服务业(尤其是教育、通讯以及信息产业)开始成为西方经济体系中成长最快的板块,而且吸引了大量的公共和私人投资(20世纪90年代早期,GDP中科研所占比重达到2.3%,教育占到12%)。报告指出,传统上知识与技能一直被看作是生产过程的外围因素,然而现在新的观点则将其看作是影响生产的核心要素之一。(报告提到Friedrich List对知识的基础及基本制度的论述;Schumpeter,Galbraith,Goodwin和Hirschman对创新的论述;以及Romer和Grossman对新增长理论的阐释)。尤其是新增长理论认为,知识投资的重要特征之一就是回报率的增长而非下降,同时这也是对新古典主义生产功能观的一个修正,后者认为当更多的资产被投入到经济运行当中后,回报会逐渐消失。尽管在不同的企业和公司中,所应用的知识类型不同,但知识同样也具有一些副作用:有一些知识可以通过极低的成本在组织和个人之间进行复制、传播,但另一些则不同,必须付出相对高昂的代价才能在组织或个人间进行复制传播。因此,知识(尤其是将其作为一个比信息更加宽泛的概念时)可以被看作是一个关于"是什么"和"为什么"的概括性术语,哲学家普遍将其称为命题性知识(或"知识化"),命题性知识同时包括了事实性知识和科学知识,而且与市场上的商品几乎毫无二致,不仅可以成为经济活动的源泉,而且也具有生产功能。其他形式的知识,以OECD的界定来说即"怎么样"和"谁来做"的知识,则被看作是内隐知识的不同类别(Polanyi,1967;也可参见Polanyi,1958),而且更难以被规范化和测量。OECD的报告认为"当内隐(原文写作[t]acit)知识以技能技巧的形式出现时,首先需要对此类规范化的知识进行个人化加工,这种能力在当今的劳动力市场上显得越来越重要"(p.13);"教育将会成为知识经济的核心要素,通过这一途径个人和组织才能不断发展",在这一过程中,"从做中学"是至关重要的。[6]

Stiglitz 和世界银行:知识促进发展

世界银行前任总裁 James D. Wolfensohn 在 1998 年度的世界发展报告《知识促进发展》当中总结道:"应当认真审视知识在促进经济发展和社会幸福过程当中的重要性(世界银行,1998,p. iii)。"该报告"认识到经济发展不仅仅建立于物质财富和人类技能的累积基础之上,同时也必须以信息、学习和适应能力为基础,并以这种认识作为报告的开头"(p. iii)。这份世界发展报告之所以引人注意,主要是因为它提出了一个在人们看来与经济发展的新途径关系重大的问题——即从知识的角度看发展。世界银行前任首席经济学家 Joseph Stiglitz 尽管由于观点不合的问题已经从世界银行辞职,但他在任期间的确为世界银行赋予了一个全新的角色。他在知识和发展之间建立了一种有趣的联系,他使得大学从传统上那种单纯的知识产生机构逐渐变成为一种可以引领未来服务业发展方向的产业模式,并且这种产业应当更加全方位地整合到当前主流的产业结构当中去——有一些国家已经认识到这一点,比如中国就正在忙于重建本国的大学体系,以此来为知识经济时代的全面到来做准备。Stiglitz 认为,世界银行已经从一个只提供基本金融服务的银行,转变为他所谓的"知识银行"。他写道:"我们现在不难发现,经济发展的内涵已经不单单是为商业活动提供服务这么简单,它更像是一种宽泛意义下的教育活动,这种活动包括了知识、规则和文化等要素(Stiglitz,1999a,p. 2)。"Stiglitz 认为"要想全面进入知识经济时代就必须首先对经济的基本问题进行重新思考"(online),因为知识并不像其他传统类型的商品,它是一种在很大程度上具有"全球性"的公共商品。这就意味着,虽然我们对于像"知识产权"这类有关于智力资本权利的概念界定仍然不够清晰,但对于政府来说关键的任务在于如何保护智力资本的各种权利不受侵犯。Stiglitz 同时建议,人们应当对知识经济时代的垄断有更加清醒的认识,因为这种垄断可能比工业经济时代的垄断危害性更大。

《知识促进发展》集中探讨了两种类型的知识,以及两个对于发展中国家来说至关重要的问题:"关于技术的知识"(指技术型知识或仅仅是"如何做"的知识,比如营养学、优生学或软件工程)以及"关于价值的知识"(比如产品的质量或工人的勤奋程度等)。发展中国家与发达国家相比,极其缺乏这种"如何做"的知识,这种现状被世界银行(1998)的报告称之为"知识鸿沟"。此外,发展中国家也会被"关于属性的知识"的缺乏所困扰,这在上述报告中被称为"信息问题"。因此发展的概念在这里被彻底改变了,对于发展中国家来说,发展的主要途径就是通过制定和贯彻执行各项专门化的国家政策,以此来"获取"、"吸收"及"交换"知识,缩小知识鸿沟;并通过掌握更多的经济、金融信息,增进对环境的认识和了解,找准信息问题的要害,以解决那些损害穷人利益的信息问题。对于这两类问题的解决,世界银行(1998)的报告为我们描绘了一幅关于未来经济发展的全新图景,其中最重要的部分恰好反映出 Hayek 的观点,即未来经济发展的动力应当来自于知识和信息。

请让我简单介绍一下教育在这一发展图景中所处的重要位置。获取知识不仅包括从全世界任何地方拿来和改编知识——按照上述报告的说法,最好是通过开放式贸易体制、国外投资和授权协议来获取——而且也包括基于本地信息的知识研发、创造及本地化过程。吸收知识主要是通过一系列以教育为主导的国家政策来实现的,包括提供全民基础教育(尤其强调让女孩和弱势群体也能获得教育),创造机会让公民参加继续教育和终身学习,尤其是在科学技术和工程方面。知识的交换则主要包括从新信息和通讯技术发展中获益,就像报告中所说的,这主要是通过良性竞争、提供个人化服务以及适当的调控来实现。这个报告是如此重要,我们甚至可以说,如果世界银行没有经过慎重考虑而发布这个报告,那么其意识形态仍然将是新自由主义取向的,仍旧会强调开放式贸易和私有化,哪怕这些基本观点已经被基于知识的新观念改造过。

或许 Stiglitz 早已偏离了华盛顿共识。在他担任世行首席经济学家期间,他发表了一系列论文,文中指出(例如 1999a,1999b)知识是一种公共商品,因为其并不具有竞争性;也就是说,一旦知识被创造出来并公诸于众,那它很快就会与传统上用以规范商品市场运行的"法律"相抵触。[7] 知识从它的非物质化和概念化的存在形式来说——观念、信息、概念、功能及思维的抽象目标等——完全不具有竞争性;也就是说,我们几乎不用花费任何成本就可以不断增加知识的使用者和消费者。当然,一旦知识被物质实体化或编码加密,就像一些学习、应用或加工处理过程所显示的那样,那么使用知识就需要付出时间和资源方面的代价。此外,随着计算机和网络技术的不断发展,我们也可以区分知识本身的非竞争性和其传播所需微小成本之间的差异,比如我们仍然有可能会遇到网络拥堵,并花时间等待(在英特网上订购或下载一本书)。在英国政府白皮书《充满竞争的未来:建立知识驱动的经济体系》(www.dti.gov.uk/comp/competitive/main.htm,2001 年 8 月 8 日访问)发布前夕,Stiglitz 向英国商贸和工业部、经济政策研究中心提交了他著名的论文《知识经济时代的公共政策》(1999a),很快这篇文章就成为英格兰和苏格兰教育政策制定的模板(参见 Peters,2001)。

尽管知识具有非竞争性，但它对特定使用者而言也可能具有"排他性"（非排他性是真正意义上的公共商品的第二大特点）。比如，由私人提供的知识通常会要求使用者提供某种程度上的法律保护；而企业通常则没有这种要求。实际上知识产权也并不是一种普通的财产所有权，以基础知识为例，类似像数学定理那种知识，基本上大部分的研究工作都会用到，但这种知识并无专利或产权方面的任何限制；也正因为这一点，一个强大的知识产权保护条款实际上反而可能阻碍革新的步伐。但是知识始终不能被看作是纯粹的公共商品，创新的过程中很可能会产生一些事先预料不到的、具有排他性的副产品。就像 Stiglitz(1999a)所说的，再高级的晶体管、微晶片和激光产品所能创造的价值，也比不上发明晶体管、微晶片和激光产品时所产生的价值。

Stiglitz 认为，尽管对于知识经济而言竞争同样是获取成功的必由之路，但是知识经济大背景下同样会产生垄断行为。比如具有垄断性质的知识资本主义企业（如微软公司）会在很大程度上形成自己的排他性知识网络，从而削弱竞争，而这将在全世界范围内成为知识经济健康发展的潜在威胁之一。尽管垄断型企业会以自己的技术优势来不断压制竞争，但如果创造力对于知识经济而言至关重要的话，那么反而是小型公司"船小好调头"，这些小型公司会为创新提供更好的平台，从而有望与大型的官僚式企业相抗衡。基于此，Stiglitz 认为由政府投资的大学应当成为知识经济时代具有竞争力的知识型企业，同时政府应当对知识垄断型企业进行管理，尤其是对那些号称能够提供信息基础建设的大型跨国公司应当实施更加严密的监管。

基于上述分析，Stiglitz 对知识的组织层面特征提出了一系列中肯的意见。他认为正是由于知识不同于其他商品，因此知识市场也应该区别于传统市场。比如，知识商品每一份都各不相同，因此此类商品并不符合传统市场商品"同质性"的基本特征。那么对于知识市场上各种不受专利保护的商品，人们就要冒一定的风险去开发并交易。因此，知识市场的健康运作十分依赖于交易者的信誉，依赖于每一次的信誉交易，或者说，依赖于相互的信任。

在供应的环节，公司与组织之间的知识交易需要相互信赖，并且在分享知识和将内隐知识明确化方面具有互利互惠的特点。囤积对于知识交易和管理来说只能造成恶性循环，而相互信赖和互利互惠则能通过分享创造出一种良性循环乃至文化氛围。在需求方面，如果人们将任何对知识商品的需求都看作是无知和愚昧的话，那么这种所谓"学习的文化"（我的说法）则会人为地限制市场对知识商品的需求。

Stiglitz 认为这些关于知识市场的基本准则对于知识型机构和国家来说都是同样

需要遵循的。如果基本的知识资产所有权都得不到完全保障,那么知识的供应将会不复存在。如果互信关系被公然破坏,那么学习的机会也会随之而消失。实验是社会开放性特征的另一种表现形式,但它无法替代封闭型组织或规则的真正改变。最后,Stiglitz 提到,经济规则的变化必然会引起政治领域的相应改变,对于开放型社会来说,至少需要在下述各方面确立相应的规则:自由出版、执政透明度、多元文化、权力制衡、信仰自由、思想的自由与公开讨论的权利等。这种政治开放性对于知识经济变革的成功将起到至关重要的作用。

Burton-Jones 与知识资本主义

可能最为先进的知识资本"模型"以及与之相关的最为成熟的教育领域实践,都来自于 Alan Burton-Jones(1999)所著的《知识资本主义:新经济时代的商业、工作与学习》。Burton-Jones 在他的著作中这样写道:

> 本书认为,在导致当前经济变革的多种因素中,没有任何一个因素比知识角色的变化更为重要了。……正如本书的书名所言,知识正在迅速成为全球资本的最重要形式——也就是"知识资本主义"。然而令人诧异的是,知识可能是最不被理解和最不被看好的经济资源之一。因此本书的主旨就是探讨知识的性质与价值,并分析知识是如何从根本上改变经济活动基础的,比如知识是如何影响商业、雇佣关系以及我们的未来。因此,我们应当对我们所处的工业化时代的诸多特征进行重新思考与评价,如商业组织、商业从属关系、工作管理、商业策略以及教育、学习与工作之间的关系等。(p.3)

Burton-Jones 认为,当今社会,管理者与劳动者、学习与工作之间的界限已经逐渐模糊,因此我们所有人都正在成为自身智力资本的所有者,成为知识资本家——至少在西方发达国家是这样。他接着阐述他关于知识经济变革的具体观点,他认为全新的、以知识为中心的组织形式正在形成,知识供应显得越来越重要(相对于劳动力供应而言),而传统的雇佣关系正逐渐退出历史舞台,知识在工作中的传统价值正在逐渐衰退。他说道,"新经济发展所需要的熟练劳动力将促使人们进行终身学习"(1999,p. iii),而终身学习则需要掌握成熟的学习技巧,进而会在全球范围内促进教育产业的发展,并使得"学习者、教育者和公司之间的关系发生意义深远的变化"(p. vii)。在谈到政府应当如何在知识经济变革时代起到推动和促进作用时，Burton-Jones 认为，政府应当关注知识获取（教育、学习、技能技巧方面的信息）和知识发展（研究、创新等）方面的政策制定。他认为，尽管很多改变的产生不过是对市场需求的一种自发式反应而非政府干预的结果，但政府应当在这一过程中起到应有的重要作用。然而，他并不完全同意 Stiglitz 或 Thurow 的观点，即知识在经济发展中日益重要的作用将会导致政府从协助者变为主导者。

建立知识文化

我在上边简要陈述了三种关于知识资本主义的观点，其中 Stiglitz 的观点对于理解我所说的"知识文化"（参见 Peters & Besley, 2006）而言可能是最重要的一种观点了。而"知识经济"与"知识社会"之间的区别泾渭分明，前者主要是指与知识和信息相关的经济、教育发展问题；后者主要涉及新经济体制下，知识型劳动者的基本概念及他们作为公民的基本权利，关注于知识经济在社会领域所产生的影响。今天我们正处于历史发展的一个节点，经济开始呈现出"标志性"的变化，商品的符号意义更加重要，并且使得经济与文化之间的界限越来越模糊。我认为现在是时候提出"知识文化"的概念了，这一概念对于更好地理解知识经济与知识社会十分重要，因为这一术语是正确建立知识经济与知识社会的文化前提之一。"知识文化"概念的内涵主要来源于对"知识阶层"经验的分享，其最终目标是从文化层面促进人们的生活，往往需要数代人的不懈努力。简而言之，我对知识文化的认识是，知识产品的生产与分配需要观念的流通和交换，反过来这种观念流通需要依赖于特定文化条件的成熟，比如信任、互惠、知识伙伴之间的责任、规范的制度与战略策略，以及全社会对这些基本制度的理解和接纳。我使用"知识文化"（复数形式）这一术语，是因为没有任何一种措施或办法能够适用于所有的机构、社会团体及知识传统。鉴于这种情况，可能我们应该进一步探讨知识资本主义是如何更好地利用知识社会主义的各种条件，或至少是如何促进知识生产者之间观念的分享与交换的问题（参见 Peters & Besley, 2006）。

除了本章的探讨之外，我还提出了一些特定的假设，如知识资本主义会根据五种基础的区域性资本模型而显示出在生产、所有权和创新等方面的不同模式。这五种区域性模型——其差异主要是基于对知识和学习在文化层面的不同理解——并不仅仅代表了不同文化对知识的意义和价值的理解差异，而且在教育政策制定方面，不同区域也有着自己独特的理解。我们可以探讨央格鲁—美利坚资本主义、欧洲社会资本主义、法国国家资本主义和日本模式。而且很明显,我们也可以探讨正逐渐形成的第五种区域性模型,就是中国的市场社会主义。比如世界银行最近的一份报告中说,中国政府应当通过制定适当的法律法规,从而促进和规范基于知识的新兴社会主义市场经济的发展(参见 Dahlman & Aubert,2001)。[8]

然而知识经济的理论探讨也显示出这一新经济体制的一些问题和缺陷。尽管新自由主义改良运动对国家部门的重构与私有化活动已经在很大范围内展开,但国家教育系统依然属于公共部门的一部分,仍然归属于国家并受国家控制。这一情况与最近的一次教育改良运动背道而驰,这次教育改良运动的重点是教育选择权及所有权的多样化,通过私有化、公私合营等方式来对国家教育系统进行改造,比如英国的私人基金计划(PFI)。此外,由国家提供的正规"全民"教育体系不仅仍在发展壮大,而且这一体系一直是对知识进行组织的主要形式。在 Burton-Jones 等人对知识资本主义的倡导和提议中,他们也提出国家教育体系应改变过去那种陈旧的产业化和组织化的全民教育模式,应该利用更加灵活和自定义的知识传播形式,藉由信息和通信技术的发展来保证教育的"选择权"和"多样性"。但令人困惑的是,在新的知识经济体制下,当政府对稀缺资源与服务的分配不再过多干预,当世界各国政府都成功地从市场运作当中抽出身来,并由市场调控取而代之的时候,政府却发现自己才是知识的真正所有者和控制者。尽管一些经济学家和政策分析者早已提出应当基于新的基础来重新评价政府在知识经济当中的角色(Thurow,199;Stiglitz,1999a,b),但大多数政府仍旧遵循不断增加且共同发展的私有化政策,试图以此来模糊公私之间、学习与工作之间的界限。

在知识资本主义的时代,我们应当对西方国家的政府充满信心,他们应当在更大程度上减少对公共教育服务的控制,这不仅可以表明他们对知识价值私有化的决心,更有利于提高政府对各类知识交易与公共教育的管理水平。过去 10 年间,教育家们已经见证了哈耶克式的知识与信息经济革命所产生的巨大效果,而且我们也经历了"大政府"模式所带来的问题以及因为国家供给、拨款及调控政策的减少而造成的麻烦。在知识资本主义时代,自 20 世纪 90 年代的"文化战争"之后,另一场伟大的"教育战争"即将开始,这不仅是基于知识的价值和意义而进行的斗争,不论是全球性的还是区域性的,同时也是基于知识生产的公共化而开展的斗争。正像 Michel Foucault(1991,p.165)在 20 世纪 80 年代早期的一次与意大利共产党员 Duccio Trombadori 的谈话中所说的那样:

我们生活在一个社会化的世界,在这个世界里知识的形成、流通及利用无不显示出同样的基本特征。如果说资本积累是我们这个社会的基本特征之一,那么知识的积累同样也是一个基本特征。现在我们已经无法将知识的应用、生产和积累与力量、权力的形成区分开来;我们必须认真分析这其中存在的复杂关系。

结论

总而言之,本章的基本观点包括:第一,我们必须明确地认识到知识经济时代已经到来,尽管其理论表述到现在也经常被修改,尽管全球化概念与此有很多重叠,尽管其理论大多来源于新自由主义政策及理念;第二,作为知识经济时代的新事物,我们可以认为"知识资本主义"是资本主义的全新发展阶段,并且它会在很大程度上影响教育政策的制定和实施。尽管目前有许多关于新自由主义与知识经济之间关系的问题有待于进一步探讨,但在其中一个层面,两者的关系十分明晰,那就是许多国家的新自由主义教育政策已经使得教育系统的重组在全国范围内广泛开展。

20世纪80年代,一种与众不同的新自由主义思潮在西方国家出现,并成为公共政策制定与实施的主要依据,至今它还拥有强大的影响力。其主要观点包括:在新的具有竞争性的公共服务体制下,公民成为个人消费者,因此其"福利权"也相应地商品化为"消费权";公共部门需要进行适当的"缩编",以符合政府职能的商业化、公司化及逐渐私有化过程;应当使公共服务管理常态化,遵循"新公共管理"的基本原则并仿效私人管理模式,实行委任制而非进行真正的权力移交,从而使得核心层的执行权力更加集中。

目前这类变化在教育及社会政策的相关领域体现得最为普遍和明显。在许多OECD国家,以前那种大包大揽的公共服务网络,其服务范围现在已经明显变得"相对缩小且保守"。过去那种由国家负责,且依照社会民主基本原则制定和实施的全民福利计划现在已经基本废止。不同的机构和委员会正参与到各种需要付费的社会与教育服务项目中来。而且,很多情况下这种变化还伴随着新右派势力的崛起,福利和其他各种形式的收入分配措施均被大幅度删减,几乎所有形式的福利,其获取的资格标准也都与所谓的"责任"紧密联系在一起。对社会援助的重新定义已经成为社会哲学的新思潮,此外,对福利制度的监管力度明显加大,意在减少利益可能带来的欺诈和舞弊问题。新自由主义宣称的目标是将人民从对国家福利的依赖当中解放出来，一些评论家甚至提出应当把社会福利制度彻底转变为劳动福利制，因为在新经济体制下，稳定的劳动雇佣关系已经成为参与社会的一种基本形式。在新自由主义者的眼中，陈旧的福利政策只会导致出现更多的寄生虫，这些旧的政策和举措是生产新一代的年轻文盲、少年犯、酗酒者、物质滥用者、逃学者、药物成瘾者和不健全型家庭的帮凶。

新自由主义的观点以个人主义的意识形态作为其基础和前提，这种思想强调在自由市场经济体制下的个人责任，因此，在强调效率为王的同时，他们也在尽量弱化道德的价值。新自由主义推崇知识经济，鼓励人们在人力资源及相应社会资本方面进行各种投资，从而发展"符号经济"所必需的相应权利和高水平技能技巧。此外，公共政策的转变同时也伴随着对义务教育的重新认识，尤其在高等教育领域，政府不应继续进行全面控制，而应同时允许私人力量介入高校的建设与发展，使高等教育的成本重新由个人和家庭来承担。目前许多教育政策的制定已经明显支持在教育领域全面引入竞争机制，并引入消费者选择权的概念，使教育相关部门可以更加自由地进行高水平竞争，并鼓励进行教育产业化及相关领域的创新。

本章还介绍了关于知识经济的三种理论阐释：基于新增长理论的OECD的观点，主要关注于技能发展及国家创新体系发展问题；世界银行的《知识促进发展》，强调知识在促进经济发展及社会幸福水平提高方面的积极作用，以及知识是如何越来越紧密地与信息、学习和适应联系在一起；还有Burton-Jones的知识资本主义理论模型，强调知识获取和发展的重要意义，以及如何进行终身学习。这只是主流观点中的其中三种观点，我们可以将其分别称为"学习"、"发展"和"商业"模型。这三种理论模型在一些操作性定义和假设方面是近似的，尤其是对基于知识、人力资本投资以及新通信技术发展的深层次经济结构转变，三种理论有着基本相同的看法。举例来说，他们都认识到对于"学习经济"而言，教育能够起到非常核心和重要的作用；此外，由于人们现在已经可以通过英特网获取到海量的系统化知识来促进创造与创新，所以教育在各类知识基础设施，比如英特网的发展和使用方面也可以起到巨大的推动作用。他们也都认识到"智力资产"的迅速发展态势和未来前景，他们认为，随着思想和信息的沟通交流不断增加，信息共享所需成本将逐渐降低，跨国信息交流将变得更加容易，相应地，在全球网络化知识经济发展的时代背景下，与教育有关的法律、政策乃至伦理道德问题也将逐渐增加。当然，三种理论在一些基本的理论问题、研究取向以及相关政策建议方面仍然有着显著区别。"知识经济"本身就是一个存在很大争议的概念，目前基于这一概念已经产生了一系列各不相同的理论描述和解释。这也是一个仍在发展和不断修正当中的概念,对于那些依据知识经济基本理念来制定和宣传新教育政策的人来说,必须要认识到这一基本概念仍处于争议和不断修改的过程当中,就像人们一直以来对于知识的概念也仍然还在争议当中一样。

注释

1. Hayek 的两篇关于知识的论文及其他文献全文,包括评论性和学术性论文,请访问 www. hayekcenter. org/friedrichhayek/hayek. html(2008 年 9 月 15 日访问)。
2. 这并不是说人们已经对 Hayek 的知识经济观点达成了共识。比如 Zappia(1999),就用 Bowles 和 Gintis (1993)对"有争议的交换经济"的调查结果来探讨信息使用的竞争性市场机制的社会主义转变情况。
3. 其实在这方面还是有例外的:Mark Blaug 是一个非常著名的经济学家,他长期关注并研究教育领域的经济现象;Bowles 和 Gintis 也在教育经济学领域享有盛誉。对此可以参考由英国教育部、英国商业、创新与技术部以及伦敦大学经济与政治科学学院、伦敦研究所共同资助的教育经济研究中心的网页;http://cee. lse. ac. uk/(2008 年 9 月 15 日访问)。
4. 可参考芝加哥学派的新兴学院网站:http://cepa. newschool. edu/het/schools/chicago. htm(2008 年 9 月 15 日访问)。
5. 这里我们并未否认其他社会科学分支长期以来对知识经济所开展的各种研究,也不否认很多学科已经提出了关于知识型社会的各种近似概念。比如在社会学领域,后工业化社会的概念首先由 Daniel Bell (1974)以及 Alain Touraine(1973)提出;后来由 Manuel Castells(1996)将这一概念阐发为信息社会及网络化社会两个概念。在管理理论当中,知识资本也早已成为迅速发展的"知识管理"研究领域中的核心概念之一。
6. 对内隐知识的强调首先是 Polanyi 提出来的(1958,1967),而这一概念则来源于对 Heideger 和 Wittgenstein 关于实践的概念的深入思考与进一步阐发。强调"实践"也许是许多 20 世纪的哲学家、社会学家和文化分析研究(参见,例如 Turner, 1994)所具有的显著特征之一,此类研究和观点聚焦于超越理论以及"背景实践"的真正实践层面,是对整日纠缠于理论知识探讨的陈旧研究的一种反对。虽未经过科学验证,但实践的概念主要指向于教育教学领域,与此类似的"实践型团体"概念早已出现于商业与组织化学习的过程当中。
7. 对 Stiglitz 及其观点进行探讨的内容部分取自于 Peters(2002)的论文《知识经济分析》。
8. Dahlman 和 Aubert(2001)认为促进教育可能是中长期发展过程中最深刻的变革。

参考文献

Becker, G. (1964). *Human Capital: A Theoretical and Empirical Analysis, with Special Reference to Education.* New York: National Bureau of Economic Research.
Bell, D. (1974). *The Coming of Post-industrial Society: A Venture in Social Forecasting.* New York: Heinemann.
Bowles, S., & Gintis, H. (1993). 'The revenge of homo economicus: contested exchange and the revival of political economy'. *Journal of Economic Perspectives*, 7, 83 - 102.
Buchanan, J., & Tullock, G. (1962). *The Calculus of Consent? Logical Foundations of Constitutional Democracy.* Ann Arbor: University of Michigan Press.
Burton-Jones, A. (1999). *Knowledge Capitalism: Business, Work and Learning in the New Economy.* Oxford: Oxford University Press.
Castells, M. (1996). *The Rise of Network Society.* Oxford: Blackwell.

Dahlman, C., & Aubert, J.-E. (2001). *China and the Knowledge Economy: Seizing the 21st Century*. Washington, DC: World Bank.
DiZerega, G. (1989). 'Democracy as spontaneous order'. *Critical Review*, Spring, 206-240, at http://www.dizerega.com/papers/demspon.pdf (accessed 15 September 2008).
Foray, D., & Lundvall, B. (1996). 'The knowledge-based economy: from the economics of knowledge to the learning economy'. In D. Foray and B. Lundvall (Eds.), *Employment and Growth in the Knowledge-Based Economy*. Paris: OECD.
Foucault, M. (1991). *Remarks on Marx: Conversations with Duccio Trombadori* (R. J. Goldstein & J. Cascaito, Trans.). New York: Semiotext(e).
Friedman, M., with the assistance of Friedman, R. D. (1962). *Capitalism and Freedom*. Chicago: University of Chicago Press.
Hayek, F. (1937). 'Economics and knowledge'. *Economica*, 4, 33-54. Retrieved on 28 February 2007 from www.hayekcenter.org/friedrichhayek/hayek.html.
Hayek, F. (1945). 'The use of knowledge in society'. *American Economic Review*, 35(4), 519-30. Retrieved on 28 February 2007 from www.hayekcenter.org/friedrichhayek/hayek.html.
Lucas, R. (1988). 'On the mechanisms of economic development'. *Journal of Monetary Economics*, 22, 3-22.
Machlup, F. (1962). *The Production and Distribution of Knowledge in the United States*. Princeton, NJ: Princeton University Press.
Mattessich, R. (1993). 'On the nature of information and knowledge and the interpretation in the economic sciences'. *LibraryTrends*, 41(4), 567-94.
OECD. (1996a). *The Knowledge-Based Economy*. Paris: Author.
OECD. (1996b). *Measuring What People Know: Human Capital Accounting for the Knowledge Economy*. Paris: Author.
OECD. (1996c). *Employment and Growth in the Knowledge-Based Economy*. OECD Documents. Paris: Author.
OECD. (1997). *Industrial Competitiveness in the Knowledge-Based Economy: The New Role of Governments*. OECD Conference Proceedings. Paris: Author.
Peters, M. A. (2001). 'National education policy constructions of the "knowledge economy": towards a critique'. *Journal of Educational Enquiry*, 2(1), 1-22. Retrieved on 28 February 2007 from www.education.unisa.edu.au/JEE/
Peters, M. A. (2002). 'Universities, globalisation and the knowledge economy'. *Southern Review*, 35(2), 16-36.
Peters, M. A., & Besley, T. (2006). *Building Knowledge Cultures: Education and Development in an Age of Knowledge Capitalism*. Lanham, MD: Rowman & Littlefield.
Polanyi, M. (1958). *Personal Knowledge: Towards a Post-Critical Philosophy*. London: Routledge & Kegan Paul.
Polanyi, M. (1967). *The Tacit Dimension*. London: Routledge & Kegan Paul.
Popper, K. (1935). *Logik der Forschung*. Vienna: Julius Springer Verlag.
Romer, P. M. (1986). 'Increasing returns and long-run growth'. *Journal of Political Economy*, 94(5), 102-37.
Romer, P. M. (1990). 'Endogenous technological change'. *Journal of Political Economy*, 98(5), 71-102.
Romer, P. M. (1994). 'The origins of endogamous growth'. *Journal of Economic Perspectives*, 8, 3-22.
Schultz, T. (1963). *The Economic Value of Education*. New York: Columbia University Press.
Solow, R. (1956). 'A contribution to the theory of economic growth'. *Quarterly Journal of Economics*, 70, 65-94.
Solow, R. (1994). 'Perspectives on growth theory'. *Journal of Economic Perspectives*, 8, 45-54.
Stiglitz, J. (1999a). 'Public policy for a knowledge economy'. Remarks made at the Department of Trade and Industry and Centre for Economic Policy Research, London, 27 January. Retrieved on 28 February 2007 from www.worldbank.org/html/extdr/extme/jssp012799a.htm.
Stiglitz, J. (1999b). 'On liberty, the right to know, and public discourse: the role of transparency in public life'. Oxford Amnesty Lecture, 27 January, Oxford. Retrieved on 28 February 2007 from www.worldbank.org/html/extdr/extme/jssp012799.htm.
Thurow, L. (1996). *The Future of Capitalism: How Today's Economic Forces Shape Tomorrow's World*. London: Nicholas Breasley.
Touraine, A. (1973). *The Post-industrial Society: Tomorrow's Social History: Classes, Conflicts and Culture in the Programmed Society* (L. F. X. Mayhew, Trans.). New York: Random House.
Turner, S. (1994). *The Social Theory of Practices: Tradition, Tacit Knowledge, and Presuppositions*. Chicago: Chicago University Press.
World Bank. (1998). *World Development Report: Knowledge for Development*. Oxford: Oxford University Press.
Zappia, C. (1999). 'The economics of information, market socialism and Hayek's legacy'. *History of Economic Ideas*, Ⅶ, 1-2. Retrieved on 28 February 2007 from www.econ-pol.unisi.it/dipartimento/zappia.html.

第三章　学术型团队创业与创造力经济

Michael A. Peters and Tina (A.C.) Besley

我可以告诉你们：一个人必须内心充满激情才能翩翩起舞。
——Friedrich Nietzsche，*Thus Spoke Zarathustra*，(Prologue 5)，1887

创造力经济

　　创造力经济的概念大概形成于20世纪90年代，当时John Howkins作为龙卷风产品有限公司(Tornado Productions Ltd.，一家坐落于伦敦的网络传播公司)的董事长，将这一概念术语作为他新书的正标题，而该书的副标题是"人们怎么通过思想赚钱"(2001)。Howkins现在是英国银幕咨询理事会的副主席、伦敦电影学校董事，曾担任过多家新媒体公司的咨询顾问，其中包括时代华纳、英国天空电视台以及IBM，还包括世界多国政府。他的思想成就主要集中于智力资产等方面，他声称这些成就平均每年都价值2.2兆之多。就像他常说的，"IP(Intellectual Property，智力资产，译者注)就是新经济时代的流通货币"，关于"新经济"，他说他指的并不是新的网络化的国际互联网经济，而是"创造力经济"。他认为，创造力经济并不单单是关于创造力、文化、遗产、知识、信息及创新的概念术语，也不仅仅是关于艺术、建筑、手工业、时尚产业、音乐、表演艺术、新闻出版等行业经济活动的术语，从更加广泛的意义上讲，它是"一种全新的经济模式，在这一模式下，人的思想而非土地、资金才是最重要的投入和产出(不是IP)"。[1] 他之所以采用这种广义的定义，是因为在他的理解中，"所有的创造力活动——艺术、科学及其他——都会通过相同的大脑生理活动过程，比如突触产生、传递和接受神经生物电冲动等过程来建立某种联系"。他同时认为："这完全依赖于每一个人的梦想、怀疑、思考、挑战、拒绝及发明创造等能力。创造力活动所表达的是一种多样性，这是文化产生的源泉(没有多样性，就没有文化)。"

简而言之，Howkins(2001)认为每个人都可以更加具有创造性，不需要土地、金钱或是满足先决条件——创造力对所有人都一视同仁，且不求任何回报。在谈及Schumpeter时，他说："现在美国的创业过程都已经模式化了。"他还强调创造(creativity)和创新(innovation)之间的区别："创造是个人化的、主观的行为，而创新是群体取向的，具有竞争性和客观性。创造力可以导致创新，而创新极少导致创造行为(Howkins，2005)。"

有趣的是，Howkins(2005)也提到，在西方人对于创造力的理解当中，首要的一条就是，这是一种少数天才（艺术家与发明家）和少数投资者才可能完全掌握的能力。他并不赞同这种理解，如果他是对的，那么我们就必须基于公众对知识的需求而重新定义什么是智力资产。我们必须为创造力的发挥创造适宜的条件，这些条件包括：扩展公共领域，增加阅读、文化发展及研发的渠道，阻止对事实及观念的个人化私藏行为，允许更多的民主行为（我的原话），并通过修改与智力资产相关的国家法律来为非西方的创造力观点的传播大开绿灯（他的原话）。他认为只有这样才能真正有助于创造力的发挥。他比较推崇世界知识产权组织(WIPO)2004年9月会议上提出的巴西/阿根廷提案，在那份提案中，智力资产的相关权利与公共福利最大化的目标被紧密地联系在一起。

Howkins(2001)的创造力经济观点来自于一系列不同领域，而且这些思想和观点目前仍在不断发展，包括经济学、社会学、管理理论及其他领域。尽管我已经在本书的介绍部分将这些主要的思想源头进行了一个梳理和列举，也对其中一些重要思想进行了探讨，但到目前为止我尚未提到Schumpeter(1976, orig. 1942；1951)关于"创造性破坏"的观点，以及他将创业看作是创造力经济基础之一的观点。值得一提的是，在当前的网络化环境下，创业可能导致的个人主义偏见又被人们旧事重提。当我们对来自不同领域的文献进行重新审视之时，我们可以很清晰地分辨出奥地利学派的方法论个人主义、Friedrich Hayek(1937；1945)的知识经济学中关于价值的主体理论以及Fritz Machlup(1962)对美国经济中知识传播的研究等很多不同思想在早期所产生的影响。这种影响通过芝加哥学派学者们的努力得以延续，尤其是Gary Becker(1964, 1993, 3rd ed.)关于人力资本的研究，以及James Coleman(1988)对该观点的后续发展，还有Robert Putnam(2000)关于社会资本的研究。Peter Drucker(1969)对知识工人及知识管理进行了深入研究，到20世纪90年代中期，该研究方向已经发展成为一个十分成熟的学术领域。而Daniel Bell(1973)和Alain Touraine(1971)提出的后工业化社会的概念引发了社会学中对后工业化时代的研究,比如很多研究者对基于理论知识集中化而施行的分级教育政策所导致的社会后果进行了探讨。Alvin Toffler(1980)提出了第三次浪潮的观点,普及并引发了许多"技术革新研究"以及未来学研究;Jean-François Lyotard(1984)坚持认为处于首要地位的科学技术应当是全球化共享的,从而引发了(现代-后现代主义)的哲学争论。最近,由于 Paul Romer(1990)的内生性增长理论以及 OECD(1996)的知识经济应对政策的相关观点被学术界普遍接受,与此有关的应用实践越来越多,而且相关观点也开始出现在世界银行的政策性文件中,比如《发展的知识》和《知识经济时代的教育》等资料中。尽管这些框架性文件资料中并未提及控制论、信息与图书馆科学,以及版权国际法案的重要贡献,但它们仍然可以使我们认识到创造力经济概念发展过程中的复杂性。我们可能需要很长的时间来对这些相关领域的发展进行梳理,尤其是相互交叉的学科领域之间的关系,更需要大量的研究工作。这些交叉领域包括知识与信息经济、公众认识论、知识社会学、后工业化社会学、知识管理、学习心理学、神经科学、国际版权法案以及对内隐知识、"情境化知识"和"实践团体"的相关研究等(参见 Peters & Besley, 2006)。显而易见,一系列新生概念描述了社会经济结构的深刻变革:后工业经济、信息经济、象征经济、符号经济、数字化经济、互联网经济、知识经济、创造力经济。

2000 年以来,随着 Howkins 的书以及 Richard Florida(2002)《创造力阶级的崛起》一书的出版,对创造力经济的关注已经逐渐成为一种趋势。Florida 的研究紧随 Howkins 之后,他认为"人类的创造力是经济的终极资源"(p. xiii)。Florida 认为《商业周刊》首先于 2000 年 8 月提出了创造力经济的概念,随后这一概念出现在 Howkins 的书中,再一年之后出现于他自己的书中。Florida 把焦点集中于创造力经济的性质方面,即创造力经济是技术创新及创业的一个全新系统;是创造新事物的一种全新模型(包括创新型工厂及模块化生产制造);而创造力经济的终极成分,即他所谓的社会环境(social milieu)是创造力发源的生态环境。他同时也指出,创造力在历史上就是经济发展的推动力之一;而且他同意 Drucker 和 Machlup 的观点,认为创造力阶级已经出现。

现在创业是个很热门的话题,近年来关于创业的理论探讨也经历了多次深刻变化,尤其是现在由国家资助的关于创新系统、企业社会化的研究已经逐渐变成一种趋势和潮流。首先,已经有许多研究试图重新界定当前社会中创业的范围问题,比如《创业与区域发展》的专题研讨。该专题的编辑,Chris Steyaert 和 Jerome Katz(2004)提出了三点基本主张:第一,"在许多不同的领域和范围内都有创业现象",比如"邻居"、"社区"及不同"圈子"中。第二,"这些领域都是基于政治原因被区分开的,它们相互之间可以基于不同的规则和理由随意进行交流和组合,这样可以解决单一经济模式所带来的问题,从而与创业有着更加深入的互动。关于创业的地理学就是地缘政治学"。第三:

> 创业事关我们每一个人的日常行为,而不只是一小部分精英创业者的活动。在邻居、社区和不同的圈子中,基于不同的社会文化背景而开展的创业活动是受日常行为所影响的。正是基于这样的特点,创业活动已经不单单是对创业者、创业伙伴等因素的简单选择,而是具有更加广泛意义的一种社会进程。(p. 180)

在他们的观点里,创业更多的是一种社会行为而不仅仅是一种经济行为,基于这样的理解,他们进一步提出了公共创业的概念。他们认为公共创业会更加具有创新性,更聚焦于普通民众的需求,同时会催生出新类型的社会群体,比如各种治疗机构,更加关注社会需求的艺术家与工匠团体等。他们还撰写了一系列的文章来说明现在创业能够在哪些不同领域中得以开展:比如健康部门、第三世界国家的一些非官方领域、生态系统保护领域、非政府发展组织、公民创业、教育与大学、艺术与文化、城市发展、社会公共事业、社会化商业创新与社会创业等。他们强调对创业进行空间方面的分析,这就为改进当前的相关理论提供了情境支持;他们同时强调创业的多维度性以及日常创业行为的地缘政治性。所有这些观点都源自于 Steyaert 最近的一系列论文(1998;2000;2002)。

Steyaert 在他自己的论文中多次提到 Spinosa、Flores 和 Dreyfus 在他们名为《揭秘新世界:创业、民主行为与凝聚力的培养》(1997)一书中所做出的开创性工作。该书提倡人们应当为谋求全人类的福祉而不断发现、不断创新。简而言之,Spinosa 等人在书中指出,如果人们在自己文化中的某些领域进行改变的时候——比如人们创造历史以改变对自身的固有理解和行为模式的时候——能够努力去改变那些被认为是理所应当的、日复一日的重复生活过程的话,那么人类就可以获得最大化的发展。他们将创业、民主行为和凝聚力的培养看作是人类创造历史的三大"主战场",另外他们也提到了创造历史的三种基本方法:重新规划、共享共用和完美配合。他们在书中的"介绍"部分对此观点进行了详细阐述:

我们认为应当在资本市场经济框架下对创业的具体行为进行支持;应当对公民的一系列具有代表性的现代民主行为进行支持;应当对现代国家中不同人之间能够形成凝聚力的、具有文化特征意义的行为进行支持。我们确信这些行为和实践对人类的福祉至关重要,不管资本主义市场经济体制下有多少约定俗成的传统,不管现代民主共和体制有哪些对历史的改变,只要是能够支持上述三种行为的,就应当得以保留和发扬光大。传统上,我们对于创业、公民的有组织行为及与凝聚力有关的文化特征总是讳莫如深,不愿谈及。时至今日,当我们想要结合这三者之力为人类谋求更大福祉的时候,却发现我们正在逐渐丧失这些特征和能力。本书将尝试恢复人们对这些能力的信心、对这些特征的认知。我们的首要目的是告诉人们,创业、公民的民主实践、凝聚力的培养是如何在西方人过去2500年的历史当中逐渐结合在一起并发挥至关重要、影响深远的作用的。(pp. 1—2)

创业的基本含义是改变过去的固有模式并进行实践探索,但这并不意味着要完全以消费者和市场的需求为行动标杆;相反,创业意味着应当与市场一起来创造新的产品,就像柯达公司创造相机和摄影技术一样。以现象学的视角来看,创业意味着整合,其对立面是解析式观察、分析或反思。因此,创业的真实性并不简单是指要成为消费者或产消者,而且还包括通过整合不同的实践活动、途径及特点从而为产品发现新世界、新发展空间的行为。这种整合现在以"实践共同体"为其首要特征,强调每个个体能够以特定的风格对实践进行协调和整合。

上述实体论层面的分析与传统的新自由主义对创业活动的看法相去甚远,也不同于后者对"创业型团体"参与公共领域及教育政策制定相关行为的分析及观点。Peters(2005)提出,教育领域的"新谨慎主义"(new prudentialism)主要关注创业自我(entrepreneurial self)的概念,认为创业者应当"尽职尽责"地、基于对实际情况的缜密思考而做出有利于大众福祉的选择,只有这样才能以一种社会保险的形式保证社会中的每个个体在面临风险时不会遭受较大损害。这代表了一种新型福利制度的观点——即在生活的各个重大方面,人们不再基于公民权利,而是基于公民-消费者模型来做出内部投资的决策。

Howkins 和 Florida 的著作本身都是学术型畅销书,而且都被看作是新型商业与组织崛起的宣言书。[2] 除此以外,这两本书都被刻意包装成了普通类畅销书,被翻译成多国语言并且在书中使用了大量商业用语和管理心理学术语。我们并不想对这两本书进行太多批评;而且除了学术批评之外,这两本书的确有许多创见,哪怕是以央格鲁-美利坚中间派的观点来看,书中的观点也同时包含有治国的良策和学术上的真知灼见。下面让我们对创造力经济的两类核心观点进行更加深入一些的探讨,它们来自于这些经济学家的观点:Schumpeter 关于创业者的观点以及 Romer 关于内生性增长理论及思想重要性的观点。对这两个观点进行简要介绍之后,我们将对文化生产的新范式进行探讨;在本章最后,将对"学术型团队创业"进行探讨,并对相关的高等教育制度变革与未来发展进行分析。

Schumpeter,*Unternehmergeist* 与对"团队型创业"的再认识

Joseph Schumpeter(1883—1950),奥地利经济学家与政治学家,于 1932 年逃离纳粹统治下的奥地利,去了美国并在哈佛大学执教一直到 1950 年,[3] 并由于其提出的经济周期理论而享誉世界。他在经济周期理论中提出,正是不同的波动与周期(康德拉季耶夫周期[54 年],库兹奈周期[18 年],朱格拉周期[9 年]和基钦周期[大概 4 年])才将创新、循环与发展三者很好地结合了起来。熊彼得的理论非常强调创业在经济发展中的重要作用,他认为创业和创新所产生的"创造性破坏"过程,能够像风卷残云一般清除陈旧观念、技术和技能对经济发展产生的阻碍,并能持续不断地促进生活标准的改进和提高。尽管在英文文献中人们依照惯例使用了法语词汇"entrepreneur"来表示创业者,但他却一直坚持使用一个德语词汇 *Unternehmergeist* 来形容"团队型创业之灵魂"。

这个德语词汇来自于 Richard Cantillon(1697—1734)的思想,他在他唯一存世的著作《商业性质概论》(1755)中使用了这个词,[4] 后来 John Stuart Mill 也使用过这个词,直到 19 世纪晚期该词被废弃不用。Mark Casson(2002)认为,如果用数学模型的方法来对知识进行近乎完美的简化处理的话,以冒险为特征的创业活动将无立足之地。Cantillon 使用该词的本意是强调创业者都是精明的冒险家,因为他们可以通过购买生产者的商品来"保证"生产者能够应付来自消费者市场和价格方面的波动。他写道:

> 根据 Schumpeter 的观点,创业者是那些总是会有"新点子"的人,他们会不断介绍新产品和新工艺,会不断搜寻新的出口市场或供应来源,会不断创造新形式

的组织。Schumpeter 也曾形容一个创业者所应具有的英雄气概,他认为创业者应该被"寻找独立王国的梦想与愿望"所驱使,应当具有"征服的愿望:包括战斗及向他人证明自己的强大的冲动";以及"创造的愉悦"。(n. p.)

Casson 认为,Schumpeter 的分析主要关注"宏观水平"上的创业活动,比如修建铁路、创建化工企业、开发新殖民地等,但同时他忽视了"微观水平"上的、由小型企业所开展的创业活动。此外,奥地利学派的研究倾向于将创业行为与企业割裂开来。Casson 自己对于创业者的定义是:在协调和利用稀缺资源方面能够做出明智决策的人。

知识经济时代的经济发展强调符号化生产,并经常以数字化商品的形式不断扩大标志和符号的价值,因此创业者的角色和作用也需要做出相应的变化。最重要的改变就是从单一的创业者角色变为团队型创业,并在网络化和系统化的企业中同时采用多种合作形式。对团队型创业的重视和强调,可以让那些具有冒险精神、个人英雄主义与浪漫传奇色彩的创业者(严格意义上讲是一种浪漫主义精神)聚集在一起,并成为团队创业的社会典范,而这或许正是促进创造力的前提条件之一。因此 Charles Leadbeater 和 Kate Oakley(2001, p. 21)指出,知识型创业团队所从事的是有组织有系统的活动,"并非个人天赋才能的闪现",而且这些活动有六个阶段:创造、意识、打包、流通化、行动和出口。他们还认为团队型创业的基本单元并非个人,而是在各具特色的企业领域,比如新技术、新科技和新媒体等领域中,能够紧密联系并充分利用网络的团队或合作伙伴。他们指出:

> 过分夸大公共政策对团队型创业和创新行为的影响可能是错误的。对于创业团队来说,最强大的驱动力来自于:
> - 技术革新与知识创造,这会为创业者开放无数的机会去开发新产品、新服务和新组织。
> - 文化革新,将会对冒险、独立工作和商业创新更加包容。
> - 经济革新,将会使得为大型企业工作不再那么具有吸引力,反而独立工作将会获得更丰厚的回报。
> - 金融市场和投资者愿意冒险的意愿。(p. 81)

说到政策，Leadbeater 和 Oakley（2001）提出了一个更加系统化、更具有公共性质的建议，包括建立知识储备库、知识集散中心；重组智力资产与专利办公机构；通过更加基础、高端及商业性质的教育，建立创业团队的供应链条等。新式教育应当更加重视吸引人才来到英国，更加重视资源的流通，并鼓励进行风险适中的资本及投资机会的结合重组。

Romer，新增长理论与观念的首要地位

Paul Romer，斯坦福经济学家，提出观念是促进经济增长的首要因素的理论观点。他认为新观念的产生与发展是通过对自然资源（自然、人、资本）更加富有成效的重组而得以实现的。就像他在《经济学简明百科全书》中所说的：

> 现在越来越多的人认识到，贫穷国家的人民更缺乏的是思想而非物质。对于最贫穷国家的人民来说，他们迫切需要知道的那些关于生活水平如何大幅度提高的相关知识，在发达国家早已是常识。贫穷国家如果愿意大力发展教育，并且小心维护而不是破坏民众对来自于世界各地的知识的渴望与需求，那么他们将很快从世界范围内的、可公开的知识储备中获益良多。而且如果这些贫穷国家能够在政策上为私有化知识在本国内的使用大开绿灯——比如保护外国专利、版权和许可证制度，允许国外公司直接投资，保护财产权以及避免进行繁琐的调控及高额税收——这些国家的人民将很快参与到具有现代技术水平的生产活动中去。

发达的和居于领导地位的经济体制不能总是停滞不前，等着以"拿来主义"的方式采纳来自于外的各种观念，它们必须让新的思想观念能够由内而生。就像 Romer 所说：

> 所有观念中，最重要的可能是元观念，这是一类关于如何对观念的产生和流通进行支持的观念。英国在 17 世纪确立了专利和版权制度，北美在 19 世纪建立了现代研究型大学和农业扩展服务体系，并于 20 世纪在基础研究领域发明了同行评议竞争制度。当前所有工业化国家共同面临的一项挑战是，建立一种什么样的制度来鼓励在私营经济领域进行更加商业化和更高水平的应用型研发活动。

（Romer，2007：n. p.）

这种非技术性的回顾看起来是不言自明的,但一直到最近经济学仍然深陷于稀缺性和回报逐渐减少的迷思当中。然而对 Romer 而言游戏规则早已发生了变化。作为新(或内源性)增长理论的主要提出者之一,[5] Romer 早已阐明技术(多数人都承认这是提高行为效率的关键所在)是如何促进经济增长的,他还谈到技术的研发与一系列特定规则密不可分,当这些规则与市场紧密联系在一起时,其生产力将大大提高。Romer 所说的"规则"是指如何做事的规矩或惯例。此外他还谈到"科学"与"市场"的关系,尤其是在谈到财产权时,他认为其中包含了一系列很特殊的规则。而且在 Romer 的论述当中,更深层次的问题和思考都与规则的设立和发展有关。

Romer 的研究,尤其是他在 1990 年一篇技术性论文中所表达的观点,经由 David Warsh(2006)的《知识与国家财富》一书而为人所周知,并且因此而确立了其思想的经典地位。后者在该书的"前言"中写道:"本书所阐述的是一篇经济学论文的思想——或者说是该论文 1990 年公开发表后所引发的巨大反响",他接着写道:"1979 至 1994 年间,许多经济学家通过他们学术领域内那些晦涩难懂的技术性期刊,就经济增长理论思想进行了大量卓有成效的交流。"后来这些交流的成果就逐渐形成了人们现在所知道的"新增长理论"(p. x.)。在该书的"介绍"部分,他对 Romer 论文发表之后所发生的戏剧性变化进行了描述:

> 1990 年 10 月,一个名叫 Paul Romer 的 36 岁芝加哥大学经济学家在一本主流期刊上发表了一篇关于经济增长的数学模型的论文,至此,知识经济终于成为人们关注的焦点,而在这之前的两个多世纪里,知识经济的思想一直未受重视甚至倍受打压,只是隐约可见于一些非主流的论文和书籍中。实际上这篇论文的标题同样也很具有欺骗性,不仅短小精悍,而且颇为吓人:"内生性技术变革"。(p. xv)
>
> ……
>
> 该论文第一段中有一句话,乍读之下会让人摸不着头脑:"技术最明显的区分性特征……在于它并不是一种常规商品,也不是一种公共商品;它是一种既具有可共享性同时又部分地具有排他性的商品……"(p. xvi)

其实这里边大有文章。这句话写于至少 15 年前,但至今仍有很多人并不解其中真意。也正因为如此,这句话引发了一场影响深远的、关于经济学概念的重新整合梳理运动。这句话将人们所熟知的、由政府供应的"公共"商品，与由市场活动参与者所供应的"私有"商品之间的明显差异放到一起探讨；另一方面，这句话也将"竞争性"商品和"共享性"商品相提并论——前者由于其具体实在性而凸显出所有者的绝对所有权及有限分享特征(比如一个冰淇淋、一栋房屋、一个工作职位、一张国库券等)，后者由于可以被写下来并作为字符串储存在电脑中，所以可以被许多人同等程度地、同时、无任何限制地进行分享(一本圣经、一种语言、微积分、自行车设计原理等)。很显然，绝大多数商品都具有上述描述中至少一小部分的特征。换句话说，在这两个极端之间，存在着无数种有趣的可能性。(p. xvi)

Warsh，这位为《波士顿环球报》做了 20 多年经济新闻报道的记者，同时也是一份颇受读者支持的在线周报 www.economicprincipals.com 的作者，在他书籍的"介绍"末尾阐述了 Romer 1990 年论文的重要意义，以及它是如何重新界定了生产的传统要素。对于生产来说，基本要素不再是"土地、劳动和资本"，在 Romer 的理论中，它们变成了"人力、思想和物力"。

> 这些观点至今也未被写进教科书，甚至在其他文献中也并不常见到，但是一旦知识经济在基本认识层面(可共享但同时又具有部分排他性的商品!)与传统上依靠人力的经济(人类及其所知的所有关于如何做的技能与力量)和依靠物力的经济(传统形式的资本，从自然的资源到股票、证券等)相区分开来，那么其理论假说就确立了，从此相关研究领域的格局也就随之变化了。人们熟知的稀缺性原则已经被扩展为重要的富裕性原则。(p. xxii)

Warsh 的书读之令人振奋。它使得那种"死气沉沉的科学"变得富有生气起来，这使得关于经济学新发现与新理论的科普性文章重新具有了可读性。Romer(1990)的论文以下面的摘要作为开头：

> 本模型中的增长由技术变革所驱动，而技术变革背后的推动力则来自于全球范围内那些追求利益最大化的投资者所做出的投资决策。技术最明显的区分性特征在于它并不是一种常规商品，也不是一种公共商品；它是一种既具有可共享性同时又部分地具有排他性的商品。由于可共享性商品具有非凸性特点，因此价

格竞争无法实现,取而代之的是以平衡为特征的垄断性竞争。本文的主要结论是,尽管传统上人力资本的储备决定了增长的速度,但极少有人将人力资本用于对平衡性的研究,即如何通过整合的方式形成一个世界范围的共同市场从而加快经济增长速度。基于此,本文认为单靠人口的增长是不足以推进经济发展的。

在文章的开头部分,Romer 对他所感兴趣的研究问题进行了清晰的界定,并通过一个例子明确阐述了该问题的重要性:

> 今日美国工业生产的日产出量是 100 年前的 10 倍(Maddison,1982)。20 世纪 50 年代,经济学家将日产出量的发展几乎全部归功于技术的革新(Abramovitz 1956;Kendrick 1956;Solow 1957)。进一步的分析探讨让我们认识到,有效的劳动力及资本储备的增长对于促进单个工人的产出量是多么的重要(Jorgenson, Gollop, and Fraumeni 1987),但技术变革也同样重要。我们所使用的生产原料并未变化,但通过不断地尝试错误过程、试验、精炼及科学研发,我们使用原材料的方式在不断发展变化,甚至大大地复杂化了。100 年前,通过铁氧化物来获取视觉刺激的唯一方法就是将其作为一种染料,但现如今我们可以将铁氧化物通过某种工艺与塑料带子相结合,并用它来制作录像带并记录视频资料。(pp. S71—S72)

他在论述中列出三个前提以引起学术界的探讨:第一,"技术变革——对原材料充分利用的指导性策略的不断促进——应当处于经济增长的核心位置";第二,"技术变革应当在全球范围内兴起,因为这是人对于市场诱因所做出的全球范围的反应性行为";第三,"对原材料进行充分利用的指导性策略(即技术,译者注)天生区别于其他经济商品"(p. S73)。其中第三个前提是最基本的,他接着说道:

> 一旦创造新的指导性策略的成本产生了,今后对该策略的重复使用将不再产生额外的成本。而研发新的、更好的策略本身是一定会产生固定成本的,这一特点是技术的定义性特征。(p. S73)

在论文的剩余部分,Romer 对他的模型进行了进一步阐释。首先,"当新产品被创造出来的时候",技术是怎么"通过研发产生固定成本的",而通过"将这一新产品以高于其生产成本的价格卖出",这种成本又是如何被回收的(p. S73)。这一部分包括对具有竞争性、排他性和非凸性特点的工作的探讨。随后的部分"阐述了技术的功能性特点和优势,以及本模型所说的技术的概念","并提供了一个对本模型所指的均衡发展的简要的、直觉性的描述","对均衡性的特点进行了正式的阐述","描述了均衡所可能带来的福利性质的资产",而且在最后"探讨了贸易、研发和增长三种不同模型在应用阶段进行结合的可能性"(p. S73)。

这篇论文正像 Warsh 所指出的那样,已经成为一篇经典著作。20 世纪 90 年代中期,当 OECD(1996)谈到知识经济时,新增长理论已经成为其最重要的理论基础之一。同时这一理论也广为其他发展型组织所接受,比如世界银行。现在,新增长理论已经成为最重要的经济学理论之一,它使得人们可以从技术角度解释观念的重要性。而且,就像 Warsh 所说的那样,这一理论也解释了知识经济是如何将生产的传统要素——"土地、劳动力和资本"替换为"人力、思想和物力"的。这些理论思想及其在教育界的应用在《建立知识型文化:知识资本时代的教育及发展》(Peters & Besley,2006)一书中以及最近的《知识经济、发展及高等教育的未来》(Peters,2007)一书中被研究者进行了深入的探讨。

现在我们可以回到"创造力经济"的概念上来,以一种全新的视角去解读它,从而更好地理解创造力经济、观念的重要性以及更加嵌入式、社会化的团队型创业三者之间的关系。我们也可以更清晰地探讨各种水平、层次的教育为什么会居于创造力经济的核心位置,尤其是整合 Howkins、Florida 和 Leadbeater 的观点,我们可以更好地探讨团队型创业者是如何在网络时代利用新信息及沟通技术来促进自身发展的。教育规律作为最基本的知识规律之一,为新观念的广泛传播与发展提供了前提条件。尽管 Howkins 的观点略显激进,且将创造性知识的观点扩展到科学与艺术领域,但就"知识生产"而言,对其进行更加普遍、严谨的界定是必要的。而且必须在创造力产业的背景下,围绕新媒体,包括 web2.0 平台及其相关技术的发展来界定。人们的估计和判断总在不断变化,但 Leadbeater 和其同事声称"创造力产业"目前在整个经济体系中的发展速度是其他部分发展速度的大概两倍左右。

除此之外,理论家对于创造力经济的理解也开始让人们重新思考艺术、人文科学、社会科学在创造力经济中的角色,探讨的重点也已经从科学、技术、工程、数学及其他硬科学的领域转移出来。尽管目前仍不清楚艺术、人文科学及社会科学是通过什么样的途径来影响从规则的重新制定到观念的资本化等创造力经济的方方面面,但人们越来越发现这些因素在新观念的产生过程中起着至关重要的作用,使得我们不仅需要关注创造力本身,而且要更加关注整个创新系统。关于这个话题——对"创造的规则"的制定——的探讨,我们仍然处于初级阶段。不过很明显的是,此类创造的规则来自于产业化模型以及企业生产模式。举例来说,2005 年,在 OECD/NSF 一次以"促进知识及知识经济"为主题的会议上,OECD 的副秘书长 Berglind Ásgeirsdóttir 在总结 OECD 关于知识及知识经济的工作时,提出了四点结论:好的"经济基本规则"对于知识经济的发展至关重要;知识经济的发展依赖于四个主要支柱:创新、新技术、人力资源与事业的动力性因素;全球化会广泛影响上述四个知识经济的支柱的发展;最后一点结论是,新的社会化、组织化创新与知识管理实践,与社会化资本一样,应当得到更好的发展,从而深化知识经济所带来的效益。这里边最后一个结论引起了我们的关注,关于这一点我们所知最少——可能是因为这一条最难以量化和测量。关于这一个结论,Ásgeirsdóttir 是这么说的:

> 从以往很多经验来看,"更加温和的"社会与组织层面的变革对于知识经济的发展是十分重要的。在信息与通信技术及其研发领域进行的投资,如果不在企业的组织架构方面、企业管理方面进行改进,以促进对知识工人的高效率使用,则其产能无法得到完全发挥。这些改进包括团队协作、平行管理架构、更高水平的员工投入、更高的组织承诺以及工作承诺等。工作条件以及劳动管理制度的改善从长远来看也将有助于企业对新技术的采纳和运用。
>
> 越来越多的企业和组织开始关注他们的知识管理体系,以保证他们能够在组织内部获取、分享和使用具有创造性的知识,以加强他们的学习绩效。加拿大统计局与 OECD 在知识管理方面的合作表明,在公司进行知识管理实践,对于公司的创新及其他方面的业绩来说都不是可有可无的。一项对法国公司的知识管理实践进行的调查显示,不论公司规模多大,只要公司设立了知识管理的规定,那么不论是对公司的生产制造还是研发工作而言,都会产生更多的创新,获取更多的专利。
>
> 以网络化协作和互信关系为基础的社会资本有助于创建富有创新性的环境,比如硅谷就是这样。基于互信的人际关系能促进合作,对于良好的经济表现及创新来说这也是至关重要的。而且互信可以降低信息传输的成本,提高信息的流动

率,因此可以同时通过直接和间接的途径促进和扩大经济效益。通过在组织内和组织间促进信息沟通及分散传播的效率,互信关系对创新活动产生了推动力。知识经济不能简单地被定义为更高水平的"知识聚集",就好像只是把更多的熟练工聚集在一起一样。越来越多的国家将会开始思考,教育如何才能促进人们更有效率地参与到知识沟通的过程中来;在这一过程中,我们不仅需要提高人的技术水平,同时也需要提高人的社交和道德水平。(原文如此强调)

我们在这里进行了大量的引用,因为这些摘录的内容反映了他原文中对于知识/创造力经济的一些根本性要素的重视和强调。第一,很明显我们不可能在一个僵化的组织管理环境中促进"创造力",因为这类环境非常强调等级制,遵循的是自上而下的管理思路。第二,组织或规则的设立对于知识管理实践来说是非常重要和核心的环节;换句话说,我们怎样才能创设一种开放式的规则和工作环境?这种环境需要有网络化的组织形式、明确的合作规则、互惠性、相互信任、互动及分享。第三,就像Ásgeirsdóttir所指出的那样,更多的时候这是个教育问题,即如何"参与知识沟通",除了需要个人具有技术水平之外,还需要有社交和道德水平。到此,我们可以将这一观点总结为,创造力(和知识)经济毫无疑问同时也是一种道德经济:即在其潜在的社会性基础不断建构的过程中本身也包含了对规则的养成和树立。首先,对这一问题的关注应当使我们的注意力从公司建设方面逐渐转移到对知识型机构的更深入了解方面,尤其是对大学的了解,当然也包括研究型机构、图书馆、博物馆及艺术馆等,因为这些都是产生观念的场所。其次,要想深入理解这一观点,我们需要对网络化环境及新型社会与文化生态环境进行分析。应当看到,这一新的生态环境产生于自由主义社会大背景下,是在旧有规则、标准及价值观与新技术标准所带来的变化逐渐碰撞的过程中产生和发展起来的。如果考虑 Yochai Benkler(2006)曾经提到过的所谓社会生产的新范式,我们对这一发展过程会有更加清晰的认识。根据 Peters 和 Besley(2006;尤其参见"文化知识经济"部分)的阐释,我们更倾向于使用"文化生产"这一术语来描述这种发展变化。

文化生产的新范式

Benkler是纽约大学的法学教授,他从几年前就开始研究诸如免费数字化信息环境、新社会生态学及知识的公共所有权等问题。他对社会生产如何改变市场和自由进行了探讨。他最近一本新书的副标题叫《网络的财富》(2006)，其中所阐述的观点恐怕是现在正在不断发展变化的自由主义政治经济学最复杂的理论之一。他以下列陈述作为书的开头：

> 信息、知识和文化是人类自由与发展的核心要素之一。在我们的社会中这些要素的生产和传播方式，深刻地影响着人们对世界的现状与未来的看法；影响着应由谁来作出决策；影响着人、社会乃至整个国家应该如何理解那些可以做和应该做的事。(p.1)

他认为网络化信息环境给人类社会所带来的影响是深远的，可以对"自由市场和自由民主在过去两个多世纪的共变基础"造成深刻的结构性变革(p.1)。这是一个很宏观的理论观点。他假设这些变革将永远改变我们对信息的创造与交换方式，改变我们对文化与知识的建构方式。他还认为这些变革尤其会"强化非市场与非资产的生产形式，不论是个人独立生产还是在广泛基础上以松散或紧密形式结合起来的合作生产"(p.2)。因此，在创造新形式的自由方面，他认为"这就像一个全新的平台，可以通过它更好地进行民主式参与；可以通过这个媒介形成更加批判性和自我反思的文化；而且，在一个越来越依赖于信息的全球化经济时代，可以通过这个平台广泛地促进人类的发展与进步"(p.2)。

但同时这些变革与发展会动摇已有的产业模式与秩序，带来新的法律与道德伦理问题，并在"数码环境的生态化制度"方面产生新的冲突与争斗(p.2)。基于目前这种情况，当我们在确立新的规章制度、成立新的组织并构建新的环境时必须格外小心谨慎。换句话说，现在很有必要对网络化信息经济时代的规章制度展开一系列探讨。这些必要的规章制度包括在电信、版权、国际贸易等行业惯例基础上业已形成的、可能对创造力经济产生不同程度促进或阻碍的管理规章及标准。基于产业资本主义思想而产生的一系列对创造力经济进行规范管理的法律法规和价值观，已经触及"自由社会的核心政治价值"(p.2)。Benkler(2006)描述了未经组织的个人行为是如何对网络化信息经济时代进行界定的，他认为这类行为"使非市场化生产行为在信息和文化生产领域的意义越来越重要"(p.3)。他接着说道，这种变化"意味着这一新的生产方式——非市场化的和完全无组织的——如果被接纳，将很快居于大多数高级经济体制的核心而不是外围位置。这种生产方式将使社会化生产与交换在经济发展中发挥更大的作用和价值,并与旧有的资本化、市场化生产方式一起,甚至更好地促进现代民主国家的发展"(p.3)。他继续写道:

> 随着高效率信息化生产的自然限制被消除,人类的创造力与信息经济本身已经成为新时代网络化信息经济发展的核心成果。
> 看起来一般意义上的协作生产已经为一种全新的、自然形成的生产模式提供了重要基础,在这一模式中,来自于世界各地的人们可以进行大范围的合作,而且这一合作生产模式已经不仅仅是一个开源软件平台那么简单,它已经深入到"信息与文化生产的方方面面"。(p.5)

Benkler的阐述即详细又复杂,但涉及了网络化信息经济的各个方面,包括社会化生产、协作生产的经济模式,并通过对资本及相关领域的政治经济学分析,阐述了网络化信息经济模式下,自主管理、信息与法律、网络化公共领域、自由政策以及信息转换环节之间的新型关系。本书是对这些观点和理论假说的深入探讨。我们的目标是阐明:在探讨如何设立新的规则之前,尤其是对于大学和其他知识型研究机构来说,为什么必须要对新出现的、基于共识而形成的协作生产模式背后的自由主义政治经济学思想进行深入了解。必须认识到,很多学者认为这些全新的自由主义政治经济学思想对于学术型机构的知识生产与创新来说具有核心价值和重要意义。

学术型团队创业与创造力经济

现在我们还不能把本章所有已经做过的探讨完整地串联起来,并给出社会网络中团队创业、文化生产的新模式及创造力经济三者之间相互关系的最终结论。目前仍存在的问题是,一般意义上新自由主义决策过程还未对团队创业有真正足够的重视,还没有完全认识到旧有的工业经济与新的网络化信息经济体制之间的本质区别。新自由主义的政治理论和政策是基于对*经济人*假设的再认识而逐渐发展起来的,该假设对于个人主义、合理性、利己主义有着简明扼要且严谨的阐述,然而这一假设却阻碍了人们对网络化、社会资本功能以及新的网络化环境中团队创业过程的正确思考与探索。如果把*经济人*和*学术人*做一个比较的话,我们可以说从理论上看,前者对后者有着一定的误解——经济人不能理解或不能形成对文化资本、文化再生产及学术习性的理解。而学术人和学术习性的说法来自于 Bourdieu 的观点。正如 Berglund 和 Holmgren(2006)所说的那样,在教育领域,人们对创业活动的关注似乎仍然遵循机能主义的范式和思路:"所有的理论都有其哲学根源,比如本体论、认识论等,(到目前为止)在团队创业的主流研究中并未对人类的本性进行大量、充分的探讨。"(p.3)他们认为,目前的团队创业教育仍停留在"象牙塔内,仍在强调商业创新及商业活动如何开展与扩张"(p.4),大学仍然被视为"经济发展的引擎"。因此他们批评说,团队创业现在逐渐变得研究化,比如当前在北欧,尤其是瑞典所开展的团队创业就是如此。此外他们也提供了更加富有建设性的意见。

Florida 等人(2006)对大学与创造力经济的关系进行了探讨,他们写道:

> 很多人都对大学在经济发展中所起的作用进行过分析,多数人认为,大学的关键作用在于她可以把知识转化为生产力,不断进行发明创造并产生专利,并在一个新公司刚刚起步时提供全新技术支持。基于这种认识,在美国及全世界范围内人们都在致力于使大学成为"创新的引擎",不断提升大学将其研究成果商业化的能力。多数大学都积极参与到此类活动中来,因为这样既可以使大学更具有经济价值,而且还可以增加预算。但这种目光是短浅的,这不仅过度消费了大学的即时性商业化功能;而且也错过了大学可以为创新、为更大范围的经济发展及整个社会可能作出的、意义更加深远的贡献。(p.1)

在一项对美国几乎所有的大都会地区开展的研究中,他们对当地大学在技术、人才及开放性等方面的状况进行了考查,结果发现这些大学都扮演着比单纯的技术研发者更加复杂多样的角色,"要想对本地的创造力、创新及经济发展有更多贡献,大学必须被整合进本地区更加广泛的创造力生态系统中去"(p.35)。从古典经济学角度来看,这一观点是对传统理论观点的破坏,会使我们对学术型团队创业产生误解,然而事实并非如此。从某种程度上说,这一观点至少可以从功能性和工具性角度帮助人们更加清楚地认识已经过时的*经济人*理论,认识传统观念是如何看待团队创业的,是如何阻碍我们对新的政策实践效果进行认识的;网络化时代大学所处的社会环境是如何变化的;以及工业化时代的大学是如何被看成一个与公司和工厂相同的场所,如何在组织形式上处处被掣肘的。我们应当对"创造力"进行创造性地重新审视,重新思考其概念的历史沿革、哲学基础,更加清醒地认识到其理论发展的缺陷,以及在实践中它是如何促进或阻碍个人天才和社会的发展,反过来它又是怎样受到其他因素影响的。

注释

1. 所有材料来自于 Howkins(2005)在亚太地区创造力会议:21世纪的成功策略大会上所作的小组研讨报告资料"创造力经济:知识驱动的经济发展"。同时可以通过以下网络链接获取:www.unescobkk.org/fileadmin/user upload/culture/Cultural Industries/presentations/Session Two-John Howkins. pdf(2008年8月31日访问)。
2. 关于 Memphis Menifesto,可参考链接:http://www.creativefortwayne.net/memphis menifesto.php (2008年8月31日访问),此处列举了创造力的十条基本原则:(1)培养并奖赏创造力;(2)对创造力生态系统进行投资;(3)鼓励多样性;(4)培养创造力;(5)赞赏冒险行为;(6)充满热情;(7)注重质量;(8)扫除创造力的障碍;(9)对改变负责;(10)保证所有人尤其是儿童有创造的权力。(上述十条只是概述,并非全文)
3. Paul Samuelson, James Tobin, Robert L. Heibroner, Abram Bergson 和 Lloyd A. Metzler 是他的同事, Paul Sweezy 和 John Kenneth Galbraith 是他的学生。
4. 英文版参见链接:http://socserv2.socsci.mcmaster.ca/~econ/ugcm/3ll3/cantillon/essay1.txt(2008年8月31日访问)。
5. 内源性增长是指在一个系统之内的增长——通常指的是国民经济系统。这一概念原本是用于对传统的工业经济在过去一百多年的辉煌发展历程进行描述的。而技术性发展是传统经济发展的主要原因之一。Romer(1990, p.S71)指出现在美国每小时生产出来的产品价值是一百年前的10倍,其中大部分增长都来自于技术的变革与发展,而其他原因(比如人力资本)则可能都是新的教育技术发展所带来的结果。

参考文献

Abramovitz, M. (1956) 'Resource and Output Trends in the United States since 1870.' *A E. R. Papers and Proc.* 46(May): 5–23.
Ásgeirsdóttir, B. (2005). 'OECD work on knowledge and the knowledge economy'. Presented at the National Academies, Washington, DC, OECD/NSF Conference on 'Advancing Knowledge and the Knowledge Economy', 10–11 January.
Becker, G. (1964, 1993, 3rd ed.). *Human Capital: A Theoretical and Empirical Analysis, with Special Reference to Education*. Chicago, University of Chicago Press.
Bell, D. (1973). *The Coming of Post-Industrial Society A Venture in Social Forecasting*. New York: Basic Books.
Benkler, Y. (2006). *The Wealth of Networks: How Social production Transforms Markets and Freedom*. New Haven, CT: Yale University Press.
Berglund, K., & Holmgren, C. (2006). 'The process of institutionalizing entrepreneurship with in the educational system'. at http://www.fsf.se/publikation/pdf/RENT_Berglund_Holmgren.pdf (accessed August 31, 2008).
Casson, M. (2002). 'Entrepreneurship'. In *The Concise Encyclopedia of Economics*. Retrieved from www.econlib.org/Library/Enc/Entrepreneurship.html (accessed August 31, 2008).
Coleman, J. (1988). 'Social Capital in the Creation of Human Capital,' *American Journal of Sociology*, 94 Supplement: (pp. S95–S120).
Drucker, P. (1969). *The Age of Discontinuity: Guidelines to Our Changing Society*. New York: Harper & Row.
Florida, R. (2002). *The Rise of the Creative Class*. New York: Basic Books.
Florida, R., Gates, G., Knudsen, B., & Stolarick, K. (2006). 'The university and the creative economy'. Retrieved from www.creativeclass.org/rfcgdb/articles/univ_creative_economy082406.pdf (accdssed August 31, 2008).
Hayek, F. (1937) "Economics and Knowledge." Presidential address delivered before the London Economic Club, November 10, 1936; Reprinted in *Economica* IV (new ser., 1937), 33–54.

Hayek, F. (1945) "The Use of Knowledge in Society", *The American Economic Review*, XXXV, No. 4; September: 519–30.

Howkins, J. (2001). *The Creative Economy: How People Make Money from Ideas*. London: Penguin.

Howkins, J. (2005). 'The Creative Economy: Knowledge-Driven Economic Growth.' UNESCO sponsored Senior Expert Symposium, *Asia-Pacific Creative Communities: A Strategy for the 21st Century*, Jodhpur, India, 22–26 February 2005, at http://www.unescobkk.org/fileadmin/user_upload/culture/Cultural_Industries/presentations/Session_Two_-_John_Howkins.pdf (accessed 31 August, 2008).

Jorgension, D., Gallop, F. & Fraumeni, B. (1987) *Productivity and U. S. Economic Growth*. Cambridge, Mass.: Harvard University Press.

Kendrick, J. (1956) 'Productivity Trends: Capital and Labor.' *Rev. Econ. and Statis*. 38 (August): 248–57.

Leadbeater, C., & Oakley, K. (2001). 'Surfing the long wave: knowledge entrepreneurship in Britain'. London: Demos. Retrieved from www.demos.co.uk/files/Surfingthelongwave.pdf (accessed August 31, 2008).

Lyotard, J-F. (1984). *The Postmodern Condition: A Report on Knowledge*. Geoff Bennington and Brian Massumi (trans.) Manchester: Manchester University Press.

Machlup. F. (1962) *The Production and Distribution of Knowledge in the United States*. Princeton: Princeton University Press.

Maddison, A. (1981). *Phaser of Capitalist Development*. Oxford: Oxford University Press. OECD (1996). *The Knowledge-Based Economy*. Paris: The Orgnization.

Peters, M. (2005). 'The new prudentialism in education: actuarial rationality and the entrepreneurial self'. *Educational Theory*, 55(2):123–37.

Peters, M. (2007). *Knowledge Economy, Development and the Future of Higher Education*. Rotterdam. The Netherlands: Sense.

Peters, M., & Besley, T. (2006). *Building Knowledge Cultures: Education and Development in the Age of Knowledge Capitalism*. Lanham, MD: Rowman & Littlefield.

Putnam, R. (2000). *Bowling Alone: The Collapse and Revival of American Community*. New York: Simon & Schuster.

Romer, P. (1990). 'Endogenous technological change. Part 2: the problem of development: a conference of the Institute for the Study of Free Enterprise Systems'. *Journal of Political Economy*, 98(5):S71–S102.

Romer, P. (2007). 'Economic growth'. In D. R. Henderson (Ed.), *Fortune Encyclopedia of Economics*. New York: Time Warner. Retrieved from www.stanford.edu/~promer/EconomicGrowth.pdf (accessed August 31, 2008).

Schumpeter, J. (1942). *Capitalism, Socialism, and Democracy*. New York: Harper and Brothers. (Harper Colophon edition, 1976).

Schumpeter, J. (1951). 'Economic Theory and Entrepreneurial History'. In R. V. Clemence, (Ed.), *Essays on Economic Topics of Joseph Schumpeter*. Port Washington, New York: Kennikat Press.

Solow, R. (1957) 'Technical Change and the Aggregate Production Function.' *Rev. Econ. and Statis*. 39 (August): 312–20.

Spinosa, C., Flores, F., & Dreyfus, H. L. (1997). *Disclosing New Worlds: Entrepreneurship, Democratic Action, and the Cultivation of Solidarity*. Cambridge, MA: MIT Press.

Steyaert, C. (1998). 'Organizing academics entrepreneurially: the imaginative and resistant role of academic entrepreneurship'. Keynote speech for the 10th Nordic Conference on Small Business, Växjö, Sweden, 26th June, 1998.

Steyaert, C. (2000). 'Creating worlds: political agendas of entrepreneurship'. Paper presented at the 11th Nordic Conference on Small Business Research, Aarhus, Denmark, 18–20 June.

Steyaert, C. (2002). 'Entrepreneurship: in between what?—on the "frontier" as a discourse of entrepreneurship research'. Paper presented at the Summer University of Entrepreneurship, Valence, France, 19–21 September 2002.

Steyaert, C., & Katz, J. (2004). 'Reclaiming the space of entrepreneurship in society: geographical, discursive and social dimensions'. *Entrepreneurship & Regional Development*, 16,179–96.

Toffler, A. (1980). *The Third Wave*. New York: Bantam Books.

Touraine, A. (1971). *The Post-Industrial Society: Tomorrow's Social History; Classes conflicts & Culture in the Programmed Society*. L. Mayhew (trans.). New York: Random House.

Warsh, D. (2006). *Knowledge and the Wealth of Nations*. New York: W. W. Norton.

第四章 思想的自由与创造力

Simon Marginson

意志力、条件与位置

在大学和其他地方,智力型创造力(intellectual creativity)是由哪些因素构成的?本章将对*完全创造性想象*(radical-creative imagination)的条件及其背后的驱动力进行探讨。所谓完全创造性想象,主要产生于思维的"间隙"当中,当某一领域知识出现明显的断裂、跳跃式思考或是进行全新的排列组合时,完全创造性想象就很容易出现,而且这一想象的结果很难用领域知识之间的相关性进行解释。

为了进行这一方面的探讨,本章将从两个前提假设开始说起,[1] 在这一过程中,我们不仅会谈到完全创造性想象的优点和价值所在,同时也会指出它的缺点。第一个前提是,在探讨各种观念的产生以及如何对自我决定的自由进行观察时,智力型创造力将会发挥作用,这种作用对于一般意义上的自我决定自由以及学术方面的自我决定自由(大学中的思想自由)都是存在的。学术自由并不是观点本身的特性,也无法通过它对观点进行判断;尽管学术自由及学术评价在观点的建构过程中都很重要,但多数情况下我们认为这两个要素与学者在大学里进行研究的活动空间大小有关。大学可以说是当今人类社会最重要的学术研究机构,在这里思考的自由得以充分体现,人们可以充分展示自己的观点,同时也可以使各自的观点得到充分的讨论。但大学并不是唯一具有此类功能的研究机构。"自我决定"一词的含义是指,至少在某种程度上,学者和研究者可以自己去思考孕育各种观点,并指导或亲自去实践自己的观点。从思维和学术的特性来看,学术活动通常具有开放性和易变性,因此很多人认为"自我决定"这一特点可能会使学术行为显得过于封闭,但我们更倾向于强调其"自主性"特征,因为"自我决定"才能同时体现科研工作的原创性和控制性并将二者有机地结合起来。也就是说,哪怕观点是别人想出来的,只要保证在实践过程中充分自主,知识就一定能转化为生产力。

我们这里进行的探讨可能不够充分，但只要自我决定的特点能够得到充分体现，理论观点能够得到充分实践，那么创造性智力活动就一定会发挥出更大的作用。思想的自由与知识的突破性使用具有很多相似性，这看起来是一种巧合，但实际上是后启蒙运动时期自由主义政治哲学思想发展的必然结果。而且，通过启蒙运动我们认识到，对不同的文化和组织类型来说，这一前提假设的作用效果是不同的。很显然，在某些特定的组织中如果缺少了自我决定的环节，人们是不可能突破传统思维并进行学术创造的。可以设想一下那些具有严格的他律特点的系统，在这类系统中，人们从不寄希望于会发生任何思维的突破与完全创新，而且从组织的性质而言，也应该不可能发生任何的突破与创新。但就算个体完全遵从他人的意愿去进行创造，这其中也必然存在着某种程度的自主决定过程。实际上在大学和其他地方都不存在完全他律的组织和单位，所有的思维和实践过程中都充斥着各种各样真实的问题，不同的人同时发表着各自不同的意见和声音。新的观点要想真正形成并提出，每个人的主观愿望可能都要做出一定的牺牲和让步，比如某种情况下创造力的发挥就是把他人意志强加在创造者本人意志之上的结果，而有的创意则只是体现了一种更加经济和节俭的需求。可以说绝大多数的人类创造过程都或多或少体现了上述两种特点，而后一种情况在当代大学里更是随处可见。本章的目的之一就是探讨当自我决定性的思考自由在实践过程中遇见节俭的需求和组织的意志时将会发生什么情况。

第二个前提假设是方法学角度的：这会有助于我们从三个不同层面人类行为的交互作用角度看待创造性智力活动是如何发生的。我们可以分别及同时对以下三个环节进行概念和实践层面的探讨：

1. 个人或集体创造者的想象力空间；
2. 创造者所在组织的环境特征，包括组织机构内部的特征（工作条件、管理系统、绩效文化等）以及本机构与其他机构之间的关系等；
3. 创造性行为发生的更大范围的地域特点（城市，乃至地区和国家）。

简而言之，我们可以将上述三个环节称之为*意志力、条件和位置*。本章将着重探讨前两个环节及其相互关系。

首先本章将探讨智力型创造力的想象空间，也就是创造者的内部空间问题。我们会从知识角度来看待这种完全的创造性突破过程，并对两种截然不同的、关于自由的理论进行比较，以帮助我们理解智力型创造力：F. A. Hayek 的理论和 Amartya Sen 的理论。随后,本章将对创造性行为发生的组织因素进行探讨,此部分会涉及知识形成(智力资本)组织的概念,简称 KFO,我们在本章也将对不同类型的 KFO 加以辨析。此外我们还将对创造力在新公共管理(NPM)技术层面的应用进行分析,毕竟 NPM 是过去二十年间全球大多数国家管理实践的主要模式。本章最后也是涉及最少的一部分关注于第三环节,即城市与国家。关于城市空间的内容,在 Peter Murphy 的章节中会有更多的探讨。

意志力:创造力想象的前提

研究者与学者工作的主要领域基本都与知识有关,而且时不时都会进行批判性反思。在这些界限分明、各不相同而又相互影响的思想领域里,思想之间的针锋相对、推陈出新和全新进化一次又一次地出现。Michel Foucault 的《知识考古学》对古往今来充满智慧的演说和论文中所表现出的知识重组与突破进行了阐述。[2] 在《社会的想象力规则》一书中,Cornelius Castoriadis 也对这种决裂与突破进行了生动的描述。Castoriadis 对"完全的异化或创造"进行了探讨,"一些事物"是怎样"与另一些事物区分开来的呢"?"首先要形成对这些新生事物的清醒、完整的认识,然后对其新颖性进行清楚的定义,而不是将其看作是已有事物的一个结果或另一个特例";[3] 比如"对一种新的行为类型的假设,对一个新的社会规则的界定,新事物的发明或一种新的艺术形式"。[4] Castoriadis 认为想象不是对现实的反映,它是持续不断的、尚未解决的关于形式/特征/影像的创造过程,基于这些过程,我们可以创造"现实"。[5] Castoriadis 认为在知识创新过程中,新颖性和内部分裂、跳跃性思维的构建同等重要。但这些"特征"是从哪里产生的呢?尽管创造性跳跃思维是新颖性和具有突然性的直觉灵光闪现的前提,但同时人们也会一次又一次地对之前重复出现的东西进行拒绝。哪怕是最彻底的决裂也是在旧有事物的基础上产生的。在这里,新颖性在完全创造过程中的意义被夸大了,[6] 独特性(identity)的意义可能也被夸大了。学术型创造者相互之间是保持联系的,他们从别人那里获得资源和灵感,他们也想跟别人分享他们的新发现。尽管如此,创造性个体也都必须经历一段个人独立思考时期。就像书中所说,在完全创造的过程中,个人的力量不可或缺。

对人类创造过程进行的研究多不胜数。关于创造力的心理学量化及测量学研究并不是本章讨论的重点,而关于创造力的社会学与文化理论也是百花齐放,本章也不

——赘述。此处想说的是,在谈到完全创造过程中个人所起的作用时,单靠外部因素比如资源的诱因作用是无法解释所有现象的,也不能把彻底的批判性决裂都简单地归因于对无意识心理的投射。

在政治和管理范畴下,大多数关于研究和创新的探讨都是基于外部环境决定论假设而开展的,因此人们制定相关政策来对创造过程进行监控管理,以保证达成想要的目标,而这些目标中最重要的或许就是商业化的智力资本了。此外,基于外部环境决定假设,资源及其他可利用的工具均被看作是此类他律行为的驱动力。尽管绝大多数创新行为都与钱有关,但对资源的需求(或对团体中的地位、同事的尊重的需要)也会促进观点的产生,由此可见外部诱因并不能完全解释所有的创新行为。可见,诸如此类的理论观点在一定程度上降低了自我决定的特性对于创新行为的重要性。[7] 相比之下,Mark Considine 强调说大学"不应该随着环境的改变而改变,随波逐流;大学应当通过自我组织的行为确立自身形象"。Considine 认为大学及其所属各个院系尤其需要注意自身如何与周围环境相分离,只有这样人们才能认清其"发动机的特点"。[8] 正是因为外部驱动力的理论观点在解释彻底的创造与创新时显得那么的苍白无力,所以人们渐渐地不再相信外部驱动系统假设,更不用说从中获益了。基于同样的原因,我们也不太可能单独从外部限制的角度去解释和预测创造力的潜力,在大学、政府和市场管理的情境下都是如此。创造性行为可以从外部被限制、破坏甚至终止,但这只是问题的一个方面。其他很多的障碍可以从想象的内部层面被移除或保留。此外,从理论基础的角度来说,所有将创造性过程看作是对外部压力或驱动力的一种内化过程的理论,都是基于一种他律的前提而提出的,在这一前提之下,个人的力量不是被忽视就是被暂时搁置了。

在 Freud 所开创的具有巨大想象力的心理动力学理论之下,大量关于人类个体力量的解释,包括创造力,都被看作是无意识驱动的结果。这其中包括 Pierre Burdieu 在社会学范畴下对思想者不同凡响的解释,他在《区分》(1984)一书中对个人的习性及其在"位置采择策略"中所具有的潜力,以及这种能力是如何在学习社会规范、标准的过程中被潜移默化地改变进行了深入探讨;另一位经济学家、政治哲学大师 Friedrich (F. A.) Hayek,他在其《感觉的秩序》(1952)一书中认为个人力量的发挥是基于根深蒂固的心理习惯而做出的对外界信号的反应——这一观点与 Bourdieu 的理论观点近似——而这类心理习惯则是来源于对传统和市场行为的种种经验的继承和发展。[9] 但是这些基于无意识理论背景所提出的理论观点在逻辑上存在固有的缺陷。如果真像无意识的理论所说的那样,无意识的过程是一个黑箱,那么我们如何去判断不同的理论孰优孰劣？在黑箱理论的框架之下,所有实证证据都只是某种更加根本但我们完全无法探知的力量发生作用时的副产物,因此"基于实证的"解释几乎可以适用于任何情况。进一步说,当问题来自于对那些关系错综复杂的、外显的、公开的观点进行的自我决定式思维活动时,个体思维由内而外所产生的影响力和解释力就会显得更加无力。创造性的个体都会产生并保持一种对各自目标的敏锐知觉,尽管他们的思维可能并不总是直线式的,但当他们真正进行创造的那一刻,思维的自我指导和自我知觉的严谨特性还是会充分发挥作用的。不管还有什么其他因素在影响着创造力,完全创造性活动都是根植于有意识的心理的,在智慧的花园中,我们养育的是想象力的花朵,而非冲动之花。

Hayek 论自由

现在让我们再来聊一聊自我决定式的学术自由。单就政治哲学而言,它对于学术自由本身并没有什么深入探讨,但我们可以从更大范围的关于自由的论文和作品中找到灵感。Hayek 一生提出了许多影响深远的思想观点,关于自由,他主要是从构成个人化 NPM 模型的诸多因素的角度来进行论述的,我们会在下面进行具体分析。很多人认为 Hayek 关于自由的观点是 20 世纪该领域最具有影响力的观点之一,然而我们认为他的这一观点解释力相对有限,尤其是在考虑到完全创造性想象的特征时,我们认为更是如此。

在《自由秩序原理》(1960)一书中,Hayek 关于自由的理论观点由两个基本部分构成。第一个部分是个性的核心,即他所说的"内在自由"。[10]自由,他说道,"以保证每个个体有一定的私密空间为前提条件,也就是说在每个人的生活环境中,总会有那么一小部分内容是别人不能涉足的"。[11]在这个私密空间中,个人会完全根据自己的意愿来行动,Hayek 称之为做选择。第二个部分的主要思想是:自由来自于限制。Hayek 认为"唯一有可能伤害"自由的是一个人对另一个人的胁迫。[12]在这里"胁迫"的意思是指一个人将自己的意愿强加给别人。胁迫可以是直接的、明显的,也可以是间接的、不明显的,典型的胁迫比如说"一个人以自己的力量改变了环境条件,从而使另一个人不得不遵从于他的意志来行动,而不是根据后者自己的想法"。[13]将"内在自由"和自由结合在一起,并且采用非胁迫的方法,就可以决定一个人能够在多大程度上将他所掌握的知识转化为可加以利用的机会。[14]

对 Hayek 来说,自由并不是关于个人能力、潜力的问题,包括对信息及其他资源的利用能力;自由只关乎于意志力的表现与控制。"那种在给定情境中如何做选择的能力与自由之间并无直接关联"。[15]选择范围的问题"与个人能够在多大程度上将自己的理想和愿望变为现实,在多大程度上能够走自己选择的道路是完全不同的问题"。[16]Hayek 提出个人自由(agency freedom)的概念,用以反对那些要求政府从社会角度对个人进行干预的呼声,比如说他认为是贫穷掠夺了人们的个人意志。认清"内在自由"是非常重要的,他阐述道,因为这其中存在"关于'自由意志'的……哲学困惑"。很少有理论能够像错误的[社会]科学决定论那样破坏人们对自由的憧憬,破坏个人责任的基础。[17]通过这类阐述,Hayek 很谨慎地避免了对自我决定论的夸大。他很清楚,如果过分强调自我决定是一种实现个人理想的能力的话,那么据此建立起来的自由模式,可能会导致更多的相互干涉,这虽然有可能会在生活中创造更多的公平与平等,但却会破坏社会发展的自然进程。[18]而且他的反对者们其实都在认识上忽略了一点:不论是个人还是政府,谁都不能完全预料一个行为可能产生的结果,更不用说通过这种预期去指导行为。他屡次反对将自由理解成自我决定,比如"等同于……去做任何我们想做的事的能力"。他认为自我决定的理论观点是 John Dewey 及其他学者提出来的,"对于这些人而言对自由的渴望即是对力量的渴望,避免胁迫只是将自由与力量等同起来的诸多方法其中的一种"。[19]

Hayek 并没有明确探讨过思想的自由,但他的理论可以用来说明思想自由的相关问题。对有限条件下的意志力及其自由的重点关注,说明他可能是反对破坏思想的自主决定权的。"胁迫……使得个人完全不具有思想性和个人价值"。[20]此外 Hayek 反对将自由看作是自我决定的观点可能会让他忽视是否存在潜在思想投射的问题,也可能会让他对"思维"发生的物质及组织条件置之不理。

Hayek 对"内在自由"的范畴及其中可能发生的完全创造性想象过程进行了设想,在他的这一设想中,他认为没有任何东西是以外显的形式产生的。然而通过研读 Hayek 其他的论著我们可以推论出,他对完全创造力却并非完全支持。比如他并不是很赞同那种个体应该根据自己的意愿重塑自我的观点。具体来说,首先在 Hayek 的理论体系中,无论何时何地,只要传统与寻求创新的尝试之间出现冲突,那么传统总是具有更高的价值,应当得到更好的保护。他还认为在一定的条件下,对他人的强迫、胁迫也会起到一些积极作用。在《自由秩序原理》中他说道,"在特定情境下,社会发展必须以相对平缓的方式向前发展。为保证这一点,尤其是当习俗与规范无法保证社会稳定的时候,可以实行一定程度的强制措施来保证社会发展的协调一致"。换句话说,当创新威胁到社会秩序的核心时,哪怕只是思想上的异议也不应被容忍。"自由从来不能脱离根深蒂固的道德观念而存在……只有当每个个体都能自觉自愿地遵守规章制度时,那种强制、胁迫的做法才可以束之高阁"。[21] Hayek 也曾提出一个反现代派的观点,即新颖性本身是很危险的:"只有当人们愿意遵守已经确立的秩序时,整个世界才不会失控;反之,如果人们都不愿遵守秩序,那么世界将陷入一片混乱。"[22] 第二,Hayek 反复强调人类认知能力是有局限的,尤其是在对社会现象的认知方面。John Gray 曾提到,对于 Hayek 而言,每一个提出的理论都只是人类内隐知识这座冰山的一角,"冰山的绝大部分都完全无法清晰地表达出来"。[23] Hayek 认为有一系列"基本的行为准则、生活方式或元认知法则是经得起考验的"。[24] 这些法则不能也不应该被质疑,因为它们是"整个社会生活的基础性、建构性传统要素"。[25] 同样,Hayek 也相信人的思想活动受某些"无法明言的规则"所约束,在这方面也是毋庸置疑的。[26]

Hayek 对想象力的悲观态度(这一观点在他的理论体系中极少体现)有其心理学根源,这主要是在他《感觉的秩序》(1952)一书中曾被谈及。在该书中他指出,人类个体基于根深蒂固的心理习惯来对外界信号做出反应。比如经济活动中,如果市场运作良好同时人们对市场认识深刻,那么就必然会对机会信号、价格信号会做出敏锐的反应。有趣的是,尽管市场本身是他律的,即市场运作并不完全以个人意志为转移,但 Hayek 仍然认为存在一类"自然的"人的社团,并且这些社团组织跟市场一样完全不存在强制的现象。虽然他并不认为此类社团采取的是完全自治的运作方式,但更令人惊讶的是他也不认为这类社团会破坏社会传统。就像 Anna Elisabetta Galeotti 所说,在 Hayek 的思想中"尽管自然的限制与社会规则同样都是独立于人类而自然发展的,但他们从来都不会对自由造成威胁"。[27] 一系列关于保守的社会传统、市场自由主义及两者之间关系的观点,让哈耶克派的理论观点产生了很大的矛盾,很多 Hayek 的批评者都提到了这一点。[28]

上述观点对于反思性个体的完全创造性想象和有意识的心理自我管理过程来说具有双重局限性。第一,如果说人类的意识是由直觉性的无意识心理所决定的,那么人类就无法掌控自己的意识。对于 Hayek 来说这样不仅无法实现对自我意识的完全理解,[29] 而且有意识的反思过程也会从根本上受到限制。第二,Hayek 认为人的愿望是受外部信号所左右的,即是他律的。不管他对于个人自由多么感兴趣,但 Hayek 没有能够对思维的创造性进行理论概括。从他的思想体系中,我们看不到他对此有任何深入的探讨。

Sen 论自由

在 1984 年以"幸福、个人与自由"为主题的 Dewey 专题讲座中，Amartya Sen 提出了一系列更具有实用性的自由的要素。[30] Sen 的理论中提出了两种基本的自由。第一种是"个人自由"，虽然这个概念 Hayek 也曾提到过，不过在 Sen 的理论中稍有不同。第二种是"有效的自由"，这是对 Hayek 理论的超越。在 1992 年这一说法被改为"自由的力量"。Sen 认为，一方面自由的个体需要有独立的个人形象，并要有依照自身意愿而行动的愿望（个人自由）；另一方面，个人需要有行动的能力和力量（自由的力量）。在这一理论中，第二种自由观采纳了哈耶克派关于自由来自于限制的看法，Sen 称之为"自由即控制"。通过这种方式，Sen 在阐述自由是一种行为能力的时候，将 Hayek 关于自由的两个假设都纳入到自己的理论体系中，即个人的"内在自由"和自由来自于限制。但不像 Hayek 对自我决定的排斥，在 Sen 的理论中，这一要素被接纳了。可以说当我们把个人自由与自由的力量两种自由观结合在一起时，我们对于创造力的理解已经逐渐超越了 Hayek。

个人自由

在 Dewey 专题讲座中，Sen 提出"幸福"和"个人"的观点都可以用来对自由进行清晰和独立的阐释。[31] 幸福的观点强调个人的选择权，但这一观点并不必然包括个人的积极性与交互性特点；个人的观点强调内在固有的、个人意愿的积极作用。从幸福的角度看，如果能够充分考虑个人的兴趣和优势，那么个体必将从中获益；从个人的角度看，每个个体都是行动者和裁判员。这两种不同的自由观在我们的目标和价值体系中也有着不同的应用形式。正像 Sen 所说，"幸福观在评价个体优势时十分重要，而个人观在每个人依照自己的*利益*审视自己能够做什么的时候，会产生重要作用"。对个人产生好处与个人优势之间并没有必然联系。[32] 他举例说，比如当一个人选择拯救他人生命时，他并不会考虑自身的安危。Sen 认为在过去的 150 年里，人们对幸福的关注程度远远超过了对个人的关注度，导致功利主义及新古典主义经济思想对人类社会产生了巨大影响。但单靠对幸福的探讨并不能完全建立起对个性的完整认识，个人在自我概念中处于核心地位。而且当研究者全面探讨个人生涯时，关于个体的"自主"及"个人自由"的观点实际上得到了比幸福更多的关注和深入的讨论。

Sen 的观点与 Hayek 并不完全相同，他更强调个人的选择权，更多地对个人的幸福进行了探讨，因此造成他对个体层面并没有足够的重视，也就没有能够对"利益"的传统观点有更多突破和创新。Sen 关于幸福与个体观点的厚此薄彼在创造性个体的生活中得到了体现。比如说，很多人都选择在艺术圈或大学中从事低报酬且不稳定的工作，而不是在其他行业中选择那些待遇优厚、工作稳定且能够干一辈子的工作。他们这么做不是（或者说不仅仅是）为了在某种意义上利用自身优势，而是（而且也是）因为在他们的工作领域中，那种充分体现个人自由的工作内容和过程十分吸引他们，并让他们觉得很满足。自主、个性及创造的机会此时完全超越了幸福对个人的意义。再比如说在学术圈子里开展学术研究并进行学术交流，也不仅仅是为了积累个人财富和不断提升自己的社会地位（尽管我们可以说在这个例子中提升社会地位比积累财富重要得多）。积累上述两者是动机之一，但绝对不是唯一和最重要的动机。对研究与学问的追求本身就可以令人满足，这与众人眼中的利益并不相悖，此外不断构建自我概念也可以令人感到满足。

Mary Henkel 对英国生命科学领域研究人员价值观的调查研究为个人自由及追求"利益"的研究提供了一个社会学方面的理论基础。Henkel 发现这些专业人员的个性特征"首先以及最主要"是通过长期的学术交流而形成的。"通过交流思想、认知结构及经验，个体不仅学会了一种语言，更重要的是从中学到了一种理解世界的方法"。[33] 个性特征可以说是通过一个持续不断的反思过程而形成的，这其中包括"对（内在的）自我概念的界定以及（外在的）由他人对自己的看法所决定的自我概念的综合"。[34] Henkel 既强调在专业人员团体内部自治过程中"规则的重要性"[35]，也强调个人自由的核心位置。她认为学术自由的意义在于既可以对自己的研究计划有完全的选择权与支配权，也可以在本职工作的管理与调配方面取得别人的完全信任。"对一些人而言"，Henkel 说道，这"事关生活的质量及学术生涯的主要收获"。[36] 与此类似，Basil Bernstein 认为学术纪律的主要特征是他称之为"内在特性"和"内部奉献"的过程，尤其是在知识领域，他提出"独特性"这一规则会在很大程度上影响自然科学、社会科学以及人文科学的发展，如哲学。[37]

自由的力量

Henkel 的研究指出，专业人员对自由的理解包括能对自己的工作拥有控制权，并有力量"按照自己的研究计划开展研究"。[38] 然而对于力量与控制及两者的相互关系来说，这其中的情况比较复杂。Sen 对力量和控制之间的差异进行了区分，认为两者"与自由的特定方面存在着各自不同的特殊关系，就好像自由与自治的关系一样"。[39]

> 个人的自由可以很好地解释为一个人拥有选择自己想要的结果的力量：不管这个人是否可以随意在两个结果中进行选择；也不管他或她的选择是否会受到尊重；也不论后续还会发生什么事。自由的这个方面，也就是（可以被称为）*有效的力量*，或*力量*（简而言之）……与控制的机制和过程并无实质性关联，也就是说选择是怎样"做出"的，与有效的力量本身无关。……相比之下，个人的自由也可以被界定为他或她自己是否能够*控制*选择的过程。在决策或执行过程中，他或她能积极地进行选择吗？自由的这个方面可以被称为*过程控制*，或*控制*（简而言之）。[40]

在关于自由的政治哲学文献当中，对控制这一因素的关注度向来是最高的。但是 Sen 认为，在多数情境下，当控制对于自由尤其是那种从限制中所获取的自由而言尤为重要的同时，我们也不能忽视力量这一因素的作用，尤其是在对自由的充分探讨和表述中更应该给予力量因素足够的关注。个人自由需要有大量的前提条件，而且这些条件要能够支持其实际行动。而自由作为一种力量，可以使我们拥有更多的适宜条件，从而使个人自由得以实现，这些条件至少包括社会的、政治的和经济的各种机会与资源。在此 Sen 指出，在个体的独立性与社会情境之间存在着"高水平的互补性"，而且这种互补性对于自我决定来说也是必需的要素之一。比如在大学里，通常有创造力的人会对社会提出在时间、金钱以及其他必需的"能力"方面的各种需求，以保证他的个人自由能够维持下去。但实际上这些要素都不会被平均分配，所以也就造成了一种理应普遍化的个人自由实际上并不普遍的现象。[41]

这种对于自由的力量与控制的辨析很容易使我们联想到对自由所持的积极或是消极态度。Sen 认为当我们把自由看作是一种控制时，我们是从消极的角度来理解自由（如 Hayek 那样），进而会对自由形成更加谨慎和保守的认识。[42] Sen 认为应当考虑力量因素的作用，但可以把力量理解成采取特殊控制手段的能力，通过这种力量来使事情变成自己想要的状态。"评价个体拥有多大的力量去改变事情的状况，这看起来跟控制的概念很类似，但这样就可以调和自由的力量观与控制观之间的矛盾"。[43] 换句话说，个人自由的力量观能够包含个人自由的控制观，但反之则不成立。当我们从控制

第四章　思想的自由与创造力　97

的角度看待个人自由时,自由作为一种力量是被排除在外的,就像 Hayek 所认为的那样。在哈耶克派对自由的界定中,作为控制的自由尤其不能包括作为力量的自由。这正是哈耶克派在探讨完全创造性想象时,在个人自由观方面的局限性所在。

那么 Sen 关于完全创造性想象的理论观点还有什么其他的启发意义吗? 第一,要想对有意识的想象产生更加完整的理解,我们就必须对个体有更加深入的认识,并将其置于自我决定功能的核心位置。Sen 的理论对个体有明确的定义。Sen 认为个体不仅仅是其行动计划毋庸置疑的指挥官,更可以在创造的过程中不必考虑传统的影响,毫无顾忌地追求个人"利益",尽管在追求的过程中传统的影响并不能被排除在外。这一点在那种不走寻常路的创新活动过程中显得尤为重要——这类创新行为特别需要考虑到一定的传统因素的影响,同时个体又必须要持续地进行反思,而后者也是整个过程的关键所在。我们已经认识到,个人自由的核心目标是促进个体自我决定能力的发展,在这一过程中,自我建构会随之而得到不断发展。个人化的个体(或集体化的个体,如研究团队)具有自我决定、自我意识、自我生产等特点,而这些都是创造力必需的内在条件。在创造性活动过程中,"强烈的意志"并不简单是创造性个体的固有特征之一,它还会产生巨大的驱动力,推动个体不断地进行自我重塑,而这应当是贯穿创造性活动始终的。Castoriadis 指出,尽管很多人都认为拥有固定的个人特征是生存的必要条件之一,但社会"只有通过不断的变化才能发展,而这种变化需要通过不断的行动、或社会表现、社会言论才能得以实现"。[44]在探讨反思性个体时我们也持相同的观点。只有当一个人明白应当拒绝已有的知识,掌握拒绝他人的技巧并对他人的灌输进行严词拒绝时,他才能想象出与众不同的观点或图景。在这里 Nikolas Rose 的观点值得一提。他认为"我们并不知道我们能做什么",但我们知道的是"人类历史的发展已经让我们具有了不断超越历史的能力"。[45]

第二,在完全创造性想象过程中,自由作为一种力量以特定方式发生着作用。尽管创造性活动需要具有自我管理能力的个体的参与,尽管创造性个体常常需要独处,但完全创造性的突破也需要经过社会层面的评价和界定,不可能完全脱离创造性行为发生的环境而发生。创造并不是"对假想物品纯粹自由的想象",也不是"被创造的纯粹形式所吸引而产生的自我陶醉"。[46]自由作为一种力量在两个方面影响着创造力:首先,帮助人们通过各种途径产生新想法、新结构和新形式,包括被 Hayek 排除的那些因素,比如信息和金钱;其次,支持人们通过各种渠道进行社会交往并在现实中对创新的想法进行全方位的思维实践与应用。[47]这种社会交往所涉及的是公民自由行为的标准,如:表达意见的权力;在相互尊重和诚实基础上开展的对话;基于公正、团结、同情、广泛悦纳及移情能力而建立起来的人际关系。现实中的思维实践包括对创造性思维活动的支持、给予并从中获取自由等内容,具体是指好奇、质疑、观察、推理、解释、批评与想象等环节。这里社会交往为现实中的思维实践提供了基本条件,相应地后者会有利于创造性工作的开展。然而我们从来都不能保证所有这些条件都会自然而然地在大学或其他创造性工作场合发生。

条件:组织的环节

本章的重点现在转向创造性行为发生的环境,即组织的环节。这一环节会分成两个方面分别探讨。第一个方面是各类知识形成组织(KFO)——主要是指大学及其他研究机构——之间的界限以及形式上的相似性、差异性及领域间的关系等。学者与研究者在自我决定方面的自由及学术创造力,在很大程度上是由其所处的各种环境决定的。比如说,尽管从形式而言世界各国的大学都有着惊人的相似度,但如果比较各自的研究就会发现,不同大学里的研究具有各自鲜明的历史和文化特色,其应用与实践也是多种多样各不相同的。当然,各个大学的研究特长及领域也有着明显的差异。[48]当我们把大学以外的其他 KFO 也纳入讨论范围的话,这种多样性就更加明显。[49]

第二方面主要是关于创造性行为发生的组织内在结构和规则的文化,主要包括时间管理模式、命令与决策结构、资源搜索系统及诱因等。大学研究者及其他创造性个体的自我决定自由主要受组织内部下列条件的影响:法律与调控、政策、行政管理方法、行政管理与金融系统、出版体制、学术等级制度等。如前所述,本章的这一部分将会特别强调其中某一系列的条件:即在那些实行新公共管理模式的组织和政府的实践过程中形成的条件,以及在过去 20 年间,已经在世界范围内的绝大多数大学中有过一定程度的实践应用的条件。

大学

现在许多并不具有教育背景的公司都在开展各种在线教育或是以盈利为目的的[50]商业化教育培训及研发工作,尽管此类形式的教育现在发展势头很快,但综合性大学在面临这些潜在威胁时仍然能够显示出自己的强大实力和绝对优势。《如何利用大学》(1963/2002)可能是第二次世界大战之后最具有影响力的关于大学的书籍,在书中 Clark Kerr 将广泛存在的、以研究为核心任务的现代大学描述成"综合性大学"及"具有无穷变化的城市"。[51]然而正像 Kerr 那个著名的观点所描述的那样,在大学里你既会看到老师和学生的各种教学科研活动,也会常常看到管理人员来回奔忙穿梭,大学里也充斥着对停车难等琐碎问题的各种抱怨。什么样的组织因素会阻碍或保证大学的正常运作,并且让大学成为一个适宜于进行创造与创新的场所呢?

以科学研究为核心工作的大学具有两种功能,通过这两种功能一所大学才称其为大学,并由此将大学与其他组织区分开来。这两种功能一个是通过研究和高水平的学术活动,大学可以形成以好奇心为驱动力的(另一种说法是基础类别的)知识体系;另一个是通过高等教育认证系统使个人的职业生涯得以不断发展。通过将这两种功能相结合,研究型大学在很大程度上垄断了研究及各种培训的工作。

有一些基础研究是分散在不同的研究机构中共同完成的,尤其是在法国、德国这种情况居多,也有极少数的基础研究是受商业公司或政府资助的。不过绝大部分基础研究仍然是在大学中开展的。但基础研究无论从哪个角度来讲都并非大学研究活动的主要内容,在大学中,绝大部分都是应用型或商业性质的研究。但有趣的是,在多数 OECD 国家中此类研究很多也并非在大学中开展。除了应用型研发外,创造性智力活动还有很多其他形式,比如艺术创作,但很多这类活动其实也都是在大学以外的地方开展的。不过,在大学中开展的基础研究如果考虑其创造性程度的话,的确是处于一个很高的水平,且对于大学来说通常具有战略意义。因为这类研究的结论通常都会被编成教科书,甚至走进政府机构及各种公开场合进行传播,而商业性质的研发工作也会在很大程度上受制于基础研究的结果和进展。人们对大学充满期望,因此将顶尖的学者和几乎所有的(当然不可能是全部)首席研究者都请进大学开展研究。不过也有一些顶尖的研究者在公司的研发实验室工作,还有一些是同时在好几个 KFO 中开展工作。

在 KFO 内,大学的研究工作涉及两种截然不同的功能:一种是研究训练功能,另一种是非研究性的教育功能。研究与非研究性质的工作在大学里都是工作的基本组成部分,以大学教育-科研的基本功能角度来说,两者共同构成了大学的组织文化氛围。研究训练其实同时结合了研究和教育的功能,两者的结合共同确立了大学的社会地位,并且构成了大学资源与力量的源泉。比如说,条件较好的学生往往会对大学提出更高的要求,这实际上有助于大学保证自己的声誉和社会地位,并有助于保证研究活动的持续进行。相应地,高研究水平的大学会为学生提供良好的学习场所,保证他们能够完成教育和研究训练,并使他们在学业上取得各种水平的成就。单独来看,研究对于一所大学的社会地位来说尤为重要，尤其是在全球化的今天。[52]但大学通过研究所取得的地位与其教育功能对于创造性知识的形成来说，各自起到的作用并不相同。一方面，大学就是一个小社会，"麻雀虽小五脏俱全"，但过于繁复的工作会损害其作为一个KFO的工作效率。有才华的人整日在教学、科研和管理三个工作角色里来回切换，他们本可以用来做创造性研发工作的时间被其他工作需求粗暴地打断或占用了。研究与学术活动被政策和公共教育事务绑架，师生关系越来越像买卖关系，大学捐赠者的初衷也更加偏向于对大学地位的仰慕及历史情感，而不是被创造性工作本身所吸引。这些问题的凸显促使一些研究者提出应该为大学"解绑"，Peter Drucker就在这方面提出了一些具体的策略。[53]另一方面，教学、科研与社会地位的三者合一，使得大量有创造性的人才都聚集在大学这座象牙塔内，这是其他组织和机构都无法办到的。尽管大学里不同领域研究各自的"固步自封"总会遭人诟病，但研究型大学的组织形式总会为跨学科的相互交流与取长补短创造更多的机会，这也是其他KFO所办不到的。同时，通过为本学科内部和跨学科之间的学术评价创造公平的机会，大学也成为研究训练的沃土。而且实际上除此之外，也没有更好的环境条件能够支持基础类型的知识创新了。

如此来看，综合性大学可以通过更加灵活的管理和安排，通过与其他研究机构之间建立更加松散（尽管不是*特别松散*）的联系，来促进自身的发展及社会地位的提升。而大学与研究机构之间这种松散的联系有时候可以保证研究者不会有经济上的后顾之忧，而且通过有选择地运用研究成果，也可以保证教育-科研的一致性。同时，研究型大学也可以在更大范围内去实践自己的研究结果，通过专利生产及原型生产等方式，大学可以成为知识型企业。[54]于是在大学里情况变得更复杂起来，除了原先代表基础研究的研究园区和代表应用研究的工业科技园区之外，人们在大学里成立了学术研究办公室，而那些以盈利为目的的研发公司也出现在大学校园里，它们在商业竞争方面完全可以媲美非大学性质的KFO或创业型研究机构。当这些新鲜事物开始融入学术圈之后，大学更加精英化了，整个大学都开始围绕着学术努力运转，而且所有人都会因为知识在这里产生而感到高兴和荣耀。对一些新型的大学研究机构来说，盈利是压倒一切的首要目标；但对另一些来说，盈利只是一种必要的手段，盈利之后还有更重要的事要做。

非大学性质的KFO

某些情况下，非大学性质的KFO目标相对更加简单。其多数研究都会与商业化产品的研发挂钩,因此在创造性上多少显得有些工具性。而且非大学性质的 KFO 一般也都不具备教育的功能,在这些组织中学术活动只是一个背景条件而非主要目标:有些公司会对学术论文的发表有所贡献,但这只是他们工作的很小一部分内容。这些更加工具主义取向的组织在管理的各个环节上都会更加明确,同时相比较大学而言,其组织也更加严密。

不过如果仔细比较会发现,整体上来看大学和这些非大学性质的 KFO 有着很多的相似性,只不过大学的社会地位在很大程度上模糊了这种相似性。很多 KFO 开展的研究也基于一定的自主权,并且会自行做出思维判断。对于某些特定领域的知识形成过程来说,KFO 的一些研究者也能够做出重大贡献甚至起到领军和带头作用。很多研究者,尤其是在大型的政府资助或多学科交叉的实验室中工作的研究者基本上与他们的大学同行做着同样的工作,只是他们不承担与大学同行相同水平的教学和研究训练的责任与工作。而在艺术创造力方面,组织化的艺术创造所表现出来的特点,在很大程度上与这一领域传统上那种完全自由散漫的、个人化的创造力文化特征并无二致。随着新公共管理思想的出现,越来越多的研究型大学开始采用更加务实的、行动化的管理体制;而把利益驱动力与学术单位和研究小组结合在一起,则大大增加了 KFO 的组织凝聚力。与此同时,越来越多的公司、企业也开始设立专门的创造力开发部门,其目的就是试图让学术研究直接为自己创造价值。飞利浦公司在荷兰 Eindhoven 地区有一个"大学"园区,距离他们的主厂区并不算远,这个园区内坐落着一些小型的研发机构以及半学术性质的研究中心,喝一杯咖啡的时间就可以从一处走到另一处。还有一些公司在工作日程表中专门为员工预留了他们可以自由支配的创造性活动环节。从文化的不同角度和科研、盈利两个方向的聚合性来看,几乎所有的 KFO 都在发生改变。

KFO 的相关影响因素

对于不同类型的 KFO 来说,不论是审视其各自的角色还是相互之间的差异,都会发现在创新政策方面具有一个显著的特征。从行政管理角度来说,不论是公开的还是私密性质的研发活动,都被看作是新型的或更有生产力的工业模式出现的关键,同样,研发也被看作是留住人才的主要方法,研发和人才两方面实力的增长则进一步被看作是增强国家间竞争力的关键所在。[55]因此政府在大学这样的 KFO 与投资商、产业化公司的密切协作方面做了很多努力,力求能够使知识密集型产品和服务能够通过企业进行量产。很多国家现在都从政策角度向研发倾斜,通过加大对研发工作的资金投入以及优先生产高创造性附加值的产品,增强科技创新与工业化生产之间的联系。比如,政府通过实行大量的补贴性政策和优先选择体制,以保证科技创新的成果能够优先投产。有时候这些政策在推行过程中并未考虑到个体自由(研究者个体)与创造力之间的关系,取而代之的是,政府希望通过政策改变研究者的创造性动机,从以前为了研究而研究的内部动机,转变成为了政府和企业而研究的外部动机。在这方面 Michael Gibbons 和他的同事进行了很多研究,他们认为模式 1 的研究,即那种好奇心驱动的、大学自己管理的研究,正逐渐被模式 2 的研究所取代,即那种思想更加开放、实践效果取向的、被研发的外部动机所驱动的研究。[56] 为保持竞争力,政府应当打破旧有的存在于大学和非大学性质 KFO 之间的界限,并应该更加重视后者的作用。基于这种政策取向,他律应当成为被重点考虑的管理模式。在《对科学的再思考:不确定时代的知识与公众》(2001)中,Nowotny Gibbons 和 Scott 对大学研究者进行了深入探讨:

> 通过传统的等级管理制度产生的社会控制效果已经大不如从前,缺少了审计环节的积极作用,缺少了基于规则的内化而产生的自我约束,社会控制变得效率低下。甚至可以说,只有建立起一种基于审计制度和负责任心态的组织文化(这可以被看作是规则的反思性特征),组织才会真正具有可靠性。每一个个体或组织,都应当注意经常审视自己,反思自身,进而社会控制可以转化为自我控制,同时社会控制也就从一种过程转变为一个结果。一方面,个体在决定应当达成何种具体目的时具有更大的灵活性;但另一方面,实际上个体在组织中的具体行为却会更加受限制和约束。在一个去管理化、去中心化的世界中,个体可以只为他/她自己而创业,个体可以自由选择通过何种方式去达成目的,但个体在确立目标方面却更加的不自由。[57]

在上述的政策探讨中,有一个因素尚未提及,即当那些曾经存在于大学和其他类型 KFO 之间的鸿沟不存在了,当过去大学里的创造力空间格局发生明显变化的时候,完全创造性想象会随之而产生什么变化? 如果不同 KFO 里的研究者开展工作的动机不同,那么就并不太可能单纯靠改变环境来转变他们的行为模式。另一方面,如果不同类型 KFO 之间的隔阂在个人和组织层面都被消除了,那这种削弱差异的做法可能导致特定种类的创造力被抑制,同时另一些种类的创造力却被增强。同时值得注意的是，人们在消除隔阂的时候会发现这些差异和界限是比较稳固的，不是那么容易就能被消除，这种情况下我们不妨停下来想一想。然而，自上而下的 KFO 重构政策在制定和施行过程中，并未事先对 KFO 的现状进行认真分析，比如不同的组织文化、动力机制以及领域间的关系等。因此可以说，目前我们对于不同类型 KFO 之间（之内）的各种界限、隔阂形成与维持的机制或策略所知甚少。

要想对 KFO 的相关知识进行进一步理论建设和深入探讨，我们不妨借鉴 Pierre Bourdieu 的理论观点。他认为一个有边界的"领域"通常都是由建设者及其反对者基于完全不同的动机而共同建设起来的。[58]在他的关于领域文化建设的理论中，Bourdieu 认为存在着一个精英化的或不对外开放的子领域，这个子领域相当于该领域的"自留地"，主要由组织文化与社会地位等相关动机驱动而开展活动；与此相应的，还有一个相对更加开放和普通的子领域，该领域更倾向于进行商业化生产活动，是一个他律的、由政府和/或市场经济规律驱动的子领域。在这两个发展取向截然不同的子领域中间，存在着大量的规则和惯例，Bourdieu 认为能够将这两个子领域的精华部分（即来自于知识的和来自于社会的精华内容）及大众职业规则联系到一起的就是普遍存在于大学里的高等教育。这一观点对于我们看待 KFO 的发展机制问题同样具有启发作用，主要体现在两个方面：(1) 研究型大学和专业学术团体主要被探寻知识的动机所驱动，并以获取学术地位为其自我实现的终极目标，对于他们来说，盈利只是达到目标的手段之一；(2) 对于利润驱动的研发型公司和他们所进行的产品研发的跨国合作来说，盈利是终极目标。中间型的 KFO 处于两个子领域之间，即以工业生产为根本目的的政府型研究实验室和归属于大学的，同时由盈利及社会地位两种动机所驱动的研发型公司。Bourdieu 认为不同类型的 KFO 都是具有活力的，因此他们之间的界限还将继续存在（并继续容忍模糊性），每一种类型的 KFO 及多种多样的中间法则都会为创造性活动作出各自应有的贡献。

大学是"基于知识的二进制"组织

Mark Concidine 在谈到研究型大学时也与 Bourdieu 持基本相同的观点。他认为研究型大学不会优先考虑对外界环境压力做出反应，比如来自于政策和市场的压力。相反他认为大学应当是一个"系统"，该系统会将网络化的工作与"基于每个人的独特行为以及保护特定差异为目的的文化实践"联系起来；这里所说的差异是形成独特内涵的基础。[59]大学最应当被理解为"一个基于知识的二进制组织，在这个组织中，我们不断将未知变为已知。相应地,这正好突显出大学作为一个系统的独特个性"。[60]

一旦有界限,我们就可以去思考界限内外的差异。或许通过经常思考、分辨和明确这种团体间的差异(或者说是一个系统与邻近系统之间,如果你喜欢的话),我们可以找到一些独特的内涵特征来驱动我们不断前进。[61]

"对于一个系统来说,其活力的关键在于拥有一个明晰的核心价值观,围绕这个核心价值观应该很容易做出各种二选一的选择"[62],而且应当具有明确的系统边界,尤其是在一个系统与另一个系统(比如不同的KFO之间)进行比较的时候。Bourdieu也阐述了相同的观点:外在环境的决定作用构成了他律的形式,但这对于个人的价值来说只会起到反作用。因此,对于大学的独特个性来说,最有威胁的不是一般的环境因素,而是"其他可以产生知识的系统和组织"。这些其他的系统和组织可以"让大学变得更加急功近利"[63](尤其是管理层、执行主管和纪律管理者等),进而"乱了阵脚"。如果大学模糊了自己与其他组织的界限,对其他正在发展壮大的各种市场驱动、公共利益驱动的组织敞开大门,那么这种"乱了阵脚"之后所带来的破坏性程度可能更高。Concidine将这一现象称之为大学里的"新的'最重要的东西'"。层次与眼界可以让大学在与其他KFO的较量中暂时获得上风,但如果丧失了自己的独特个性,那就是一种比鲁斯式的胜利①,得不偿失。"所有社会机构的独特个性都来自于他们的选择,就像Luhmann所说的那样。没有一个系统在被一般化和普遍化之后还能继续生存。"[64]"当一个系统无法保持或在某种程度上模糊了它与邻近系统之间的界限时,对于它自己和别人来说,都无法继续获得认可。"[65]

这一理论观点使我们再一次认识到成为一个拥有自我决定能力的个体是多么重要,对于大学与其他KFO来说,明确他们之间的界限也是十分重要的。因为界限是系统保持其独特性的主要来源,个性会从系统之间一次又一次的交流过程中,尤其是从边界特征上得以不断体现,"对于界限来说,最具有破坏力的情况就是没有争议,无人抗衡"。[66]这再一次告诉我们,对于一个领域内不同类型的KFO来说,确定边界的行为甚至保持相互之间的适度紧张关系,对于一个系统来说不仅是一种功能,更是一种必

---

① 比鲁斯式的胜利(Pyrrhic victory):意指付出极大牺牲而得到的胜利(Pyrrhus是古希腊的一个国王,在公元前280—前279年打败了罗马军队,但牺牲极大)。——译者注。

需。根据Concidine的观点，人们应当保持并维护好自己与其他组织之间的界限，只有通过边界形成自身与外部环境因素之间的适度紧张和敏感关系，大学才能保护和不断发展自己的独特社会角色。这一理论对其他KFO也同样适用，它们同样也需要保持自己的独特个性和行为方式，所以完全可以通过与大学类似的做法，即维持界限的存在来保证自己的独特性、策略性、生产力和创造性。很明显，界限在这里已经不仅仅是一种基本的组织策略；它同时也可能是社会演化发展并区分出研究型大学和其他KFO的一个必要条件。但同时必须注意到，这并不是说所有的界限和维持界限的行为都会有助于创造性活动，是创造性发挥的必要条件和前提。一些特定的与形成和维护边界相关的行为，才能够分辨出一种行为在创造性发挥方面是起促进还是阻碍作用。

Concidine接着探讨了KFO应当如何解决保持差异和维护边界的问题。组织的管理系统通常会为来自于组织各处的、源源不断的"想法与目标"提供表达的空间，正是这些思想内容经过转化，最终形成了一系列具有系统性的差异。在大学中，正是这种"翻译"使人们可以站在多个视角审视之前已经习以为常的事物，而且就算这种新观点不被大学管理者采纳（我们总是希望能被采纳），至少它也可以与已有的事物并存下去。在这个过程中，"创业者"——不论是首席科学家还是管理者——发挥着至关重要的作用，[67]他们擅长开展在观点上兼收并蓄的对话与讨论，而且从不会在形成界限和决策方面"和稀泥"，要求所有人保持一致。不过相对来说，在大学这类KFO中形成界限相对于那些非大学性质的KFO来说要更复杂一些，因为大学的管理实际上是以不同专业的院系为实体来开展的，不同院系之间专业领域不同、工作模式不同，很难统一；而且在纪律管理方面各个院系很大程度上也是"各自为政"。所以，当需要为自己的大学设立边界时，不同院系的人通常都不太愿意从整个学校的层面来形成独特内涵及边界。Concidine也强调了"边界目标"在设立边界过程中的关键意义。通常来说，不同的院系和科研团体会根据自己的独特情况来各自阐释这些边界目标，同时这些不同的阐释和边界目标的运用则可以共同构成一个学校层面的边界特征。"这些目标的巨大价值……在于它们始终存在于大学之内，并根据各个院系和科研团体对它们的具体运用来体现出他们在实践方面的深远影响"。[68]一个具体的例子就是大学中学术人员的聘任程序。在美国，想要拿到终身教职需要经过一个冗长且复杂的程序。比如我们想继续聘任Concidine，那么按照老规矩我们需要去检查他的学术发表物，而不像商业性KFO和政府运营的实验室那样以报告研究结果为主。在这方面，研究型大学建立起了一个令人惊讶的、简单有效的评价体系。[69]首先,大学形成了一系列简单直观而又严谨的、由他人评价的、与知识相关的评价指标体系;然后通过这一指标体系,可以将不同领域、不同语言、不同地区的学术研究成果进行统一的量化整理;最后,当把这些成果量化为一系列简单直观且易于评价的指标之后,再分发给处于世界各地的学术委员会成员进行评价。评价过程中虽然会涉及许多指标,但这些指标都来自于事先订立好的评价体系,因此当且仅当一所大学型KFO符合这些指标之后,它才能在世界范围内被称为一所研究型大学。通过这一评价过程,我们可以将研究型大学与专业化的研究机构、商业研发公司、教学型大学以及其他不符合标准的机构明确区分开来。[70]

这种严格的评价制度对于提升大学的基础研究水平、学术发表物的质量以及强调具有创新性的商业化研究与应用等方面具有长期效果。相应地,在内部管理方面,那些关注于社会地位的(又有哪所大学不关注呢?)大学将会为这些领域的具体工作提供更多的支持。通过这种方式,前述的"边界目标"不断改变和影响着创造性工作的开展。

与此同时,如果边界差异只是KFO组织独特内涵的驱动力之一,那么它怎样处理好与其他驱动力,比如职位、"良好"的感觉以及对纪律的遵守等驱动力之间的关系呢?关于组织的独特内涵,还有一个很明显的驱动力,就是获取学术地位及其他回报的愿望。很多喜欢自我改变和超越的人会被大学的职位及丰厚回报所吸引,但同时他们很有可能不会遵从已有的边界标准及行为方式,而是通过彻底的创造性行为来拒绝纪律教条,从事跨学科和打破边界的研究活动,乃至于开创全新的研究领域。更有甚者,一些大学中被商业利益驱动的研发团体会打破大学与商业型KFO之间的界限,更多地接纳和采用后者的研究与工作模式,比如美国生物科技领域很多研究团体就是如此。[71]在大学与其他KFO的合作伙伴关系存续期间,其中一方很容易被另一方同化。"在这种长期和网络化的合作关系中,大学研究者很有可能被潜移默化地改变或模糊了自己与非大学研究者之间的界限……这给大学带来了巨大的挑战。"[72]换句话说,这对于研究工作的开展会带来很多问题。比如,KFO和其成员的工作会在多大程度上通过打破研究领域的边界而破坏研究策略的原创性?哪些KFO、团体和个人会参与到这种改变过程当中并承担风险?边界问题会在多大程度上成为创造性策略的中介要素,或者仅仅是一种阻碍?举例来说,上述这些看似矛盾的非边界的边界,与美墨边界所开展的创造性工作具有相同的性质吗?人们是否会因为特殊原因而有选择地建立边界?如果是,那么不同KFO之间的边界有什么差异?不同的KFO会怎样处理边界与非边界状态的转换？此外，更坦率地说，KFO 之间是否会相互剽窃或盗用对方的特色及研究成果，就像人们经常做的那样？当不同 KFO 一起工作时，他们是否会互相借鉴，取长补短？他们会怎样进行自我保护以防止破坏甚至颠覆？在日常的创造性活动中，这些紧张的关系和行为策略会怎样促进或阻碍创造性的发挥？

新公共管理与创造力

在采取新公共管理模式的大学和其他组织中，过去常用的公共管理手段都被改造成为一种管理的经济模式，在这一模式中，竞争性的市场和模拟市场都被置于政府、管理者等的外部监管之下。这其中有一些特定的技术存在于所有 NPM 的革新策略包当中，包括基于拨款的经济吸引力、用户驱动的产品生产、产品设计、价格与产品销售、创业型领导职位设置、产品监控与测量、基于组织和个人的竞争性评价机制、绩效管理、薪酬绩效挂钩、基于企业与商业研究动机和产品而产生的合同及对伙伴提供的优厚条件、会计负责制和审计系统等等。此外还包括基于外部调控观念而与政府签订的协议等。

在所有的概念和技术当中，NPM 以*自由秩序主义者*（Ordoliberalen）的身份出现于战后德国，另外比如以 F. A. Hayek 为代表的奥地利新自由主义学派中，以 Milton Friedman 为代表的计量经济学新自由主义学派及芝加哥学派当中均有 NPM 的身影。[73] 关于高等教育中的 NPM、新自由主义者，曾经有一篇颇具争议性的文章对其进行了详细阐述，然而限于篇幅这里不再赘述。除此之外，NPM 鲜见于其他 KFO 的文献当中。[74] 关于这一新模式，本章的问题是如何将 NPM 的组织实践与创造性工作的本质及管理特点相结合，尤其是在大学和其他地方比如政府性质的实验室中，NPM 改革是如何影响到那些具有开创性的工作的。

他律性反思

NPM 改革的一个核心特征是，当这一改革在*组织*中开展时，会首先从*个人*角度去探寻每个个体的想法、动机和行为。在 NPM 中，系统是基于市场建立的，并采取外部责任制，其核心特征包括一个需要不断做出决策的自我实现的个体，他的决策都是在以自由作为控制条件的情况之下做出的。NPM 改革同时作用于创造性工作的两个不同层面，并采取特殊的方法将两个层面的工作统一起来。

在系统层面,个体自由的范围正如 Sen 所定义的那样,会受到三个因素的影响。第一,当组织依照 NPM 的模式进行改革时,组织内绝大部分的改变在实施前都不会首先寻求管理者的首肯。这样,改革的过程就从根本上破除了之前的那种强制管理模式,使组织成员真正获得自由。第二,NPM 的技术来源于(也可以随时被其改变)更高层次的控制系统,这个系统存在的意义在于保持社会秩序,但同时它并不会考虑思想的自由。一个例子就是美国通过反恐怖主义的立法,限制了对中东地区相关学术研究的审批。另一个与完全创造性想象有着更加直接关系的例子是,澳大利亚联邦政府教育部长曾经基于政治原因,对那些经由同行评议而筛选出来的预备由政府资助的研究项目进行随意删减和调整。这一事件出现于 2004 至 2005 年间,涉及澳大利亚开发基金研究委员会。然而这两个影响个体自由的因素尽管都涉及当代政府管理行为,但都是 NPM 组织系统外的因素,因此本章将不再深入探讨。第三个因素则是 NPM 系统内部因素:基于经济市场或准市场信号以及/或外部责任制的需求,创造性的个体必须服从他人监管,而这会在一定程度上削弱个人自由。

NPM 系统最让人惊讶的就是它需要将他律的管理策略植入到反思性决策过程中,因为该理论认为这会进一步扩展想象力。研究者通常都会埋头于自己的研究,但同时他们也会划定研究范围,有时候会把与自己研究类似的研究主题也放进自己的研究中,以此来获取尽量多的科研经费支持。有些时候,研究者还必须投其所好,比如要考虑其他人尤其是项目审批人或资助者的需求与偏好。因此,在研究基金系统中,研究者必须要学会宣传自己的研究,要向那些潜在的资助者说明自己的研究结果是经得起推敲的,而该研究接下来的每一步在理论和应用两方面都具有很重要的意义和很好的前景。基本上所有的研究者都会这么做。而 NPM 所要做的就是重新设计并规划项目审批制度,要尽量反映出其他人的意愿和选择权而不仅仅是由研究团体自行开展创造性工作。用 Nowotny 和其同事的话来说,"社会控制被内化为一种自我控制的形式……在一个去调节化和去中心化的世界里,每个人都为自己而进行创业和创新,他们可以根据自己的意愿选择达到目标的方法和途径,但他们确立目标方面却更加不自由了"(41)。一项工作的"益处"是别人来定的,尽管某些特定情况下并非如此。

这种做法在一定程度上保证了自由,但同时也削弱了自由的力量,尤其是对于个人自由来说。可以说个人自由的减少会进一步限制,甚至在一些极端情况下会完全抵消完全创造性想象的作用。这么做也会导致外人对完全创造性工作进行更多的控制和干预——尽管这些不参加研究和学术活动的外人可能都想象不到这种外部干预会给创造性工作带来多么大的消极影响。然而我们也必须认识到,这种改变可能很快就会到来并普及开来。就像创造性想象的产品一样,人们进行创造的自由也必须根据 KFO 的类型而有所不同。KFO 内部每个部门的规则、地区和国家的政策、纪律、资源及时间等都会影响到创造的自由。甚至各种突发情况也会产生影响。在一个仍在不断发展壮大和联系更加紧密的网络化、移动化的世界中,各种突发事件、机遇将会更加变化多端,稍纵即逝。

在一个以大学生命科学研究者为对象的社会学研究中,Henkel 对他律因素及其在组织管理中作用的不断增强、他律对个人自由的影响以及他律在研究活动中的灵活性、便捷性和多样性进行了探讨。她认为"高等教育机构及其成员"现在正处于一种"前所未有的政府控制和监管"之中,他们必须"将自己置身于各种市场环境之中,还必须在这些市场中都表现得游刃有余"。现在对研究的投入比以往任何时候都看重这个研究是否会对企业"具有应用层面的意义"。[75] Henkel 认为现在科学家不可能再像以前那样"在公共经费的使用方面完全自己做主,连科研的进程也无法自己做主了"。[76] "科学家",她说,"必须学会同时协调和处理来自于社会与研究机构双方面的压力,并保持自我的独立性"。[77] 对 Henkel 的一些被访谈者来说"理想的研究模式仍应该具备一个适当大小的研究场所,在那里可以避免外界干扰,并保证研究者在个人认知上的独立性,以及可以依照自己的日程表开展工作"。但绝大多数被访者也认为"这都是过去的事了"。[78] "现在的研究者越来越身不由己,选择权和控制权开始逐渐丧失,也不再仅仅是避免外界干扰独自做决定那么简单,你需要花费大量的精力来处理各种复杂的关系"。界限变得"模糊、多变且容易渗透"。[79] Henkel 的发现是具有积极意义的。对于一些人来说,随着明确的边界逐渐消失,原先那些对自由具有保护性的因素,比如控制,正逐渐远离个体。对另一些人来说,新的流动性和多样性正在发挥积极作用。通过在网络化的组织格局中不断变换自己的位置,他们确定了自己的个人空间,而不是像过去那样在一棵树上吊死。"学术的自主权在这类环境中不复存在,因此他们只有通过不断的努力奋斗,才有可能获得成功"。[80]

为了保证自己不会变得平庸,人们必须从政府和管理的角度考虑 NPM 的一些特殊技术在创造力方面的潜力。Nikolas Rose 提出两大类 NPM 技术,即"会计"和"审计"。[81] 本章采纳了这一观点。当然,下面我们所探讨的关于 NPM 新技术的应用仍然是理论假设,有待于进行进一步的实证检验。

NPM 会计技术

NPM 的会计技术与一般会计工作性质一样，主要是金融核算，但这种工作以前都是依据政府或官僚体制的工作模式开展的。基于会计技术，一个组织就不会再被简单理解为只是执行政策或组织行为的地方，这其中也会出现资金流及相关活动。NPM 会计工作采用的是基于市场化或半市场化经济的新模式，这其中包括一些新型市场要素，比如生产者竞争、影子价格等。在 NPM 的组织中，每个部门都必须把自己的工作安排得井井有条，因为不同的部门在组织中会发挥不同的作用，有些是消耗大户，有些是利润生产中心，这类思想和行为逻辑已经深深的印刻在每个会计员工的心中。"以前那些'大众'目标，比如物有所值、效率、透明化、竞争力、对客户的迅速反应等现在已经变成'私人'标准、判断、推论甚至抱负"。[82] 此外，管理者—领导者是创业型组织里一种新型管理团队，可以有效地促进经济自主权，但这一新团队的成员也必须考虑如何"以新的方式开展管理工作"，比如说他们需要权衡满意度/个性化（个人自由）和资源（作为力量的自由）之间的关系。[83] 因此多个领域的调查工作和相关环节都被重新进行标准化，以提高不同调查结果的可比性，并依据其准备性程度进行重新排序。在知识生产过程中，节约成本和提高利润成为基本目标，而研究及学术活动则成为工作的途径，用以达成真正的最终目标，即经济方面的成功。

NPM 会计技术的核心要素是基于竞争的资金分配。在推行组织的 NPM 模式时，Hayek 提到"竞争作为一种有效的方法，可以培养特定的思维能力，就像其他方法可以做到的那样"。[84] 这种新方法的作用效果与其他方法是一致的，比如团队创业、用户驱动的生产、定价、产品设计以及绩效管理等。更多的问题是关于其必要性的，即竞争是不是一个必不可少的环节——比如说，是否存在其他的资金来源呢？竞争性资金分配可以基于对绩效的奖励、招投标或是成熟的经济市场来实现，但不论是基于哪种来源，都离不开他律和个人自由这两个要素，不论表面上如何提及竞争这一说法，但实际上我们不难推测，不同的资金分配来源，其可行性大小是不同的。基于绩效的资金分配，其实质是将未来的资金分配建立在对过去绩效的表现之上，这种方法可以保证在组织层面通过考评过去的学术成果来控制资金分配，但代价就是会产生路径依赖，因为创新都会有风险（不走老路）。竞争性的招投标系统可以将外部因素的影响力最大化：资金代理人可以通过这种方法保证"好钢都用在刀刃上"，即可以对资金进行优先权和大方向上的排序及把握，也可以"四两拨千斤"，用较小的投资换取较大的回报。而完全成熟的市场化生产则可以让研究者和学者解放出来，去开展更具有自决权的创造力工作。与招投标的方法相比,这种方法可以进一步扩大个人自由和作为力量的自由的范围,但创新成果必须经过市场效果及早期经济回报的检验。所以实际上这种方法还是会限制创造性项目的开展。市场系统同样会造就成功者和失败者,成功的机构、研发团队和个人会拥有更多的资源,从而更好地发挥资源所产生的自由的力量。市场中的成功同样也会使组织的员工朝向个人自由迈进一大步。NPM系统就是一种会产生成功者的系统。

作为一种资金分配的方法,真实或影子价格的运用使我们可以对行为或产品进行外部定价而不再单纯依赖在学术领域内的研究或学术界使用的标准。用户驱动的生产有类似的效果,但同时也可能使得生产与"用户"或客户的外部联系变得僵化。除非创造性工作者可以与"用户"进行沟通并扩大自己进行自我决策的空间,那通过这种方法还是可以扩展个人自由并减少限制的,并且效果会比自由定价体系还好。在用户驱动的生产模式中,如果传统的同伴文化特点对产品创新所起的抑制效果能够被削弱,那这种生产模式也应该能够增强作为控制的自由的效果,并为创新开辟新的领域。但这些更多的只是美好的愿望,我们无法完全保证它们都会在用户驱动的生产模式中得以实现。毕竟不是所有的客户都能够理性地支持完全创造性工作,他们有时也会在这一过程中扮演无法预料的、高度危险的角色。

NPM系统同时也鼓励组织进行创业,尤其是在研发中心和国际贸易领域。创业型组织应当是独立性强的、具有战略性思维的、果断的——即进行更高水平的自我决定。创业型组织的员工一般会保留一部分或全部的工作所得,而且有能力预测未来可能发生的行为。如果他们在市场竞争中胜利了,就可以通过这种方式加强作为力量的自由,而且他们也可以通过调节机制来更好地利用作为控制的自由。但组织的自由如何转化为个人自由以及开展完全创造性工作的能力,目前我们对于其机制仍不明确,只能推测这其中可能存在对满意度控制和资源控制的平衡。

对于一些半产品化结果(比如出版物、引用率、引用率影响力、研究使用者影响力等)的测量在创造性知识生产过程中是普遍存在的,也是此类生产过程中必须进行的环节,但是此类测量的效果值得商榷。当对结果的测量标准十分明确,尤其是当测量的结果会与资金分配挂钩的时候,人们通常会倾向于通过其他渠道来提高测量结果从而获取更多资金分配,唯独不注重提高这些结果的品质,而这并不是此类结果测量的初衷。这可能不会对作为控制的自由造成太大影响,但会大大地限制个人自由。总的来说,当结果越特殊并且人们越少考虑到结果本身质量时,活动的范围和潜在的想象力发挥空间就越会受到限制。如果创造性工作更多地由已知的标准和预先设计好的产品形式来决定,那么就更难产生新的产品和对未知知识进行更多的探索。

从更普遍的层面来看,绩效管理制度鼓励那些能满足一定偏好和标准的表现。因此在这里,自由的可变性是有一定限度的,尤其是当某种结果必须依赖于一定的应用技术方能产生的时候更是如此。在 KFO 内部,尤其是创造性工作部门里,制度应该能够使得工作形式尽可能宽泛和灵活,并通过成员间的沟通保证制度的良好执行,这会为个人自由提供很大的空间。如果制度如同公式一般自动生成而未经过成员的讨论和沟通,那么它必然会造成工作上的诸多限制,甚至会对违反制度的工作进行惩罚,这不仅会损害个人自由,同时也会侵犯作为控制的自由。另一方面,作为力量的自由也可能会受此影响,比如说,绩效管理制度是否会奖励业绩优秀的人以更多的资源或是更多的可自由支配的时间?

NPM 审计制度

第二大类的 NPM 技术被称之为审计。审计技术直接从属于外部责任制,使得政府及其他外部管理机构可以远程操控组织内部的变革,以达到外部制定的目标及结果测量要求。值得注意的是,尽管审计的出现在一定程度上改变了大学以外的"对控制的控制"的管理模式,但该技术仍然会要求学者为他或她自己的行为负全责。[85] "这种技术保证了专业在形式上的独立性,但同时通过新技术的应用使研究者和学者所做出的专业决定在评价方面更加透明和可控"(154)。Rose 称其为"自动化加责任化"。[86] 这种外部审计制度建立在对学术工作"恢复信任"的基础之上,实际上却可能正好起到相反的作用。这类制度"产生了越来越多的对专业能力的不信任,因此管理者不断加大审计的力度,同时却不断将责任归咎于研究者和学者",同时,管理者还不断通过立法等形式来强化外部控制。[87]

基于政府管理合同的投资会导致一些外部因素对工作计划产生影响。尽管一些合同实际上会损害作为控制的自由,但从合同制度的角度来说,我们还是可以找到一些方法来保证一定的个人自由,而不必直接抑制作为控制的自由。前边我们曾经谈到绩效管理和结果测量,这两者都在很大程度上依赖于在事前是如何对行为进行定义和规定的,以及事先签订的合同是否同时涉及行为的一般和特殊情况。在这里我们暂时还不会谈及作为力量的自由。

现在已经被研究基金委员会所采纳的外部绩效测评制度,实际上来自于以前的内部测评系统。"以英国为典型代表,在学术自主活动中有一个非常核心的环节,就是同行评议和自我评价,现在这一过程已经成为外部管理的有效工具之一"[88]。

我们建议外部审计应当是回顾性质而非前瞻性质的。在所有其他条件均相同的情况下,审计会站在一个比前瞻性合同更加宽泛的角度对活动进行审视,但同时这也是实行外部控制的一种有效方法,它可以轻松否定传统的工作模式和整个工作流程,彻底断绝路径依赖,并从组织以外的角度对整个活动进行重新规划、布局。在这里外部质量保证体系会在功能上不断变化,该系统可以直接从外部对产品质量进行审计,也可以对内部质量控制进行支持。好的质量管理系统不仅鼓励开展内部自我评价,同时也可以促进个人自由及作为控制的自由。看一个质量管理系统好还是不好,主要要看该系统能够在多大程度上增加外部的特殊标准,从而促进创造性工作,同时能够在多大程度上抛弃预先设定好的质量管理及评价模式。

大学排名制度同时会用到会计和审计技术。一个公认程度较高的排名系统可以将大学建设和发展的目标进行有效地外化。由于该系统可以对排名结果进行改变,因此排名的功能就像其他制度的类似功能一样可以用来进行绩效管理。从《美国新闻与世界报道》一年一度的大学排名及各大学对这一排名结果的回应来看,随着时间的推移,很多大学越来越倚重自己在排行榜上所处的位置来重新调整自己的发展战略和行动规划。[89]而研究实力方面的排名会让大学在科研领域获益很多,主要是以引用率的实际情况为依据,尤其是在医学领域,排名会在很大程度上影响不同学科间的平衡。从更一般的角度来说,排名对于人们研究和模仿那些成功的组织模式都会产生更大的影响力;反而是在开放式想象方面,排名产生的影响相对较小。人们更愿意通过努力在短时间内改变自己的大学在排行榜上的位置,却不愿意冒风险从长远角度去进行改革与创新。很少有办法可以真正降低学术型组织的自我决定水平,但大学排行的做法很有可能会让那些排行很高的大学放弃进行自我决定。这些大学会从排行中获取到社会地位和资源,这就加强了作为力量的自由,同时不需要在活动或独立性方面做出任何牺牲与让步。

我们可以试着进行总结——尽管这仍然有待于进一步探讨——因为 NPM 的审计技术使得对创造性工作起决定性作用的力量远离了创造性工作的场所,而且外化程度比 NPM 的会计技术还要高,所以审计制度看起来对学术自我决定行为产生了更大的消极影响。我们很难想象审计技术会怎样促进完全创造性想象行为,除非以路径依赖为主要特征的同伴文化所造成的阻碍作用被消除掉。不过前面提到的关于自我决定会根据研究机构的类型、地点、纪律、时间、偶然事件等因素而发生变化的观点仍然是适用的。同样,在一个组织中人与人之间也有很多不同,其中一点不同就是每个个体自己会在多大程度上运用 NPM 改革的成果,Henkel 指出尽管大多数英国研究机构"从 1980 年代早期就已经开始转变",但"一些最有声誉的机构"仍然保持着"与一个执行管理委员会最大限度的相似"。[90]在创造性自由已经有了长足进步的美国,一些顶尖研究机构中这种情况同样存在,尽管面临严峻的生存压力,但实际上正是繁荣的发展和成功阻碍了它们自身的进一步发展。

位置:身处智慧的城市

Sen 指出现代人都拥有"多重关系",而且这种多重性还在不断增长。[91]一个人可以同时与其所属国家、职业、工作单位、家庭、亲属、生活和工作的地点、各种观点和朋友等同时发生多种不同的关系。对那些经常跨界工作的创造性工作者来说,可能的多重关系就更多,但同时可能的压力及内在/外在冲突也更多。"我们都有多重身份,而且……其中每种身份都能产生焦虑和需求,这些由不同身份所产生的不同的焦虑和需求可以相互支持,也可以相互竞争"。[92]在一个全球化旅行和沟通交流的时代,人类行为和想象力都被重新定义,想象力的空间比以前大了很多;[93]网络正呈现出指数级别的增长;[94]随着如印度、中国和新加坡这样的新兴国家的崛起和参与,知识生产不再是少数国家的专利;[95]国与国之间的边界不再是壁垒森严,而且政府处理和协调跨国行为和事务的能力也受到限制。[96]与此同时,大多数 KFO,尤其是高等教育领域的 KFO 正逐渐融入到所在的国家和地区中去。

全球的潮流现在正逐渐汇聚,"基本上,任何地方只要能够接入国际互联网,就可以参与到基于知识的全球化经济活动中来。然而,创新目前仍然只是聚集在一些特定领域中,未来创新之间的联合将更加普遍"。[97]此外,对于那些在网络化全球知识经济时代参与重要网络节点建设的城市来说,他们针对本地区参与全球化的地方性服务工作仍没有做到位。必须认识到,本地化与全球化这两者是具有互补性的。KFO 和创造力人群只有在那些具有开放性的、欢迎外来人才的地区/城市才能得到最好的发展和繁荣。现在,全球化竞争的关键因素之一就是城市与城市在接纳外来人口方面的竞争。现在吸引人才的已经不止是薪酬待遇,人性化的服务和城市的宜居性对于外来人才而言往往是更加具有决定性意义的因素。"一个良好的、具有吸引力的环境可能不是经济成功的必然原因,但它会产生重要影响;在知识经济时代,拥有稀缺技能和高级职业资格认证的人可以从形形色色的城市中挑选自己最中意的那一座城市"。[98]

城市的规格可以引发人们对不同城市间专门化以及多样化的优势的比较,并有利于人力资本的积累。尽管不是全部,但很多城市都比其周边地区展示出更高的生产力水平。而且,大都市的这种旗舰式角色更多的是来自于其全球化知识经济的功能。现在从全世界范围来说,一个城市的地方当局如果非常重视大学里和其他研究机构的学术研究工作,那么管理者就可以对外声称"我市是创业、创新与创造力的中心",这已经成为一种普遍现象。[99]然而这其中只有少数城市处于全球化经济行为的第一等级或第二等级。在本书第六章,Peter Murphy 将这类城市称之为"门户城市",通常都是那些沿海或沿河的城市,并且曾经或正在扮演着重要的角色。当今时代,尽管 KFO 的专业领域不同、水平不同、行为方式不同,但他们基本都处于这类城市的心脏地带。[100]"现在高附加值的混合型企业通常给人以好印象,并且越来越紧密地与大都会地区所具有的汇聚研发与产生创新的能力结合在一起"。在 OECD 国家中,超过 81% 的专利都产生于城市地区。[101] OECD 认为"后工业化"的知识经济可以促进更大规模的资本积累,而这是工业经济时代无法想象的,因为后者必须在价格低廉的土地上首先建立昂贵的生产车间。那些具有高科技特点的制造业、媒体行业、金融业、文化和流行产业"在积累和利用全球范围内的知识方面具有很大的优势"。[102]在各专业的知识工人集中在一起的情况下,所有的知识密集型生产活动都能从中获益。公司和工人们"开始频繁地进行沟通交流,以此来促进创新能量的不断释放。许多研究都证明,这种沟通和交流的行为是新的想法、敏锐的知觉和观念产生的决定性因素之一"。[103]

对于创造性成果来说,一个显著的影响来自于创造性工作开展的地区及人才的聚集。而且他们并不是各自独立地对创造力产生影响,一方面是由于人的聚集所带来的才能的汇聚,一方面是经济与文化的行为特征,这两方面的协同合作也会受到其他因素的影响,包括组织文化及创造性工作场所发生的行为等。他们协同合作的效果也依赖于对本章所探讨的三个因素:意志力、条件和位置三者之间关系的最优化和有效利用。

注释

1. 本章来源于一篇关于 Hayek 的自由主义与学术自我决定的述评性质的主题发言,该发言作于悉尼大学女子学院的澳大利亚教育社会哲学年度会议,2006 年 11 月 23 日。后来该发言稿曾根据在墨尔本大学高等教育研究中心所作的一次演讲进行过修改,之后在为《教育理论》撰写论文以及为项目基金提交两篇报告的过程中又做了修改。感谢 Peter Murphy,Michael Peters,Nick Burbules 和 David Beswick 在这一过程中所作出的贡献。
2. Foucault(1972)。
3. Castoriadis(1987,184-5)。
4. Castoriadis(1987,44)。原文中已强调。
5. Castoriadis(1987,3)。
6. 在第一章中,Peter Murphy 曾指出关于秩序的规则会对创造性产生破坏作用,而且创造者会对长期以来形成的"形式媒介"产生依赖,比如比例、和谐、等级、节奏、对称和平衡。
7. 下面将讲到,两个重要的例证来自于 Gibbons 等人(1994)和 Nowotny 等人(2001)。
8. Concidine(2006)。
9. Burdieu(1984);Hayek(1952)。
10. Hayek(1960,15)。
11. Hayek(1960,13)。
12. Hayek(1960,12)。
13. Hayek(1960,13)。
14. Hayek(1960,15)。
15. Hayek(1960,12)。
16. Hayek(1960,13)。
17. Hayek(1960,15-16)。
18. 可参见对 Hayek,Galeotti(1987)及 Gray(1998)所作的注释,第三版中增添了新的批评材料,对 Hayek 理论的局限性进行了新的评价。
19. Hayek(1960,17)。
20. Hayek(1960,21)。
21. Hayek(1960,62)。
22. Hayek(1967)。
23. Gray(1998,15)。
24. Gray(1998,114-15)。
25. Gray(1998,25)。
26. Gray(1998,114)。
27. Galeotti(1987,167)。
28. 关于实例,可参见 Gray(1998);Kukathas(1989);Rudd(2006)。
29. Gray(1998,22-4)。
30. Sen(1985)。他在 Dewey 专题讲座中的观点在后来的论文中进行过修改,比如 Sen(1992)。
31. Sen(1985,169)。
32. Sen(1985,206)。原文中已强调。
33. Henkel(2005,156-7)。
34. Henkel(2005,157)。
35. Henkel(2005,155)。
36. Henkel(2005,169-7)。
37. Bernstein(2000,184)。
38. Henkel(2005,169)。
39. Sen(1985,208)。
40. Sen(1985,208-9);原文中已强调。
41. Sen(2000)。
42. Sen(1985,209)。
43. Sen(1985,212)。

第四章　思想的自由与创造力

44. Castoriadis(1987,371)。
45. Rose(1999,96)。
46. Castoriadis(1987,106)。
47. Marginson(2007a)。
48. 对世界范围内的高等教育的异同点进行更加辩证的进一步探讨,可参考 Marginson 和 Mollis(2001);Marginson 和 van der Wende(2007)。
49. 我们可以将思想"自由"归功于这些变化和不一致性,比如国家文化,纪律要求等,但本章想要探讨的是另一种多样性:即对于自由(根据本章的界定)来说,有哪些方面的哪些因素共同构成了自我决定式的学术自由。
50. Breneman et al.(2007)。
51. Kerr(1963/2002)。
52. Marginson(2004,2007b)。
53. Drucker(2003)。
54. 实例参见 Sloughter 和 Rhoades(2004)关于学术资本主义的分析。
55. 可以从 OECD 的许多政治文献中找到实例。
56. Gibbons et al.(1994);Nowotny et al.(2001)。
57. Nowotny et al.(2001,45-6)。
58. 实例参见 Bourdieu(1984,1993)。
59. Considine(2006)。
60. Considine(2006,257)。
61. Considine(2006,259)。
62. Considine(2006,256)。
63. Considine(2006,257)。
64. Considine(2006,258)。
65. Considine(2006,263)。
66. Considine(2006,265)。
67. Considine(2006,260)。
68. Considine(2006,262)。
69. 实例参见上海交通大学高等教育研究所(SJTUIHE,2007)。
70. Marginson and van der Wende(2007)。
71. Bok(2003)。
72. Considine(2006,268)。
73. Friedman 关于"政府在教育中的角色"的经典文章,首次完成于1955年,并在他的畅销书《资本主义与自由》(1962)中进行了修改,后来在 NPM 改革中被无数次引用和提及。也可以参见 Hayek(1960)。关于 Friedman 和 Hayek 的观点在公共政治与管理领域的解读,可参见 Marginson(1997)中的相关阐述。关于新自由主义,参见 Peters(2006);Gordon(1991,esp.41-4)中的相关论述。
74. 历史上,关于新自由主义尤其是 Hayek 的相关观点如何进入到当代后凯恩斯主义政府管理体系中的探讨始于撒切尔时代的英国,可参见 Crockett(1995);Caldwell(2005)的相关论述。
75. Henkel(2005,160)。
76. Henkel(2005,161)。
77. Henkel(2005,171)。
78. Henkel(2005,170)。
79. Henkel(2007,93)。
80. Henkel(2007,96-8)。
81. Rose(1999),尤其是第四章关于"高级自由主义"的观点。

82. Rose(1999,151)。
83. Rose(1999,153)。
84. Hayek(1979,76)。
85. Rose(1999,154)。
86. Rose(1999,154)。
87. Rose(1999,155)。
88. Henkel(2007,93)。
89. Marginson(2007c)。
90. Henkel(2005,161-2)。
91. Sen(1999,120)。
92. Sen(1999,120)。
93. Appadurai(1996)。
94. Castells(2000)。
95. Marginson and van der Wende(2007)。
96. Held(2004)。
97. OECD(2007a,41);Florida(2002)。
98. OECD(2007a,20)。
99. OECD(2007b,21)。
100. OECD(2007a,308-12)。
101. OECD(2007a,59)。
102. OECD(2007a,60)。
103. OECD(2007a,295)。

参考文献

Appadurai, A. (1996). Modernity at Large: *Cultural Dimensions of Globalization*. Minneapolis: University of Minnesota Press.
Bernstein, B. (2000). *Pedagogy, Symbolic Control and Identity: Theory, Research and Critique*, Rev. Edn. Lanham, MD: Rowman & Littlefield.
Bok, D. (2003). *Universities in the Marketplace: The Commercialisation of Higher Education*. Princeton, NJ: Princeton University Press.
Bourdieu, P. (1984). *Distinction: A Social Critique of the Judgment of Taste* (R. Nice, Trans.). London: Routledge & Kegan Paul.
Bourdieu, P. (1993). *The Field of Cultural Production*. New York: Columbia University Press.
Breneman, D., Pusser, B., & Turner, S. (2007). *Earnings from Learning: The Rise of For-Profit Universities*. New York: SUNY Press.
Caldwell, B. (2005). *Hayek's Challenge: An Intellectual Biography of F. A. Hayek*. Chicago: University of Chicago Press.
Castells, M. (2000). *The Rise of the Network Society*, 2nd Edn. Oxford: Blackwell.
Castoriadis, C. (1987). *The Imaginary Institution of Society* (K. Blamey, Trans.). Cambridge: Polity.
Considine, M. (2006). 'Theorising the university as a cultural system: distinctions, identities, emergencies'. *Educational Theory*, 56(3), 255-70.
Crockett, R. (1995). *Thinking the Unthinkable: Think-Tanks and the Economic Counter-revolution, 1931-1983*. London: Fontana.
Drucker, P. (2003). *Managing in the Next Society*. New York: St. Martin's.
Florida, R. (2002). *The Rise of the Creative Class*. New York: Basic Books.
Foucault, M. (1972). *The Archaeology of Knowledge* (A.M. Sheridan-Smith, Trans.). London: Tavistock.
Friedman, M. (1962). *Capitalism and Freedom*. Chicago: University of Chicago Press.
Galeotti, A. (1987). 'Individualism, social rules and tradition: the case of Friedrich A. Hayek'. *Political Theory*, 15(2),

163 – 81.

Gibbons, M., Limoges, C., Nowotny, H., Schwartzman, S., Scott, P., & Trow, M. (1994). *The New Production of Knowledge: The Dynamics of Science and Research in Contemporary Societies*. London: Sage.

Gordon, C. (1991). 'Governmental rationality: an introduction'. In G. Burchell, C. Gordon, & P. Miller (Eds.), *The Foucault Effect: Studies in Governmentality*. Hemel Hempstead, UK: Harvester Wheatshef, 1 – 52.

Gray, J. (1998). *Hayek on Liberty*, 3rd Edn. London: Rouledge.

Hayek, F. (1952). *The Sensory Order: An Inquiry into the Foundations of Theoretical Psychology*. Chicago: University of Chicago Press.

Hayek, F. (1960). *The Constitution of liberty*. London: Routledge & Kegan Paul.

Hayek, F. (1967). 'Notes on the evolution of systems of rules of conduct'. In *Studies in Philosophy, Politics and Economics*. Chicago: University of Chicago Press, 66 – 81.

Hayek, F. (1979). *The Political Order of a Free People*, Volume 3 of Law, *Legislation and Liberty*. Chicago: University of Chicago Press.

Held, D. (2004). *Global Covenant: The Social Democratic Alternative to the Washington Consensus*. Cambridge: Polity.

Henkel, M. (2005). 'Academic identity and autonomy in a changing policy environment'. *Higher Education*, 49(1 – 2), 155 – 76.

Henkel, M. (2007). 'Can academic autonomy survive in the knowledge society? A perspective from Britain'. *Higher Education Research and Development*, 26(1), 87 – 99.

Kerr, C. (1963/2002). *The Uses of the University*. Cambridge, MA: Harvard University Press.

Kukathas, C. (1989). *Hayek and Modern Liberalism*. Oxford: Clarendon Press.

Marginson, S. (1997). *Markets in Education*. Sydney: Allen & Unwin.

Marginson, S. (2004). 'Competition and markets in higher education: a "glonacal" analysis'. *Journal of Education Policy Futures*, 2(2), 175 – 244.

Marginson, S. (2007a). 'Globalisation, the "idea of a university" and its ethical regimes'. *Higher Education Management and Policy*, 19(1), 19 – 34.

Marginson, S. (2007b). 'The new higher education landscape: public and private goods, in global/national/local settings'. In S. Marginson (Ed.), *Prospects of Higher Education: Globalization, Market Competition, Public Goods and the Future of the University*. Rotterdam, the Netherlands: Sense, 29 – 77.

Marginson, S. (2007c). 'University rankings'. In S. Marginson (Ed.), *Prospects of Higher Education: Globalization, Market Competition, Public Goods and the Future of the University*. Rotterdam, the Netherlands: Sense, 79 – 100.

Marginson, S., & Mollis, M. (2001). '"The door opens and the tiger leaps": theories and reflexivities of comparative education for a global millennium'. *Comparative Education Review*, 45(4), 581 – 615.

Marginson, S., & van der Wende, M. (2007). 'Globalization and higher education'. Education Working Paper No. 8, Organization for Economic Cooperation and Development. Paris: OECD. Retrieved on 30 September 2007 from www.oecd.org/dataoecd/33/12/38918635.pdf.

Nowotny, H., Scott, P., & Gibbons, M. (2001). *Rethinking Science: Knowledge and the Public in an Age of Uncertainty*. Cambridge: Polity.

OECD. (2005). *Innovation Policy and Performance: A Cross-Country Comparison*. Paris: Author.

OECD. (2007a). *Competitive Cities in the Global Economy*. Paris: Author.

OECD. (2007b). *Higher Education and Regions: Globally Competitive, Locally Engaged*. Paris: Author.

Peters, M. (2006). 'Foucault, bio-politics and the birth of neoliberalism'. *Critical Studies in Education*, 48(2), 165 – 78.

Rose, N. (1999). *Powers of Freedom*. Cambridge: Cambridge University Press.

Rudd, K. (2006). 'An address'. Paper presented to the Centre for Independent Studies, Sydney, November 16. Retrieved on 30 September 2007 from www.cis.org.au/

Sen, A. (1985). 'Well-being, agency and freedom: the Dewey Lectures 1984'. *Journal of Philosophy*, 82(4), 169 – 221.

Sen, A. (1992). *Inequality Reexamined*. Cambridge, MA: Harvard University Press.

Sen, A. (1999). 'Global justice: beyond international equity'. In I. Kaul, I. Grunberg, & M. Stern (Eds.), *Global Public Goods: International Cooperation in the 21st Century*. New York: Oxford University Press.

Sen, A. (2000). *Development As Freedom*. New York: Anchor.

SJTUIHE. (2007). 'Academic ranking of world universities'. Retrieved on 30 January 2008 from http://ed.sjtu.edu.cn/ranking.htm.

Slaughter, S., & Rhoades, G. (2004). *Academic Capitalism and the New Economy: Markets, State and Higher Education*. Baltimore, MD: Johns Hopkins University Press.

第五章 教育、创造力与激情经济

Michael A. Peters

创造力经济

"创造力经济"是 20 世纪 90 年代后期发展起来的一个概念和研究领域。在第三章我们探讨了 John Howkins(2002)著名的关于创造力经济的观点,作为一个活跃在媒体行业的英国创业家,他对知识产权(IP)、创造力和金钱之间的关系进行了分析,并基于此提出了他对于创造力经济的观点。Howkins 支持一种新的创业观,即并非土地、劳动力和资产而是观念、人和事才是当前处于前沿的自由资本主义经济生产的重要因素,而他的创造力经济思想有相当一部分是来源对这种创业观念的重组和民主式再思考。他的观点得到了 Richard Florida(2002)的回应,在后者的《创造力阶级的崛起》一书中,他认为"人的创造力是经济的无尽源泉"(p. xiii)。

从某种意义上来说,这些关于创造力经济的崭新研究是在很多已有研究和观点长期酝酿的基础上产生的。历史上很多学者曾经提到过类似观点,比如 Friedrich Hayek(1937;1948)和 Fritz Machlup(1962)在 20 世纪 50 和 60 年代曾发起的关于知识经济的早期探讨;比如 Marc Porat(1977)在 20 世纪 70 年代末对"信息经济"所进行的研究;以及基于后工业主义进行的社会学研究,由 Daniel Bell(1973)和 Alain Touraine(1971)在 20 世纪 70 年代早期分别提出的相关理论等。此外,在内生性增长理论不断发展的大前提下,Paul Romer(1986;1990)提出了关于创造力经济的、与其他学者截然不同的发展构想,这对创造力经济的发展产生了巨大影响。从 20 世纪 80 年代开始,很多学者开始撰文关注创业与创新的国家体系,并由此影响到当时的公共政策的制定,这也对创造力经济的发展产生了重要影响。因此可以说,创造力经济的理论思想是在诸多不同观点相互融合、相互影响的基础上通过不断继承、重复和替代旧的观点而发展延续至今的。而且这些不断发展变化的观点也直接导致了"知识经济"理论的诞生,它从20世纪90年代中期就已经开始主宰国家经济政策的走向以及经济的日常运作,它与创造力经济有着千丝万缕的联系。

创造力经济思想从早期的理论及其发展历程中汲取了很多营养,它为社会提供了"治病救人"的一揽子计划,强调创造力、创新能力、知识传播系统、社会生产与网络化、创造性共识的形成及新通信技术的发展。它还强调创造性产业,比如影视、视频和新媒体,以及文化政策、人力与社会资本的形成,尤其认为应当通过组织化的学习、集体训练和全面教育来促进这些方面的发展。在这一理论快速发展的背后不仅反映出公共政策的不断变化,而且很明显的一点是,人们对资本主义本质的认识现在也已经发生了潜移默化的转变,至少从主导产业来看,这种转变是显而易见的。现在很多人也在进行新的尝试来促进和发展我所谓的*新型教育资本主义*,具体而言,此类尝试包括培养人的事业心、研发"事业型课程"、从新的角度强调"创业主体"、鼓励为天资和创造力而教、加快并优先进行个人化学习、提出"消费者—公民"的概念以及倡导全新的以自我表现与自我促进为核心的伦理道德规范等(参见 Peters,2004,2005;Peters & Besley,2006)。本章主要关注教育如何与创造力经济相联系,并通过对比两种创造力观点,探讨如何发展新形式的教育资本主义。其中第一种创造力的观点我称之为"个人化无序审美"(personal anarcho-aesthetics),是现在的主流理论观点。这种高度个人化的理论模型来自于德国理想主义与浪漫主义思想,强调创造性天才个体的天性。该观点强调创造力来自于深层次的潜意识过程,比如想象力,是激情的无序化表现,无法被明确把握和表述,并超越了个人的理性控制能力。这一观点在商业领域有较多的应用,比如"头脑风暴"、"心灵地图"或"战略规划"等,而且与喜爱冒险的创业家的特征十分相似。这一观点的提出实际上并不令人感到惊讶,毕竟 Schumpeter 所提出的"英雄—创业者"观点与创造力天才的观点同样都是以浪漫主义为其思想来源的(参见第三章)。

第二种观点我称之为"设计规则",与第一种个人主义的、非理性的理论模型不同,这种观点既体现出理性化同时也是社会化的。该理论是近期才出现的,多见于社会学、经济学、技术与教育等多领域交叉的文献中。它留给人们的印象包括"社会资本"、"情境化学习"以及"点对点技术"这类基于共识的同伴生产模式。该理论模型是社会化与网络化环境的产物——这类环境中充满了符号化和智慧的表达,在这里每个人都可以发声表达自己的观点。这种理论也是允许高水平沟通交流的知识系统的产物,遵守知识传播和集体智慧的基本原则。本章将首先对这两种截然不同的理论观点进行追根溯源，探讨它们对教育实践的显著作用，然后看看在新的资本主义模式中两者是如何紧密联系共同作用的。在当前资本主义发展的新阶段，首要的任务是对于创造力的概念及其在中小学、高等教育和研究机构中所处的位置进行再思考。下面将首先探讨知识经济的发展史并从历史中展望其未来走向审美或设计者资本主义的发展趋势。

知识经济与逐渐崭露头角的审美资本主义

为了更好地进行分析，我在本书的介绍部分对知识经济的不同发展取向及相关的文献进行了辨析，这不仅可行而且十分重要。正如我在介绍中所言，进行这种探讨不是简单地按时间提供一个观点或阅读列表就可以了，还应当注意区分不同的理论观点之间的差异，对这种差异的不同表述，以及它们潜在的政治价值。很显然，并不是所有理论假说都是基于新自由主义的基本观点而提出的，其中有一些早于新自由主义而提出，另一些则对新自由主义的全球化策略提出了批评。甚至有人已经在宣扬"新自由主义的末日"，因此现在展开与此有关的探讨是十分重要的。

在世界金融系统风雨飘摇以及不那么令人乐观的"华盛顿共识"形成并出台之后，市场原教旨主义的失败及"新自由主义的末日"就已经被许多理论研究者所预言并进行了探讨，比如 Joseph Stiglitz（2008）和 Immanuel Wallenstein（2008）。对于 Stiglitz（2008）而言，现在世界金融系统所出现的严重问题恰好证明"市场原教旨主义所说的市场具有自我修复功能，能够有效地进行资源分配，并很好地服务于公共需求"在理论上是有重大缺陷的。他指出新自由主义是为特定利益服务的教条主义思想，它从未得到过经济学理论的支持，而且现在很明显它也没有得到历史经验的支持。对 Wallenstein（2008）而言，"10 年后，新自由主义的全球化政策将被人们看作是一次资本主义的世界经济周期性波动"。问题在于新自由主义的消亡是否标志着美元作为世界储备货币角色的终结，从而使整个世界又重回保护主义的时代；是否标志着"国家又开始重新收购倒闭的企业，重新走上凯恩斯主义的旧路"，并且"更多的社会财富再分配政策将会出台"。新自由主义的失败是伴随着"国家资本主义"和经济国家主义在东亚、俄罗斯和中东的不断发展而逐渐显露的。目前在这些国家，政府正利用本国长期积累下来的国家财产在全球大肆进行投资和采购，不仅在世界范围内购买原油、天然气等原材料，而且也购买各种战略性物资，并在公共基础设施建设方面投入大量资金，以此来促进知识经济的发展。在这种情况下，国家的角色变成了知识创造型国家系统的"设计者",获取与分配再一次成为潮流,资源的获取与分配不再通过市场来进行。政府开始鼓励对知识分配系统进行各种理论和实践方面的设计与尝试,也包括知识的测量和评价、稀缺公共资源的分配等。政府从未像今天这样积极地通过经济刺激和其他政策措施来鼓励对知识产权进行计划和供应,比如鼓励建立科技研发产业园区、将知识型企业集中起来、强调城市中的知识密集程度、在文化政策和创造型企业建设方面进行各种信息与情报的计划与支持、有选择性地在高科技企业中建立以国家为后盾的公私合营伙伴关系等。当然,我们也可以从学校创造力氛围的重建及"创造性课堂"的设置当中部分地窥见这些努力。

我曾在本书的介绍部分给出一个阅读列表,从这些读物(当然也包括以其他标准来列举的读物)中我们不难发现,正是不同的理论文章导致了不同的研究观点、取向和不同的知识经济言论的出现。而且这些不同的方向相互之间是平行发展基本没有交集的,只是在公共政策领域会汇聚到一起。这里我更愿意将不同取向研究的言论和文献资料全部列举出来,而不再像介绍部分那样主要谈一些主流思想家的工作及其所引出的政策文件等:

(i) Schumpeter 在早期提出的关于资本主义的"创造性破坏"观点,他指出应当由创业者来领导创业和创新的研究,就好像这是他们应有的权利一样;

(ii) 经济学的奥地利学派曾经对 Hayek 早期的研究以及 Machlup 关于知识分配的开创性研究进行的梳理和总结;

(iii) 芝加哥学派的 Schultz 和 Becker 所强调的人力资本的观点;

(iv) 与上述第三条相关,由 Coleman 和 Putnam 所提出的社会资本概念的发展,而且实际上这其中也包括了其他形式的资本,比如知识产权和文化资本;

(v) 基于 Bell 和 Touraine 的突出贡献所开展的关于后工业主义时代的社会学研究;

(vi) 与知识型组织具有典型相关性的管理理论的建立;

(vii) 知识管理作为一种制度的建设与发展;

(viii) 关于组织科学的心理学及其在与知识有关的问题上的应用;

(ix) 图书馆学、图书计量学(bibliometrics)及网络计量学的迅速发展;

(x) 信息与计算机科学的形成与发展;

(xi) 在贸易条约、版权和专利方面的国际法相关研究领域的出现;

(xii) 认知科学与学习理论的发展;

在上述这些不同概念和发展方向之间起到穿针引线作用的主要是以数学化和美学化为核心的资本主义形式化程度的不断增长,而这种形式化则表现在语言、通信、信息以及文化的多个方面,可以从不同的经济学、哲学、社会学、通信工程及文化研究中得以体现(参见 Peters & Besley,2006,esp. ch. 2)。此外,对于科学、文化、创造力等方面的政策所进行的研究不断开展,这明确地表达出政府对这些领域的关注,而这一点也证明了现在文化与创造力产业在经济方面的发展潜力(参见 Hesmondhalgh,2002;Hesmondhalgh & Pratt,2005;Scott & Power,2004)。在这里,形式化主要是指对于构成资本主义的产品、管理以及分配过程的数字化。关于数字化的描述,多见于:"符号"经济、"标志"经济、"信息"经济、"数字化"经济、"知识"经济、"文化"经济、"创造力"经济以及"审美"或"设计"经济等。所有这些说法都标志着符号和标志本身及它们在对信息流进行编码、解码等过程中所起到的作用正在不断加强,正是通过这样的过程,新的经济价值链条得以建立,未来的技术革新及知识传播水平才能可持续发展。虽然关于信息或知识经济最早的理论可以追溯到 20 世纪 60 年代,但直到 20 世纪 90 年代,关于"新"经济、"知识"经济和"创造力"经济的研究领域才逐渐为大众所知,并开始稳定地为政策制定提供有价值的知识和信息支持。尤其是知识经济和创造力经济,是在 2001 年点子公司的泡沫破灭之后才逐渐走向舞台中央的。这是我对于我所说的"审美"或"设计者"资本主义观点的简要概括,该观点与创造力经济的观点有许多相似之处,在这一理论中,信息和观念的经济、传统及与之相关的自由的概念、自我表现与创造力的关系是核心主题。可以说审美或设计者的资本主义是处于创造力和知识经济的核心位置的,它所表现的是现代资本主义对设计问题的高度关注和依赖性——比如知识传播系统、知识与文化规则以及国家创新体系等方面的设计问题。我们可以通过对下列要点的强调来突出现代资本主义的这一核心特点:

1. 通过"文化的经济化和经济的文化化"(duGay & Pryke,2002),"经济与符号化的过程进行了前所未有的互动及相互表达"(Lash & Urry,1994,p.64);

2. 信息通信开始基于数字化、速度和压缩——所有新的技术都明显与语言相关(Lyotard,1984);

3. 对于所有的分布式知识系统来说,其背后关于*设计*的基本认识论都包括 Web2.0 技术及语义网络;

4. 对人力资本的投资和非物质性劳动的出现——"社会网络的发展促进了后现代化的灵活性"(Boltanski & Chiapello,2005,p.112);

5. 智力资产的重要性,以及全球范围内的智力财产权相关制度的不断发展——如专利、版权、商标、广告、金融与商业顾问服务和教育等;

6. 电子数据库的重要性以及声音、图像、文本高度协调一致的新媒体的出现;

7. 数字商品的数量优势主要体现在非竞争性、无限扩张性、可随意分离与重组的特性等方面(Quah,2003),而且不仅可以实现彻底的分散生产,同时也可以通过面对面及内隐知识的方式进行地理上的汇聚与交流;

8. 基于参与的道德规范而出现的社会或文化生产模式(Benkler,2006),产消者同时也是合作创造者;

9. 组织文化会建构与组织相关的认知与情感并重组情境化的知识实践,激活 Nigel Thrift(2005)所谓的"认知资本主义";

10. 允许进行规模化经济活动及垄断趋势不断发展的网络化系统甚至比传统工业经济更加危险(以微软和谷歌的快速发展为例),可能会导致寡头经济(如广播媒体行业)或大众民主(如完全的水平化及去地方化)的发展形式。

这是对知识经济的审美特征的一个概述,同时,我和我的合作者 Tina Besley 一起,已经对此问题在《建设知识型文化》(Peters & Besley, 2006)一书中进行了更加详细和深入的探讨,并且对相关的教育模式及其效果也进行了探讨。围绕全球主义、消费主义和大型企业组织的主题,正如 Thomas M. Kemple(2007, p. 147)所言,"一些概念和批评又死灰复燃了,用以说明——或者说是质疑——关于'新资本主义'的最新变化",这里所说的概念和批评,是指他近期阅读的三个材料。第一本书是 Bourdieu(2005)最近的研究成果之一,主要致力于阐述"'经济'是如何养成了特定的行为与管理模式的……并且在与资本的体制作斗争的过程中,'想象力与界限的图式'(scheme of vision and division)是如何发挥作用的"(p. 148)。第二本书是 Boltanski 和 Chiapello(2005)的《资本主义的新精神》,书中主要探讨了三个方面:公正/法律、社会/艺术批评和可雇佣性/收益性的相互作用。第三本书是 Nigel Thrift(2005)的《认知资本主义》(Knowing Capitalism),内容主要是关于"根据'销售创意'而开展的实际营销行为——也就是从实用主义角度进行的知识传播、新资本主义各种实际行为的具体开展等"(p. 154)。Kemple 在他书中所进行的韦伯式解读将新教徒对自主和可靠的价值观与 Boltanski 和 Chiapello 对"资本主义的精神"(SC)近期三次转变的描述结合了起来,而资本主义精神从 19 世纪末开始的最近几次转变是:

SC1(18 世纪中期):工业革命之前的禁欲主义道德价值观来自于公民理想;

SC2(19世纪后期):工业化流水线生产模式与社会工程相结合;

SC3(20世纪中期):后工业化的重新建构部分地由反主流的价值观所引发;

SC4(20世纪后期):后现代主义灵活化发展由社会网络化所促进(p.152)。

关于这几次转变,我想说,我们可以很容易地将其与创造力的核心价值联系起来,尤其是将创造力与自由、自我表达等自由主义思想的演化、16—17世纪以来印刷、出版和版权业的显著发展、科学与现代研究型大学的制度化发展以及20世纪末期资本主义的快速形式化(数学化、计算机化和美学化)联系起来分析时,这几次转变将更加容易理解。这样进行分析的话,当然也很容易将我所提出的"书籍的开放"(Peters,2007),意思是从封闭到开放的书籍原文环境的转变——与更大范围的开放式社会与自由贸易思想的发展两者联系在一起并进行比较。创造力在关于自由主义的元叙述中发挥了重要作用,同时,由于历史上的浪漫主义运动的影响,创造力也开始将一些文化要素与经济学元素进行结合,产生了"文化经济学",其典型代表比如"思想"、"知识"、"创新"和"学习"等(Archibugi & Lundvall, 2002; David & Foray, 2003; Hartley, 2007; Lundvall, 1992; Lundvall & Borra, 1999; Lundvall & Johnson, 1994)。

很显然,今天全世界范围内的政治家和政治决策者们都会重新对创造力和创新产生浓厚兴趣,尤其是关于创造力经济、知识经济、创业者社会、团队创业及国家创新体系等内容。最开始,创造力经济的思想来自于一系列要求工业经济为创造力经济让位的主张和要求,因为思想的力量和与之相关的价值链条发生了显著变化——通俗地讲,我们会说,价值的体现已经从钢铁和面包变成了软件和知识产权。在这种情景下,关于版权问题的公共政策明显增多,体现出对智力资本的重视。这些公共政策着力于控制盗版行为,并研发新型的传播系统及"网络化文化教育"体系,强调公共服务的特点、创造力产业以及新的共同使用标准。同时各种支持对创造力进行全球化协同调整的政策纷纷出台,比如通过各种国际组织,如世界知识产权组织(WIPO)、世界贸易组织(WTO)等,以及通过政策杠杆,使得人们足不出户就可以让创造力和贸易活动更加紧密地结合。同时,对创造力的关注也使得人们对那些想要将教育与新型资本主义紧密结合的决策者们提出了新的要求,即应当在制定政策时更多地考虑创造力应当如何教授给下一代;教育理论与研究成果应当如何用来促进学生对数学、阅读和科学的学习;不同的智力与创造力理论应当如何运用于教育教学实践等。

个人化无序审美、创造力及其浪漫主义根源

> 对一个艺术家的最高要求是:对自然保持真诚,研究她,模仿她,创作出一些可以象征她的作品。这个目标是那么的宏伟,那么的巨大,以至于无法总是将它埋藏于心底;真正的艺术家只能通过自己不断的努力和发展才能亲身体验并向自然学习。自然与艺术之间存有巨大的鸿沟,如果没有外部力量的介入,它们是无法走到一起的。
>
> ——Goethe,1798

> 艺术与美的真正来源是感觉。感觉解释了艺术的目标和正确的思想,与艺术家的意识方面的特定知识相关,尽管我们可能无法用语言来表达这些知识,但我们可以通过作品来表达。
>
> ——Friedrich Schlegel,《论绘画》,1802—1804

在《浪漫主义的根源》中,Isaiah Berlin(1999),一位出生于拉脱维亚的政治哲学家、思想史学家,20世纪最顶尖的自由主义思想者之一,回避了浪漫主义的界定问题,但指出浪漫主义运动代表了18世纪后半叶在价值观方面的一次深刻变革。Berlin将浪漫主义描述成"西方世界历史上关于意识的最伟大变革"(p.1)。书中还包括了一系列讲座的文字内容——比如关于A. W. Mellon的美术讲座——这是Berlin1965年在华盛顿的国立艺术馆所做的一次讲座,一年后被BBC进行了广播。我之所以首先探讨Berlin关于浪漫主义的观点,是因为我认为创造力作为一种概念,它的最典型特征之一就是"浪漫主义",如果要给浪漫主义画一幅概念地图的话,其中与它最为亲密的概念肯定包括——"天才"、"个人主义"、"艺术家"、"自然"、"情绪"或"情感"、"无限"、"唯美主义"、"非理性"、"原始主义"、"神秘主义"和"空想家"等——正是这些概念构成了各种变化的基本形式,而这些在教科书上的定义中是无法窥见全貌的。"创造力"及其相关的一系列上下位概念,至少在西方是思想界的一种定义传统的一部分,无法将其从更宏观的、对这一概念起到支撑作用并给予活力的概念网络中完全分离。因此如果有人想要如同钓鱼一般把这个概念从池塘里钓上来并晒干,然后拿到市场上兜售,并声称这是其他一些有价值的政治或经济思想的来源,或者直接说"创新"、"自由"或"想象力"是一个有创造力的国家、学校或经济体制的基础,都是极端错误的。

在浪漫主义运动期间，人们强调自我、创造力、想象力和艺术的价值，这与启蒙运动时期同时强调理性主义与经验主义的取向完全不同。因此，从哲学角度来看浪漫主义运动标志着一种从客观向主观的转变。其思想根源包括 Jean-Jacques Rousseau（1712—1778），Immanuel Kant（1724—1804）及后来德国的 Johann Wolfgang von Goethe（1749—1832），Friedrich Wilhelm Joseph von Schelling（1775—1854），George Wilhelm Friedrich Hegel（1770—1831），还有英国的 Samuel Taylor Coleridge（1772—1834），William Wordsworth（1770—1850）。在这些人的笔下，在探讨想象力在创造性思维尤其是艺术领域的创造性思维中的作用时，认知和认识论的成分开始减少。在那场了不起的再认识运动中，这些思想家鼓励人们重新认识并推崇那些之前在理性主义传统之下被贬低了的概念：激情（一般而言是指情绪）、非理性、原创性、梦中的世界等，而且虚幻（unreal）被重新看作是对天才的敏锐知觉的积极定义之一。Kant 在《判断力批判》中认为想象力是一种把目前并未出现的事物呈现出来的能力；通过形成图像，把一些普通情况下无法看到的东西再次呈现出来，可以说是第二种视觉能力。

以下就是巴黎的网络博物馆对艺术浪漫主义主要特征的描述。通过这种描述，艺术浪漫主义强调在各个方面抵制启蒙运动所提倡的理性主义与科学，并将英雄的艺术家看作是至高无上的创造者（对神圣意志的反映），他们通过赋予各种力量——自然的、精神的和文化的——以形象、真理和情感（表达），与各种无意识进行斗争，并在不知不觉中为尚在萌芽阶段的数据化与印象化艺术潮流提供了发展的方向和道路。

艺术浪漫主义的特征

- 对自然中一切美好事物的深刻赞美与欣赏
- 普遍夸大情感而不是理智，喜欢感觉更甚于思考
- 关注自我，强调对人的个性、情绪情感及心理潜能的关注
- 十分关注天才、英雄以及普通人中的异类，关注其情感和内心斗争
- 对艺术家持有新的看法，比如将其看作是超级个人创造者，他的创造精神比严格遵守各种规章制度及传统的过程更加重要
- 强调想象力是获取高峰体验以及精神真理的前提和途径
- 对民间文化、民族及部落文化的起源以及整个中世纪有着近乎强迫症似的兴趣
- 偏爱各种外来的、遥远的、神秘的、怪异的、超自然的、异形的、病态的甚至是邪恶的事物

来源：WebMuseum，巴黎，网址：http://www.ibiblio.org/wm/paint/glo/romanticism。

这些观点可以用来定义和调控创造力，同时也可以用来定义我们称之为浪漫主义教育的教育活动，而且可以帮助我们鉴别在儿童阶段有哪些创造性玩耍活动是适合他们的情绪情感发展的，同时又不太会（到目前为止）约束他们的逻辑推理能力。

具有"可玩性"和"创造性"的浪漫主义教育

在19世纪以儿童为中心的教育研究开展的过程中，Rousseau起到了很大的促进作用，同时他也被公认为是对"玩耍"概念进行总结的集大成者。在宗教和哲学范畴内，玩耍与儿童的联系来自于对"自由"这一特点的内涵及其重要性的理解——通过各种艺术形式进行自我表达的自由；培养想象力；而这其中最主要的就是"自由玩耍"。[1]比如Feldman和Benjamin(2006)写道：

> 当美国开始出现福禄倍尔式的幼儿园的时候，人们将创造力概念与基于宗教神学的教育目标联系在一起，认为精神信仰的力量会让儿童的内在力量与创造性活动的推动力相结合，而全能的上帝则会在早期儿童教育领域里保证儿童能得到足够的创造力培养。19世纪末，当美国的儿童研究运动开始蓬勃发展之时，创造力依然在儿童教育领域占有重要位置，但其合理性不再基于信仰，而是基于一些准科学的观点，最后则落脚于心理学理论。(Feldman and Benjamin, 2006, p.319)

他们为创造力在教育领域的研究提供了一个全面且阶段性明显的历史回顾，而这开始于J.P. Guilford于1950年9月5日在美国心理学会上所作的主席发言，在那次发言中，Guilford号召对创造力进行系统研究。在Rousseau的追随者Freobel和Pestalozzi极力提倡应重视儿童之后，Feldman和Benjamin(2006)对美国创造力研究进行了阶段性划分，如下（经我总结并标出重要的或里程碑式的文献）：

美国的创造力研究

- Guilford阶段：创造性研究 1950—1965
  - Torrance, E. P. (1963)《教育与创造力潜力》(Minneapolis, University of

Minnesota Press)。
- ——Torrance, E. P. (1966)《托兰斯创造性思维测验》(Princeton, Personnel Press)。
- 对创造力与智力进行辨析的阶段：创造性研究 1955—1975
  - ——Getzels, J. and Jackson, P. (1962)《创造力与智力：以天才儿童为例》(New York, John Wiley)。
  - ——Wallach, M. (1971)《创造力与智力的区别》(New York, General Learning Press)。
- 创造力研究的复兴：创造性研究 1975 至今
  - ——从概念框架的角度强调创造性活动的机制和相互作用。
  - ——尝试提出新的理论来解释创造性在本质上与思维的不同。
  - ——基于进化论，从随机性与机会的角度解释创造力的优点所在。
  - ——从认知心理学的角度解释并强调创造力像所有思维过程一样具有普遍加工机制。

　　在 Feldman 和 Benjamin(2006)的上述观点中，比较有趣的是这里边没有出现创造力最新的一个变化，即"学校中的创造力"，这一新发展阶段的出现是基于对创造力的工具主义价值的探讨，比如，OFSTED(2003)的《期待那些意想不到的事》中说：如果是在小学和中学里开发学生的创造力，创造力应当被定义为"一种想象力的活动，其结果应该是既具有原创性又具有价值的……结果必须具有某种客观价值"。Howard Gibson(2005：156)说道："创造力是以全新的方式去利用知识技能，从而达到某种有价值的目标。"但是，如果不从认识论或伦理道德角度事先确定何谓有价值的目标，那么创造力和随之而来的教育政策在经济发展的需求面前会显得苍白无力，缺乏意义："……为了让知识经济更加具有竞争力，我们必须在教育系统内部进行深刻变革。"基于对 Horkheimer 所首倡的工具主义理性进行的类似批评，Gibson 对 Seltzer 和 Bentley(1999)《创造力时代：新经济时代需要的知识与技能》中的观点以及 OFSTED 的有关定义和指南也提出了批评；今天他的这些批评已经广为人们所接受。

　　从我的观点来看，教育领域内对创造力的回顾水平最高的是儿童、青少年及媒体研究中心的 Shakuntala Banaji(2006)在 Andrew Burn 和 David Buckingham 的帮助下所作的综述。该报告参考了许多心理学文献，"认为应当把创造力观念用优美的语言表述出来，这是一个基本前提",包括那些"来自于研究、政策和实践"的系列观点,他们认为也需要一定的"包装"。通过这一包装过程,作者得出"一系列并不教条主义的、各具特色的观点":

- 创造性观念具有深思熟虑的结构特征,来源于特点鲜明的哲学、教育学、政治学及心理学传统思想;
- 它们被用来推动甚至干预某些特定的实践活动;
- 它们可以在各个方向上产生一种自由发散式的框架,比如一些关键词或是分类系统,实践工作者不管是出于自愿还是被迫使用,都可以从中各取所需。(Banaji, et al., 2006:4)

通过采用"修辞手法",研究者想要揭示:

> 那些组织化、结构化且被人们所认识的创造力理论观点,不管它们来自于行政命令、哲学传统还是实证研究,是如何被加以利用的,或者在实践或政策的干预下,怎样才能被加以利用。此外,如何用优美的语言进行描述,使它们显得不那么教条。(Banaji, et al., 2006:4)

在上面我已经列出了那篇综述中所使用的"创造力的修辞方法",并在本文末尾以一页纸的形式详细列出了应如何进行表述。因为如果不把他所使用的这种修辞方法说清楚的话,读者所能看到的、对未来研究起到基础作用的观点将是不全面的。

创造力、网络化与设计的规则

对于创造力,我们不仅需要从一个创造者的浪漫主义原型角度来进行理解,因为这一角度为我们提供了认识创造力个人天才的机会;同时,我们也需要关注现代创造力企业将所有事物都看成是商品的发展趋势。艺术家浪漫气质的发挥及其自治自律所能达到的程度实际上也要部分地依赖于艺术品的创作者们愿意在多大程度上依靠法律来对版权进行保护,比如知识产权法就是随着浪漫主义运动的推进而逐渐成熟的,它对于自由的司法基础的构建起到了很大帮助作用。实际上,艺术的私有化和艺术创造力的商品化都依赖于法律上对于"创作者"的"所有权"及其独立自主性的认定,这样就可以从法律上认可"创造力"或艺术品是创造过程的产物,可以被个人所拥有并从中获利。因此可以说关于创造力的两种不同视角关系密切,浪漫主义的创造力观点和个人英雄主义艺术家是政治经济系统的两根支柱,对于从司法角度将"创造力企业"纳入到资本主义系统中去,它们也起到了很大的帮助作用。

然而支持浪漫主义思想体系基础的这两根主要支柱现在已经倍受诟病,并几乎被"拆除"。文学作品不再被看作是独立的、个人化的、自由的表达,艺术创作者也不再被看作是独立的个人创造力天才。在其他一些领域也是如此,作者及其原创的作品、自主权及生动的艺术作品从根本上遭到质疑和解构(参见 Peters, 2007)。对作者及其作品的解构大都来源于对创造力观念的推翻和重读,这种重构同时也波及到原创性、天赋性、艺术性等观点。进而也会导致建立在这些观念之上的关于所有权的法律同时被废止,司法保障从此不复存在。

在后结构主义者及文化理论的观点中,创作者及"创作者功能"被重新提及,并被置于一个复杂的关于写作和文学作品的文化理论背景当中。在这一新的理论背景下,主观主义、私有化、英雄的个人主义被批判,而在历史上曾经对创作者、创造的原创性、艺术品所有权及其法律规定的建立起到过重要作用的浪漫主义也未能幸免。新的理论认为,所有的作者和作品都必须服从于"文本交互性",服从于其他作品的获取、批判、传承、系统学习或各种运动的需要,或者按照现在的话来说,要服从于"网络化"。现在网络化已经使得所有已有的和正在出现的文学形式更加鲜活,并使电子文本环境具有越来越多样化的形式,甚至可以说整个知识系统正基于网络化得以重建。这种全新的相互联系和不同寻常的作用机制恰好证明了后结构主义的理论观点,即超文本是一种集体创造的过程和结果;而且通过生动的语言系统、经常进行的组织化的交流及互动,一种全新的关于特定条件下的说和写的规则正在逐渐形成。

Julie E Cohen(2007)从版权法的角度简明地阐述了她关于创造力和文化交互联接的观点,并对她所谓的"创造力悖论"进行了清楚的定义:

> 尽管研究者和政策制定者们已经基于对版权的认识制定了大量版权方面的法律法规,但人们普遍认为版权法需要对创造力起到更大的保护和促进作用。当人们向艺术家询问他们灵感的来源时,这些个性十足的艺术家总是说那是一种深入内心的、妙不可言的感受。研究各种权利的专家一般都同意上述观点,认为创造力是一种个人自由,其表现形式多种多样。研究版权的经济学者则从创造性过程的另一端出发,试图通过对创造性活动的市场化副产品进行测评,寻求能够促

进创造力的最佳法则。但这些理论专家并未思考这些市场化的副产品究竟是创造力的恰当代表,还是创造力的有效促进因素(作为与产品相对的要素而言),他们也不愿对此进行探讨。其结果就是我们对创造力谈论得越多,它就会越远离我们的视线。(Cohen,2007:1150-1)

Cohen认为对于版权学者而言创造力充满了矛盾,因为他们在探讨创造力时会产生三对相互关联的方法学上的冲突,即权利与经济性、价值与相对性、基于物质化的抽象性。权利研究者们通常把创造力定义为一种个人自由,但经济学家却往往从另一端出发,希望通过"测量创造力的市场化副产品"来定义"能够促进创造力的最佳规则"。与此有关的第一个问题是"个人创造者或更广泛的社会创造模式是否应当成为首要的分析重点",Cohen在这个问题上的观点是"我们可以认为特定的创造力产品不仅在集体主义文化层面具有附加价值,而且也深受潜在的、具有历史与文化烙印的知识系统的影响"。她继续写道:

> 第二对冲突与如何正确认识创造力产品的评价有关。这对冲突预设了两种相反的立场,要么是一种直线型的、现代主义的创造力与文化发展观,要么是一种完全相反的,拒绝发展、艺术价值及创作者意志的观点。第三对冲突与抽象的相对价值以及艺术、智力文化领域的某些具体成分有关,这一对冲突对抽象也有预设的观点——认为思想是至高无上的,而且在公共领域最易获得——这完全是对传统哲学森严壁垒的一种突破。(Cohen,2007:1153)

基于对当代文化和后结构主义理论的兴趣,Cohen构建了一个关于创造力过程的复杂的、去中心化的早期模型。她写道:

> 在这一模型中,艺术与智力文化的生产者既不是个体创造者也不是社会与文化模式,而是两者之间充满活力的不断互动。通过这种交互作用而产生的艺术与智力价值既真实又具有偶然性;可以说特定的创造力产品不仅在集体主义文化层面具有附加价值,而且也深受潜在的、具有历史与文化烙印的知识系统的影响。就像其他文化的发展一样,艺术与智力文化的发展被表达的具体细节要求深深地影响着,比如各种人工制品的材料本身就已经包含有一定的授权,以及文化资源

的空间分配价值。在一个业已存在的社会文化关系网中,作为重要却尚未被清楚认知的决定性因素,创造性酝酿或者说是不断变化的自由,完全可以由该网络自己提供。(Cohen,2007:1151)

对于创造力与文化经济领域所面对的组织和管理挑战之间的矛盾冲突,Defillippi,Grabher 和 Jones(2007)曾经从浪漫主义的视角通过强调其源源不断的生命力而加以阐述:

> 当前基于知识型社会的社会变革,已经把创造力看作是在当代管理与政治大背景下策略优势的主要来源。在大家所津津乐道的相关话题中,Florida(2002:4)大胆地提出创造力"现在已经成为竞争优势的决定性来源"。(关于对这一观点的批评,参见 Kotkin,2005;Peck,2005)创造力被广泛看作是一种真正的才能体现,一种非理性行为,而且根据其定义,创造力是无法控制的。因此现代管理学有些夸张地将创造力看作是赢得竞争优势的重要策略资本,这一观点仍有待进一步的实证研究及理论扩展。(p.511)

在此基础上,上述研究者进一步提供了对模型的说明,而我认为这一模型在私人知识管理的应用方面仍有较大难度;而且很明显,对于那些认为把学校里的创造力转化为工作场所的创新能力十分简单的课程计划者、教育政策制定者和教师来说,要想应用这一模型也存在一定困难:

> 在"西方"传统里,从 Plato 到 Freud 再到 Popper,创造力一直被视为某种发散的、冲动性的及"混乱"的事物(De Bono,1992:2)。这种特定的认识很容易使人们认为创造力与特殊的人格有关:个人创造力天才(Bilton & Leary,2002:54;Boden,1994b)。在科学和艺术界都有许多关于非理性天才和偶然发现的典型案例,比如 Kekule 在壁炉前打盹时发现了苯分子结构,Coleridge 的长诗《忽必烈》以及 Picasso 的名画《格尔尼卡》都成为这一创造力概念的绝好实例(Weisberg,1993)。浪漫主义者将其描绘成一种神秘的有了!时刻,但如果沿着这条路走下去,对创造力的科学认识则不仅无趣,而且无法实现(Boden,1994b:3)。(Defillippi et al.,2007,p.512)

很多人对浪漫主义和主观主义的上述观点提出了批评，认为这些都是陈词滥调、老生常谈，意义不大。尽管如此，在谈到创造力时仍然处处可见主观主义及浪漫主义观点的踪影。这种情况在法律和经济领域的创造力定义中尤为明显。比如在知识产权法中，我们会看到关于创作者、浪漫主义、主观主义、原创性及天才的相关观点仍然存在。因此社会学家们到现在还坚持认为创造力是一种社会行为，仍然在大谈特谈艺术和创造力的社会"事实"。

政治经济学家们质疑为什么这些似是而非的浪漫主义和主观主义思想仍然生命力顽强，他们认为原因是显而易见的。仅以艺术创造力的商品化和私有化为例，过程应该是这样的：为了让艺术产生利润，创造性的作品必须变成可以被投机者所拥有和交换的资产。因此国家开始执行"知识产权"法，从机制上保证了可以从艺术品中获取利润。同时，知识产权需要有一个可以"拥有"或使用创造性产品的法人，因此"创作者"出现了。这个从法律上虚构的个体是独立自主的"个体"，不仅拥有创造的能力，而且"名正言顺地"拥有其创造性产品的所有权，"理应"得到很多报偿。在这种情况下，那些创造力产品，尽管来自于公众，却又高于公众，属于某些私人实体（并不一定要是"最初的创造者"），并且从公众可以分享的资源中被移除。因此作为一种资产，创造性产品就可以在私人之间通过市场进行交换、贸易和消费。现在大学里的艺术和人类学院系也要对那些"市场"和"创造型企业"相关院系刮目相看了，因为在后两种院系中，创造性的利润价值可以被最大化。

从我的观点来看，为了在资本主义私有化世界中重建"公共利益"而进行的公众知识网络的构建工作是当代最显著的进步之一。不必通过其他途径，这些网络就可以让我们站得更高，让我们可以更清楚地看到我们的日常创造力在商品化和私有化方面是如何迅猛发展的——可分享的知识和思想正逐渐私有化，被利润制造者们从公共领域剥夺。其实要感谢这些追逐利益的商人，正是他们让我们逐渐认清了市场和创造型企业公关人员的意图，他们不会再愚弄我们，让我们以为他们才是创造力真正的朋友——或是说服我们与他人共享创造性工作是犯罪。反而创造力的资产化才更有可能是一种堕落和犯罪，是一种偷窃和削弱创造力公共基础的行为。公共版权（copyleft）组织早已对知识产权相关法律法规提出批评并进行了抵制。从更加积极的角度来说，这些公共网络带给我们的是更多的可能性。这些网络不仅是应答性质的，同时也是创造性的：它们是新的主观形式得以表现和生活形态可以进行展示的舞台；它们提醒我们只要有时间，一切皆有可能，一切不可能皆可以被突破；它们是全新形式的社会图书馆和研究机构。

在关于创造力经济的研究大量出现的基础上,关于如何更快速地进行学习的方法学研究也逐渐多了起来,尤其是对天才儿童的关注,以及专门为特殊儿童设计的学习计划也开始不断出现。这其中有一部分研究结果强调创造力、文化及艺术化表现的重要性,强调公众的表现及审美,在对创造力经济的认知中强调设计所起到的基础作用。另一部分研究结果则关注与语义网络和 Web 2.0 相关的设计与建设工作,关注在网络化新平台上的每一个人如何通过网络化知识服务和知识贸易来进行创新、创造、合作、社会生产以及信息共享(Mentzas et al., 2007;MIT《Sloan 管理评论》,2007)。我很愿意多探讨一下后者,因为它正好预示了我想进一步探讨和比较的创造力两个方面的其中之一。正如 Greaves(2007, p. 94)所说:"Web 2.0 不仅仅是一个术语,它代表了一系列基于网络的应用,而这些应用事后看来则都是基于同样的设计。"他引用了 Tim O'Reilly(2005)更早对 Web 2.0 进行的一个定义,那个定义使用了一系列反义词来对网络技术进行分类,并包含了一些设计上的比喻:Web 2.0 介于电话号码簿和标签系统之间;介于网站黏着度和新闻源模块之间;介于内容管理系统和维基之间;介于屏幕抓取和开放式网络应用程序接口之间;介于个人网页和博客之间;介于客户/服务提供商模式的出版发行和有大量使用者亲自参与的活动之间。他接着说道:

> 现在出现了很多优秀的 Web 2.0 风格的应用和公司,包括 Flickr,Wikipedia,Youtube, Six Apart, Technorati, Google, del. icio. us, Greasemonkey, MySpace, Facebook,Zimbra 等等。绝大多数 Web 2.0 的应用都分享同样的主题,包括:
> - 将从不同渠道获取的网络数据和服务综合在一起(尤其是通过像 AJAX 这样的 UI 技术,以及如 Rails 上的 Ruby 这样强大的脚本语言);
> - 依靠集体智慧,社会化网络以及来自于使用者的内容和标签;
> - 着眼于长尾市场和行为脚本(参见 Chris Anderson 的论文《长尾》,www. wired. com/wired/archive/12. 10/tail. html);
> - 重新定义并混合网络化的数据;
> - 通过个人化的能力来强化现有的网络化数据,比如定制化供应以及情境化推荐系统。(p. 95)

Lin(2007,p. 101)指出:"没有任何一类技术是所有 Web 2.0 都在使用的":

许多新技术使网络界面更加流畅和直观。Ajax,JavaScript,Cascading Style Sheets(CSS),Document Object Model(DOM),可扩展 HTML(XHTML),XSL 转换(XSLT)/XML,以及 Adobe Flash 等技术为使用者提供了丰富且有趣的使用经验,而且解决了绝大多数旧网络应用存在的问题。这些技术展示并传播了网络技术,就像桌面软件那样,并且使得传播过程中的困难都不复存在。其他新技术则使得需要连接多种数据及信息源的网络服务变得更加简单,比如 XML-PRC,Representational State Transfer(REST),RSS,Atom,mashups 等类似技术促进了对网络内容的订阅、传播、再利用及混合。对于 Web 2.0 而言,最重要的资源可能就是用户。为参与内容创造、消费和传播的用户提供友好的工具对于许多新兴网络公司而言是在 Web 2.0 时代成功(或失败)的关键。一些技术的发展,如博客、维基、播客和视频播客使得新型的网络交流方式不断成长壮大。相关技术也使得网站具有了较强的可扩展性。比如说,谷歌和雅虎处理大多数请求不会超过一秒钟,而且可以毫不费力地连接到流行的基于用户的网站比如 YouTube 和 Flickr。(2007,pp.101-2)

正是这些应用的不断出现使得 Larry Lessig(2004)和 Yochai Benkler(2006)认为生产模式正经历一种更加社会化的基础性变革——一种社会模式的生产——基于大众化的广泛参与和建设,这将会改变自由的定义,并更加促进创造力。而且,基于对参与、共同创造或共同生产的道德伦理的创造性共识,即开放资源、开放途径、开放式获取、发表和支持,人们对公共空间进行了定义。依靠社会化媒体和网络的作用,上述生产的社会模式及新的公共空间将得以实现,大众化参与的伦理道德认识则会促进基于共识的同伴合作,但同时也引起了对思想的所有权、公共版权与版权的争论,引起了"自由文化宣言"(Berry & McCallion,2005;Berry & Moss,2005),引起了开放存取运动(open access movement)。

一些学者共同建议,现在应当更加关注*创造性实践*和*文化进程*的相关概念,其目的是对"作品"、"设计"、"作者"、"学习者"以及"创业者"的文化建构过程进行再思考,尤其是在当前网络化的大背景下,在关于创造力和教育的旧有浪漫主义思想已经被彻底挑战的情况下,或者说在这些旧思想正在变成版权法的时候,这种全新的建构十分重要。正如 Kai Hakkarainen(未注明出版日期)在他的"创造力理论"调查研究中所说,在现代文明背景下,人们已经普遍接受"新思想的出现并非偶然或随机事件,创造力也并非一种自发的、独特的和无法理解的主观过程";"新思想看起来似乎是灵光一现,但事先一定经过对问题的长时间思考";最后,"通过了解创造性活动的过程,我们可以帮助别人变得更加有创造力"。我大体上同意这种观点,但如果 Hakkarainen 所说的"了解"是指实验心理学角度的分析的话,我并不认为"创造性过程和机制可以被科学地分析、解释和理解"。我更支持对创造性实践的网络化和自由散漫特征等要素进行分析。

当然,我所说的"开放式知识生产"实质是一种不断增加的、去中心化的(以及非同步的)、合作式的发展过程,但它是否会如 Benkler 等人所言超越传统的私有化生产及市场模型尚不能确定。但可以确信的是,基于共识的同伴协作生产是基于自由的一种合作模式,并非是那种出卖劳动力以换取报酬的模式;尽管其本质还是一种利益驱动或对产品结果的交换价值的关注,但我们并不清楚这种模式是否构成了*社会化生产*的一种全新模式,以及在多大程度上这种模式可以独立存在,抑或只是会成为现有的资本主义生产模式的寄生虫。我们能够确定的是,这种基于共识的协作生产由新型的同伴管理模式进行管理,而非传统的组织中那种等级管理体制;这种模式是对版权使用的创新,开创了信息共享的新模式,但我仍不清楚这种模式是否会超越之前私人(利益取向)和公共(国家层面)资产模式会共同遇到的那些局限。

本章主要回顾了创造力与经济、创造力与教育的关系理论中两种截然不同的观点:一种是来源于浪漫主义运动的"无序审美"观;另一种是最近出现的,从基于共识的同伴协作中产生出来的"设计的规则"的观点。本章对这两种与创造力有关的思想的发展历程进行了回溯,并探讨了它们对于教育实践工作的意义,然后分析了这两种思想观点是如何与教育资本主义的新模式紧密相连的——后者是基于对创造力的重新审视而产生的。最后,本章探讨了创造力在中小学及高等学校研究机构中可以发挥的作用。教育的诸种新模式具有一系列新特点,这些我已经在前面进行了阐述,其中有一些来自于新自由主义的教育政策观点,另一些则来自于冷冰冰的教育数字化进程,还有一些来自于知识的生产和消费过程。

我更倾向于认为资本主义的新发展及教育资本主义的新模式是基于社会生产而产生的新变化,社会生产作为资本主义新阶段所内在固有的创造力孵化器,会促进开放性的知识生产过程。如果这一观点反映了经济发展的真实情况,那么我们面临的是一个更加复杂的状况,各种经济模式不仅共存而且相互依赖,并且会共同见证教育资本主义新模式的诞生。在这种新模式当中,教育不仅会有助于*社会化*的知识资本主义,而且会从中获益,而这一切都会越来越依赖于为创造力的发挥所创造的良好条件。

表1 教育资本主义的新模式

- 通过在教育界试行私人化部门管理风格及教育服务的全球化,教育现在更加私有化、公司化和商业化(与贸易有关的知识产权,TRIPS)。
- 全球化在线"无边界教育"不断出现,公司化虚拟教育提供商的崛起,公共大学在线课程的出现。
- 教育的信息化和后现代主义化,文化档案的建立及知识的生产与消费。
- 对人力资本、核心能力以及通用技能的投资。
- 通过"强行的"对教育事业关键性周期环节的投资,出现创业自我("自我资本化")。
- 知识传播系统的建立使得分享智力资产(研究)、学术出版(传播)、课件(教学)的成本下降。
- 在家上学模式的发展,以及 24/7 非正式职业教育的发展。
- 随着社会生产模式的出现(Benkler,2006),合作生产及合作创造成为"积极学习者—消费者"和"市民—消费者"的特征。
- 以格言"建筑既政治"为设计规则的最好注解,通信系统被看作是一个三层次系统,包括内容、编码及基础,每一部分都可以被免费拥有并控制(参见 lessig,2004)。
- 开放式资源、开放式获取、开放式档案、开放式发行及开放式教育的融合。
- 对公共与私人教育空间的全新阐释,及对技术维护和最新设备的日益依赖。

注释

1. 可参考 Andrew Gibbons(2007)文章中对什么是"玩耍"的精彩论述。他写道:"这个词汇原本只是用来形容儿童生活的,但我所感兴趣的是这一以儿童为主要描述对象的词汇是如何为探讨教育哲学的差异提供机会的——它是否为儿童提供了一个纯粹天然的、未经任何干预和调控的玩耍场所,从而使人们可以经由这里来质疑那些所谓的教育哲学及其真理。"(p.507)他不仅探讨了可玩性与 Wittgenstein 和 Nietzsche 所提出的教育哲学之间的差异,而且也简要提及了新西兰国家幼儿教育(ECE)*TeWh·riki* 课程框架中为奥特阿罗瓦地区儿童所提供的"儿童玩耍"的机会情况。

参考文献

Archibugi, D., & Lundvall, B.-A. (Eds.). (2002). *The Globalizing Learning Economy*. Oxford: Oxford University Press.

Banaji, S. with Andrew Burn and David Buckingham (2006) 'Rhetorics of Creativity: Literature Review', Centre for the Study of Children, Youth and Media, Institute of Education, University of London, at http://www.creativepartnerships.com/content/gdocs/rhetorics.pdf.

Baily, M. N. (2002). 'The new economy: post mortem or second wind?' *Journal of Economic Perspectives*, 16(2), 3-22.

Bell, D. (1973). *The Coming of Post-Industrial Society a Venture in Social Forecasting*. New York: Basic Books.

Benkler, Y. (2006). *The Wealth of Networks: How Social Production Transforms Markets and Freedom*. New Haven, CT: Yale University Press.

Berlin, I. (1999). *The Roots of Romanticism*. Princeton, NJ: Princeton University Press.

Berry, D. M., & McCallion, M. (2005). 'Copyleft and copyright: new debates about the ownership of ideas'. *Eye: The International Review of Graphic Design*, 14, 74-5.

Berry, D. M., & Moss, G. (2005). 'The libre culture manifesto. Free software magazine'. Retrieved from http://www.freesoftwaremagazine.com/articles/libre_manifesto/ (accessed September 1, 2008).

Bilton, C., & Leary, R. (2002). 'What can managers do for creativity? Brokering creativity in the creative industries'. *International Journal of Cultural Policy*, 8, 49-64.

Boden, M. A. (1994a). 'What is creativity?' In M. A. Boden (Ed.), *Dimensions of Creativity*. Cambridge, MA: MIT Press, pp. 75-118.

Boden, M. A. (1994b). 'Introduction'. In M. A. Boden (Ed.), *Dimensions of Creativity*. Cambridge, MA: MIT Press, pp. 1-12.

Boltanski, L., & Chiapello, È. (2005). *The New Spirit of Capitalism*. (G. Elliott, Trans.). New York: Verso.

Bourdieu, p. (2005). *The Social Structures of the Economy*. (C. Turner, Trans.). Cambridge, UK: Polity.

Brenner, R. (2002). *The Boom and the Bubble: The US in the World Economy*. London, Verso.

Castells, M. (1996). *The Rise of the Network Society*. Oxford: Blackwell.

Cohen, J. E. (2007) 'Creativity and Culture in Copyright Theory', University of California, Davis, Vol. 40: 1151-205.

David, P., & Foray, D. (2003). 'Economic fundamentals of the knowledge society'. *Policy Futures in Education*, 1, 20-49.

De Bono, E. (1992). *Serious Creativity: Using the Power of Lateral Thinking to Create New Ideas*. London: Harper Collins.

Defillippi, R., Grabher, G., & Jones, C. (2007). 'Introduction to paradoxes of creativity: managerial and organizational challenges in the cultural economy'. *Journal of Organizational Behavior*, 28, 511-7.

Du Gay, P. L. J., & Pryke, M. (2002). (eds.) *Cultural Economy: Cultural Analysis and Commercial Life*. London: Sage.

Feldman, D. H. and Benjamin, A. C. (2006). 'Creativity and Education: An American Retrospective', *Cambridge Journal of Education*, 36(3), 319-36.

Florida, R. (2002). *The Rise of the Creative Class*. New York: Basic Books.

Freeman, C. (1995). 'The national system of innovation in historical perspective'. *Cambridge Journal of Economics*, 19, 5-24.

The future of the web. (2007). Special report. *MIT Sloan Management Review*, 48(3), pp. 49-64.

Getzels, J., & Jackson, P. Creativity and intelligence: Explorations with gifted children. New. York: Wiley, 1962.

Gibson, H. (2005). What creativity isn't: the presumptions of instrumental and individual justifications for creativity in education. *British Journal of Education Studies*, 53(2), pp. 148-167. Online: http://www.ierg.net/confs/viewpaper.php?id=201andcf=1.

Goethe, J. W. (1798). 'Einleitung in die Propylaen'. Retrieved from http://web.archive.org/web/20000621124111/www.warwick.ac.uk/fac/arts/History/teaching/sem10/goethe.html (accessed September 1, 2008).

Greaves, M. (2007). 'Semantic Web 2.0'. *IEEE Intelligent Systems*, March/April, 94-96.

Hakkarainen, K. (n.d) "Theories on Creativity." Retrieved from http://mlab.taik.fi/polut/Luovuus/teoria_creativity.html (accessed September 1, 2008).

Hartley, D. (2007). 'Organizational epistemology, education and social theory'. *British Journal of Sociology of Education*, 28(2), 195-208.

Hayek, F. (1937) 'Economics and Knowledge.' Presidential address delivered before the London Economic Club, November 10, 1936; Reprinted in *Economica* VI (new ser., 1937), 33-54.

Hayek, F. (1945) 'The Use of Knowledge in Society', *The American Economic Review*, 35(4); September, 519-30.

Hesmondhalgh, D. (2002). *The Cultural Industries*. London: Sage.

Hesmondhalgh, D., & Pratt, A. C. (2005). 'Cultural industries and cultural policy'. *International Journal of Cultural Policy*, 11, 1-13.

Howkins, J. (2002). *The Creative Economy: How People Make Money from Ideas*. London: Penguin.

Kemple, T. M. (2007). 'Spirits of late capitalism'. *Theory Culture Society*, 24, 147–59.

Kotkin, J. (2005). 'Uncool cities'. *Prospect, 115*. Retrieved from http://www.joelkotkin.com/Urban_Affairs/Prospect%20Uncool%20Cities.htm(accessed September 1, 2008).

Lash, S., & Urry, J. (1994). *Economies of Signs and Space*. (Theory, Culture & Society). London: Sage Publications.

Lessig, L. (2004). *Free Culture: How Big Media Uses Technology and the Law to Lock Down Culture and Control Creativity*. New York: Allen Lane.

Lin, K.-J. (2007). 'Building Web 2.0'. *Computer*, May, 101–2.

Lundvall, B.-A. (Ed.). (1992). *National Systems of Innovation: Towards a Theory of Innovation and Interactive Learning*. London: Pinter.

Lundvall, B.-A., & Borra, S. (1999). *The Globalising Learning Economy: Implications for Innovation Policy*. Luxembourg: Office for Official Publications of the European Communities.

Lundvall, B.-A., & Johnson, B. (1994). 'The learning economy'. *Journal of Industry Studies*, 1, 23–42.

Lyotard, J.-F. (1984). *The Postmodern Condition: A Report on Knowledge*. (Geoff Bennington and Brian Massumi, Trans.). Manchester: Manchester University Press.

Mentzas, G., Kafentzis, K., & Georgolios, P. (2007). 'Knowledge services on the semantic web'. *Communications of the ACM, 50*(10), 53–8.

Nonaka, I., & Takeuchi, H. (1995). *The Knowledge-Creating Company*. Oxford: Oxford University Press.

OFSTED (2003). *Expecting the Unexpected: Developing Creativity in Primary and Secondary Schools*. London, HMI 1612.

O'Reilly, T. (2005). 'What is Web 2.0: Design patterns and business models for the next generation of software'. Retrieved from www.oreillynet.com/pub/a/oreilly/tim/news/2005/09/30/what-is-web-20.html(accessed September 1, 2008).

Porat, M. (1977). *The Information Economy*. Washington, DC: US Department of Commerce.

Peck, J. (2005). 'Struggling with the creative class'. *International Journal of Urban and Regional Research*, 29, 740–70.

Peters, M. (2007). 'Opening the book: from the closed to open text'. *International Journal of the Book*, 5(1), 77–84.

Peters, M., & Besley, T. (2006). *Building Knowledge Cultures: Education and Development in the Age of Knowledge Capitalism*. Lanham, MD: Rowman & Littlefield.

Peters, M., & Besley, T. (2008). 'Academic entrepreneurs and the creative economy'. In P. Murphy & S. Marginson (Eds.), special issue of *Thesis Eleven*, 94(1), 88–105.

Peters, M. A. (2004). 'Citizen-consumers, social markets and the reform of the public service'. *Policy Futures in Education*, 2(3–4), 621–32.

Peters, M. A. (2005). 'The new prudentialism in education: actuarial rationality and the entrepreneurial self'. *Educational Theory*, 55(2), 123–37.

Quah, D. (2003). 'Digital Goods and the New Economy.' In Derek Jones, (Ed.), *New Economy Handbook*. Amsterdam, the Nethderlands: Academic Press Elsevier Science, pp. 289–321.

Romer, P. M. (1986). 'Increasing returns and long-run growth'. *Journal of Political Economy*, 94(5), 1002–37.

Scott, A. J., & Power, D. (2004). *Cultural Industries and the Production of Culture*. London: Routledge.

Seltzer, K. and Bentley, T. (1999). The Creative Age: Knowledge and Skills for the New Economy. London: Demos.

Stiglitz, J. (2008). 'The End of neo-Liberalism?' Project Syndicate, at http://www.project-syndicate.org/commentary/stiglitz101(accessed August 31, 2008).

Temple, J. R. W. (2002). 'The assessment: the new economy'. *Review of Economic Policy*, 18(3), 241–64.

Thrift, N. (2005). *Knowing Capitalism*. London: Sage.

Torrance, E. P. (1963). Education and the creative potential. Minneapolis: University of Minnesota Press Torrance, E. P. (1996). Creative problem solving through role playing, Benedic Books, Pretoria.

Touraine, A. (1971). *The Post-Industrial Society: Tomorrow's Social History Classes, Conflicts and Culture in The Programmed Society*. New York: Random House.

Wallach, M The intelligence/craitivity distmction New York General Learning. Press, 1971.

Wallerstein, I (2008). '2008: The Demise of Neoliberal Globalization.' *MR(Monthly Review) zine*, at http://www.monthlyreview.org/mrzine/wallerstein010208.html (accessed August 31, 2008).

Weisberg, R. W. (1993). *Creativity: Beyond the Myth of Genius*. New York: Freeman.

第六章 创造力与知识经济

Peter Murphy

概述

关于文化有两种观点值得一提。第一种是浪漫主义的文化观（Murphy & Roberts，2004）。从浪漫主义角度来看，文化是国家的功能之一。国家由其疆域、语言和社会规范所构成。国家行使着很多独特的功能——独特的行事方式，独特的创造方式，独特的文化理念，从而为全球化经济与社会竞争提供其独特的优势和帮助。尤其是一个国家的"精英"阶层，是创新的主体。第二种观点是比较古老的，认为文化与观念类似，是伴随着城市的文明进程而发展的，而且第二种观点的产生时间早于现代浪漫主义观点。总体来看，虽然浪漫主义文化观并不足以解释国家非凡的特点与能力，但这种观点更多的是国家的形式、制度及规范普及化的结果。

国家形式、制度、规范等的普及程度是从其实施的广泛性而言的。不论是什么样的国家都具有一定的形式、制度和规范，而且这些形式、制度和规范都可以通过知识的形式得以传承，可以在多个不同的领域进行复制和利用。然而与国家不同的是，这些形式化知识并非随处可见，也并非随处都会发挥作用。这些形式化知识首先会集中于城市，尤其是在大型沿海城市中，那种开放式的环境是此类知识生长的沃土。这些形式化知识的出现与这些沿海城市的审美观及不断产生的高水平的设计文化密切相关。此外，从第二种文化观来看，正是艺术、设计的力量和城市的美促使创新不断出现。

日本是这两种文化观的绝佳例证。日本有着很明显且易于辨识的国家特点。日本人的行事方式通常被看作是其国家经济能够保持健康运行的主要原因之一。但同时应当看到，岛屿众多的日本在历史上早于欧洲很多年就形成了高度城市化的社会结构，拥有非常发达的审美文化，并非常依赖于从国外大量引进知识与文化——尽管从一个国家的角度而言，日本曾经长期被看作是一个"封闭"的国家。今天，京都的 41 所大学及大量的企业研发科技园的建设，更多地被归功于城市文化中所体现出的那种知识与艺术，而不是日本的国家"差异性"的体现。这在社会文化的基本层面，尤其是那些影响深远的创新活动中体现得尤为明显。国家文化在语言、疆域特征的构成过程中发挥着重要的作用，但作为创新的发动机——经济、社会、技术的塑造者，在日本尤其体现在出口方面——国家差异的作用却似乎并不那么明显。人类创新活动的很大一部分，长期以来一直是与城市文化紧密相连的。

系统的艺术

在所有的探讨和观点中最值得一提的是，尽管人类向来具有一定的创新能力，但是从200年前开始，创新才真正成为经济与社会发展的核心动力。我们现在所热衷于探讨的知识经济只不过是对这种核心驱动力的又一次反映。必须再次强调，知识的本质并非创新。绝大多数的知识是传承下来的，由一个人传递给另一个人。然而有些时候这种传承的行为过程中会产生新事物——那是一些从未听说过的事物或是前无古人的事物。新颖性本身并不具有什么重要意义，其重要性在于新颖的知识会有助于塑造我们的世界。这类知识包括我们制造什么，我们怎样进行管理，我们说了什么，我们感觉到什么，我们做了什么以及我们的行为方式等。不妨将这类知识称之为构成性知识（formative knowledge）或形式化知识（pattern knowledge）。在过去的200年中，这类知识发展迅猛，且影响力迅速扩大。通常在一开始这类知识的出现都不是特别明显，而且一般都出现在艺术或科学领域内。令人惊讶的是它们现在正迅速从幕后走向台前，从安静的艺术或科学领域走向更加宽广的社会大舞台。

出现这种变化的原因之一是大量的现代机构——从企业到政府组织——都在把吸收和使用新知识、利用与传播新知识、促进与发展新知识作为自己的日常工作之一（Heller，1985）。原因之二是自组织系统在现代社会的不断发展。对形式的观察与模仿是人的天性，在现代社会，对社会系统和信息系统的模仿更是至关重要的。自从工业革命以来，基于科学和艺术的实践应用而产生的经济活动占到所有经济行为的绝大部分，而基于社会科学而进行的管理和基于人性而发展的文化产业也先后出现并蓬勃发展。现代机构——从制造型公司到政府部门到电影制片厂——都开始熟练地运用形式化知识来进行模式化生产和组织重组。尽管如此，我们对"知识的知识"的认识仍然很肤浅，要想解释形式化知识是怎样出现的，远远比描述其对于经济行为和社会组织的深刻影响要难得多。

从经典的哲学悖论——知识即无知——可以看出要想准确回答"什么是知识?"是一件多么困难的事情。一直以来人们都很困扰如何把知识和观念等同起来,但同时学者们努力解决这类问题的尝试也从未间断。一方面新的理论不断被提出,但另一方面我们也不再简单的认为信息的积累就等于知识在发展。人们对知识即信息的错误认识可能来自于一些极其简单的例子。比如说,对于炒股票的人而言,金融新闻并不重要,只要重点关注盈利和亏本的信息就可以做出更好的投资决策了(Surowiecki,2004,252-4)。权威的观点再加上对相关信息的24/7不间断关注,就足以做出很好的经济和金融状况判断。但对于知识而言,通常少即是多。知识总是很经济,这一点其实很好解释。知识与用来解释事物形态的那些观念、表达或信息不同,知识是系统的一种功能,或者说是对结构的一种管理。知识很像是系统运作的一种艺术,一种可以把事物安排得更加系统化,从而更加舒适、有效、经济、高效、适当、鼓舞人心和灵活机动地运行的管理艺术。知识是对事物形式的一种理解。反过来信息、观念和表达对于形式的根本要素而言是多余的,他们只会妨碍我们对事物形式的根本认识。

那么综合起来看,知识应当是"赏心悦目的"。知识在很大程度上应当具有一种美观性或是系统的艺术性。如果对高质量的知识创造过程进行反思,我们会发现这种反思的结果往往都指向同一个结论:知识起源于想象,起源于对某一幅景象的直觉,对一种形状——某种事物的轮廓的内心想象。知识的这种审美特性或者说系统的艺术性把经济与情感、工作与娱乐、政治与幻想联系了起来。它将人类行为和认知的不同领域及各个部分串连在一起。因此,认识一个事物代表着你也要认识如何组织该事物,或者说认识该事物是如何被组织的。我们也必须记得,审美特性不单单是一种社会现象。系统的艺术性在社会和经济活动的发展过程中会发挥重要作用,但系统的审美特性在自然和生物领域内同样无处不在,比如对称性在宇宙万物中也比比皆是(Greene,2004,238-43)。因此将知识经济同时看作是艺术和科学的功能就不足为奇了。在自我、社会和自然界中我们都会发现美,而知识作为系统艺术性特征的体现之一,是对美的共识的知识。从根源上说,知识是心灵对于自我、社会和自然界中比比皆是的,具有美观性的普遍形式、普遍形态的把握。

对系统的艺术性的审美可以是外显的,也可以是内隐的。我们可以很容易地说明我们知道"什么",但我们通常只能通过一些模棱两可的假设来解释该"如何"做某事。知识的重大突破通常体现在将一些未知变为已知的过程中。我们可以很容易地去解释我们已知的事物,但我们身边正在被我们认识或被我们建构的知识当中,绝大部分仍然处于未知状态。在高度发达的经济体和社会当中,我们身边的知识都是高度层次化和系统化的,但我们很少会通过阅读一本说明书来深入理解一个软件系统,就好像我们很少通过阅读旅游地图来了解一座城市一样。我们买说明书和地图是想保证我们能正确地认识相关事物,但实际上我们对事物的深刻了解来自于我们亲身的调查、探索和尝试。与此类似,当我们认识一个事物的美或系统性特点时,我们会通过我们的直觉,通过同样的探索和尝试过程。

关于审美或系统的艺术性知识的传播,在不同的国家和地区中从来都不是完全相同的。知识具有一定的聚集特性:有知识丰富的社会,也有知识贫乏的社会。一些国家会构建高水平的系统性知识;但另一些国家的知识可能一直都是口耳相传。这种差异出现的原因至少部分来自于地区差异。在一些相对发达的地区,知识汇聚于此,这也就意味着此地有着较为发达的"审美"制度。这类地区的关键特征是沿海城市或海洋文化盛行的地区。历史上比较有代表性的港口城市或国家大多存在于地中海沿岸(古希腊、文艺复兴时期的佛罗伦萨和威尼斯)、北海地区(低地国家、文艺复兴之后的南英格兰、18、19世纪时的苏格兰低地地区)、16世纪之后北美的沿海地区和五大湖地区,以及19和20世纪的中国海。除了这些港口地区之外,欧洲的"内陆半岛"——尤其是巴黎大区、由易北河和萨勒河构成的三角洲地带、马斯河与莱茵河地区,以及莱茵河与多瑙河地区——在它们的黄金时代都曾为人类艺术、文学、政治、经济、科技的大发展做出过不可磨灭的重要贡献。[1] 所以毫不奇怪,港口地区在现代会成为智力资本最重要的孵化器之一(Murphy, 2005a)。在过去的150年间,发达国家一直致力于把未知变为已知,并将已知知识以知识产权的形式保存下来,尤其是以专利和版权的形式(Howkins, 2001)。知识产权也像历史上的其他知识一样,在沿海、沿湖地区、岛屿和半岛地区,以及河流流经地区及相关国家汇聚起来。

对这些历史的回顾体现出人们对近现代人类活动中知识传播过程的深层次理解。在过往2500年的人类历史中,人类的知识传承行为虽然显得支离破碎,但从未间断。在不同的历史阶段,不同地区、不同国家承担起了传承人类文明的重任,它们具有高度发达的知识创新能力,并近乎完美地运用这种能力创造出众多的物质财富、社会繁荣与地缘政治影响力。所有这些曾经的发达国家都有着两座或更多座堪称当时的"世界中心"的大城市,它们具有类似的特征,比如都具有良好的海运或河运地理优势,都有着发达的商贸活动,并通过频繁的沟通与交流将自己的影响力远远地辐射出去。换句话说,每座这样的城市都具有港口城市的特征。这也就意味着,每座城市都至少是下列一种事物的重要进出口集散地:商品、金钱、人和信息。想要成为这样的城市,必须在传统的基于法律法规和等级制度的社会系统中发展出比较完善的渗透系统(porous system)。

港口型社会

渗透系统,尤其是那些具有"全球化"特征的渗透系统总是出现于鼓励设计的社会中。港口型社会的特征之一就是其文化中具有强烈的设计色彩,能够有效地从形态的层面将社会共识加以利用。各种"美丽的、优雅的、公平的、高效的、经济的"事物结构或制造工艺通过设计都可以得到充分表现。设计代表了经济和社会生产、传播以及交流的一种独特模式。设计的智慧集中体现于高水平的科学与艺术活动中,比如对于艺术的美感和数字的优雅感的追求实际上就体现出对公正的法律和公平社会的追求。

在港口城市地区,现在重新焕发生机的一大特征是在设计当中所体现出来的秩序性。设计所产生的秩序性是系统艺术性的核心要素之一,它可以帮助相隔遥远的港口地区进行跨文化交流。也就是说,得益于设计的秩序性这种自组织的美学特征,传统社会组织形式中重规矩重等级的特点所带来的问题与障碍逐渐被克服了。随着此类审美的自组织行为不断增加,等级制度逐渐消失,而这一重大转变又进一步促进各种明显或不明显的创新行为不断出现。美及其众多的同义词(如数字的优雅感,社会的对称性等)一起,是导致社会变革、系统发展以及生产创新不断出现、机器效率不断提高的关键推动力。[2] 不仅如此,这种审美层面的自组织同样使得社会和经济活动中的创造力开始发挥重要作用,不仅推动着科技和艺术的伟大发展,而且创造了辉煌的城市文明。可以说,导致这一切的幕后根源是设计的智慧、港口地区科技与艺术在世界范围内长期的融会贯通,以及这些城市的物质财富与审美秩序之间的完美平衡与协调发展。而这一切都要拜人们对美的共识所赐。

历史上有很多著名的港口地区,比如公元前15世纪爱琴海和黑海地区(雅典)、文艺复兴时期的地中海地区(威尼斯),以及17及18世纪的北海地区(伦敦、阿姆斯特丹、爱丁堡)。近代历史上最著名的是航海时代新大陆的发现,比如准海岸地区(东海岸、五大湖—哈德逊地区、加利福尼亚海岸)以及北美地区沿海城市(波士顿、芝加哥、底特律、多伦多、纽约、旧金山),澳大利亚的"海岸文明"以及都市海岸城市,还有新西兰的岛屿。[3] 19 和 20 世纪则是中国海沿岸地区的崛起以及一系列的岛国和半岛国家或地区——日本、新加坡、韩国以及台湾——这些地区汇聚了大量高质量的智力资本,并且已经发展成为令人印象深刻的技术型城市。

像所有的社会形态和经济模式一样,港口地区有过很多失败的案例,但同样也有从失败中重新崛起的成功个案:

1. Thomas Jefferson 曾经希望墨西哥-新奥尔良地区的密西西比湾能够成为 19 世纪北美的一个经济中心;

2. 19 世纪,海洋文明已经完全取代了地中海的城市国家文明。当俄国和土耳其由于领土之争爆发战争导致地中海和黑海的联系中断之后,俄国曾尝试重振地中海地区的经济;

3. 19 世纪法国和德国吞并了大量的欧洲沿河城市国家及公国;波罗的海地区分裂成许多小国家;20 世纪以苏联和中国共产党为代表的、依靠海上贸易而迅速发展起来的东亚经济;

4. 1945 年之后传统港口地区——地中海地区(意大利北部及以色列)的重振;黑海和里海地区的复兴以及苏联解体后波罗的海沿岸国家的重新统一;历史上曾经有过辉煌文明的沿海国家(如立陶宛、爱沙尼亚)的重新发展及向其沿海邻居的重新学习(如芬兰);以及中国东南沿海地区作为经济发动机的重新出现,其与台湾的复杂关系以及国家社会主义的部分倒退;

5. 近代墨西哥湾作为哈德逊—迈阿密沿海弧形链中最主要的一个港口地区的重振,其海上油田及高技术空间科技产业的发展。

这种长期的、大范围的经济变化与发展过程,通过像苏联、中国这样幅员辽阔的大陆型共产主义国家的兴衰得到了很好的体现。而那种在地缘政治上实行资本主义-共产主义双极发展模式的国家,其结果只能是阻断国家发展的历史进程,比如在黑海、地中海、里海、波罗的海及中国海沿岸地区就是这样。冷战结束后,资本主义这种看似古老和争议性很大的经济模式却又开始返回到舞台中心。很多测量创新能力的研究(通过测量在研发上的投入以及专利的数量)都指出,能够发挥出巨大经济创新力的国家(指 20 世纪 80 年代之后出现的)实际上都处于传统的沿海地区。Porter 和 Stern (2001)对丹麦、芬兰、新加坡、中国台湾、韩国和以色列的创新能力及其主要启示进行了探讨。他们认为爱尔兰在未来将加入到这一高创新能力的沿海国家团体中去。此外值得注意的是,这四个国家(日本、瑞典、芬兰、德国)中的三个在过去的四分之一个世纪中通过申请到的专利数的增长,一直在不断提升他们的创新能力,而这些国家也都是波罗的海或中国海沿岸国家。很多敏锐的观察家也指出,随着苏联的解体,"一个新的汉莎同盟"[①]正在形成和发展,这是"一个新兴的地区性商贸活动区域,西至汉堡和哥本哈根,北达奥斯陆和斯德哥尔摩"。而这一区域的"东部中心"则是"双子城市"赫尔辛基和塔林,正好是扼住波罗的海咽喉要道的一南一北两座港口城市(McGuire et al.,2002,14)。这类双子或互为镜像的城市在此类沿海经济发动机城市群中非常典型。如果以以色列、芬兰等正不断成长的创新型国家为例,20世纪末在这些国家中则是电信业的发展起到了领头羊的作用。然而,我们一定要注意不能仅依靠一种特定类型的技术、系统或过程来定义整个国家的全面发展。

在所有上述个案中,深层次的结构性驱动力都发挥着重要作用。在所有持续不断地进行高水平创新的港口城市中,程序化规则以及社会等级制度都(部分地)通过结构化审美或内隐的、对秩序的自我组织行为得以体现。必须认识到,这些港口城市都有着悠久的长途贸易活动史,在进行海运、河运及远途贸易过程中,有一条大家共同遵守的原则:贸易的距离越远,则越不受等级制度、各种法规的约束,而这深刻改变着港口地区的性质。具体来讲,这一原则所带来的结果之一就是在这些港口区域,关于审美或系统艺术的知识开始悄然代替等级制度和各种法规的位置。这是一个重要的变化,从此之后这些港口城市区域就开始成为艺术和科学不断发展的沃土。

这有助于我们分析艺术与科学在港口城市政治经济发展过程中所起到的重要作用,及其与高水平的创造力这一显著的城市发展指标之间的关系。一个经典的案例来自于科尼兹伯格,它不仅是一座位于波罗的海远东一端的城市,也是一座古老的港口城市。有一所大学坐落于此,这所大学不仅孕育了 Immanuel Cant,也养育了 Hermann Minkowski(一位几何学者,为爱因斯坦的"时空"概念提供了理论基础),Theodr Kaluza(一位几何学者,为物理学中的"弦理论"提供了理论基础)以及 Hannan Arendt(20世纪最著名的几位政治哲学家其中的一位)。而 Copernicus 则生活于邻近的另一座港口城市 Frombork。此外我们也可以想想公元前15世纪的雅典或20世纪的纽约。为什么这些地方总是盛产具有较高创造力的人?这种现象可以部分地从港口城市中各种光怪陆离的商品的高流通性、城市人口构成十分多元但相互之间却无深交的特点中得到解释。毕竟在这类城市中,陌生人都不太可能建立起太过深入或复杂的社

[①] 汉莎同盟(Hanseatic League),是历史上德意志北部城市之间形成的商业、政治联盟。——译者注

会关系网。而"审美"的秩序性作为创造性艺术的关键特征,恰恰会在港口城市的这些特点中受益良多。此外一些政治性内容也会有益于审美秩序的发展。

这些与政治相关的内容中,最重要的一条就是这些城市区域并非一个国家。要想真正做自己想做的事,这些城市就必须在一定程度上跳出国家政策法规的限制,必须在一定程度上脱离于整个国家统一的网络体系,同时也必须在一定程度上脱离世袭制国家那种官僚等级制度。香港的特殊管理模式相对于中国大陆而言就是后者的经典案例。现在珠江三角洲的生产力水平可以占到国民生产总值的10%,整个国家40%的出口物资靠这里生产和提供。这直接得益于香港特殊的——或者说"与众不同的"——管理模式。当一个港口城市地区所遵行的国家及法律体系相比民族国家及世袭制国家而言"与众不同"的时候,它一定会繁荣发展。通常这种独特的国家体制是联邦制、共和制或国家的"联合体"制度。这种例子很多,从17世纪的荷兰共和国到美利坚合众国再到阿拉伯联合酋长国,及其变化莫测的港口城市迪拜。这些国家都是基于各种权利的移交、分配和相互独立而建立起来的。而其他一些港口国家的情况则相对难理解一些,他们相对更依赖于内隐的"不成文的"规矩(如英国)或是随处可见的"隐秘的"力量(如日本)——或者是城市国家(历史上的威尼斯、新加坡),或者是被一分为二的国家(如韩国),又或者是被其他国家宣称为其一个省份的地区(台湾)。在一些案例中,港口城市地区,如日本的神户—大阪—横滨—东京都市群甚至可以在经济上控制周边的一些国家。

简而言之,港口地区的力量是"与众不同"的。他们一方面遵守国家法律,但另一方面似乎又不那么规矩。这些港口城市并非简单地用一种法律去代替另一种法律,使他们真正显得独特的是他们会根据自己对审美秩序的直觉来改变社会秩序及等级制度,而这种做法所带来的结果会具有十分深远的影响。这种影响不仅体现在港口城市地区那种根深蒂固的对形式的重视,而且也体现在这种重视反过来会鼓励那种以视觉、直觉和形式风格为特征的认知,这种认知能力对于创造性行为是必备的基础之一。接下来让我们探讨一下这种审美秩序是如何出现的。

形式的偶然出现

当一座港口城市成为其制造商与外国城市、内陆乡村与外国城市之间的媒介时,他也就变成了一座"国际贸易"城市。人们会把自己的货物拿到这些集散地——也就是港口——来进行买卖，而不是直接在本地交易，因为*智慧会集中在港口城市里*。一个典型的案例比如美国南北战争之前南部的棉花贸易。以 1830 年为例，这一年的棉花贸易总收入的 40% 都流向了纽约市。这其中包括各种运费、保险费用、佣金和利润等(Miller, 1968, 156)。这告诉我们一个事实，随着时间的推移，在任何的生产和分配系统中，组织能力、后勤和研发能力的重要性都会逐渐超越土地、劳动力、成本和有形资产的作用。而在港口城市中，前者都不缺乏。在很大程度上有智慧就意味着你可以做出"比单纯抓住机遇还要好"的选择，所以有人说港口城市是"智慧的中心"。而且不同的港口城市会通过不同的途径和方法来发挥其智慧中心的作用，有些相对简单，有些较为复杂。我们可以简单探讨一下这种智慧中心作用的不同"水平"或"阶段"：

1. 在第一"水平"或"阶段"，港口城市会收集并散播很多信息，包括价格、生产环境条件、运输可行性、政治风险、地图、运输过程、入侵警报等等很多方面的信息。这些信息是对不确定性的一种回应，当世界中你必须面对的不确定越多，对这些信息的需求就越大。

2. 不确定性会导致突发事件——此时各种可能的预案就显得很重要。在第二"水平"或"阶段"，智慧的作用体现在当面临突发事件时能够迅速有效地进行思考，并评价各种可能的应对策略（"现在应该怎么做"），而不是盲目悲观或乐观。在相对封闭的文化环境中，其社会成员智慧往往会受限，其应对预案通常或多或少显得不够灵活；而在相对开放的文化环境中，社会成员的智慧往往也具有开放性，虽然对智力要求较高，但往往会产生出人意料的应对策略。

3. 第三"水平"或"阶段"的智慧体现在一种能够在宏观和复杂背景下迅速认清事件本质并做出正确抉择的能力上。情境化认知能力依赖于对背景的形式、结构和模式等方面的认知，也就是*理论思考*——一种回到理论水平并对发生的各种事件进行"理论性"思考的能力，换句话说，进行理论思考必须要对突发事件背后真正的驱动力以及决定事物表面特征的本质原因进行"直觉式"的思维。

4. 第四"水平"或"阶段"的智慧就是一种创新/创造能力。这种能力与反思性投射及对突发事件的评价能力并不矛盾。这是一种"指向于未来的思考"，包括从全新的角度去分析突发事件，并为未来的情景改变做好适应性准备。但需要注意，那种为了掌控突发事件而改变行为或行为规则的做法与真正的根本性创造/创新行为不是一回事。

根本性的创造/创新行为是形式出现的途径之一。智慧的最高"水平"或"阶段"就是*给予形式的能力*。这是难度最高同时也是最神秘的一种智慧,它很有力量,但难以捉摸。当社会系统受到混乱的威胁时,人们会呼唤这种智慧,从而使整个社会秩序重新走上轨道。这种智慧能够创造全新的科学、技术、经济、社会、组织、智力和文化形式。它非常罕见,但的确极其重要(Castoriadis, 1997)。

这些新的形式到底是怎么来的? 三言两语恐怕很难解释得清,但有一点是肯定的:港口地区在创造力的演化发展过程中发挥着格外突出的作用。这样的例子很多:在古代,地中海地区是一系列辉煌的形式的发源地;丝绸之路—里海地区则是阿拉伯世界和伊斯兰教许多重要思想的孵化器;而中国海地区今天则是亚洲众多具有广阔发展前景的社会形式的产生地;在欧洲中世纪时期,波罗的海地区曾是商业贸易创新的重要推动力量的产生地(Parker, 2004, 132 - 50);地中海地区在文艺复兴时期和现代早期再一次展现出他巨大的模式创新的力量。16 至 19 世纪,北海-波罗的海地区则一直是欧洲及全球现代化进程的试验田。

而 19 世纪全世界最伟大的形式创新发动机位于美国的五大湖—哈德逊地区,这一地区将芝加哥和纽约联系了起来。20 世纪后半叶,这一领先重任则落到了将旧金山湾区和洛杉矶以及圣地亚哥联系起来的海湾地区。可以说,美国源源不断的创新力并非来自一处,而是多个港口城市地区力量的总和,从巴尔的摩—波士顿沿海地区,到五大湖—哈德逊地区,再到加利福尼亚海岸,然后通过跨越国境的西雅图—温哥华地区,一直到重要的河流流域比如墨西哥—弗罗里达半岛地区的密西西比湾区。而且这些区域的发展此起彼伏,一个地区落后了,另一个地区很快赶上。比如说,2000 年前后,以二战后的后工业化经济崛起为标志的加利福尼亚海岸及皮吉特湾地区发展势头有所减缓,其空缺很快由佛罗里达和德克萨斯填补,后者的人口和投资不断增加,在休斯顿和迈阿密地区出现倒 Y 型增长。[4] 这一变化的另一重要标志是相对于加利福尼亚和美国东北部而言,知识产权的积累在美国南部沿海地区呈现快速增长势头。

五大湖地区的芝加哥是港口城市发挥上述作用的典型案例(Miller, 1996)。19 世纪和 20 世纪早期,芝加哥创造了一系列惊人的经济、社会与智慧模式。这其中包括商业领域的"期货交易"模式、现代办公室模式(基于电报、文件柜和打字机的组合)、以装配生产线为特点的生产模式、钢筋混凝土结构的摩天大楼、现代立体城市、轻便架构的家用房屋、邮购贸易,[5] 现代市场技术(如"折扣商品"、"特价商品",以及对用户信任度和忠诚度的积极促进等)、城市作为会议中心的思想以及美国社会学理论发展史上第一个真正伟大的流派(芝加哥学派)。芝加哥也参与创建了唯一一个美国土生土长的哲学流派（实用主义）。20世纪，芝加哥最好的大学——芝加哥大学，孕育出了70多位诺贝尔奖获得者，主要集中于物理、化学、医药以及经济学领域。

从突发事件相关信息到秩序、创新，这可以被看作是港口城市"智慧的生命发展周期"。然而还有两个额外的因素是港口地区能够聚集智慧的前提条件，必须要提及。这两个条件从本质上说都与空间有关。第一个因素是地形学因素。港口城市大多数坐落在农业并不发达的地区，或者是没有足够的原材料供给，以满足制造业自给自足需求的地区。比如很多港口城市坐落于海岸与山脉之间的狭长地带，或者是河流入海口附近的三角洲地区，相对比较干燥的湿地地区或是岛屿地区。这些城市都崛起于地形学上比较贫瘠或条件恶劣的地区，而智慧的聚集则是对此的一种补偿，以及作为对传统资源或生产要素缺乏的一种代替。可以说，港口城市自己创造了新的优势来取代旧的劣势。

对港口城市而言第二个值得探讨的必要前提是，这些城市都给人以强烈的"雕塑感"。港口城市的居民往往认为世界具有较强的*可塑性*，而且港口城市总是会以特殊的方式将形式媒介的轻便性与可塑性联系起来。具体来说是这样的：信息、偶发事件、秩序及创新的"生命发展周期"背后的推动力是人类对自身生存环境中所具有的各种不确定性的认识和反映，我们也可以把这种生命周期称之为"控制论周期"。人们往往会把自己对各种环境、现象的认识依托各种轻便型媒体创造和反映出来，而这些轻便型媒体具有便携和灵活多变的特征——这恰好体现了控制论周期背后的驱动力的不确定性特征。到了这一周期的后期，秩序和结构的特征多数会集中体现在周期的结果方面，因此可塑性和雕塑性的特点很快就成为集体智慧的集中体现。因此，港口地区的"城市化"和"建筑性"水平就成为了这一控制论周期的主要特征。

信息与不确定性

信息是对不确定性的一种反映。当人们感到茫然时就会寻求开始搜寻信息。[6] 因此，生活相对稳定的乡下人往往对信息的需求不多，他们很少出远门到15至20英里以外的地方，他们的生活方式受本地风俗、季节等固定因素的支配。当然，这种一成不变的生活总有一天会被各种不确定性因素打破，比如战争入侵，到那时他们肯定会想获取更多的信息。在农业社会里，这种突发事件还算是很罕见的，到了需要进行长途贸易的商业社会中，突发事件就比比皆是了。在不同的社会形态中，从农业社会到工业社会再到长途贸易为主的社会形态,后者对信息的需求水平最高。理由很简单,在日常固定活动的基础上,后者的活动中不确定性最高,生活在长途贸易社会中的人往往需要经常处理模糊的信息和情况,需要经常面对各种突发事件并迅速做出选择。人的行为习惯越多,社会交往越多,就越容易对不确定性和突发事件有深刻的感受。同理,一种社会形态中长途贸易和相关的人际交往占社会生活比例越大——不论是地区性质的还是全球性质的——那么这种社会面对不确定性的机会就越多。必须认识到,不确定性带来的影响并非都是消极的,最起码不确定性会给人们带来对信息的需求。比如说,每当股票行情下挫、战争爆发、病毒流行,或一些公司濒临破产,诸如此类的"事件"都会产生不确定性,紧接着,对信息的生产和传播的需求也就出现了。

信息有助于人们回答"我在当前状况下应当做些什么?"这类的问题。这类问题需要进行高水平的认知加工,相反,农业社会中的各种不确定性所产生的问题却具有较多的情感性内容。换句话说,不确定性会同时引起人的基本情绪(害怕、警觉和恐慌)以及认知的情绪性反应(好奇、感兴趣和注意)。传统的农业社会中,不确定性所带来的影响和波动最后一般都是由等级制度中位置较高的人出面平息并解决(一般都是本地大家族的长者),而在现代社会,不确定性却会产生对行为过程进行担保的需求——也就是对指引人们应该如何行动的规则的需求。这类规则和方法来源于人们无数次对行为或"过程"的规范与调节,是宝贵的经验和教训。换句话说,思想要先于("计划")"行动",而要想做好计划,必须先收集必要的信息。计划的价值体现在事物之间的相互联系性——这可以用直角坐标系的 x 轴和 y 轴来体现,"如果 x 发生了,那我们可以做 y 来弥补"。人们可以通过了解事物出现的来龙去脉并预测事物未来发展的可能方向来解决不确定性的负面影响问题。就好像火车运行时刻表、电视台节目播出表一样,我们有很多可以运用的方法来解决事件之间的关系所带来的各种不确定性问题。程序性规则,不论是在政府部门还是到商业化的公司里,都是形成方法的基础。

在港口城市中,不确定性在一些情况下的确是靠严谨规范的行为规则和各个部门的通力合作而得以解决的,但有些时候正好相反——也就是说,不确定性的解决依靠的是一些具有矛盾性的解决办法。在复杂或情况不甚明了的情况下,突发事件的不确定性往往让人压力剧增,而这种紧张状态可以通过矛盾性的解决方法来使人们同时认清情况的两个对立面,因此认清矛盾也是解决突发事件的方法之一。自相矛盾式的思维方式不强调那种严谨的"如果-那么"式的思维方法和逻辑,但会更强调矛盾两方面概念的联合和关系。Immanuel Kant 在他的《道德形而上学基本原理》一书中(1964,

123-4)认为人类最需要的思维类型就是自相矛盾式的思维,进一步他提出在偶然性与必然性之间并不存在明显的区别。这正好也体现出港口城市的心态,因为这类城市总是既从事进口贸易又进行出口贸易,这里的人在思想上具有一定的"革命性"——矛与盾共存,循环往复。换句话说,我们从偶然性出发最终会达到一种必然,然而这一过程又会让我们再次回到偶然性的一面。

在类似于"道家"的思维模式中,信息是很重要的资源。[7] 人的活动范围越大,所需要的信息就越多。由于人们试图扩大活动范围,因此就需要更多的信息来应对越来越多的不确定性。信息可以通过多种方式来进行生产和传播——信件、文件、新闻报道、备忘录、分析报告、实况报道、官方评价、法律法规文件等等。当然,这些信息也完全可以通过电子的方式进行生产和传播。自从19世纪中期电报发明之后,电子传输方式就被应用于社会的各个领域。无线媒体(广播、电视、移动通信设备)和有线媒体(因特网)在20世纪则大大扩展了信息即时传输的范围和领域,但这还未触及到信息传递的核心本质。[8] 另一方面,信息也可以像其他实体商品那样进行传播,比如书籍可以进行船运,文件的纸质拷贝可以进行快递,信件可以通过邮政系统进行邮寄,政府公文和报告则可以存放在文件袋和仓库中。

信息的存储和输送创造了一种全新的经济模式,而这一新经济模式的基础就是不确定性。因此,有许多——可能是大部分——在信息经济模式下生产和传播的产品几乎没有持久的价值,而且有很多在被存储或传输之前就已经变得无价值了。信息是在应对一个"事件"或一系列"事件"时产生和传输的,一旦一个"事件"已经被报告或分析过了,之后几乎没人会愿意回过头去重新进行分析或报告。实际上,信息的真正价值不在于其本身的某些特点,而在于它的生产和传播过程是否能满足对信息的需求,而这种过程甚至与信息的内容没有太大关系。在经济危机中,公司董事会往往会要求进行战略分析,而政府在面临军事实力下降时也会要求开展相关的调查分析,但是除了执行情况分析之外,人们很少关心这些报告中的其他部分,而且关于未来执行方案的各种策略和建议通常也不会得到切实的贯彻。在上述案例中,信息的产生和传播就已经满足了人们对信息的全部需求,因此基本上没人会关心这些报告或文件中真正说了些什么。

从这一观点出发,信息可以看作是社会情境中各种不确定性因素的晴雨表或风向标,它是社会焦虑或社会好奇心的预警系统,因为对信息的需求是一种对未知或不可预测性的反应。比如说,断言这片沙漠明天不会下雨,这个表述中基本没有什么信息价值,因为我们都知道沙漠中下雨的"可能性"微乎其微。客观地讲,下雨在任何地方,包括沙漠中,其本质都是随机事件,但我们通过长期的研究可以掌握其分布的概率,因此明天的确存在某种程度的可能性(虽然这个可能性很低),这片沙漠会下雨。从这个意义上来讲,前面的那句表述实际上是关于"事件"可能性的一个表述,虽然它具有一定的价值,但是价值确实不大。总的来说,这个世界中偶然性的事件越多,人们的惊讶和不可预测感就越强烈,因而就越是需要获取更多的信息。如果我们生活的世界中,沙漠被雨水淹没,热带地区干旱无比,温带地区天寒地冻而南北两极的冰盖全部融化,那我们的世界可能很快就会陷入混乱之中。这样的世界会产生最大量的信息,但这完全不是我们想要生存的那个世界。与此相比,艺术家虽然总是会产生混乱的想法,但其本质只是一种思维的实验,不像上述情况一样具有危险性。因此可以说,在面临各种不确定性时,如果仅仅寄希望于获取更多的知识来降低自身的不确定感,那最后必将走向混乱。

偶然性与秩序

那么基于对不确定性的反应收集来的信息,究竟是如何降低不确定性的呢?简单来讲,就是通过对已经发生了什么(报告)以及是什么导致了这件事的发生(分析)这两点的阐述,不确定性可以得到降低。但信息所传递的不一定都是已知的内容,信息本身也不一定总会减少我们对于世界混乱性的认识,比如对股票行情自由落体式的下跌进行报道就会大大增加我们对于世界无序性的担忧。但是从另一方面来看,信息的确为我们进一步产生具有指导意义的知识提供了"原材料"——这类知识会指导我们去应对意料之外的"事件",帮助我们理解事件的起因,进而让我们明白,其实绝大多数事件(主要是那些我们认识不足的事件)并非真正的偶发性事件,这些事件都有其发生的必然原因。而要想理解事件发生的结构性原因,我们必须首先理解事件的内部结构,我们必须以人们可以认识和理解的方式、模式和特点来呈现这些事件发生的过程。

让我们先来思考指导性知识的第一个方面:找到与事件相关的了解途径和解决策略。沙漠里如果真的下雨了,我们所有人可能都会感到惊讶。但如果只是分析沙漠中下雨的原因,其实并不能减少我们的惊讶感,但这会促使我们对这一情况做出某种是/否反应——即是否要把这一事件看成是一种偶然事件。自然现象、市场现象和政治事件都有可能改变我们行动的进程,比如我们发现沙漠中真的下雨了,那么我们必须决定是否要坚持按原定计划走进沙漠，还是要先等下雨这一"事件"过去再走——出于对不确定性的某种担忧——我们往往会认为这只是个偶然现象。那么为什么会做出这种选择？因为信息通常就是对一个实际问题（质询）的回应，这个回应中会包含一种信息，即这个回答能够在多大程度上减少提问者的不确定感。当报告说"现在正在下雨"的时候，其实背后隐含着另一个问题：即这种"事件"——脱离正轨的情况——什么时候会结束？（雨什么时候会停？）当我们问自己这样的问题时，我们也就同时提出了一个与这种偶然性有关的选择题："我们是等雨停还是继续走？"偶然性本身就代表着不同的选项，我们必须从中做出自己的抉择。当然，我们也可以对这种偶发事件进行预先的计划（"沙漠里也可能会下雨——如果我们遇到这种情况，那该怎么办？"）但是这种"如果……怎么办？"的问题——从其本质来讲——并不是针对"突发事件"而设立的。所以如果遇到了突发事件，我们仍然会感到惊讶，惊讶之余还必须根据突发事件的性质临时找出相应的对策。

  生活在港口地区的人们时刻都会面临这种偶发事件所带来的选择。换句话说，如果一个社会中容纳了来自各种地区的各色人等，包括温带、热带、沙漠以及北极地区等，那么这个社会遇到各种突发事件的可能性会大大增加，以至于到最后这一地区的人们都会对突发事件习以为常，见怪不怪。在这样的社会中，迅速决策并找出问题解决办法的能力倍受青睐，因为这种能力会迅速降低人们的不确定感，同时降低与不确定感有关的信息的流入。如果不能迅速降低不确定感，混乱必将尾随而至，不论是在社会生活层面还是经济层面，甚至包括信息层面（太多的信息本身就会产生不确定性："时间有限的情况下，我应该先阅读哪个信息？""我可以先忽略哪个信息？"）都是如此。

  面对不确定情境时，与做出可能的选择同等重要甚至更加重要的还有*模式识别*（pattern recognition）能力。模式识别能力让我们可以判断"突发事件"背后是否存在某种潜在的固定模式。当运用这种能力时，我们会问这样一些问题："沙漠中下雨是异常现象吗？目前情况与已知的沙漠降雨可能性相吻合吗？这是否预示着气候模式的某种长期变化？"

  模式识别的理论观点认为，不管是自然界的、社会—历史的甚至是神圣事件，背后都存在某种潜在的结构——也就是说，这些事件都是被系统地组织起来的，同时这一观点并不否认非系统性行为的存在。自然界的很多现象发生时都毫无征兆，但一些政治事件留给我们的深刻影响却会延续许多年，市场会没有规律地上升或下降，而命运更是反复无常。然而，人类所具有的模式识别能力是建立在对世界上一切事物都具有根本的秩序性的认识之上的，而令人惊讶的事件都是例外，并非事物的必然规律。更令人难以置信的是这种观点认为事实上整个世界都是有秩序性的，尽管现在看起来并非如此。比如说，热恋中的情侣其中一人突然自杀身死，这是一个令人震惊的突发事件，而且"毫无价值"，但是相对比较缺乏人情味的社会科学研究明确地告诉我们，那位自杀者由于经常表现出高水平的自杀行为，因此早就是"高危"人群的一员了。[9] 这对于失去爱人的人来说可能并不怎么舒服，但无疑这也向人们指明了一个事实，那些看起来令人"惊讶的"和"震惊的"突然事件，通常也会受到某种概率性或标准性秩序的约束，而这些秩序是具有决定性意义的。这个世界会发生一些随机事件，也会有很多必须尽快做出判断的生死存亡时刻，甚至还会发生一些超自然现象，但我们并不生存于一个随机的世界。随机的世界终归是混乱的、不确定的和无组织的。相反，我们可以很好地处理偶发的随机事件，甚至从中得到一些有趣的结果。一些关于个人自由和艺术的理论对随机事件评价很高，但实际上对随机事件的应对能力体现出人们对秩序的认识水平以及产生新形式的能力，而这些新的形式是人类自由与创造力的真正基础。

  关于对混乱的体验，应该说除了面临历史的十字路口或只是浅尝辄止的体验之外，其他的体验都不会是一种充满自由感或创造性的体验。长期面临混乱将会导致人的无序感持续上升，从而导致出现各种不确定性和无组织性，同时也会持续降低社会的、个人的能力感。简而言之，混乱会让人感觉精疲力竭。与此相反，结构则会带给人力量——当然，很多所谓的结构并不能起到这个作用，反而会带来更多混乱。但是必须要认识到，只有在真正的秩序社会，只有当一个系统体现出美丽、优雅而且经济的组织形式时，真正美好且伟大的事物才会产生。秩序与规则、标准、礼仪、程序、风俗及仪式有关，但不要纠结于此——我们还可以从信息中获取到知识以外的很多东西。比如仪式和规矩在某种程度上受形式的制约，而形式会首先产生结构和秩序，因此仪式和规矩很多时候可以看作是形式的第二级或第三级产物。我们也可以把秩序理解为对模式、设计的概括性理解，因此秩序就成为在建立社会结构和组织结构时必须参照的模式和设计标准。

社会几何学

  从社会—历史的角度来说，秩序是保证我们在这个世界上规范行事的前提条件，它不仅可以帮助我们对将来要做些什么进行周密计划,从另一个角度而言,它也有助于回顾和理解我们已经做过的事情。下面我将严格按照社会—历史研究领域的有关观念,对三种不同的基本秩序类型进行辨析——基于等级制度、网络化和导航的秩序。[10]这些秩序体现出不同水平的可扩展性,导航化秩序具有最远的可延展距离,网络化秩序次之,而在等级制度下秩序的可扩展性则最小。[11]

等级制度是一种单维度的秩序,为了形象地描述等级制度,我们可以用铅笔在纸上按照垂直方向画出许多的点,然后用线条将这些点连接起来,进而从最初的一系列点和线向外逐渐延伸出更多的点和线(交叉点和路径)。通过这样的方法,我们可以用图表的形式构建出较为复杂的社会和组织结构。在社会历史领域中,那些传统的、风俗的、世袭的以及祖传的秩序都属于等级制度的秩序类型。我们对于这一类等级制度都比较熟悉,即使在现代,很多传统的等级制度已经发生重大改变,由组织中的等级制度代替个人和传统等级制度的情况下,我们仍然对等级制度并不陌生。从日本企业的协同生产(consensus-producing)等级制度到中国大陆的政党官僚主义,从全世界多数贫穷国家普遍存在的资助人—客户等级制度到大多数现代大型企业中以部门化、过程驱动为特点的福特制,大多数组织中的相当数量乃至绝大多数行为仍然受自上而下的等级制度约束。

然而等级制度并不是唯一的一种秩序类型。在现代社会中,两维度的社会几何学秩序类型正在逐渐代替单维度的秩序类型。想象一下,如果我们用线(路径)把点(交叉点)都连了起来,然后我们再将这些线全部连接起来,这样我们就创造出一种新的平面图形,例如田地、窗户和桌面都是这样。田地、窗户和一切平坦的图形是现代性想象的中心。[12]20世纪后期,随处可见的一个关于"窗户"的比喻和使用,随着信息技术的迅速发展已经成为这种秩序的一个典范。也就是说,对于现代人而言是那种平面的图形而非树形的垂直等级制度才是现代秩序的典型代表,同时这也代表了现代人对世界的图形化想象。窗户、镜子、框架、地图和各种建筑的外立面代表了现代社会几何学的想象力结果。之所以如此是因为这些事物内含了平坦的表面特征,他们不是以"自上而下"的等级制结构模式被组织起来的,而是以"从左到右"的平面结构模式被组织起来的,就好像一张台球桌的桌面那样平坦。

历史上关于平面类型秩序的早期例子可以追溯到17世纪英国"水平测量员"的普遍观念,从那时起,一直到18世纪,水平测量员们坚持认为世界是由经度和维度这两个维度共同构成的。然而向保守者们传播全新的"世界观"在那时却是一个很缓慢的过程。比如说，在那个年代要想说服英国皇家科学会相信空间是平的就十分困难——因为这种观念与传统的可以使人抬头望向星辰（天堂）的等级制观念相冲突。在海上航行的导航员们很喜欢经度的概念，但是当时的科学更倾向于用观测星星相对位置的方法来进行导航，因为观星法背后是以等级制为理论基础的。事实最终证明，经纬的概念对于导航的帮助远大于观星。不过必须认识到，等级制作为一种非常传统且基础的秩序原则，它从来就没有完全消失，只不过是经常变换表现形式而已。

等级制与强大的权力通常会紧密地联系在一起，但这种联系在等级制与平面结构之间却没有那么紧密。平面结构的用武之地在于建立和促进网络系统中的各种联系。具体来说，各种事物可以在平面结构中朝向不同的方向移动，它们可以跨越不同的路径，最终在平面结构中形成一种网状结构。在社会活动中，这种交互作用是由"规则"或"计划"来约束的，而这正是现代法律存在的意义；这同时也是现代民主和组织过程存在的意义，因为只有这些规则才能保证互动行为的秩序性。此外，这些规则能够在平面结构中协调事物间的相互关系，而这种协调关系反映出的"平等"特性，恰好与升序—降序的"关系链"所具有的那种"等级制"相反。比如"平行化组织"的模式、"一人一票"（one vote, one value）以及"一法治天下"（one law for all）的理念都是这种二维化平等的表达。

这些平行化的理念在全世界都很流行，技术的发展就是一个很好的例子。比如现代电脑的"桌面"系统就没有等级化结构，同时电脑的硬盘像枝干一样安装于电脑硬件的树状结构当中，这也正好体现出本地网络中信息的组织形式。然而如果我们在此基础上再向前多走一步，从交互式、网络化计算的技术角度考虑的话，我们会发现一种完全不同的秩序——侦测或导航化秩序——在这种秩序的作用下，由于交互式网络化世界的存在，我们将无法再以等级制或平行结构为基础进行上下或左右方向的随意移动。导航化秩序是交互式网络化技术的秩序基础，这种秩序的"本质"是促进"内部和四周"的各种运动，其关键技术是搜索技术，其组织模式既不是线性的也不是平面的。这种秩序具有一种"可塑性"的特征——或至少在信息领域具有一种实质上完全平等的、三维度的可塑性（Murphy, 2005b）。要想更好地理解这种秩序，不妨想象一下我们需要将许多平坦的平面组合起来，因此我们创造出具有立体结构的物体（三维物体），旁边被其他的物体（三维物体）所围绕。我们还可以创造出三维空间，各种三维物体在其中运动。而这些正是导航化秩序的基础。

等级制的秩序可以在近距离时空和高密度行为的条件下创造出最高的效率，平面网络化秩序则是在中等密集程度的行为水平和中等距离的情况下会发挥出最大作用——比如在一个国家的范围内。而导航秩序则是在行为密度最低、距离最长的时候,会发挥其最大作用。我们可以从地理学的角度来思考三者的差别:等级制在本地作用最大,相应地,一旦等级制扩大自己的管理范围,则管理的难度会大大增加,离等级制的发源地越远,则管理难度越大。[13] 网络化秩序则比较适合于一个国家或一个大陆的范围。我们可以想象一下现代网络化设施的建设——铁路、电报、电话和广播网络——它们能够正常发挥作用的范围相对来说都处于中等距离的空间区域内。

等级制能产生强大的个人联系,当然,这种强大的联系也有其限度,且通常会受到传统规矩、风俗或忠诚度乃至命令的影响和调节。网络化秩序会产生更加广泛却不那么紧密的联系。网络化秩序会把人以协会(association)的形式组织起来,而不是社团(community)。前者的组织形式通常是平行化而不是垂直化的。与等级制相比,协会中的人对规矩、风俗和命令的依赖程度更低,但会更加依赖于法律法规、规程及象征性的指导("政策")。现代企业通常都是等级制和协会制度的混合产物,而且现代企业会有很多机会对自己的组织系统进行跨国管理。但在那之前,家族式、贵族式或党派形式的等级制度可以很有效地对组织中的各种行为进行管理。当这些传统的制度在国家或全球范围内逐渐不起作用的时候,官僚主义的混合型组织出现了。现代官僚主义等级制度实际上是介于传统等级制和网络结构之间的一种组织形式,[14] 这种形式允许在一定距离内进行小范围的人与人之间的联系,当然也包括诸如员工与老板之间的这种垂直关系。而且雇员在本地仍然处于等级制管理体系之内,同时,在更大范围内,也能够通过契约、职业关系、同伴、跨部门、组织间等多种接触方式及策略性同盟等方式形成工作和管理网络。

社会的网络化发展并不是一个新鲜事物。[15] 现代化的海洋帝国(荷兰和英国)曾经的繁荣在很大程度上就是因为他们在面对整个世界的海上贸易活动中建立起了有效的功能网络。而网络化社会最典型的例子来自于美国(Murphy,2004)。这一网络化社会以法律和操作规范为基础,具有很强的平行化协会的特点,换句话说,这是一个具有很强的二维平面特征的法治社会。从 Thomas Jefferson 的立法努力中我们不难发现,他试图通过法律将全美国分成网格状的一个个相对独立的州,而这种类似于国际象棋棋盘的几何学设计,以及由纵横交错的线所构成的网络,在二维空间中是具有无限可扩展性的——比如说对于全美地质学调查中的制图员而言就是这样。而在这背后则是一个简单的等式,即法律加上网格等同于一个充满活力的社会。

第六章 创造力与知识经济

正如 Jefferson 所期望的那样，美国的实力逐渐扩展，从一边的海岸到另一边的海岸，跨越了整个北美大陆，并超越了这片大陆，而这些正是通过网络得以实现的。而这一过程中最伟大的行动之一就是 Jefferson 从法国人那里购买了路易斯安那地区，进而启动了全美河道网络的建设。这一行动激活了一张商业网络，并迅速扩展到整个密西西比河流域，最后，从新奥尔良到五大湖地区，上至圣劳伦斯湾区，下至哈德逊河畔的纽约市，均被纳入这个商业网络之中。而后陆上网络（铁路和电报）迅速跟进。最后，这张庞大的网络通过城市间的通信发展（首先是有线电报，然后是无线通信及卫星通信）以及美国军队在全球范围内的"驻点"而跨越了大洋，走向了全世界。

在中等距离范围内，网络化是非常有效的合作模式，但是随着距离范围的扩大，其有效性会出现下降。在一个大洲之内，由 50 个国家所组成的联盟会构建一张极其有效的联邦制工作网络——但在全球范围内由 500 个国家所构成的联盟则是难以想象的，那只能造成一种无组织且十分混乱的状况。即使是拥有战略网络和网络化同盟的美国军队，在全世界范围内的军事干预行动也无法在超远距离并持续作战的情况下一直保持较高的作战效率。与此类似，我们可以回顾一下最初的计算机网络原型，20 世纪 60 年代美国的 ARPANET 计划。[16] 该计划曾经是将网络几何学扩展到计算机领域的一次重大进步。然而，在网际化网络工作的新时代，当网络化计算（通过网际融合）被扩展至洲际范围时，一种新的逻辑逐渐取代了已有的网络工作逻辑——即导航化逻辑。在这种计算逻辑中搜索和侦测开始取代传统的严谨式网络工作逻辑。[17] 导航的逻辑从根本上来说并不是一种关于状态的逻辑（"我在这个位置"）或是一种推理（"如果 X，那么 Y"），而更像是一种形态学的逻辑，一种美学的逻辑。我们可以试想一下，如果要通过谷歌那种级别的数据库进行一次成功的搜索，那就必须要具备模式识别的功能。因此同样可以说，人类的创造性行为（尤其是自发的创造性行为）同样也采取了这种模式（审美模式）并对其进行了重构（Thompson，1917/1961，260‐325）。

在这里必须要提醒一下：关于导航化秩序，实际上这并不是什么新鲜事物，就其本质而言它就像港口城市那样古老。我们可以回想一下，等级制社会以垂直的各种各样的线条、分支作为其主要特征；网络化秩序则是以网格、框架或在一个平面上向四面八方发散的线条为主要特征；那么与此都截然不同的是，导航秩序具有第三个维度——深度。导航空间中充满了各种各样的"山谷"，这是一种凹凸不平的空间，或者说，这是一种具有可塑性的空间——在这种空间中，事物可以任意穿行或环绕，进入或退出。这是一种具有循环特征的空间，这就意味着这种空间始终是旋转的，是一种"循环往复"的空间（Murphy，2001b）。

导航化秩序被称之为"导航"是因为这种秩序非常看重认知定向能力和情绪，而在等级制或网络化秩序中，寻找到一个人的位置相对来说更容易。从另一方面来说，一种秩序崩塌的先兆就是遵循该秩序的个体，其定位功能出现系统性功能失调。等级制通过线条将不同的节点自上而下地连接起来，而网络、框架、网格和其他的网络结构在连通性方面则具有更高阶的水平（"冗余"水平）。导航化秩序很好地利用了等级制和网络模式的优点，但同时这种秩序又不像其他两种秩序那样特别依赖于"连通性"。[18] 为了定向并计划一次行为，导航化秩序中所用到的策略从可塑性的角度来看更加简单化了，换句话说，导航秩序使用更高水平的"设计"理念来计划和规范行为。这种设计理念的特点包括规模、比率、对比、对称、节奏和平衡等。这些形式—构造（pattern-forming）几何学特征对人类而言是很容易辨识的，哪怕这些特征从构造的角度而言无法很好地体现出几何学的美感。关于上述设计理念特点的知识往往是内隐而非外显的，但这并不影响其作用的发挥。

规模、比率、对比、对称、节奏和平衡可以应用于事物的方方面面——语言、视觉、听觉、触觉和嗅觉；同时也包括在审美、智力、社会、经济、政治等领域的应用当中；还包括在组织化、协会制关系、风俗习惯等方面的应用当中。这些形式-构造特点在等级制和网络化秩序中都有所体现，比如等级制可以将所有的自上而下的分支进行系统的组织；而在网络化秩序中，网格（grid）是对网络进行高级（基本上是死板的）系统化组织的一种方式。但只有在三维结构的导航化秩序中，形式—构造的几何学特征才能发挥其最大的作用。可以想象一下平时你在街上散步时的情景。我们走（"导航"）在一个充满了几何学特征的世界中，通过使用和查看地图上网格状的街道，我们或许清楚自己是走在一个网格的世界中，但真正指引我们行动的，是由成千上万的、以各种规模、比率、对比、对称、节奏和平衡为特征（以及精确计算出的实际差距）的真实事物所共同构建的形式。

可循环再利用的知识

导航化秩序同样也适用于解释与知识相关的各种现象。哪怕我们只是在对最简单的数据进行整理以求从中发现规律，或是想方设法以其他方式利用数据的时候，我们就已经开始创建导航的目标了。比如录制的音频消息、视频片段、文字、报告——或者说所有的信息实体——都必须要具有某种适于导航的"力量"。这种适航性来源于知识的"清晰度",来源于知识的组织形式。让我们以文件作为信息实体化的一个例子。文件是现代管理的基础之一,我们可以构建文件的树形层次图,我们也可以将文件相互关联形成文件网络。[19]但是当我们在不同情况下使用文件时,上述这两种组织模式只能发挥出有限的作用。为了让文件具有可导航性,我们必须依赖其他的线索,比如视觉对称性、规模和比率等。所有的信息实体,从显微镜水平到肉眼可见水平,都必须能够以上述适航性特征进行组织。比如说纸上的某一个文字,就是由颜色对比强烈的点以某种规律组合而成的,而纸上的文字段落,则是依据某种对称性原则组合在一起,或是刻意偏离对称性的某种原则。整篇文字的标题、副标题和正文的大小也是有规范的——分别采用大号、中号和小号字体。更为复杂的排版规则也运用了相同的内隐几何学规律。可以说,空间是从规模、比率、节奏等几个方面,按照人的肉眼易于在页面上阅读和搜索的原则被分配的。而这种分配背后的三维空间则正好是阅读者的眼睛与纸面之间的空间。

同样的解释也适用于更大型的智慧型、组织化以及社会化的系统。有很多系统的内部运作和计划可以在不与其他系统发生过多联系的情况下进行,但是在等级制和网络化的系统中,如果相互之间的联系被阻断,那么这个系统就无法正常运行。所以为了保证相互之间的联系,一些系统就需要制定某种形式的法律、政策、协定或类似法律的协议,以此来保证和强化系统的正常运转。同伴、同盟、契约以及其他形式的网络化关系因此被协议化和规则化,同时,网络中每一节点所发生的各种交互行为也都依赖于连接强度及其同伴的行为表现。当合作同伴相距较近时,"个人关系质量"(信任、忠诚、默契与相互理解等)就会起到比网络关系更大的作用。另一方面,当相互之间的距离超出中等距离之外时,系统需要管理的距离越远,则相互联系所产生的压力就越大。因此,超出中等距离的交互行为就产生了一个悖论:我们怎样才在不进行相互联系的情况下保持互动?

没有联系的互动是初级市场的基础[20]——比如无组织的部落之间除了贸易活动之外,就不会经常与其他部落进行会见。一方面害怕陌生人,但另一方面又希望与自己族人以外的部落做生意,因此初级市场贸易者往往会把商品置于其部落的边界处,然后这些商品会被不知名的其他部落贸易者拿走,并在原地留下用于置换的其他部落的商品(Brown,1947/1990,39)。赫尔墨斯是古希腊时期的这种沉默贸易(silent trade)的保护神。[21]当一些强大的国家开始逐渐靠近其他国家的边界时,他又成为跨境贸易者(从事多种沉默贸易的人)的保护神。渐渐地,沉默贸易开始发生变化,人们不再害怕陌生人,而且进行沉默贸易的场所——边界地区和十字路口——开始汇聚来自于各地的陌生人。直到最后,这些陌生人创造了他们自己的社会形式——港口社会。

沉默贸易在世界贸易和文化交流的历史上曾经出现过多种形式,然而20世纪后期电子通信这一全新通信形式的出现及其巨大的影响力改变了一切。文件以电子格式储存在电脑网络中,这大大地强化了文件之间的横向联系和综合利用率,而这也正是网络化模式所应该具有的效果。有趣的是,电子文档之间的横向联系同时也扩大了在商业和智力领域进行沉默贸易的潜在可能性。这种电子网络创造了一种异步处理结构,使个体可以在网络中基于信息做出决策和反应,同时还可以通过计算机网络对不同个体的行为进行协调。而且个体的行为不仅是基于互相提供的即时信息,由于计算机网络具有汇聚信息的结构和模式,个体的行为也可以基于对所有活动个体信息的获取与汇总,而后再做出自己的决策和反应。数据记录作为一种机器-机器行为的结果记录,使我们可以分析网络上匿名的个体和自己的行为数据之间的相似性,进而得出不同个体的行为特征,比如:"某人阅读了文献X,也阅读了文献Y"或"某人购买了商品N,同时购买了商品P"等等。此类数据不断积累,最后得出的并非是一个(关于信任的)"团体"或(关于同伴的)"协会"的相关界定或描述,而是一种以匿名形式收集起来的关于各种事物的可用性、行为特点和类型的描述。基于这种没有相互联系的互动行为,我们可以从自我反思和自我监控的层面对沉默贸易进行深入理解。

"决策市场"(Surowiecki,2004)是沉默贸易的另一个现代案例。在这个市场上,个体需要独立地作出与他人有关的判断。比如判断糖罐中有几颗软糖、谁会赢得下次大选以及哪支股票会上涨等。这种判断并不一定是对未来的正确预测,但运转良好的股票市场和选举在"正确答案"上都具有相似的特征。这一方面是因为决策市场在对知识进行利用时,从不采取说服等形式对知识进行歪曲。发源于古希腊的一种关于知识的理论就已经开始怀疑,说服这种与集体决策差异很大的决策方式,会降低对知识的使用效果。换句话说,这是一种"诡辩"。另一方面,决策中的武断因素——比如谁先说或者谁声音最大,以及想让别人喜欢自己或害怕冒犯他人——往往会导致严密的思维推理出现漏洞或变了味道。此外,差的判断与好的判断一样,事先可能都经过较为深入的思考和沟通,所以很多人做坏事都会有很好的理由。由此可见,集体决策作为一种最好的选择,往往会在决策者们相互独立的情况下发挥最大的积极作用。在集体决策过程中,经常是先做出一系列独立决策,最终再汇聚到一起,这更像是"击中目标"的过程,而不是一群专家、长者或委员会成员商讨并达成一致的过程。决策市场——比如就选举结果打赌——或与此类似的行为过程——比如在选举中投票——往往会发生在一个受到各种干扰的环境中,但决策市场本身却是沉默的。这类决策市场在实践当中往往具有更高的预测准确率,而且会比任何专家的一致意见更能对结果进行保护。因此可以说,决策市场的作用也体现在不进行交流的互动这一悖论中。

不进行交流的互动对于小国家来说尤其具有意义,尤其是基于港口型贸易的城市国家,另外也包括在经济领域占据了额外贸易空间(尤其是海上空间)的大型国家。从历史角度来看,除非是建立帝国制度,否则港口型城市国家都无法很好地管理和控制它们所赖以生存的贸易网络。一些城市国家比如威尼斯,曾经不得不建立帝制来保护和发展他们的贸易网络。[22] 但是即便他们这样做了,他们也很依赖于与别国进行无交流互动的能力。因此为了保证自己的贸易网络,他们不得不创造出运输、贸易及其他新系统来保证自我运转。

自我运转是一种对信息进行反应的系统。这个系统的反应会产生新的信息,进而产生新的反应和行为。信息的源头既来自于外部,也来自于内部。随着自我运转的循环逐渐深入,信息渐渐被积累起来,那些(积累起来的、客观化的)信息开始成为产生新行为,以及修正行为的途径之一。当我们把信息与模式相联系时,信息的自我运转循环作用将会产生最高的效率。故事、文件、协议、新鲜出炉的报告都有其所属的类别结构模式。在文字的表面之下,他们都通过某种模式与事件产生实质性联系。最伟大的城市国家和港口城市都是如此,他们在建立*理论和学说*方面优于其他地区——即在模式识别和生产能力方面拥有很高水平。

自我运转是自治的一种类型。城市国家和城市地区都对自治很感兴趣,因为如果他们没有能力进行自我运转(无交流的互动),他们会比以往任何时候都容易被兼并,从而成为更大规模的等级制结构或空间网络的一份子。而且这些地区对于自我运转来说有一个十分有利的条件,即他们对外部环境和突发事件的反应不会受到等级制度"不移的原动力"(源头节点)或分布式网络产生的各种力量的影响与牵扯。比如说,古希腊的城邦制国家一直没有采取联邦制度(尽管正是他们发明了这种制度)可能就是因为这种新制度对其自我运转的能力产生了微妙的影响。

自我运转系统还能够使变化的原因由外部转换到内部。[23] 这类系统并不依赖于源头节点的技术进步(最终的变化原因),也不依赖于网络中各种高效驱动力的融合来驱动国家和地区的发展。取而代之的是自我运转系统所产生的自我循环,这是他们进行自治和自我管理的有效模式。在这里因果关系仍然发挥着应有的作用，它可以及时创造或调节事件与行为的结果。如果我们说一个社会行为是"有原因的"，就意味着一种社会运动或行为迟早会发生，并且违背了某种为人所知的潜在模式。在等级制秩序中，因果关系的作用在于它能够驱动行为在各自的等级分支结构中上下运动——要么自上而下，要么自下而上，所有事物的运动都由源头节点所决定。而在平面秩序中，因果关系所产生的运动是在平面中进行的，"从一边到另一边"——从海岸到海岸，比如说。节点之间的相互关联，或者是不同原因的聚集，都会促进此类运动。相比之下，在港口地区的导航化秩序中，因果关系从根本上来说是"井然有序的"。导航化秩序非常依赖于模式识别和生产，而井然有序这一特点是运转的必要条件之一，是导航行为的基础条件之一。通过自我运转，各种行为呈现出"进进出出或环绕四周"的特点，其中典型的行为模式之一是循环运动，比如开放和关闭，到达和离开，"穿越或环绕"等。这种因果关系从其类别而言基本上都只是一种原因，换句话说，在循环模式中原因与结果之间的严格界限实际上已经十分模糊甚至消失了。比如说，导航员会在甲板上持续不断地收集各种模式化信息的微小细节和变化，并据此决定和不断调整相应的行动。

　　模式生产是智慧的最高级"水平"或"阶段"。创造一种新的模式是对智力水平发挥的最高要求，同时也可能会造成最大的困难。历史上模式创造并不是一种经常发生的情况，最大范围的模式创造行为和改变总是发生在相对短暂的时间和有限的空间之内。正如前边已经提到的，这种创造和改变大部分的原因都来自于沿海地区和港口城市。历史上的经典案例比如古希腊和古罗马的地中海—黑海地区，中世纪的丝绸之路——里海聚居区，文艺复兴时期的地中海地区及现代早期的波罗的海—北海地区，现代时期的中国海和19世纪的五大湖—哈德逊聚居区。雅典—比雷埃夫斯、罗马-奥斯蒂亚、亚历山大、君士但丁堡、布哈拉、威尼斯、佛罗伦萨、阿姆斯特丹、伦敦、斯德哥尔摩、上海、芝加哥和纽约都曾在历史上扮演了与模式创造有关的重要角色——无论是在艺术、科学、经济或社会领域都是如此。

　　模式创造活动多发生于港口地区这并非是一种巧合，其可能的原因之一在于港口城市和沿海地区是导航员活动的主要区域。这不仅意味着这里是航海者的天下，进一步讲，这里也是航海者对远途交通和物流、商业与文化交流等诸如此类的互动进行组织和管理的主要场所。当然，这些事务完全可以由官僚主义等级制和网络制度来进行组织和管理，但考虑到在这些模式下，管理效率与距离是成反比例的，因此距离越远，等级制与同伴网络的作用就越小。在长途贸易的情况下，无交流的互动这种"沉默"贸易就变得十分重要。²⁴港口地区为此类贸易提供了充分的支持,因为这里是"全新的贸易都市"。这里的买卖行为是在无交流的互动模式下进行的,这种交流活动既不通过等级制模式的沟通交流进行,也不被网络化协会制度所支持,而是一种抽象化的贸易活动。当然,港口地区也存在着各种各样的等级制和网络,但港口地区还有一些其他的特点——比如可以让陌生人和行商轻松往来交流的、具有可塑性的环境,以及可以对各种新出现的物资、技术和跨文化模式进行严格检验的良好环境。

Aristotle 认为城市国家理论上应该是自给自足的,就当代社会的发展情况而言,这个观点比较符合封闭式社会的情况,比如 20 世纪 60 年代的中国或 20 世纪 90 年代的缅甸。但这些并非是 Aristotle 的本意,就连斯巴达在他看来也并非是城市国家的典型范例。而且,自给自足在某种程度上意味着要进行自我运转。实际上,*kybernetes* 即舵手,是古希腊关于国家的一个传统比喻,在这里自我运转又体现出其固有的矛盾性,比如 Aristotle 理想中的城市应该与世界有着广泛的联系,但在对城市事务进行管理时却应当独立于其他地区开展。进行这种平衡具有相当的难度,只有港口城市才能很好地胜任。因为港口城市对世界充满了兴趣,同时又不会屈从于等级制度或平面网络秩序。知识在港口城市与世界的微妙关系中扮演着十分特殊的角色。比如,一个社会越是封闭(比如斯巴达模式),其组织形式就越严密,就越依赖于本地的亲密关系,因而就会更加怀疑和排斥外国人,对陌生人充满敌意。²⁵与此相反,在一个"开放式社会"(即自由网络化社会,比如美国)中,这种界限就显得松散很多,而且参与网络的代价也会小很多。随着社会网络的逐渐扩大,开放式社会对本地亲密关系的重视和依赖程度也会不断下降。然而,随着网络活动规模的不断扩大,中等以上规模的网络其力量或效率也在逐渐降低。

与此相比,港口地区的行为模式就更具有矛盾性。一方面,港口地区具有很强的划界能力——将自己与周边环境区分开来——另一方面,这一地区却具有很强的渗透性:商品、人或信息可以随意出入。而且大型的港口城市甚至会产生强烈的城市身份认同感和爱国主义情感("一种强烈的地区归属感"),同时也会吸引大量的外地人来此定居,更多的外地人愿意到访和经过此地。毕竟同时具有"开放性"和"界限性"是一个非常具有吸引力的条件和特点,而这种吸引力正是来自于其充满矛盾性的悖论。从另一个角度来看,这种全新的贸易都市会吸引特定的人群,这类人对世界的了解与互动并不依赖于个人的亲密关系,也不依赖于网络化的协会制度,而依赖于对港口地区的秩序结构、形式和模式方面微妙优势的充分利用。而且这类人进行的商品贸易和运输活动并不需要以相互的承认、承诺或面对面的人际关系好感程度为基础。如果这类人大量聚集在某一地区,那么这一地区会更容易产生全新的模式,也就是说,这类人在特定地区的聚集是港口地区组织远距离活动必需的前提条件和功能之一。当一个组织中各类系统的自我组织主要依赖于模式而不是网络化的协同合作,更不是通过等级制中不移的原动力来对行为进行直接指导时,这个组织的收益才能最大化。

知识的管理

世界上几乎所有的大型公司都把总部放在了港口城市,如 Slater 地图(2004,600-1)所指出的那样,全世界财富500强企业当中,一些企业(亚洲)的总部坐落于日本群岛和朝鲜半岛南部;一些企业(美国)的总部坐落于东海岸、五大湖地区、密西西比州、加利福尼亚海岸以及墨西哥湾地区;而另一些企业(欧洲)则把总部建立在英国东南部、巴黎大区以及莱茵河—多瑙河地区。相反,没有遵循此逻辑的情况则很罕见,比如只有3家世界财富500强企业把总部设置在北京,另有3家企业把总部置于台湾地区的首府台北。

在上述数据中,港口城市的绝对优势来源于这些城市:(1)可以最大限度地获取信息(尤其是各种价格信息),(2)建设有世界上最重要的分配网络的重要节点,(3)在产生新模式及积累关于模式的知识方面表现最佳。从长远的眼光而言,在企业的所有功能当中创造具有生产性的新模式是最重要的一项功能。不同的企业通过价格相互竞争,但同时他们也会通过供应链和分配网络积聚市场力量(市场分享),但最成功的企业是"艺术型企业"或"科技型企业",他们的竞争力来自于对产品和系统的设计,来自于产品的"质量"。

所有企业和组织的发展都依赖于稀缺资源,对这些稀缺资源的利用越优化,则公司或组织就越能长久生存。在这里,"审美"知识将开始发挥必要的作用。毕竟从根本上来说效率与经济都是美的一种表现。如果一种技术可以将冰箱的实际能源消耗降低百分之十(这一点技术专家们在20世纪90年代就已经做到了),那么这种新式冰箱在市场上将比单纯只是价格便宜的冰箱更具有竞争力。从科学的角度来看,经常钻研技术的专家总会找到更好的办法来解决技术难题,就好像商人总会从艺术的角度出发找到更棒的方法去实现某种商业上的创意一样。这种情况同样适用于经济活动。如果我们仔细观察中国经济在21世纪头10年的发展,不难发现实际情况并不像记者们的例行报道中所吹嘘的那样中国仍处于一种飞速发展的上升期,实际情况可能更像是一场全面疲软(gross inefficiency)的噩梦。当我们发现中国以七倍于日本、六倍于美国、三倍于印度的资源来生产与上述三国相等单位的产品时,技术与设计的压倒性重要作用就显得十分明显。

现在,设计在消费中所起到的作用并不亚于它在生产中所起的作用,而且这种重要性还在不断增加。实际上有经验的消费者在购买商品时是依据审美而不是价格因素来做出最后的购买决策的。这种审美因素可能来自于商品本身,也可能来自于商品所在的购物中心,但审美绝不只是一个外在因素,它处于产品创造性品质的核心,因而会在许多方面影响着商品的售卖以及利润的获取。简言之,一个不断研发新药物的公司相对于那些只是以便宜的价格售卖药物的公司而言会处于更有利的位置,从根本上来说,这正体现出知识经济的作用。换言之,这是一种美学经济。这是企业间关于设计的竞争——被设计的产品可能是一个易拉罐、一种药物、一种软件、一条高速公路或一本书。设计背后隐藏的观念通常来自于人类的共识,但把这种隐藏于背后的共识性观念表达出来,使其成为一种外显的表现形式,这一过程就会产生知识产权。久而久之,那些最有价值企业的价值就都来源于知识产权而不是其他资源了。

港口城市地区长期以来都在从事与设计有关的社会劳动,比如威尼斯的经济发展就建立在不断设计更新型威尼斯小艇的基础上。而且像威尼斯这样的港口城市在城市环境设计方面也投入了大量的劳动力,这与奢侈的装饰设计无关,也不是在炫富,实际上,美丽的城市使其居民有最大量机会接触不同的模式与设计,这样就会激发和鼓励他们在各个领域的设计过程中充分发挥聪明才智。关于开放性,神经学领域的研究结果也为我们提供了人类经验开放性的强有力证据。神经学研究发现,人类神经系统的结构并不完全是一种遗传性继承,它会随着人类个体与环境的互动而不断产生新的连接,从而不断建构与发展。而城市环境的建设一直以来都是培养人类建筑智慧的关键因素(Allen,2004)。也正因为如此,历史上高水平的艺术和科学成就总是出现于港口城市就不足为奇了,因为港口城市会投入大量的财富去建设城市广场、教堂、博物馆和大学。从伦敦、爱丁堡到纽约和香港,从雅典到旧金山,从罗马到芝加哥,无不体现出这一特点。这些现象背后,知识管理都在发挥着作用。

首先,在宏观、中观和微观层面都会发生知识管理行为。比如对于大型企业而言,他们会把关注点聚焦于其所在的城市—地区——他们对城市建设进行投资,并主办很多活动,就像文艺复兴时期的社团对威尼斯和佛罗伦萨所做的那样。在宏观和中观层面,企业与所在城市—地区是无法完全分离的,城市的公共建设是对企业私有领域的必要补充,前者会产生思想,后者会产生知识产权,在两者之间并没有防火墙将他们隔离开来。公共财富和私有财富是相互关联的,两者相辅相成,相互作用。保持两者的平衡或许很困难,但如果成功则会使企业和城市—地区双赢,共同发展。

其次,来源于共识的知识与处理突发事件所需要的信息或者代表分布式网络的沟通协议之间并不矛盾。当然,知识管理的核心仍然在于促进组织的艺术性与科学性。而且毫无疑问知识管理总会受到处理突发事件和进行沟通联系的需要的影响。当前苏联引爆美国空间科技——通过苏联人造卫星上天的新闻——墨西哥湾和佛罗里达海岸的空间高技术经济就开始加速发展。但就美国的空间科技而言,真正能够代表知识的不仅是对突发事件的反应或是沟通功能开始发展的历史节点,而是世界上第一个大型空间经济组织——美国国家航空航天局(NASA)的建立。NASA 是一个典型的福特制组织,既有官僚主义的等级制度,又有巧妙分布于各州政治权力机关的国家网络。[26] NASA 有过巨大的成功,也有过巨大的失败。该组织最大的失败是哥伦比亚号航天飞机爆炸事件,而这一事件直接暴露了该组织中知识管理的局限性。在哥伦比亚号爆炸之前,NASA 的工程师们整日忙于讨论理论上的突发事件,比如如果航天飞机的隔热罩隔热失败"会怎么样?"[27] 这种预测和探讨是很可怕的。诚然,我们可以通过这种如果-那么的推理来检验一个工程师的水平,但这种推理能力始终无法挽回设计上的失败,而设计问题才是航天飞机真正的问题所在。从根本上讲,一开始哥伦比亚号的设计就很不成功。

信息不能完全代替一个好的设计。换句话说,知识的逻辑与突发事件的逻辑是不同的,甚至与网络的逻辑也是不同的。突发事件会产生很多报告——比如风险报告、可能出现的反应的报告等。而网络需要大量时间来对各种联系进行维护——比如不同办公室、不同校园之间的交流等。然而绝大多数的此类行为对于设计的艺术性和科学性而言是次要的。如果—那么式的推理及其对信息无尽的需求,对于全世界所产生的益处远小于人们之前的想象。这不仅仅是因为经济学家早就知道现实世界中的信息是"不完美的",而且更是因为首先进行"好的设计"(=美丽的形式)与总是不停地为风险"设计预案"相比,前者往往是消除风险的更好办法。"思维的失败总是伴随着对高度不确定性环境的关注(比如战争或太空旅行)"。重要的并非总是去想不好的事情发生了应该怎么办,而是应该首先设计一个好的系统,以便于意料之外的不利事件不可避免地发生时能够很快地恢复正常。

一旦我们理解了突发事件管理的局限性,我们同样也能理解为什么那么多的企业和组织都很依赖于品牌建设。品牌作为一种简单、抽象的视觉形象(一种标志性设计),可以把来自于世界各地的消费者和商家联系在一起。品牌是进行沉默式沟通的视觉形式,而这也是知识所具有的功能,尽管知识比品牌要复杂得多。知识作为系统艺术性的表现形式之一,会使系统不再依赖于官僚主义等级制度或程序协商,而且知识在不同机构和个人之间的传播也不会造成时间消耗,这些特点主要是得益于知识具有一定的"形象性"。在人类的想象中,知识有着非常棒的虚拟形象,我们可以"看见"、"听见"并"触摸"知识的形象。以 DNA 为例,它就是一种双螺旋结构,了解这种结构是解密基因组核心知识的关键。在一个组织中,对知识的获取与知识本身同等重要,而且在所有知识中作用最大的是形态学方面的知识。但在等级秩序和网络秩序中,知识的位置就显得比较尴尬了。一般来说,在我们描述或使用知识之前,我们会先"看到"知识,但等级制和网络制对于认知—审美结构则并不是太感兴趣,也不太擅长于此。那些大量存在于艺术与科学领域的知识,比如对称、平衡、节奏以及比例等结构特征——以及像骨骼、海绵体、界面、瓦片以及细胞等形态特征,对于等级制和网络而言显得无关紧要。对于知识管理而言一个重大挑战是如何构建一个有助于对这些知识特征进行推理和想象加工的环境,同时这一过程又不会受到等级制和网络制度那种贫乏的想象能力的限制、打压或其他消极影响。

那么要想应对好这一挑战,首先我们应当将对知识的管理转变为关于管理的知识。简而言之,就是要找新的途径来充分利用系统的艺术性,使得我们对知识的管理方法能够完全脱离等级制和网络制想象的消极影响,然后在一个充满了其他可靠的结构,比如骨骼、海绵体和界面特征的形态学领域中进行全新的探索。等级制中无尽的教导过程,和网络制度中无处不在的重复性沟通并不是一个成功企业或公司的标志。另一方面,知识也能够在很大程度上包容认知—审美形式。

结论

关于认知—审美的知识是无处不在的,但是,在这类知识发展的最终形态会出现一种知识的汇聚。正如人们已经观察到的那样,此类知识最终会汇聚于港口地区。大多数人第一次在纽约的大街上碰到纽约人时都会感到震惊,因为这些人很"粗鲁":他们说话都很直接、粗俗且简短。实际上对于古代威尼斯人或现在的上海人的印象也大抵如此。这并不令人感到惊奇,因为港口地区的这种特点是普遍存在的。在港口地区,人们经常会遇到各种各样的语言、国籍、信仰和风俗习惯,这些多样性同时存在于港口这样一个很小的区域中。而在这样一个很小的区域内,通过美而进行的沟通是最顺畅的,不管你是什么语言、国籍和信仰,所有的人都能理解美。美是沉默的;美是一个良好运转的系统的根本;美是经济与效率的典型代表。从威尼斯到纽约,从上海到旧金山,这些港口城市都会发展出与美有关的模式,用以对规则和等级制度进行补充甚至是替代。在这个世界上,系统的艺术性作为沉默贸易和远距离无交流互动的中介,会获得长足的发展与繁荣。

在此我们用一个简单的观点,从我们开始的地方结束这一章:从基础性创新的角度而言,最有趣也是最有效果的文化模式是城市的元文化模式。至少从这个角度来看,城市的作用超过了国家。城市中的艺术知识是人类知识系统中的终极知识,不管人类如何迁徙,也不论国家经济生活或组织行为的标准如何变换,只有艺术知识或关于形式的知识才会对人类文明当中生产、分配、组织和管理活动中最重要的、突破性的进展产生实质影响。不论是休斯顿航天中心的工程师,还是位于东京的日本汽车制造厂机器生产线的设计师,对于他们来说关于形式的知识都会发挥根本性作用。正是这种知识和它在大型城市的聚集,使得我们可以对经济和组织发展进行各种意义深远的尝试。也正是由于这个原因,培养对形式知识进行管理的能力,进而理解其作用机制和类似的传播机制就显得尤为重要。

注释

1. 关于14世纪后期的欧洲和19世纪后期的北美洲的智力地理分布情况,在Murray(2003,301-6)的文献中有生动的描述。
2. 关于美在机器和产品发展过程中的作用,参见Gelertner(1998)。
3. 关于澳大利亚的案例,参见Murphy(2006)。
4. 2000—2005年间,美国最大的海港是新奥尔良("南方的路易斯安那")和休斯敦。这两座港口在国际上分别排在第四和第六位——其他排名靠前的分别是鹿特丹(第一)、新加坡(第二)、上海(第三)以及香港(第五)。参见Geohive。George W. Bush竞选德克萨斯州州长以及在2000年参选美国总统的成功得益于佛罗里达和德克萨斯州人口的增长,而这一人口增长与20世纪90年代美国经济与商业中心从加利福尼亚州向这两个州的迁移有关。关于商业出口以及人口从加利福尼亚州向佛罗里达州的流动情况,参见Kotkin(2005)。
5. 这一商业模式的发明实际上已经包含了一个多世纪之后出现的电子商务的所有结构性特征。这些特征包括基于广泛发布的分类价目表来进行远距离购买,商品的集中式仓储,通过通信网络下订单(在19世纪是通过邮局下订单),通过邮政系统分配商品,顾客对所购买的"事先未验货"的商品品质的信任,以及付款与送货的异步性。
6. 这并不是说人们必须要找出什么具有挑战性的信息。事实上,在大多数不确定的情况下人总是会先找出那些具有可靠性和安慰性的信息。
7. 关于知识产权的下一个汇聚中心会在哪里的问题,由 Pauleen 和 Murphy(2005)提出。道家思想的遗产,尤其是对于阴阳的观点,及其地理分布的情况,为未来的认知地图的描绘提供了一些线索。这一主题 Murphy 和 Hogan(2005)曾进行探讨。
8. 可以想象一下 19 世纪 70、80 年代在芝加哥出现的现代化办公室的雏形,在这一雏形中人们创新性地将电报、文件柜和打字机结合起来。而 20 世纪 90 年代出现的办公室电脑也不过是将这三种功能(数字化传输、电子文档与键盘)融合在了同一台机器中。
9. 当代数据挖掘技术也具有完全相同的功能。通过了解消费者的金融与信用记录、特定的社会记录,以及每年在什么时候买什么样的衣服等,来判断此人有多大的可能性会拖欠他的信用卡付款。
10. 也可参考 Murphy(2003)。这是在 Murphy(2001a)关于等级制、动力学及市民秩序的分类学基础上的新发展。
11. 关于导航秩序的人种学特征,参见 Murphy(1999,87—94)。
12. 相应地,很多关于现代性的激进批评最后都变成对平坦表面化逻辑的重新阐释。比如可以参考 Deleuze 和 Guattari(1987)的观点。
13. 经典的案例比如一些前现代化帝国瓦解之后变成了联邦制的等级制国家或军阀统治的地区。
14. 在一些职业化的领域中也具有类似的混合现象。他们会鼓励横向的联合与交流——比如召开"全国大会"——但是同时会通过各种声望排名的形式,比如期刊发表、发言人等形式来尽量维护内隐的权威等级体系。
15. Castells(2000)的观点与此是相反的。Castells 认为网络化社会是在 20 世纪后半叶,随着信息技术的发展而出现的,是信息爆炸的产物。然而事实上,这种信息爆炸是在已有的网络技术(美国和英国的电话网络)基础上出现的,随着美国和英国通信与市政设施网络的建设,这种电话网络从 19 世纪开始就逐渐衰落了。
16. ARPANET 是美国国防部高级研究计划局在 20 世纪 60 年代为了将大学的计算机实验室连接起来而投资进行的一个网络化项目。项目负责人是 J. C. R. Licklider 和 Larry Roberts。他们的主要任务是研究怎样将机器通过电话网络连接起来,解决其中可能出现的各种问题,尤其是路由问题,毕竟有大量的相互连接需要通过同一个网络来进行。来自于 RAND 公司的 Paul Baran 和英国电信工程师 Donald Davies 则发明了不通过连续模拟通道传输讯息,而是通过离散的、可重复路由的、非连续式的数字化信息"包裹"来传递信息的新方法。
17. 在 20 世纪 70 年代,Vinton Cerf 和 Robert Kahn 为网络上的不同电路及其使用起草了传输控制协议(TCP)。
18. 如果我们探讨人类大脑所具有的功能的话,会发现一个类似的现象。大脑的联通模型从神经网络的角度解释了认知的功能。Hebb 的 1949 定理认为学习依赖于大脑的改变,具体来讲,这种改变是由神经之间的相关活动引起的。当两根神经一起活动时,它们之间的联系就被加强了;当它们不一起活动时,这种联系就会被削弱。人类的智力就来自于神经之间的联系。作为对此观点的回应,Fodor 和 Pylyshyn 则认为人类的智力具有系统化的特点,而系统化是神经联系所无法解释的。比如说,语言的系统化可能是与言语行为所具有的形式化本质有关。这也就解释了人们表达或理解一定的句子的能力,为什么会跟向他人表达或理解他人相关的语言结构的能力有关。参见 Fodor 和 Pylyshyn(1988)。
19. 这就是促使 Tim Berners-Lee 在 20 世纪 90 年代初期起草 URL、HTTP 和 HTML 协议的原因之一。这些协议促进了文件之间的联系以及在网络化计算机中的存储。参见 Tim Berners-Lee(1999)。
20. 我在这里引用了 Karl Polyani 关于本地化交换和市场化交换的辨析观点。市场交换是跨越一定距离的交换,并且不会在给定的地点进行。参见 Polyani(1977)。
21. 这种贸易模式在很多社会中都出现过。这可能是人类现代史上第一种真正的全球贸易模式。当葡萄牙人开始探索海上贸易路线时,他们与非洲西海岸之间的贸易模式最初就是这种沉默贸易。据 Herodotus

《历史》,卷5)的观点,迦太基人当时采用与此类似的方式与"生活在利比亚部分地区,赫拉克勒斯之柱之上的一个种族"进行贸易。这种贸易具有异步性和匿名性的特点,看起来交易的情况非常不错。"两方面都体现出完全的诚实和对对方十分的信任;在他们提供的货物价值与金币相等之前,迦太基人连碰都不碰金币一下;而在金币被拿走之前,当地人也从不碰货物一下。"在这一贸易体系中,不忠诚的情况可能根本不存在,网络化的交易活动也可能不存在。

22. 从古代建筑中可以很明显的发现这一点。比如阿提卡、希腊及罗马帝国都将等级制命令秩序与平面网络秩序结合在一起。以罗马人为例,他们是伟大的道路建造者,而且他们将一种非常有效率的邮政系统与发达的道路相结合,邮件传递的范围可以跨越海洋和大陆。但为了控制道路网络,防止它们落入敌人之手并不断延伸道路,罗马人转而采取了帝国管理技术。这并不意味着罗马人丧失了平型组织的能力,只不过是把这种能力与等级制结构结合了起来。

23. 这是 Norbert Wiener 的控制论的基本观点之一。"控制论"这一术语来自于古希腊词汇"舵手"。当一艘船的舵手开始转舵时,船就会转向。如果舵手发现先前的操作导致船转向过度时,他会再次转舵,以纠正船头的方向。参见 Wiener(1948)。

24. 关于"沉默"贸易的古代案例,参见 Grierson(1903)。

25. 芝加哥学派的社会学家 W. I. Thomas 曾经对本地化情感与联系,或是他所谓的"基本群体"(primary group)是如何投射到更大范围的组织和空间的问题进行过调查研究。"波兰农民用一个词,okolica,来概括'一个人的邻居','一个人可以走到的最远距离',这可以被看作是基本群体规模的自然外部边界——一个群体成员最远能走多远——只要这个人只通过最原始的方式进行沟通。但通过战斗、征服及形成更大的国家,我们可以系统性地尝试在全民范围内保持团结,而这种团结的情感就来自于基本群体。大型国家不能在方方面面让人们保持团结——在这个国家内会形成一系列基本群体——但国家会明确地告诉人们什么是'爱国者'和'叛国者'等等,并让人民形成与之相适应的情感和态度。当国家遇到危机或战争时,当全民被迫起来反抗死亡时,我们会看到,在这一时刻,基本群体的态度又会建立并展现出来"(Thomas, 1966, 169-70)。

26. 这些州包括财富 500 强总部所在地华盛顿特区,以及很多研发中心所在地加利福尼亚、俄亥俄、马里兰、德克萨斯、佛罗里达、弗吉尼亚、亚拉巴马以及密西西比等州。

27. 美联社(2003):"最新解密的 NASA 内部电子邮件显示,在哥伦比亚号灾难发生前一天,工程师曾担心航天飞机的左翼可能燃烧从而导致机组成员死亡。这与一名调查员在此之前担心会发生的情形惊人的相似。长达十几页的电子邮件所描述的内部讨论,其内容比我们之前所知道的可能由于主燃料舱的泡沫碎片导致哥伦比亚号严重受损从而使发射失败的严重问题还要广泛得多。然而,工程师从未就此向 NASA 发出任何警告。德克萨斯和弗吉尼亚的工程师们还曾经十分担心航天飞机在轨的最后三天的安全问题。有人质疑那些官员们是否只知道'改变绕手指的方式',另外还有人质疑为什么这么严重的问题在时间如此紧迫的时候才被提出。'为什么我们要在航天飞机发射前一天而不是他们返回地面后一天再来探讨这个问题?'William C. Anderson,美国空间联盟有限企业,NASA 一家合作公司的雇员在航天飞机爆炸前不到 24 小时的时候写道,而航天飞机原本预计于当年 2 月 1 日返回地面。NASA 说那些信息——包括极少数的确很具先见之明的信息——都是工程师们为了保证航天飞机安全返航所进行的'如果—那么'练习中的一部分。工程师通过这种练习说服了 NASA 的官员,尽管飞机左翼的隔热板可能会因为主燃料舱的泡沫而受损从而导致发射失败,但航天飞机仍然能安全返回地面。'当"如果—那么"练习中演习的场景真的出现时,我们都非常惊讶',Robert Doremus——发射任务动力系统负责人说,'我们从未预计会发生那样的事。'"

参考文献

Allen, B. (2004). *Knowledge and Civilization*. Boulder, CO: Westview.

Associated Press. (2003). 'E-mails show NASA engineers predicted Columbia disaster'. Retrieved on July 10, 2005 from http://abclocal.go.com/ktrk/news/22703_nat_shuttleemail.html.

Bell, D. (1973/1999). *The Coming of Post-Industrial Society*. New York: Basic Books.
Berners-Lee, T. (1999). *Weaving the Web*. London: Orion.
Brown, N. (1947/1990). *Hermes the Thief: The Evolution of a Myth*. Great Barrington, MA: Lindisfarne Press.
Castells, M. (2000). *The Rise of the Network Society*, 2nd Edn. Oxford: Blackwell.
Castoriadis, C. (1997). *World in Fragments: Writings on Politics, Society, Psychoanalysis, and the Imagination*. Stanford, CA: Stanford University Press.
Deleuze, G., & Guattari, F. (1987). A Thousand Plateaus: Capitalism and Schizophrenia. Minneapolis: University of Minnesota Press.
Fodor, J., & Pylyshyn, Z. (1988). 'Connectionism and cognitive architecture a critical analysis'. *Cognition*, 28, 3 – 71.
Gelertner, D. (1998). *Machine Beauty: Elegance and the Heart of Technology*. New York: Basic Books.
Geohive. 'Largest seaports in the world'. Retrieved July 10, 2005 from www.geohive.com/charts/charts.php?xml = ec_seaport&xsl = ec_seaport.
Greene, B. (2004). *The Fabric of the Cosmos: Space, Time and the Texture of Reality*. London: Penguin.
Grierson, P. J. H. (1903). *The Silent Trade: A Contribution to the Early History of Human Intercourse*. Edinburgh: W. Green.
Heller, A. (1985). *The Power of Shame: A Rational Perspective*. London: Routledge & Kegan Paul.
Howkins, J. (2001). *The Creative Economy*. London: Penguin.
Kant, I. (1964). *Groundwork of the Mataphysics of Morals*. New York: Harper & Row.
Kotkin, J. (2005). 'American cities of aspiration'. *Weekly Standard*, 10 (21). http://www.weeklystandard.com/Content/Public/Articles/000/000/005/230yswkg.asp(accessed September 6, 2008).
McGuire, S., Conant, E., &Theil, S. (2002). 'A new Hanseatic league'. *Newsweek International*, 11 March, 14.
Miller, D. (1996). *City of the Century: The Epic of Chicago and the Making of America*. New York: Simon & Schuster.
Miller, W. (1968). *A New History of the United States*. London: Granada.
Murray, C. (2003). *Human Accomplishment: The Pursuit of Excellence in the Arts and Sciences 800 B.C to 1950*. New York: HarperCollins.
Murphy, P. (1999). 'The existential stoic'. *Thesis Eleven*, 60, 87 – 94.
Murphy, P. (2001a). *Civic Justice: From Greek Antiquity to the Modern* World. Amherst, NY: Humanity Books.
Murphy, P. (2001b). 'Marine reason'. *Thesis Eleven*, 67, 11 – 38.
Murphy, P. (2003). 'Trust, rationality and virtual teams'. In D. Pauleen (Ed.), *Virtual Teams: Projects, Protocols and Processes*. Hershey, PA: Idea Group, 316 – 42.
Murphy, P. (2004). 'Portal empire: plastic power and thalassic imagination'. *New Zealand Sociology*, 19(1), 4 – 27.
Murphy, P. (2005a). 'Knowledge capitalism'. *Thesis Eleven*, 81, 36 – 62.
Murphy, P. (2005b). 'The N-dimensional geometry and kinaesthetic space of the Internet'. In M. Pagani (Ed.), *Encyclopedia of Multimedia Technology and Networking*. Hershey, PA: Idea Group, 2:742 – 7.
Murphy, P. (2006). 'Sealanes'. In P. Beilharz and T. Hogan(Eds), *Sociology—Place, Time and Division*. Melbourne: Oxford University Press, 38 – 44.
Murphy, P., & Hogan, T. (2005). *Creative Cities and Intellectual Capital: Megapolis, Technopolis and the China Seas Region: The Economics of Paradox*. Paper presented at the Eighth Asian Urbanisation Conference, University of Marketing and Distribution Sciences (UMDS), Kobe, Japan, August 20 – 3.
Murphy, p., & Roberts, D. (2004). *Dialectic of Romanticism*. London and New York: Continuum.
Parker, G. (2004). *Sovereign City: The City-State through History*. London: Reaktion.
Pauleen, D., & Murphy, P. (2005). 'In praise of cultural bias'. *MIT Sloan Management Review*, 46(2), 21 – 2.
Porter, M. E., & Stern, S. (2001). 'Innovation: location matters'. *MIT Sloan Management Review*, 42(4), 28 – 36.
Polyani, K. (1977). *The Livelihood of Man*. New York: Academic Press.
Slater, E. (2004). 'The flickering global city'. *Journal of World-Systems Research*, 10(3), 591 – 608.
Surowiecki, J. (2004). *The Wisdom of Crowds*. New York: Doubleday.
Thomas, W. I. (1966). 'Analytical types: philistine, bohemian and creative man'. In M. Janowitz (Ed.), *On Social Organization and Social Personality: Selected Papers*. Chicago: University of Chicago Press, 169 – 70.
Thompson, D. (1917/1961). *On Growth and Forms*. Cambridge: Cambridge University Press.
Wiener, N. (1948). *Cybernetics, or Control and Communication in the Animal and the Machine*. New York: Wiley.

第七章　大学排名与知识经济

Simon Marginson

　　工业化资本主义经济的构成要素现在已经广为人知。在这种经济模式下,厂家在生产过程中必然会遇到一些自然因素的限制,比如生产与交换都由稀缺性所驱动。以交换为例,表面上看交换是一种以金钱为主的活动,但实际上并不仅限于金钱方面的交换和流动,而且交换发生于互相并不认识的贸易伙伴之间,人们在寻找贸易伙伴时也不是通过搜索引擎来实现,而是依据价格来寻找。如果人们之间的数字化联系是比较松散的,那么在市场上最多进行短暂接触就可以了。关于此类经济模式,James Buchanan 曾经表示强烈支持,他认为这种模式的优点就在于"陌生人造就了市场交换行为"。(作为反击,Samuel Bowles 曾经也提出了一个相应的强有力的批评,即"市场造就了陌生人"。[1])无论如何,资本主义关系网络已经在全世界流行开来,并作为随后出现的知识经济的引路人和发动机,在世界经济发展史上作出了重要贡献。正如本书所探讨的,尽管知识经济可说是另一个洪水猛兽,但本章仍然要进一步探讨此种经济模式,尤其是要从大学的角度进行深入分析。

　　必须认识到,知识经济并不是一只充满了嫉妒心或者还原主义念头的猛兽,它与传统的工业经济共同分享着整个世界。与其说这只猛兽正在吞噬着旧世界,还不如说它只是在传统经济模式上增加了一些额外的、多产的经济活动模式。这么说并不是轻视目前正在发生的变化,相反,我们必须承认,知识经济带来的变化是意义深远的。所有的发展趋势都显示出知识密集型生产和劳动正在飞速发展着,信息的沟通与交流也出现了前所未有的快速增长。创新现在已经处于经济思想和商业策略的核心。同时,随着世界经济与政治形势的不断好转,各国政府也纷纷将培养创造能力和开展创新事业作为政府的施政目标之一。相应地,各种建设和投资正在全世界范围内展开,而且早已不再局限于一个国家或某一地区,同时国家间、地区间等各个层次的沟通与交流也出现了惊人的增长。千禧年时人们关于世界大同的美好愿望现在再一次浮出水面,并且这一次有着更加坚实的基础。在这种情况下,那些勤于思考且愿意进行自我改变的人开始不断增多；有更多的地方想去；有更多的朋友要交；有更多的想法要去实现；有更多的知识密集型商品要进行研发。从目前情况来看，有部分知识商品是通过传统的金钱模式进行管理和流通交换的，但在国际互联网市场模式下，网络完全可以为知识商品提供全球范围的即时价格，也就是说，很多知识商品的流通与交换现在不必再依赖于金钱。当然，目前全球范围内的知识经济模式中仍然存在一定比例的资本主义生产和交换活动，但效率已经大大提高，而且在一系列新型市场行为中，思想和人工制品的流动是以使用价值这一马克思主义经济学理论概念为标准的，不再以传统的商品交换价值为准绳。全球知识经济的巨大力量正在将人类社会带入一个全新的阶段。

玛雅文明及其地位经济

在这里我们必须清醒地认识到，尽管资本积累是通过开放式资源环境进行的，但我们仍然有可能会在所有权的问题上犯错误，毕竟在这种开源环境中，人们并不会自觉自愿地清楚划分资源环境的归属及边界。当然，除了资本积累之外，世界上还存在其他的经济发展模式，我们对此不必感到惊讶。纵观世界历史，我们会发现只有极少数人类文明的生产与贸易等经济活动与其知识和文化的发展是相协调的。实际上经济与文化关系密切，它们在许多方面都相互促进。比如说，即使是最为坚定的经济决定论者，也很难把古希腊的奴隶制生产模式，包括农业、贸易及手工艺品生产，与其经典哲学、雅典的戏剧院等完全区分开来。让我们来看看曾经生活在危地马拉西北部低地区域以及伯利兹和墨西哥恰帕斯州的玛雅人。玛雅人曾经创造了令现代人都感到惊叹的玛雅文明，他们的建筑水准也同样令人着迷，他们的数学和天文学水平在欧洲文艺复兴之前，一直超出当时全世界其他文明一大截，他们对于时间的定义是循环式的，而不是像现代人这种直线式定义。他们的农业水平同样很高超，可以很好地适应雨林的生态环境，这同样令人十分惊讶。那么我们该怎样评价玛雅人的成就呢？在学术界有一个流派从文明演化的角度来看待玛雅文明，其观点以 Arthur Demarest 为代表，即人类社会的不同模式始终处于不断演化和竞争的状态，不同社会群体"通过越来越多的生态或经济适应性技术、生态策略或经济规则"来保证自身的生存、繁衍和不断扩张。[2] 通过 20 世纪 50 到 70 年代对玛雅文明的持续研究，这些正统的唯物主义者形成了上述观点，但始终有一些反对意见。尤其是在考古界，不仅有人始终质疑玛雅文明是否也是一种伯里克利式的繁荣①,而且也有人指出玛雅文明中每一个明确的经济或生态学现象都有其无法解释的复杂性和变化性特征。到20世纪80年代,这一决定论观点的主导地位终于受到挑战。

  对生态决定论观点的挑战和质疑来源于古代玛雅文明对宗教和仪式的极端重视及其相对并不发达的市场体系,以及这一文明极其分散的经济及农业活动,尽管其人口出生率相当高……最后,考古学家发现越来越多的关于宗教、仪式及宇宙学的证据,证明这些才是古代玛雅文明统治力量的真正源泉,而之前那种认为是对农业、贸易及经济资源的控制,以及对权威进行的"立法"才是导致玛雅文明发展真正原因的观点,就此被推翻了……研究者们逐渐认识到,社会、政治与生态学因素之间深刻的相互作用,才是导致城邦社会发展的真正原因。³

在玛雅社会中,文化的形成和发展与宗教、意识形态及政治制度密切相关。玛雅宗教与政治制度是在一个广阔的地区内逐渐形成的,跨越了不同的语言区域;而具有普遍意义的玛雅人特征,也是综合了不同地区玛雅人特点而发展起来的。后来的事实证明,这种普遍意义的特征非常具有弹性,使得玛雅文明在公元18至19世纪数次得以从低地文明的致命性毁灭当中幸存,在后来的西班牙入侵及墨西哥现代化进程中,玛雅文明也得以幸免。所有的低地玛雅地区在农作物种植方面都采取了一种颇具特色的分散式、混合—匹配模式,许多种类的农作物按照自然区域进行匹配并搭配种植,以此来保持土壤的肥沃并保护脆弱的环境。玛雅人的农业生产循环及其拼接式的种植方式与他们的世界观、社会结构及政治架构紧密相连。这种农作物的小型生态区划(eco-niche)种植方式在很大程度上是受了玛雅文明去中心化基本文化特点的影响,而这种自我决定式的拼接型农业生产最后也导致在玛雅社会中形成了一种平行的、分散式的劳动力资源分布方式。在玛雅人的社会金字塔底层,大量生活着祭司—贵族阶层的人,随着社会金字塔层次的上升,祭司—国王阶层则通常处于宏伟的大型金字塔的仪式中心。除了在每一个城邦制国家的中心都建有纪念性质的大金字塔之外,在农田

---

① 伯里克利是古希腊将军、政治家、演说家,他支持文学艺术的发展,并主持建设大量公共项目以改变民生,所有这些使得雅典进入黄金时代,亦为古希腊的全盛时期。伯里克利式的繁荣即是指由于某一个人的力量而造成的整个社会的巨大进步。——译者注

的间隙，还散落着更小一些的金字塔和石制建筑，这是为中等阶层的领导者准备的。领导者的权威从城市的中间向每个聚居点的外围扩散。在玛雅文化中有些东西是亘古不变的，不仅在低地玛雅区域，也包括了所有玛雅人居住的区域。与此相反，很多人类学家曾经以为可以用来解释玛雅文明发展的玛雅经济模式却并不像其文明那样持久不变。比如在低地玛雅文明发展的黄金时期，城邦与城邦之间的经济交流会根据农业生产及运输所消耗的社会资源的多少而相应发生变化。在一些地区，农民对城邦中宗教机构的主要贡献并非来自于农作物生产，而是来自于在纪念性建筑建设过程中他们所投入的劳动。玛雅人的贸易具有很强的文化影响力，那股将全玛雅地区上百个城邦联合在一起的力量（在这里请再次注意玛雅政治体制中的权威分散特征），与今天全球知识经济在交换过程中所产生的力量如出一辙，而且这种贸易模式会持续向人们传输一些基本共识。此外，贸易的经济角色在不断变化：有些时候这种贸易会改变自给自足的经济模式，有些时候则不会；有些时候这种贸易主要由商人阶层把持着，有些时候则不会；有时候由贸易所提供的特定生活必需品则是象征性的。此外，多数商品的交换属于礼品经济的一部分，并不从属于货币经济，而且通过这种方式，玛雅人保证了贵族阶层在玛雅阶梯式的城邦中可以代代相传。

　　精致的手工艺品、仪式性和纪念性的建筑服务于玛雅精英阶层的政治目标，这并不是说所有的文化生产都被贵族所控制，比如自给自足的农民所交换的手工艺品实际是他们利用自己的农闲时间制作的。玛雅社会中平行分布的各个部门都可以进入到玛雅人的公共聚会场所，而这并不会影响或削弱地位经济。以玛雅社会中无处不在的球类运动——圣球运动为例，从已经被考古发掘的玛雅地区来看，这一运动遍布整个中美洲地区——这是一种流行表演与竞技体育相结合的运动形式。这种运动戏剧性地使底层民众有了一个上升的渠道，而这种上升渠道对现代人来说是再熟悉不过了：这是一种社会阶层上升的动力所在，由此渠道精英阶层可以从社会最底层产生。每一场比赛的观众都能见证一个传奇的发生，那就是：每次都有两个平凡人可以通过自己的智慧和勇气赢得比赛，打败对手并在比赛结束时迅速上升到神一般的社会地位。[4] 其实在包括玛雅文明的很多文明社会中，社会地位都会在很大程度上受到该社会文化创造力的深刻影响，比如说工艺品、宗教仪式的创新以及球类运动，都是这种文化创造力的体现。而社会地位的产生与上升则是创造力的强大驱动力之一。

　　在低地玛雅文明逐渐衰亡之后，这种地位经济的驱动力也令人惊讶地像多米诺骨牌一样轰然倒塌并消失。Demarest 指出精英阶层更迭的速度变快而且他们变得越来越盲目排外（很像西罗马帝国末期大地主阶级的情况）。"精英阶层对权力和威望的争夺使得经济系统不堪重负，人口增长出现异常，不仅因为地区性战争冲突而不断减少，而且大量人口开始迁徙，并且由于政治性原因，生态环境和人的生存环境开始恶化。"[5] 为了自身的荣誉而由精英阶层直接引发的战争愈加频繁，这最终削弱了精英阶层统治的稳固性及其力量。在低地玛雅文明的最后 200 年，新的发展出现了，这就是原本作为竞争者的玛雅城邦 Tikal 和 Calukmul 的伟大联合。后来在 Tikal 的统治下，这两个城邦的发展达到顶峰，建立起了低地玛雅文明中最宏伟的金字塔。在这里我们可以想象一条自上而下的中央集权化链条，从 Tikal 对城市中心的统治，到中层精英阶级对城市方方面面的统治，再到基层农业官员对农民的盘剥。这种统治的代价可能是生态系统的破坏或手工艺品生产的去中心化，但更有可能是以失去底层人民的政治忠诚为代价的。因此皇族的统治同时从上层和下层开始崩塌：上层的崩塌来自于 Tikal 和 Calukmul 皇室的贪婪掠夺，而下层的崩塌则来自于人们对地位经济投资的逐渐减少。在所有的庆典中心，仪式化的庆典都开始更强调人内心的精神力量的增长，而对于生命的庆祝则更倾向于只是满足统治者的需求。[6] 研究者同时认为，由于某段时间降雨量过于稀少，因此以农业经济为基础的玛雅帝国的政治和生存压力也随之而加大，加上祭司—贵族阶层对于宇航员回归的预言不再相信，这对于整个帝国的地位产生机制而言无疑是雪上加霜。可以确定的是，玛雅的这种地位文化突然之间丧失了它保证人民顺从并镇压反抗的力量。这种地位制度的崩塌以极其相似的情形在各个地区出现，就像玛雅文化的其他崩塌一样，广泛出现于低地区域[7]，从一个城邦到另一个城邦，持续了两到三代人的时间（与 20 世纪 60 年代末全世界范围内的大学校园权威与地位的连锁式崩塌十分相似）。与此同时，长期支撑了玛雅社会金字塔结构的散布于各处的基层管理者纷纷挺身而出，只不过这一次是以决定性的毁灭力量出现的。随着一座又一座的城邦被放弃，精英阶层的标志——各种宗教建筑、工艺品均被亵渎。同样的情况在中美洲其他的主要文明中也同样出现，比如出现于墨西哥山谷中的特奥蒂瓦肯文明。随着低地玛雅文明贵族阶层的崩塌，玛雅文明灿烂的数学、天文学、文字和建筑设计文化也随之而消失殆尽，为贵族服务的手工业者和建筑工人也消失不见。文化多样性的消失，也导致热带雨林文明的许多生存秘密随之而成为永久的谜团，包括玛雅人神秘的拼接式、分布式农作物种植技术。[8]

对于知识经济而言，玛雅文明的历史带给我们三个启示。第一，知识和文化生产与经济生产及贸易之间并非毫无关系,反而它们之间的关系是十分密切、复杂的。经济/文化的交互作用受社会、政治和意识形态等因素的中介影响。第二,这些中介因素之一是地位的产生与复制。在某些情境下,地位不仅仅会起到中介作用,它还会对文化和社会生活的潜在内生性机制起到一定的保护作用,玛雅文明就是一个例子。当我们探讨大学评级制度时,地位可能又无法起到后一种作用。第三,在一个普通的地缘—文化性大学中,经济/文化的互动性在不同的学术领域中可能出现完全不同的特征;而在同一个领域中,不同的时间段内这种互动性也可能体现出不同的特征。有些时候,经济/文化的交互作用会在没有发生战争或革命的情况下依然出现惊人的改变,而且这种变化会在相关的地区和领域中广泛传播。

今天这种变化正在发生。在资本主义经济—社会—文化模式继承与发展的过程中,全球知识经济作为一种全新的经济模式,不仅具有开放式、交流性的文化交换("开放式系统")特征,而且体现出与工业和金融资本主义共生共存的发展模式。在这一新经济模式中,文化与经济元素已经各自体现出与工业资本主义经济时代完全不同的作用模式。正如 Fernand Braudel 所说的那样,资本主义企业有一种天赋能力,就是总能找到办法将其他元素都纳入到自己的轨道中来,[9] 因此在资本主义企业中知识的流通基本上是无偿进行的。而且开放式系统对新兴市场总是充满信心,总是能够找出可以包装成商品的新鲜事物。而实际上企业在沟通交流部分的投资建设也是为了相同的目的而开展的。同时必须认识到,世界新兴市场的崛起并不是知识经济发展的全部内容。知识经济绝不会为了自身利益而将开放式系统的潜力全部用于挖掘全新的经济模式而不顾经济资本已有的繁荣和成果。此外,正如 Arjun Appadurai 所说,[10] 相比市场经济而言,知识经济会受到更多非线性的、多方面的驱动力的推动和影响。现在的问题并不是一些思想、信息和文化产品已经商品化、贸易化而另一些仍然没有达到这一水平这么简单。资源的开放对经济发展具有深远的影响。在知识经济范围内,知识与文化模式的生产与交换能力随着技术的进步而出现了百花齐放的势态。这种文化生产和交换的民主化发展模式与玛雅文明的农业发展十分相似,后者实行的分布式和多样性种植模式是玛雅社会的基石,但同时也与玛雅社会中由贵族所控制的文化生产与交换体系构成鲜明的对比。Manuel Castells 曾对网络化联合制度的发展机制进行过说明,首先,由于连接数量的大量增加,加入网络的收益会以指数方式增长;但同时网络中每一个单元所需花费的成本是恒定的,因此总体消耗是呈线性增长的;在两者的共同作用下,收益/成本比会出现持续增加。[11] 而传统经济贸易的总量虽然也会迅速增加,但与网络化贸易相比它却显得相对滞后,所以全球知识经济贸易中非市场化交换的*相对*比例相比之下就出现增长趋势。而这又会在国家建设、政策制定、身份及地位建设等方面扩大额外的资本主义理性行为的规模,进而这种理性行为会在很多领域被整合进资本和知识使用的循环当中。

后资本主义社会的知识商品

知识商品的显著特征在本书的介绍部分已进行详述。以思想和专门技能为形式的知识,以及以艺术的创造物为形式的知识(也即知识商品的*原型*),因为基本上没有质量,也基本上不会消耗能量,所以可以无限制地进行更新和再生产。然而,这些知识商品原型的生产和循环还是需要时间的,只有从形式上变为可以*重复生产*的知识商品——不管是商业化的商品,或是非商业化的、数字化传输的知识密集型产品(比如电子文档、数据、音频与视频)——由于几乎没有质量,所以此类产品的单位生产也几乎不会消耗能源和时间。换句话说,知识商品的商业化与数字化仍然具有一定的稀缺性,但自由复制的过程却不具有稀缺性特征。因此,知识经济特点之一就是知识商品本身并不具有稀缺性——相反它们具有极大丰富性,但在时间方面仍然具有某种程度的稀缺性。Karl Marx 曾说:"如果从时间角度来看待经济,所有的经济模式到最后都只会导致自我衰败。"[12]但这一观点在不同经济模式中的体现并不相同。在具有沟通性的全球知识经济时代,生产与传播所需的空间和时间几乎等于零,因此产出的产品数量也迅速增长。但人类能动性(自由)的发展也因此会出现两个极端:一方面,随着沟通交流的增多,信息与选择更加多元化、丰富化。另一方面,人们用于反思、选择和沟通交流的时间却越来越少,毕竟人们在网络上需要经常对他人的各种请求做出反应。因此时不时的从沟通状态脱离出来,或是建立一个私人能够独处的空间,以恢复一个自我决定的个体所需要的人际距离就显得尤为重要。

知识商品的极大丰富催生出另一个术语"后资本主义",但认识到知识本质的经济学家并未使用过这一术语。这个术语诞生在冷战期间,当时"后资本主义"与"前苏维埃"意思基本相同。另外,经济学家 Paul Samuelson(1954)首次使用"公共商品"一词,[13]但 Samuelson 认为公共商品是前资本主义时期的遗留物,尽管其生产和流通也符合市场规律,但并非成熟的资本主义经济的产物。

Samuelson 的公共商品(或服务)具有非竞争性和非排他性。这种商品的非竞争性是指该商品可以被无数的人消费而不会被消耗,比如关于一个数学定理的知识。这种商品的非排他性是指该商品的利益不会被某一购买者所独享,上述数学定理的例子在这里同样适用。其他的集体性商品,比如法律和规则也是如此。Samuelson 同时指出公共和部分公共化的商品在市场上供应量并不充足,但这是因为人们早已发现,如果能从他人已经购买的商品中获得同样收益的话,那每个人再分别掏钱购买同样的商品就毫无意义,这也被称为"搭便车者"问题。关于这一问题,Joseph Stiglitz(1999)认为知识接近于一种纯粹的公共商品,并且"是对公共与私人资产的补充"。[14] 他认为知识具有非竞争性,而且大多数形式的知识都具有非排他性。这其中的例外之一是具有商业资本特征的知识,比如专利和版权。除此之外,知识商品的价格基本上都趋近于零。Stiglitz 的观点是具有说服力的。我们生产和流通的绝大多数知识商品,其目的都不是为了利润,而是为了知识的增值或自我增值,比如探索未知世界、满足愿望、保证政治和社会地位目标的实现等等。由数字化商品所带给人们的形象与身份,使我们的个人形象变得丰富和更加流行,同时也改变了我们的社交圈,而且我们还可以免费与他人共享这些内容。这很像玛雅文化中的仪式和手工艺品,尽管从人、活动内容等各个方面来说两者完全不同。

　　Stiglitz 同时也指出,大多数知识都是全球化的公共商品,尽管很多商品是某一国家或地区所特有的,但其价值并不具有地理上的局限性。不论在世界上任何一个地方,一个正确的数学公理的自然价格都是零。[15] 在 20 世纪 90 年代末,知识作为一种全球化公共商品的观点与全球化进程协调一致,而国际互联网的发展和全球生态化意识的不断增强,也与欧洲一体化进程中提出的公共/私人经济敏感性的增强步调一致,而上述几种观点在联合国发展计划的许多专家,比如 Inge Kaul,Marc Stern 等人之间早已达成共识。[16] 同时,Paul Romer 等内生性增长理论的专家们也从宏观经济学角度解释了公共知识商品是如何进行资本循环的:不仅从知识产权的特殊角度,同时也从技术和产品持续创新条件的普遍性角度进行了解释。该领域的两个转变构成了这一时期的主要学术成就:其一是理论分析从统计范畴到产生机制范畴的转变;其二是从仅分析技术变革到广泛分析全球化进程的转变。

　　尽管如此,Romer 仍然低估了公共知识商品的潜力,而此时人们对开源资源的使用规则仍然没有最终达成共识,相关制度尚未完全建立。此时人们对知识作为一种公共商品的特点的认识也还不够成熟,对开源制度的灵活性、规模、多产性(在经济学家眼中则是无序性)等特点的认识尚不够深刻。由于知识商品具有可沟通性,因此这种商品的自由流通就使得自己与开源资源紧密地捆绑在一起,而这也造就了重复生产相同商品的条件。尽管已有的经济模式可以清楚地描述个人化的知识商品,但它无法同样清楚地了解与此有关的整个经济系统,如果可以被称为一个"系统"的话。这一系统与传统的出版发行市场及学术界有一定的交集,但同时也有很多不同之处,比如它允许个体以开放和流行的方式与陌生的公共/私人进行交换,而且这其中不仅有电子商务,也有礼品经济行为的参与,此外也会伴随着无限制的信息流通与交流。尽管如此,像 Samuelson 等经济学家却仍然认为公共商品是前一种经济模式被取代之后挥之不去的遗留物,尽管最后这些遗留物产生了一种"真正的"新经济模式。可能这也就是 Stiglitz 为什么对知识商品那么感兴趣的原因所在,因为经济学家们看到了知识商品在贸易方面的多种可能性,而且这些可能性让知识商品可以轻松地克服知识产权规则所固有的一些问题。可以说 Stiglitz 对公共知识商品的理解要好于私有知识商品,因为他并没有认识到时间在决定私有知识商品价值方面所起到的作用。Stiglitz 指出,如果有人在知识产权的立法过程中特别强调知识商品的公共特征的话,知识商品也可以被赋予排他性,这一观点本身是正确的;但是他并没有意识到知识商品在本质上,在某一个时刻也会自然而然地具有排他性,即当知识商品被创造出来的时刻。换句话说,生产者具有第一手优势。这种第一手优势可以说是商业知识产权立法的唯一基础。一旦知识商品进入流通循环,则这种第一手优势会迅速消失,进而很快产生非排他性。这就意味着随着时间的推移,知识商品的使用价值不会变坏,但其交换价值会逐渐变为零。尽管 Stiglitz 并未认清这一事实,但并不妨碍这一事实实际上对知识产权可能具有的经济潜力的限制。

而由版权所产生的问题则不只是困扰警察这么简单。盗版行为会在知识商品的每一个流通环节都产生破坏力,并最终变得无可挽回。在中国,对受版权保护的知识进行毫无代价的复制是学习的主要方式,而学术出版物所带来的并非商业上的成功比如版税收入,而是学术地位的巩固和上升。不管 WTO 在中国付出多大的努力,除了总是对美国和欧洲的版权法案开空头支票以外,其他方面的进展基本上都在原地踏步。而中国国家出版市场却几乎不受这些版权法案的任何影响。在印度,低成本的拷贝和复制而不是商业化的市场行为引导了数字化商品的传播,这种传播途径对于知识商品而言似乎同时属于前资本主义和后资本主义的经济模式,但无论如何却更加符合知识和开源生态学的内在特性,将来很有可能会在全球成为主流的商品流通模式。

OECD 的开源生态学

在知识经济不断发展的同时，OECD 也开始将大学研发与创新的政策研究重点从商业化知识产权的直接形成，逐渐转变到如何为知识商品的免费传播扫清障碍这一方面。

在 20 世纪 80 年代后期到 90 年代中期的这段时间里，撒切尔式的新自由主义政策大行其道，人们把政策研究的关注点都放在制定与实施能够保证知识商品化的相关政策方面。私有和公共商品被认为是一种二选一的关系，甚至被看作是冷战格局中资本主义和社会主义两种截然不同的制度的代表。但不管怎样，商品化都被看作是从发现新知识到知识市场化的一条直线式道路。而科学家渐渐地被认为不适合做生意，但同时又太适合做社会主义者，因为学术研究者在经济学处女地探索并发现新知识所花费的时间过长，这使得经济学新发现这种公共商品最终拖延了其后续的商品化进程。因此在相当长的一段时间里，政策的目标就是通过改变大学里的研究文化，尽量将研发的时间缩减为零。比如说，应当改变公共商品研发的模式，新模式应当是一种中期项目模式，并且是竞争性投标的项目模式，这样可以促进研发结果的产品化和市场化。对于研发的管理应当聚焦于创业型科学技术领域，由大学技术官员、专利链条以及大学研发中心和研发型公司的革新活动共同推动和促进。应当部分地重塑大学内部的研发文化，比如一些国家已经在平衡大学研发活动方面出现明显改变，从以往单一支持由好奇心驱动的基础研究，扩展到同时也支持应用型、商业化的研发项目。但创业型研发仍然未能在大学里生根发芽、开花结果，只有极少数大学从专利研发中大赚了一笔，而大多数大学却发现他们在知识产权方面的投入是只赔不赚。即便是在美国，虽然由资产管理所驱动的联邦政府基金项目鼓励将研发商业化，主流大学也都进行了不少的风险投资，并在"学术资本主义"的实践过程中出现了大量的商业行为，[17]但只有不到 5% 的研发收益来自于制造和商业化。而且奇怪的是，大学里私有知识商品的生产，作为政府手中的杀手锏和所有努力的焦点，却一直受到开源性质的公共商品的打压，规模也持续缩小。正如下面我们将要探讨的，私有化的知识商品并非这个向往着国际互联网乌托邦的扁平世界的主要发展方向，但同时它也不是资本市场的发展方向。

随着冷战的结束，内生性生长理论及 Stiglitz 的新公共商品经济理论逐渐走入人们的视野,再加上世界银行的不断推动,新自由主义的研究假设逐渐被人们抛弃。20世纪90年代末,OECD提出更加非线性且更具生态性的国家创新系统观点,这一观点具体提出了几种相互重叠的劳动类型:大学开展的基础研究、基于知识市场的风险投资和创业型研发工作、科学技术在企业、政府设置的实验室及大学中的研发与应用等。具有较高商业价值的突破性进展可能在这一国家体系中的任何一个环节和部分出现。[18]自此公共和私有商品之间的关系不再是敌对性质的,公共知识商品保留了其价值。而在基础研究领域,研究目标也不再单纯指向于商业化研发或促进商业化,将新发现广泛传播于开源网络中以作为创新的潜在推动力已经成为目前基础研究新的目标之一。2008年当OECD拟出以"加强高等教育在研究和创新中的作用"为题的草案时,对政策的改变进行了相关阐述和总结:"知识的传递对创新和知识创造而言同等重要,因为仅仅通过传播,新知识就可以拥有在经济和社会其他方面的强大影响力。"[19]

近年来,许多OECD国家的关键政策都着眼于加强高等教育机构的能力,通过对知识产权更加明确的定义及商品化过程,使高等教育机构能够更加积极地进行知识创新和传播……许多政策制定及作用机制的改变,进一步鼓励了人们认为专利权的取得应该是大学主要功能之一的想法。比如美国的Bayh-Dole法案就使得大学从公共基金研究中获取专利权有了立法方面的保障。然而专利是应当被商业化的,全世界的大学都应当建立技术转化办公室(TTOs),通过将大学产生的知识进行专利化,寻求与企业联合创造利润的机会。换句话说,TTOs的作用就在于将高等教育机构与企业联合起来,以提高知识的传播水平。然而实际上这种做法的效果并不完全理想。在许多OECD国家,大学获取的专利数量都在不断增长。尽管这种增长在Bayh-Dole法案出台之前就已经十分明显……但是TTOs在这其中所起到的作用并不能算十分成功,因为从实际的收益来看,只有少数新知识和新发现产生了大量的税收收益,可以说TTOs的作用被部分地掩盖了。

最近,人们已经越来越清楚地认识到,为大学和公司提供研发知识产权权利(IPRs)的动机激励,与为大学和公司在经济领域内传播知识创造的动机激励,这两者之间存在着较为复杂的交换关系……人们现在已经普遍重视在大学和企业之间进行知识转化,然而,尽管将知识商业化的做法已经被广泛接受和采用,但同时这一做法也产生了新的问题。比如在澳大利亚,生产力委员会对科学和创新系统开展的研究认为,商业化作为一种政策目标,其效果并不理想,而且应当进一步拓宽大学与企业之间的联系。

近年来,加强大学的 IPR 制度建设以强化大学知识及研发成果的商业化已经成为许多 OECD 国家关注的焦点之一……这些国家设立了 IPR 立法的国家指导方针、数据收集系统以及强有力的激励机制以促进公共研究的商业化……尽管为了强化大学的 IPR 已经发布了许多政策,但仍然存在着一系列的问题。其中最重要的问题比如很多人都想侵吞知识创造的利润,但知识的商业化是需要保密的,而实际上大学在经济活动中却更容易导致知识的广泛传播甚至是泄密。不要忘记 IPRs 提高了使用者对知识的消费成本,而一个重要的政策目标则是降低企业使用知识的成本。开放式的科研,比如各种合作、学术机构与商业机构之间非正式的沟通,参与学术会议并使用学术论文等方式,也可以用于将知识从公共领域转化到私人领域。[20]

"对商业化的一个普遍批评认为,商业化对创新的本质、大学在创新过程中所起到的作用是非常有限的。"[21]根据 OECD 的观点,大学并不是知识产权的最佳管理者,[22]而且大学不应将其资源全部浪费在一个较长的专利链条当中。相比之下企业和特殊领域的研发公司更擅长于进行商业化运作,而且更容易吸引风险投资。OECD 也对公共科技研发所产生的产品形式及其市场行为进行了质疑,认为在一般意义上,对于具有突破性价值的研发来说,由研究者来主导研发行为并不是最理想的做法:

基于项目的研究基金而在高校中开展的研发活动实际上也存在一系列的问题,尤其是与研究和创新系统的长期发展联系起来看的话,这些问题更值得关注。具有竞争性的基金可以促进更多的专项基金项目和短期项目的发展,而且这更符合评审机制和奖励机制更关注数量和"即时成果"的特点。但是这样一来,研究者将更不愿意参加那些不能在短时间内出成果出效益的项目。此外,恰恰是由于项目基金具有竞争性,因此持续的基金支持无法得到保证,研究者将无法在需要长期努力的领域持续开展具有延续性的研究。而且如果项目基金只能持续较短的一段时间,这也就意味着研究者必须经常花费时间来提高研究的应用性以保证能得到基金支持……竞争性或基于成果表现的基金项目也会影响到研究的类型和领域,因为有一些学术领域相对来说不会在成果方面风险过高……(而且)短期研究及低风险研究会降低研究成果的"科学新颖性"。[23]

在大学的研究制度中,能够从根本上对经济发展起促进作用的并不是直接创造出具有商业价值的智力资本,而是为企业创新提供良好的刺激和条件[24]——尤其是生产并传播公共知识商品及提高具备再生产特性的研发能力。"高等教育机构是研发和创新体系的基本构成要素,因为它可以培养人才、具备研发和创新能力以及知识传播能力。"[25]而创造私有知识商品还有另一层商业化的目标,尤其是在制药行业、生物医学行业及电子行业。除此以外,大学研发行为的过分商业化还有可能会对知识的传播和创新产生阻碍作用。之前的政策所导致的"公共科技商业化的失败"实际上就是创新系统中这种阻碍的典型现象,这也是知识的本质对过度商业化的必然反应和结果。不管知识在哪里被生产出来,也不论它会从大学知识的形式转化为专利或是其他任何形式,"政策的焦点都应当关注于如何促进开放式科研活动的开展"。[26]

关于大学评级制度

到目前为止,全球知识经济展现在我们面前的是一幅混合的图景,一方面是知识商品资本市场的扩张,另一方面是由完全不同的模式、可变的节奏和无法预料的反馈效果所共同构成的空间复杂性,及由这种空间复杂性所塑造的开源生态系统。"混合"这一词汇可能用"合成"来形容更加贴切,这不仅扩大了整合的规模,而且也使市场和开源生态学这两个领域的交互作用更加深入。开源刺激了思想的生产和市场流通,而且在某些时候也会反过来,由思想的生产和流通促进思想源头的开放性。尽管将开放性源头和市场作比较可能很困难,毕竟两者差异很大,但源头的开放性对生产和交换来说,它带来的可能是比市场更大的知识商品多样性,并能容纳更大量的主体间交流。

现在是时候对开源生态学进行更加细致的分析了。到目前为止,这一生态学系统都被看作是一种处于连通性与非连通性之间的结构。基于这一基本认识,从本质上讲开源就意味着交换是完全开放的,交换的量的大小几乎是无限制的。每一个交换中的个体都可以无限制地与他人进行交换,并具有充分的主观能动性,尽管时间并不充裕。但超市场化的知识能够在基于相互尊重的文化交换的各个方面都真正实现自由的流通和交流吗?当然不能。全球知识经济模式下的知识生产和流通是结构化的,一些个人和机构会比其他个人和机构具有更强的知识相关能力。这些知识的市场行为会被特定城市、地区的经济模式、政策和文化力量所规范和引导;同时也会受到国际互联网、网站开发者及网络技术、系统硬件所在地、沟通渠道、网络节点及大型计算机等因素的影响;[27] 此外,语言使用模式;[28] 各种知识密集型企业的市场力量、品牌及产品质量;学术规范的多样性及优先权;顶尖大学的等级制及跨界行为等也会对此产生较大的影响。从国家层面,有许多国家也参加到全球知识经济的建设中来,但就知识的力量而言,美国依然处于主导地位;英国,另一个英语国家,以及西欧和日本是第二阵营的重要国家和地区;而中国、韩国、新加坡和台湾等国家和地区正在崛起。[29]

上面所有这些因素和问题对于我们来说都是未知的领域。比如知识的风险,越来越多的人、思想、政策、技术及资本的跨界潮流,以及首先需要考虑的、开源生态系统的无政府主义发展倾向本身就让人觉得前所未有。面对开放性、新颖性和复杂性,无论是否进行定义、简化和盖棺定论都是人的本性。至少我们可以说,这是高等教育机构的兴趣所在,是商界弄潮儿和国家政府的兴趣所在,因为他们可以在知识经济的未知地带去实践他们所选择的经济秩序并以他们所偏好的价值计算方式进行活动。下面让我们先探讨一下全球大学评级制度。

2003年6月28日,全世界第一个综合性全球大学排名在网上公布了,这是中国的上海交通大学高等教育研究所(SJTUIHE)进行的排名。[30] 上海交大这个研究所对全世界研究型大学的排名采用的是垂直的名次列表,我们很容易发现,这是全世界的体育竞赛中都经常采用的一种排名方式。这家研究所同时也在全世界顶尖大学和国家之间创造了一种全新的市场竞争,但同时仍然受限于传统上的大学位次排名。在这个排名表上,哈佛排在第一,紧接着是加利福尼亚州的三所顶尖大学:斯坦福、加利福尼亚理工学院和加州大学伯克利分校。而英国的剑桥大学紧随其后,然后是麻省理工学院,随后榜上有名的前500家大学分别来自英美两国的其他研究型大学及其他国家。2003年后,这一排名每年会发布一次,所使用的方法基本不变。从2007年开始,上海交大所还会依照5个不同领域分别发布全世界前100家研究型大学的排名。应该说,交大排名仍然是对传统的大学地位等级制度的复制,这一排名中的绝大多数大学都建立于1920年以前,此时国际互联网和全球知识经济远未出现,其中有些大学甚至建立于工业革命之前。但同时,这一排名也将地位等级制度看作是研究型精英教育竞争的结果,在这种竞争中,思想的自由被看作是最重要和核心的品质。从这种意义上来说,通过这种排名,传统的大学地位在全球知识经济中又被重新看作是大学价值的一种索引,而且可以借此在大学中形成新的关注点,促进不同人之间的沟通交流并引发新的潮流。而且这一排名也将学术生命的重要性延续了下来,因此学术地位对于大学研究者而言依然是比金钱奖励更加具有吸引力的一种潜在驱动力,尤其是在研究和学术成果发表方面。而且对于研究型大学的领导者来说,其工作目标仍然是提升大学的整体威望,而不是产生经济效益。[31]通过这种方式,全球知识经济也可以被看作是一种全球地位经济——我们的社会与玛雅社会的接近程度远比我们想象的还要近很多。

  交大排名首次公布后就遭到了批评者的广泛质疑,尤其是在美国,人们很难相信,一个自己国家的大学只能排在 400—450 位左右的国家,其排名中全球前 10 名大学的次序能有多么公正。相比之下,《美国新闻与世界报道》从 20 世纪 20 年代就开始对美国大学进行排名了。[32]但是,相比之下交大排名比《美国新闻》的排名更加广泛,理由也更加充分。毕竟交大研究所能够将全世界的大学都纳入到排名中,当然也包括美国的大学,而且采用了更加高级的评比技术。在此之前的全球大学排名只是基于对少部分大学人士的意见调查而做出的,而交大排名则放弃了市场调查技术,转而采用社会学的人口普查方法及经济学的投入产出模型分析方法。从方法学角度而言这是多种方法中等程度的综合运用,每一家大学最后都会得到一个简单的位次数字。交大排名团队认为,唯一充分、可靠的数据应当来自于广泛收集的具有可测量性和国际间可比性的研究表现及成果。[33]数据的来源应当是清晰而透明的:比如诺贝尔奖获得者、引用率高的顶尖研究者,引用的数量、质量及出版物等。[34]换句话说,研究表现可以通过多种方式进行测量;但同时不能轻易地忽视其中任何一种数据来源。此外,数据的来源也不能被大学或政府为了其国家的某种特定目的而人为地进行操纵。上海交大的排名团队也已经明确表示,将根据最新的建议和技术的发展对评级方法进行调整,以保证进行更加精确的测量,但同时对于特殊的评级请求不感兴趣。到 2005 年,交大排名已经被广泛接受,而且其关于全球知识地位的新/旧排名也已经逐渐影响到各个大学的发展策略和政府政策的制定。

  尽管交大排名重新塑造了地位经济,但这并非其本意,而且交大研究所也并不想通过设计一种全新的排名系统来帮助中国的大学提高其全球排名,从而提高其全球声望。实际上交大排名最初是中国政府支持的一个研究项目,目的是想看一下中国的研究型大学究竟在全世界能够排到多少位。中国政府很清楚,目前中国的经济模式是一种中等技术水平的制造业经济,表面上看经济增速很快,但实际上背后是廉价的农村劳动力的聚集,中国需要从这种劳动密集型经济模式转变为基于更高教育水平的知识密集型、服务型经济模式。因此中国设立了新的经济和教育发展目标,即发展现代化的高等教育体制,至少要达到 OECD 的准入水平;并在研究型大学内迅速扩大研发和创新体系建设,使得大学的研究能力能够在较短时间内达到国际水平。我们可以看一些数字:从1996年到2005年,中国在研发方面的投资所占GDP的比例从0.57%提高到了18.5%,这基本上是芬兰在研发方面投资增长率的3倍,而后者的水平已经处于OECD欧洲国家的顶尖水平。[35] 2004到2005年间,中国申请的国际专利数量增长了47%。[36] 1995至2005年的10年间,中国每年发表的学术论文数量从9061篇增长到41596篇,论文发表数年平均增长16.5%。[37] 交大排名的目的曾经是(目前还是)对国家的这一不断增长的投资项目进行参考和指引。而且基于美国所有研究型大学的平均水平,这一项目可以让人们很清楚地认识到中国的大学和北美、英国、西欧的大学在学术表现方面一直存在的差距。很长一段时间以来,美国研究型大学的平均水平被看作是全球大学的标准,是世界顶尖的知识经济发展的标志,也是中国一直渴望达到的目标。[38] 人们很容易接受这一约定俗成的标准,毕竟它与高等教育实力和资源的等级制排名是一致的,而且从全世界范围来看,这与已知的大学地位的格局也是一致的。然而,交大排名并不应该不假思索地自动复制西方标准,毕竟这种排名存在一定的偏见。这一排名致使中国国家发展战略走出一条与西方传统完全不同的道路的可能性几乎为零,从而使中国丧失了重新界定全球知识经济格局以及重新确定政策走向的可能性。而且这一排名还限制了全球高等教育发展模式,比如现在除了国际互联网之外,已经没有更好的选择;再比如英语现在是唯一一种被广泛使用的研究交流语言;尽管多样化的、松散相连的其他教育体制具有全新的发展潜力,但是大多数国家除了大力发展教学/科研型大学之外,并不关心这些新鲜事物。可以说,交大排名团队只是基于一种可信的、现代化的、通行全球的技术,在新经济模式之下将传统的地位等级制度进行了一次"重装",并用传统排名制度解释现在的新事物(全球化知识经济)。此外,在面对开源生态学那种具有多种可能性和渗透性的潜力时,交大排名模式只是在试图证明古老的象牙塔排名表仍然具有活力,仍是成功的。

交大的评级测量行为刺激了出版物测量、期刊评级及其他许多名义上的质量测量领域的技术进步,比如引用率检索和测量、影响力评价等技术都有所进步。而且,由研究机构发起的对大学整体及特定领域的评级活动及其相关的系列出版物、引用率测量等做法,已经越来越多地影响到政府的政策制定及大学管理策略的制定。各种评级的结果在研究基金的分配及一般意义的大学建设投资方面、在行为激励机制的建立和个人生涯规划等方面已经发挥了(而且将继续发挥)越来越重要的作用。反过来这种影响作用也会促使人们对各种各样的评级技术进行研究和改进,使得以比较为目的的科研表现数据能够更加标准化,消除诸如研究机构规模大小、管理模式及出版和引用率等方面的固有差异所带来的消极影响，从而使评级结果更具有可比性。2007 年，荷兰的 Leiden 大学发布了一个全新的评级系统，该系统基于其独特的文献计量学指标，从四个角度评价研究机构的科研水平：发表物数量、以引用率计算的平均每篇发表物的影响力、在学术领域进行标准化（对不同领域的不同引用率进行了控制）之后的以引用率计算的平均每篇发表物的影响力以及考虑到研究机构规模的最终测量及修订。Leiden 评级体系去掉了诺贝尔获奖者这一影响因子，而这在交大评级体系中也是最缺乏公信力的，同时还去掉了对顶尖科学家数量的考量，以及基于科研表现的不同方面而武断地做出的复合型评价指标。[39] 台湾地区"高等教育评鉴中心"在 2007 年开发了一个与交大评级系统非常类似的科研表现综合评价体系，公布了他们自己的世界 500 强排行榜，然而这个评价体系也像 Leiden 评级系统一样，将诺贝尔获奖者、顶尖科学家这两个因素排除在评级系统之外。而且台湾评级体系在出版物和引用率的数量和质量方面进行了更大规模的单一测量，甚至有些数据来自于前两年刚刚出版的发表物，这就使得它比交大评级系统内容更新。但台湾评级体系与交大评级体系终归没有什么太大的差别。[40] 同一所大学在不同的科研排行榜上名次都差不多，这也说明早在知识经济到来之前，这些决定地位的评价标准就已经确立了。

　　大学的网络计量排名系统，是基于大学在国际互联网上公开的学术出版物和课件的数量、可用性及影响力等因素来开展具体评价工作的，在当前知识经济的新时代，这种评级系统显示出比传统评级体系更大的潜力。网络化评级体系同样也会提供一个单一的大学名次排行榜，而且不会考虑大学之间的关系，比如大学联盟等因素。但是，数量的测量比如网页数量的测量方面，网络化评级系统无法区分名义上的或是单向呈现的网页，与交互式的、具有较大影响力乃至规范了该领域研究的网页之间的区别；同时这一系统也无法精确地评价特定领域内的最新最顶尖思想或创新，比如社会网络技术等。因此，网络化评级系统得出的结果与交大评级体系并无太大差别，主要的区别只是美国的大学在网上的排名甚至更高了。[41] 但这一技术的使用标志着国际互联网对旧有的传统等级制度的替代。在全球知识经济时代，一种略显奇怪的双轨制大学科研生活出现了，它反映出文化的自由灵活性与半封闭的政治经济制度的奇妙融合。一方面，同伴协作式生产是在一个开放式系统中进行的，在这里智力的使用价值是通过协作式开放生产而产生的，新知识可以从这一系统中的任何地方出现，并且很快就能被系统中的所有人认识。另一方面，大学系统中始终存在着一个复杂的价值网络，这一网络由评价体系和组织化的系统所控制；在这一网络中，大学过去的发展情况和评级记录左右着新的排名,并通过排名比较技术对新的科研成果进行规范,大学的科研和学术发展将沿着固定的轨道前进(英语、科学和医学,以评级为目标进行的综合和调整,"像哈佛一样"等等。)而不能自由地选择发展道路。

帝国的反击

交大评级体系选择的等级制大学地位排行榜并不被所有人所接受。2004 年,在交大评级结果首次发布后一年,伦敦的《泰晤士报》发布了一个不同的大学排行榜,被命名为"世界上最好的大学"。这一评级体系的首要关注点并非大学的科研水平,而是在全球学位市场(global degree market)上为学生决策提供服务的水平。总体来看,该评级体系使用的是混合型指标,其指标体系一直在变,直到 2006 年最终确定下来。《泰晤士报》评级体系中一半的指标是与声誉调查相关的:指标体系中的 40% 是由学术调查("同行评议")构成,10% 是对"全球雇主"的调查;此外还有 20% 是由师生比例、一项针对教学"质量"的量化测量构成;有 20% 是由平均每位研究人员的研究引用率数据构成;最后还有 10% 是由国际学生(5%)和国际教师(5%)的比例构成。《泰晤士报》评级系统每年会发布全球 200 强大学名单,另外还会分别公布 5 个领域的研究机构排名列表。[42]

《泰晤士报》评级体系的数据收集、标准化和编码都由 QS 市场调查公司完成,他们所使用的技术并不像交大评级系统那么严格。比如说,2006 年《泰晤士报》评级系统对学术"同行"的调查,最后收集到的数据量只占到向全球发送的 20 万封调查问卷电子邮件的 1%。在所有收回的问卷中,对于来自于英国及前大英帝国附属国的邮件进行了加权处理,因为在像澳大利亚、新西兰、香港、新加坡和马来西亚这些国家和地区中,《泰晤士报》的知名度更高。而在返回的评价当中,来自于欧洲和美国的评价要显著低于其他地区的反馈。此外回收的数据也没有再次进行加权处理来纠正成分偏见(compositional bias)。[43]似乎《泰晤士报》比较在意来自于社会主义国家的意见,因此在其评级系统中单独为社会主义国家的大学设立了一项排名。《泰晤士报》评级系统的其他问题如:国际学生的指标问题,因为这一指标只是基于学生数量而进行的评价,并未考虑到学生学习情况的高低,以及教研单位水平的高低,因此其评价结果更像是大学的商业价值而非"最好的大学";用数量化的方法去测量教学的质量;科研表现仅占所有评价指标的五分之一等。可以说《泰晤士高校排行榜》反映的更像是大学的营销水平而不是其研究水准。

《泰晤士报》评级结果是一个各种成就混合的排行榜,通过国际声望和科研方面的指标评价,这一排行榜进一步激励了美国和英国的明星大学;通过声望评价,它同时也挑选出国家体系中最知名的研究机构,尤其是那些坐落于首都的研究机构;而且它还提高了英国和澳大利亚大学参与密集的跨国营销的水平。有人对这一评级体系不可靠的测评方法进行了质疑,认为在数据标准化的过程中,《泰晤士报》根据特定的目标对结果进行了篡改,因此产生了特殊的、想要的结果。从排行榜来看,英国的大学在《泰晤士报》排行榜中排名非常靠前,远远超过了它们其他排名系统中的位置。2006年英国的 GDP 是美国的 15%,但在《泰晤士报》全球 100 强大学的排名中,上榜的英国大学数量基本上是美国上榜大学数的一半:15 比 33。在交大排名中,上榜的美国大学有 54 所,但这一数量在《泰晤士报》排行榜中被减少为 33 所。《泰晤士报》试图通过这种方法削弱美国在知识经济时代的全球影响力,但这种做法实际上也会同时削弱西欧大学的影响力。单就英国大学的排名情况而言,很多英国大学在《泰晤士报》排名系统中的位置也远高于他们在交大排名或台湾排名系统中的位置。2006 年英国大学在《泰晤士高校排行榜》前三甲中占了两个位置,剑桥大学(英国)也几乎全面超越了哈佛大学。古老的帝国开始了他的反击。然而实际上哈佛大学研究者的被引用率是剑桥大学同行的 3.5 倍,在全世界范围内也享有更高的声誉。不经意间,《泰晤士报》排名可能也同时提升了澳大利亚大学的位次,而理由是一样的:同行调查的成分偏见和国际学生相关指标问题。2006 年,由《泰晤士报》所抽取的"学术同行"对澳大利亚国立大学进行了评定,结果其在排行榜上的位次超过了耶鲁大学、普林斯顿大学、加州理工学院、芝加哥大学、宾州大学以及 UCLA。尽管在学术发表物方面有着较低的引用率,师生比例也只是中等水平,但澳大利亚的大学在前 200 强中也占到了 13 个席位,这表明澳大利亚是世界上第三强大的国家体系,位居加拿大、日本、德国和法国之前。在一段时间里没有一个澳大利亚人相信这一排名结果是真的,但就像他们的英国同行一样,澳大利亚的大学充分利用了《泰晤士报》评级结果,增强了他们在全球营销战场上的竞争力。

不像交大评级、台湾评级及其他评级体系那样对引用率和出版物进行统计,《泰晤士报》评级体系并不能提供一个全球知识经济的全面概观,它所展现的是全球的另一番景象,即全球知识经济秩序的建立更加倚重于市场经济而非知识。当然,不同的评级体系之间也存在一些重叠部分。比如在交大评级体系中,价值是由地位所决定的,在《泰晤士报》评级体系中,地位的再生产来自于该评级体系所使用的方法本身:至少一半的评价指标是由声望做基础的。《泰晤士报》排行榜上所显示出的地位等级制度不仅用于保证英国（和澳大利亚）的教育资本在学位市场上的首要地位，从更深层次来分析，这同时也从一个侧面反映出旧时大英帝国荒谬的霸权主义思想仍在作祟。这种思想剑之所指的不仅仅是英国大学的地位，而且也包括英国的全球地位发展战略。

自相矛盾的知识经济

在政府执政和大学管理的过程中，全球大学排名迅速成为一个重要的风向标，但是在美国并非如此。尽管美国的高等教育长期以来一直是被评级所驱动的，但这一评级权始终牢牢掌握在《美国新闻》的手中。OECD 的 Ellen Hazelkorn 曾经就大学评级及排行榜的问题调查和访问了 41 个国家的研究所负责人，在问及他们对评级制度的看法时，几乎所有的被访者都认为"评级对于明确和强化研究所的声望而言是一个非常重要的因素"，会影响到入学申请（尤其是国际学生的申请）、大学间的合作伙伴关系、政府对大学的资金投入以及雇主对毕业生的评价等许多方面。[44]绝大多数大学领导者都制定了一定的计划与策略以提升学校在排行榜上的排名，而且各大学主要依据的都是交大评级体系发布的排行结果。只有 8% 的被访者说他们面对排名结果并未采取任何措施。[45]Hazelkorn 还提到许多研究所都开始收集跟研究有关的数据，并注意监控同领域其他研究所的表现，并与自己的表现进行对比。一些大学甚至还"采取了更加积极的做法，把评级作为一种工具，不仅影响学校内部的组织架构，而且还影响研究所的优先权"以及预算的变化。[46]

在组织系统中对评级制度的充分利用，各种出版/引用统计技术、等级制度的迅速发展，以及在知识流通过程中对研究型出版物影响力的测评，很容易被看作是一种后福柯式的思想和做法，是通过"责任化"对主体进行微观政策控制及管理，以及"对管理的管理"的典型案例。[47]然而这还不是最有趣的一种解读。我们无法将大学评级制度与其他在大学的新公共管理中采用的技术区分开来，而新公共管理早就预告了全球知识经济时代的来临。大学评级的初衷并不是进行新自由主义的公共管理，也并未对商品化过程进行预期。尽管中国政府在创建交大评级体系的过程中发挥了相当大的作用，但后者本身也在下述两个方面拥有自己独特的能力（与国家体系不同的能力）来参与全球知识经济大格局的创建：即大学中的商业化出版者和社会科学家们。评级作为一种组织技巧，它特别的地方并不在于其微观层面，而是来自于其宏观层面：评级体系对全球知识经济进行了大胆的想象和规范,并通过这一想象和规范,对全球开放/封闭、过去/未来以及自由/他律等知识经济运行模式产生了深刻的影响。

全球评级系统有两个基本类型,一种是顺序型,一种是主次型。顺序型排名系统构建了一个垂直的测量、评价和排名体系,从而丰富了知识经济的内容(或者说至少在规范大学的学术领域、基础研究和创新方面有所贡献)。这一评级系统是在新/旧大学权威结构的基础上进行运作的,是对大学排名的重置。由于其首要目标是使大学在面对开源生态系统时能够保持一种表面上的稳定性,因此该系统一方面对传统上基于财富、技术和知识权威性而粗略评出的大学地位与等级进行了重排,另一方面,通过对传统评价指标的继续重视和使用,这一评级体系在价值创造和等级再生产方面实现了平稳的过渡。而大学的等级体系相应地在研究类型(以应用科技和医药方面的大量预算为主导)、出版物列表及引用列表等方面的迷你等级制建设方面也起到了不小的促进作用。比如说,期刊的编辑及引用率计算方法的设计主要是由顶尖大学的个别人员所左右的。对于这种情况,除了一些细枝末节的问题之外,很少有人提出异议,这也就意味着大多数人最终都倾向于认为高等教育是一种地位经济。

主次型评定体系更加具有倾向性,但同时也有待于进一步发展:这一体系将排名系统转化为一种数学化经济模式,在这一模式中地位成为一种可以计算的价值标准,从而可以为大学地位进行定价并进一步转化为地位市场。这种模式主要发生在美国的私立大学领域内,但其评定和使用过程受到了很多干扰。比如说在决定学费的重要因素中,大多数都是与地位和经济无关的因素。

竞争的态势

下面将对排名系统的实际应用情况进行进一步的分析。交大评级系统最后给出的是单一的大学排名,其背后测量的是一系列在学术界达成共识的指标。这代表的是一种全世界通用的秩序,使用的是一种广泛评比的模式。在这一评比中,所有的研究机构和所有的国家基于同一标准进行评比。这一排名制度背后有两条基本假设,首先人们总是有一种幻想,即世界排名第一的大学可能会从全球"系统"的任何一个角落里产生;其次,人们总是期望能够通过大学排名使知识的循环和流通过程单一、透明。但实际上在全球知识经济时代,知识在经济运行过程中存在多种流通方式。世界范围内的知识流动会出现在许多不同的文化领域、语言族群和其他人类群体中,而且从空间性而言这种知识流动具有易变性和复杂性,不仅与各种其他的文化流动相互交织,也会因为各种文化上的断裂或者是岛屿的阻隔而被打乱。评级及相关的表现测评技术所做的,正是通过理清学术知识的循环模式和相关产品,并以排行榜的形式将其呈现为"唯一可能的"知识循环模式,来最终界定主流的知识循环。只有在这一知识循环过程中,知识的价值才能够以赋予大学一定地位的方式被确定下来的。

这一排名系统所给出的全球大学排名结构是与一种全球化的憧憬和一些特定的机构相联系的。必须承认这种全球化的憧憬非常诱人。在一个开源生态系统前途无可限量,而且很有可能超出我们掌控的世界中,大学评级对全球大学的水平高低及相关的决定性知识的分布进行了界定,这就为知识经济本身提供了一个可参照的发展模型,或者至少是为研究型大学的知识发展提供了一个参照。尽管目前的评级系统仍然具有简单化和封闭性的特点,但这至少给了我们一个充满希望的憧憬。这也从现实主义和必要性角度为我们带来了一道光环:全球化不可避免,而且这也是唯一明确的关于为什么要在公共领域中进行大学排名的合理解释。这一全球化憧憬在霸权主义时代是无法实现的,只有在目前全球化的大背景下,这种憧憬才有可能变为现实。前苏联人造卫星上天之后,人们对地球和宇宙的关系及空间性的认识不断加深,人和信息的移动速度极大地加快,事物之间的联系越来越频密,在这个地球上已经不存在信息的盲区和死角,所有的人和事都无法藏匿,各种因素都相互联系在一起,而且事物的源头和未来也都联系在一起。此外,这种憧憬也只能在世界上个别地区才会实现,在这些地区,全球化视野而不是一个国家或单一文化的视野将会真正发挥其决定性作用。这种憧憬未来一定能从新加坡、丹麦或澳大利亚这些国家中出现,而目前这种憧憬已经在中国出现。自从交大评级体系将中国置于全球化背景之下,就标志着中国与从前那个自给自足的中央王国决裂,开始走上伟大的发展变革之路。交大的世界大学排行榜的设立和公布不仅使中国改变了过去那种一切以北京为中心的国家机构设置模式,而且也使中国逐渐具有了全球化发展的视野和方向。在这种基础上,中国政府要求身处上海的那些视野更加开阔、思想更加开放且关注外部世界的思想家们能够对中央王国的教育体系进行重新思考和设计,因此才出现了以大学作为全球知识经济领军者的思想。

对全球大学进行排名的工作本来也可以出现在英国,但《泰晤士报》评级体系最后根据自己的喜好对排行榜进行了修改。另一方面,通过将研究型大学以平等关系(哪怕只是名义上的平等,比如《泰晤士报》评级体系那样)联系起来,从而实现世界大同的想法,在美国也无法实现。美国式的民主,与古罗马的做法类似,是基于国家例外主义

(exceptionalism)的意识形态之上的,尽管罗马帝国皇帝卡拉卡拉在公元212年曾将公民权扩展至所有在帝国内自由出生的男人,但美国不是罗马帝国,美国从未将一个公民化的世界作为自己的发展方向,也不会希望所有人都成为美国公民。美国对多边主义或全球公民化的发展并不太感兴趣。依据本国的海岸线,美国仍可以做出不与外界接触的姿态,当然,这并不包括在美国南方,美国与拉丁美洲地区盘根错节的关系。在美国,"世界上最好的大学"是由《美国新闻和世界报道》的评级体系来确定和排序的,美国最好的大学就是全世界最好的大学,美国一个国家的视野就代表了全球的视野。

对于美国以外具备更强实力的研究机构而言,由交大评级体系和《泰晤士报》评级体系所发起的全球大学排名制度仍然具有较大的吸引力。尤其是对于像新加坡国立大学和英国、澳大利亚的以国际招生为主的大学而言,教育和/或研究的全球化关系已经成为其开展各项活动的指导原则,因此排名系统的吸引力会更大。对于未来的发展而言,这种排名系统提供了大量的可能性:比如在制定具有灵活性的策略方面的巨大潜力,以及在全球范围内建立联盟和吸纳有创造性的人才等方面的潜力等等。而且在全球化视野下,策略会比在国家体系之下更加具有多种可能性和开放性。尽管这种排名仍是基于传统的地位和等级制度而开展的,但全球化高等教育的空间仍然能够为地位的上升提供巨大的可能性。对于亚洲那些正处于科技上升轨道的国家而言,这就是大学评级制度的魅力所在,这使得这些国家能够在当前全球霸权主义的基本格局上有可能去挑战霸权。通过将大学体系中的顶尖大学排定座次,排名系统使得这些国家能够更加接近自己的目标并强化自己达成目标的愿望。在全球化评级的大学系统中,大学发展策略新的增长点应该是在资源开放的前提下激发文化的多样性发展,以促进大学的进一步发展,使之锦上添花。这看起来似乎有些讽刺,因为大学新的自由发展的基础恰恰是试图跟无法绑定的文化潮流进行绑定,就好像创造型人才为了公司的利益而不得不限制自身才能的发挥,但实际上这种观念正是来源于公司的质量保证机制。

全球知识经济时代的等级评定制度强化了三个方面的作用:研究机构的、国家的和个人的。首先,评级制度对私人大学的促进作用要强于对不同学术领域的作用。评级鼓励了研究机构的发展,并强调应集中发展研究机构的知识水平,此外也强调了发展的战略、资源和轨道:不管研究机构在轨道之中是向上还是向下变动。在这里评级的功能基本上是以一种等价的方式发挥作用的。第二,评级制度促进了国家高等教育体系作为系统的发展。就像奥运会的金牌一样,对私人研究机构的评级很快就被纳入到国家级别的排行榜中,而这些排行数据很快就会突出体现在媒体宣传和国家施政过程当中。第三，评级制度鼓励了一小部分顶尖的研究者，他们的个人表现或者说他们的职业生涯对研究机构和国家系统来说，在策略层面的作用非常明显，比如说诺贝尔奖获得者及交大评级体系里的 ISI-Thomson "HiCi" 研究者。

评级制度已经在几乎所有的领域产生了实质性的影响。在研究机构的层面，评级制度鼓励通过合并来扩大规模。比如在英国，曼彻斯特大学与邻近的一所科学技术研究所的联合就提升了曼彻斯特在排行榜上的位置。而欧盟委员会也曾探讨过建立一所欧洲技术研究所的可能性，其目的是将现有的研究型大学的力量联合起来，以保证能在交大评级体系中维持一个较高的位置。在研究所内部，评级制度鼓励将教学与科研活动分开，以便于集中精力进行科研，人们认为将研究的努力与资源在知识领域聚集起来能够产生竞争性优势，并且有助于从其他研究机构招聘到顶尖的科学家。在国家系统的层面，评级制度专注于将整个国家系统提升为具有全球竞争力的高水平国家。许多国家的政府已经开始实施或正在考虑，从国家系统的层面有选择性地给予一些大学大量的政策支持，以提升其表现水平和国际竞争力。德国发起的19亿欧元卓越计划就是此类政策支持的一个典型例子。法国也已经宣布了一个大规模合并计划，包括各所大学和高等专业学院的合并，以保证本国能够继续提高在交大评级体系上的位置。知识经济时代的全球竞赛已经成为一种全新的、创新政策和高等教育、科研投资方面的"军备竞赛"。想要达成《里斯本条约》中的相关目标，所有的欧盟国家都必须将GDP的至少3%花费在研发领域。在中国，一系列的投资计划正在规划中，以保证本国顶尖大学能够继续保持和扩大自己的领先优势。韩国和新加坡目前也正沿着同一条道路前进，而美国也必将实施相应的对策。

地位竞争

尽管高等教育领域的商品化进程一直没有完全达到目标，但商品市场的扩张（比如，菲尼克斯大学的盈利性研究所模式）已经成为一种重要的二次发展模式。同时我们也必须看到，绝大多数的知识商品都不能以盈利为生产目标，但这些知识商品中的一部分可以用于发展地位经济。具体来说，一旦大学的排名确定，就可以依照排名将知识商品的价值进行等级划分。而且主要的变化出现在公共商品而不是私有商品领域。而学位、研究计划及突破性发现等内容：所有这些都可以依照它们所归属的研究所的地位而被赋予相应的价值。在美国，卡内基研究所评价体系和其对手《美国新闻与世界报道》的评级体系长期以来一直对本国的研究所进行评级，而类似的全球评级体系则在全世界范围内提供了一个更加宽泛的应用型指标体系。如果说基于研究所声望的评价只是一种粗略的综合性评价，显得太过传统、武断（很野蛮）的话——尤其是以那些基于现代主义情怀的评价为例——那么通过对不同学术领域、出版物和引用率的辛苦计算而得出的地位等级以及影响力测量就应当被大量采纳。但是这种地位竞争实际上对于具体的评价行为有着特定的法律约束。因此现在是时候来深入探讨这种地位竞争了。

很多研究者都对教育和其他领域中的地位商品或"位置商品"进行了论述，比如 Fred Hirsch,[48] 以及 Robert Frank[49] 和 Philip Cook[50] 在对"胜者为王的市场"的机制分析中都对此有所分析。有一些地位竞争是通过经济市场的形式来进行的，而且包含着一定的金融交换行为。其他的地位竞争则不包括金钱交换的形式，比如在教育系统中很多课程都是免费的，但在高水平的研究所中，学位仍然十分稀缺。地位商品的关键之处在于其精确性，毕竟这是在一个有限的等级体制中关于位置的商品，而且高价值的地位商品的数量是有*绝对限制*的。正如 Hirsch 所说，位置商品是一种商品或工作岗位，这种商品要么"具有绝对化的或社会强制性的稀缺性，要么在大量消费和使用过程中会越来越供不应求"。这带给我们的启示之一是"位置竞争……是一个零和游戏，在这个游戏中胜者为王，败者为寇"。[51] 位置商品/地位商品为一些人带来好处和利益，但同时另一些人却可能会一无所获。在高等教育系统里，学生所需求的地位和大学的地位都遵循零和的逻辑。这种逻辑也会造就不同的消费类型，造成不平等的社会机会；在知识生产方面则会造成不平均的教育质量。可以说，等级制的方方面面对于地位竞争而言都是必须的基本要素，反过来地位竞争又会持续塑造等级制度。

在地位竞争的过程中，大学并不会像传统企业那样发挥作用。非盈利性质的大学会将声望、表现及收益进行最大化。正如前面所说，排在第一位的往往就是最重要的。对非盈利性大学而言，地位（"竞争中的位置"）是其最终目标，也是高于一切的底线；同时，地位也是大学在金融方面能够保证生存的工具之一，地位可以保证大学从教学、科研和捐赠等来源获取的收益不断提高。高等教育系统的地位竞争带给我们的另一个启示是，即便将高等教育以经济市场的模式进行重组，精英型的研究机构仍然会希望保留中等的机构规模，而不是根据潜在的需求无限制地进行发展和扩张。以利润率和市场占有率为基础的商业驱动模式会倾向于研究机构的无限制扩张，但这实际上只会贬低研究所里每个学位的学术价值，并最终摧毁研究机构。由于这种间接效果，一旦一个研究机构确立了它在排行榜中较高的位置，而这实际上是相对最困难的部分，那么就使得这个研究机构可以继续遵循地位市场的逻辑,对其学术地位进行重复生产及继续稳固,同时可以毫不费力地阻止新人对自己的超越。"成功孕育成功"(Frank & Cook,1995)。[52]可以说保持精英地位只需要稍微谨慎一些即可。地位的竞争具有封闭性,这一点上与具有竞争性的资本主义经济市场不太相同。为了进行地位竞争,挑战者可能会在竞争中与对手进行"比赛",以提升自己在排行榜中的位置,但随着时间的推移,精英研究机构的地位在很大程度上仍然十分稳固。[53]哪怕竞争的模式发生改变,也只可能是更加封闭,而不会更加开放。换句话说,在一些地位市场上,除非有其他外界干预,否则短时间内地位的竞争很难导致各个研究机构的排名都迅速向最高位次出现聚集。这种市场化竞争的最终结果,类似于流行音乐或影视明星,或是"摇滚明星"那样,一小部分最顶尖明星的出场费和作品价值出奇的高,而绝大部分业内人士的出场费及其作品价值都相对较低。目前类似效果在美国高等教育系统内也在发挥作用。那些水平并不十分拔尖的研究所时刻会面对着不断增长的经济压力,并且很难聘请到顶尖的科学家,但是像哈佛、斯坦福和普林斯顿就很少遇到这样的窘境。

地位竞争与开源性

当前全球知识经济时代的地位竞争,其竞争的方法与开源生态学所采用的办法大相径庭:地位具有前资本主义特征,而资源则具有后资本主义的特征;地位竞争的基础是绝对的资源稀缺性,但开源生态学则是以极大丰富性为特点的;地位具有一定的局限性,而且地位之间实际上无法进行彻底的竞争,通往精英阶层生产者的道路往往是被堵死的。当地位竞争造成封闭性,比如使产品更加小型化以加强其价值时,开源生态学则继续保持了其开放性,其边界是可渗透的、灵活的,并且开源生态学会不断在新的领域、新的行为方面发挥作用,以回应各种需求、供应和想象。地位商品的价值会随着地位的变化而相应地改变,但如果我们暂时撇开开源性知识商品的使用价值不谈的话,这种商品的其他价值基本为零——除非它与地位相连。地位来源于具有可重复生产性的权威,而开源性生产和传播则是由文化相关价值所驱动的。地位竞争与开源生态学两者之间的差异已经大到不能再大,而且两者基本上没有混合或共处的可能性。不过这种天差地别的情况也有助于解释多数大学都具有的多样性和复杂性的工作特点。

地位生产经常与自由的文化生产同时共存,比如在艺术领域通常都是如此(这也是一个光怪陆离的、五光十色的世界)。[54]在这种情况下对社会地位的渴望远远超过了对经济支持的需求，并进一步促进了创造力的发挥。在大学这一方面，自从哈佛大学艺术与科学系决定把该系所有的学术论文都发表在国际互联网上之后，就为知识商品的自由生产和传播提供了重要支持。这可以被看作是制造业时代版权制度的一次决定性变化。同时，哈佛大学知识商品获取途径的大大增加进一步加强了该研究机构的地位，这里边除了互联网共享直接产生的促进和强化作用之外，当然还有一部分价值是通过出版物和引用率测量所创造的，这部分价值最终也起到了很多帮助作用。此外，国际互联网对于创造地位而言是一个强大的引擎和工具。不论是在大学还是在艺术界，地位从来就不是唯一的驱动力，在这些领域里还存在着一些内部动机，比如创造、制造和求知的欲望、与他人沟通的需求等；当然也包括为自己和自己所在的机构树立威望的动机。开源性和后资本主义生产的特征之一就是，其技术能够使创造和沟通的愿望得以充分实现，以至于能够达到历史上前所未有的高度，[55]远远超过对财富和尊重的需求。因此地位生产和自由的文化生产之间的关系绝不是自相矛盾的。

有一种观点认为，可以通过大学评级制度来对全球化知识经济进行规范，而且评级行为本身就是对加速全球化和促进各种开源性创造行为的需求的一种自然回应，是对自相矛盾观点的一种灵活反应，是重新恢复平衡的必要过程。有人认为开源这一潮流的可变性太大，对于资本主义经济而言由于消耗太大，因此很难驾驭，但更加原始的地位经济通过接纳一部分、排除另一部分的做法，可以对开源的潮流进行管理。但这真的可行吗？这其中可能存在的问题与矛盾只有在大学评级、地位排名的呼声越来越高的时候才会凸现出来。比如当大学领导者倾尽全力来拼排名位置而不是培养创造型人才的时候，就会使大学中的许多矛盾凸显。尽管开源性活动通常都会有助于大学在未来继续保持地位、获取成就，但那些不走寻常路的开源性活动依照惯例仍然会被惩罚。这正如同鹅和金蛋的故事一样（因此 OECD 曾在 20 世纪 80 到 90 年代大力推行新公共管理关于研究管理的政策）。在这种情况下，大学的地位与角色从长期以来的地位生产者/文化生产者的双重角色，并且两种角色相互促进的发展模式，已经逐渐转变为一种贯穿整体的标志性角色，以及一种决定性力量，就如同玛雅文明后期的情况一样。同时，在大学这一集权控制系统中对大学评级制度的利用，不仅增加了大学的透明度，同时也提高了均化效应和过度评级可能造成的潜在危险。

此外还有一种对大学评级制度的普遍主义误用。当人们将大学地位评估作为大学整体上收费价格系统的基础时，很容易导致地位较高的知识商品价格出现高通货膨胀的情况——比如顶尖的美国私立大学的学费——这会致使我们无法识别处于评级系统指标之外的公共商品，进而无法在大学价格系统之内对其进行定价。我们必须要在各类组织系统中能够广泛识别和理解知识商品，并将其后资本主义的生产特点作为组织体系构建和运作的必要因素进行考虑。必须要认识到，知识商品的后资本主义化生产才是我们在开创未来的过程中首先需要遵循的道路。知识商品已经逐渐成为人类文明中大多数社会性特征和个人特征的载体，从这个意义上说，我们正逐渐超越玛雅文明中君主牧师的角色，对于玛雅人的君主牧师而言，地位的循环再生产曾经是生存、各种活动和实现理想最后的终点。

没有任何一种人类文明和制度是完美无缺的。大学评级制度和地位市场无法"抑制"甚至"消除"开源生态学对大学和人类发展的影响，但也不能仅仅理解为地位等级制度无法包容开源性知识潮流这么简单。在全球范围内普遍开展的大学评级活动最终还是会出现问题并逐渐退出历史舞台，这一制度终将被更加温和且更加多元的比较和评价模式所取代。

注释

1. Bowles(1991,13)。
2. Demarest(2004,22)。
3. Demarest(2004,24,25)。
4. 这一能够铸就传奇的圣球运动曾经风靡整个中美洲。
5. Demarest(2004,294)。
6. 很有可能当地位经济开始滑向危机的深渊时，在文化方面就已经出现了一种变化，以前那种通过地位的仪式化建筑孕育出来的等级制幻想，很快就被相反的关于分散的、有所侧重的或是对称式交换的水平化设想所代替。玛雅文明后期的主要变化，是随着其城邦制国家的帝国式联盟的发展潮流一起出现的，即更多的玛雅人把"蛋"都放在了一个单独的统治者的篮子里，这就好比在我们的时代对CEO的狂热崇拜与拥护。另一方面，对曾经冉冉升起的神王的狂热崇拜可以暂时使其他的贵族臣服，而当神王驾崩之后，上升的通道就会重新为贵族们打开。但在我们的商业文化中，精英们同样充满了刀光剑影的精彩上位故事，以及顶尖的CEO们的起起落落，只会更加强化我们内心中那种凭真本事就能成功的神话，以及对无拘无束的个人自由、一时的无上权力（在商业等级制和消费活动中都会出现明显的"一日贵族"综合征）的向往。此外，这些经历也激励着人们要随时注意把握机会，比如在玛雅社会中，神王的每一次失败和王权地位的终结——尤其是被敌人抓住而处死——都威胁着地位文化的稳定和延续。而这些正是王权和神化的代价。有时玛雅文明的美也会让我们充分感受到在那个蛮荒的时代，王权延续的真实情形。一些从陵墓中挖掘出的陪葬雕刻品异常精美，它们属于Palenque的Pakal王，一位伟大的君王，他在位68年，主持修建了这座城邦历史上数不清的伟大建筑和艺术品。通过建筑和艺术品这两种方式，玛雅人那种生活于死者的遗迹中间，以表达自己对先祖的崇敬的风俗展现无余，同时这也体现出一种超乎寻常的希腊自然主义风格。这很容易让人觉得Pakal似乎就在我们中间。对于玛雅人的雕塑而言，自然主义风格并不常见：高耸的雕像、情感与精湛的技艺相结合从而体现出更加深刻的人文主义情怀。同时，从纪念Pakal的第二个儿子Kan Hoc Chitam的铭文中，我们也能明显地感受到一种深深的悲伤。

这位不幸的王子在公元 711 年被敌对的 Tonina 王抓住并被杀害,从此后 Palenque 这座伟大的城邦就再也没有完全恢复元气。令人感兴趣的是,圣球游戏在危机时期是否发生了某种变化(圣球游戏的传奇在权威衰落之后是否会变成一种危险的颠覆性游戏?)以及危机时期工匠们工作的内容和组织形式是否发生了改变。关于地位经济的兴起和衰亡,未来还有很多的未知领域值得我们去研究和探讨。

7. 在不朽的低地城邦地区被毁灭之后,玛雅文明仍然得以延续,在高地地区的太平洋沿岸,尤其是在雨林地带以北的 Yucatan 的干燥地区。在 Yucatan 的城邦中,地位制度更加广泛地传播开来。这可能并非得益于 Yucatan 地区的先前文明的贡献,而是得益于 Palenque 和其他低地城邦的贡献,那是不可否认的——Frank Lloyd-Wright 把在 Uxmal 修建的宏伟的统治者宫殿称之为"美洲从古至今最令人印象深刻的建筑"——Yucatan 地区的文化成就在 Palenque 等城邦衰落之后,就很快失去了低地玛雅文明中那些卓越的、熠熠发光的文化亮点。

8. 直到最近,现代玛雅人仍然过着刀耕火种的日子。这类技术在公元前 1000 年左右,在城邦制国家兴起之前被当时的人们所广泛运用,在玛雅文明衰落之后这种技术仍然被他们的祖先保留至今。而具有极强适应性的拼接式种植技术现在在古代玛雅人生活过的雨林深处又悄然复苏了。

9. Braudel(1985,628-32)。
10. Appadurai(1996)。
11. Castells(2000,71)。
12. Marx(1973,173)。
13. Samuelson(1954)。
14. Stiglitz(1999,320)。
15. Stiglitz(1999,308-11)。
16. 比如参见 Kaul et al.(1999,2003)。
17. Slaughter 和 Rhoades(2004)。或许有人会说有 Sheila Slaughter 及其合作者所指出的盈利性大学研究,尤其是在美国的顶尖研究机构中,不管它有多重要,也更像是大学科研活动中的异类而不是一种规范或榜样。尽管通过意识形态、政策和边际化的资金投入,研究型大学被用来当作知识生产的企业,但是学术价值和商业利益之间的关系始终都比较紧张(Bok,2003),然而大量研究成果的商业化现在都并非发生在学术单位之内,而且绝大多数具有经济价值的科学研究都是免费的,无需购买。也就是说,公共商品对资本主义经济的实际贡献颇多,但这并不意味着两者正逐渐合二为一。
18. OECD(2008,48)。
19. OECD(2008,5)。
20. OECD(2008,30-1)。
21. OECD(2008,48)。
22. OECD(2008,31)。
23. OECD(2008,42)。
24. OECD(2008,9)。
25. OECD(2008,14)。
26. OECD(2008,33)。
27. Castells(2001);Webometrics(2008)。
28. Linguasphere Observatory(2006)。
29. Marginson(2008)。尽管印度在贸易和信息领域的力量是显著的,但知识经济的全球化过程中,其发展轨迹目前仍不清楚。
30. SJTUIHE(2008)。该机构的网站保留着 2003 年至今所有的评级结果,包括从 2007 年开始的包括多个学术领域的单项排名结果,及对该评级系统所采用的评级方法的详细解释,以及全球所有评级网站的相关文章与链接。
31. 有大量文献均支持这一观点。比如参见 Bourdieu(1988);Marginson(2004);和对美国大学地位市场的相关研究,包括 Frank 和 Cook(1995);Geiger(2004);Kirp(2003)。

32. 《美国新闻和世界报道》(2006)。
33. Liu 和 Cheng(2005,133)。
34. 这些指标最初来自于学术出版物和引用率,多数是在科研领域中,包括不在少数的量化社会科学研究。总体 20%的指标由该领域顶尖期刊的引用率为准,顶尖期刊名单则由其出版商 Thomson 列出;另外 20%则是发表在《科学》和《自然》上的论述数量;还有 20%的指标是在通过相关领域的引用率(Thomson-ISI,2008)选出的前 250—300 位 Thomson/ISI"HiCi"研究者中所占的数量。另外还有 30%则是历年诺贝尔科学、经济学及数学等领域的获奖者,其中 10%与获奖者求学的地方相关,20%与其现在供职的机构相关。最后还有 10%是在区分了上述所有指标之后,由科研人员的数量来决定的(SJTUIHE, 2008)。诺贝尔获奖者这个指标是最有争议性的,因为获奖人是被他人提名和投票选出的,有人可能会认为这其中除了研究本身的质量外,还有其他因素也影响了获奖的最终决定。
35. OECD(2007)。
36. Li et al. (2008,43)。
37. NSB(2008)。
38. 交大排榜所体现出来的趋势表明,中国的大学正根据这一自我评定的排行榜稳步提升他们的科研水平。在头五年发布的排行榜中,来自中国大陆和香港地区的世界 500 强大学的数量,从 2003 年的 13 所上升到 2008 年的 18 所,上海交通大学自己也从 2003 年的第 450 位,上升到 2008 年的 300 位。但现在离最终目标还很远,毕竟还没有一所中国大学进入了世界前 100 强的研究机构。
39. CWTS Leiden(2007)。
40. HEEACT Taiwan(2008)。
41. Webometrics(2008)。
42. Times Higher(2007)。
43. Sowter(2007)。
44. Hazelkorn(2008,197-8)。
45. Hazelkorn(2008,199)。
46. Hazelkorn(2008,199-201)。
47. 比如参见 Rose(1999);Miller and Rose(2008)。
48. Hirsch(1976)。
49. Frank(1985)。
50. Frank and Cook(1995)。
51. Hirsch(1976,27,52)。"如果说在一个社会中具有较高的地位就具有真正的价值,这就等于说在一个社会中如果具有较低的地位,那就必然造成真正的损失"(Frank, 1985,117)。
52. Frank and Cook(1995,36)。
53. 在美国,顶尖大学的数量和构成自从第一次世界大战之后就基本没有发生变化,然而公共研究机构的排名相比较私人研究机构而言则下降了不少(Pusser, 2002)。
54. 这与 Bourdieu(1993)所提出的两极性观点大相径庭。他认为,艺术分为高水平生产和大众、商业化生产两个子领域。前者以"为了艺术而艺术"的理由而进行艺术创作,并不会把呼应社会需求作为首要目标,而后者则更加平民化和商品化。在 Bourdieu 关于文化生产的观点中并未包括一个产生于数字化时代之前的、多产的开源世界。也许有人会说 Bourdieu 的两极性观点更加适合于对教育中的生产性的分析,尤其是这一观点描述了现在存在于精英大学和普通大学之间的紧张关系(Marginson, 2008),而且数字化传播现在也不像它在文化生产中所做到的那样,能够完全取代面对面的教学模式。
55. 此处我们以经典的古希腊和玛雅文明为例进行对比。在这些时代的文明中,分散各处的人们通过农业和艺术品生产而繁荣发展起来,通过玛雅人的拼接种植技术、古希腊的市井哲学以及遍布所有城邦制国家的建筑、雕塑、陶瓷和各种装饰艺术品,人类的创造力达到了一个新的高度。而且这两个文明都通过不同行业的从业者及观众的参与和反应以及两者之间的互惠发展出了公共剧院这一新的沟通场所。而在全球知识经济时代,分散在各处的人们的个性通过更具有沟通性(在这方面也可以说是更加社会化的形式)和更加民主的分散于各处的开源文化生产和社会网络技术比如 Facebook 而不断发展和丰富起来。

参考文献

Appadurai, A. (1996). *Modernity at Large: Cultural Dimensions of Globalization.* Minneapolis: university of Minnesota Press.
Bok, D. (2003). *Universities in the Market-place: The Commercialization of Higher Education.* Princeton, NJ: Princeton University Press.
Bourdieu, P. (1988). *Homo academicus* (P. Collier, Trans.). Cambridge: Polity.
Bourdieu, P. (1993). *The Field of Cultural Production* (R. Johnson, Ed.). New York: Columbia University Press.
Bowles, S. (1991). 'What markets can — and cannot — do'. *Challenge*, July-August, 11 - 16.
Braudel, F. (1985). *The Perspective of the World*, Volume 3 of *Civilization and Capitalism, 15th - 18th* Century (S. Reynolds, Trans.). London: Fontana.
Castells, M. (2000). *The Rise of the Network Society*, 2nd Edn. Oxford: Blackwell.
Castells, M. (2001). *The Internet Galaxy: Reflections on the Internet, Business and Society.* Oxford: Oxford University Press.
CWTS Leiden (2007). 'The Leiden ranking'. Retrieved on 20 June 2007 from www.cwts.nl/cwts/LeidenRankingWebSite.html.
Demarest, A. (2004). *Ancient Maya: The Rise and Fall of a Rainforest Civilization.* Cambridge: Cambridge University Press.
Frank, R. (1985). *Choosing the Right Pond: Human Behaviour and the Quest for Status.* New York: Oxford University Press.
Frank, R., & Cook, P. (1995). *The Winner-Take-All Society.* New York: Free Press.
Geiger, R. (2004). 'Market coordination in United States higher education'. Paper presented to the Douro Seminar on Higher Education and Markets, Douro, Portugal, October.
Hazelkorn, E. (2008). 'Learning to live with league tables and ranking: the experience of institutional leaders'. *Higher Education Policy*, 21, 193 - 215.
HEEACT Taiwan (2008). '2007 performance ranking of scientific papers for world universities'. Retrieved on 28 June 2008 from www.heeact.edu.tw/ranking/index.htm.
Hirsch, F. (1976). *Social Limits to Growth.* Cambridge, MA: Harvard University Press.
ISI-Thomson (2008). 'Data on highly cited researchers'. Retrieved on 2 February 2008 from http://isihighlycited.com/
Kaul, I., Conceicao, P., Le Goulven, K., & Mendoza, R. (Eds.). (2003). *Providing Global Public Goods: Managing Globalisation.* New York: Oxford University Press.
Kaul, I., Grunberg, I., & Stern, M. (Eds.). (1999). *Global Public Goods: International Cooperation in the 21st Century.* New York: Oxford University Press.
Kirp, D. (2003). *Shakespeare, Einstein and the Bottom Line.* Cambridge, MA: Harvard University Press.
Li, Y., Whalley, J., Zhang, S., & Zhao, X. (2008). 'The higher educational transformation of China and its global implications'. NBER Working Paper No.13849. Cambridge, MA: National Bureau of Economic Research.
Linguasphere Observatory. (2006). 'Linguasphere table of the world's major spoken languages 1999 - 2000'. Data now maintained by GeoLang, World Language Documentation Centre. Retrieved on 22 June 2007 from www.geolang.com/
Liu, N. C., & Cheng, Y. (2005). 'The academic ranking of world universities'. *Higher Education in Europe*, 30 (2), 127 - 36.
Marginson, S. (2004). 'Competition and markets in higher education: a"glonacal" analysis'. *Policy Futures in Education*, 2(2), 175 - 245.
Marginson, S. (2008). 'Global field and global imagining: Bourdieu and relations of power in worldwide higher education'. *British Journal of Educational Sociology*, 29(5), 303 - 16.
Marx, K. (1973). *Grundrisse: Introduction to the Critique of Political Economy* (M. Nicolaus, Trans.). Harmondsworth, UK: Penguin.
Miller, P., & Rose, N. (2008). *Governing the Present.* Cambridge: Polity.
NSB. (2008). 'Science and engineering indicators, United States of America'. Retrieved on 8 April 2008 from www.nsf.gov/statistics/seind04/
OECD. (2007). *Science and Technology Indicators.* Paris: Author.

OECD. (2008). 'Enhancing the role of tertiary education in research and innovation'. In *Thematic Review of Tertiary Education: Second Draft*. Paris: Author, ch. 7. [Unpublished draft paper supplied to the author.]

Pusser, B. (2002). 'Higher education, the emerging market and the public good'. In P. Graham & N. Stacey (Eds.), *The Knowledge Economy and Postsecondary Education*. Washington, DC: National Academy Press, 105–126.

Rose, N. (1999). *Powers of Freedom*. Cambridge: Cambridge University Press.

Samuelson, P. (1954). 'The pure theory of public expenditure'. *Review of Economics and Statistics*, 36(4), 387–9.

SJTUIHE. (2008). 'Academic ranking of world universities'. Retrieved on 1 May 2008 from http://ed.sjtu.edu.cn/ranking.htm.

Slaughter, S., & Rhoades, G. (2004). *Academic Capitalism and the New Economy: Markets, State and Higher Education*. Baltimore, MD: Johns Hopkins University Press.

Sowter, B. (2007). 'THES-QS world university rankings'. Symposium on 'International Trends in University Rankings and Classifications', Griffith University, Brisbane, 12 February. Retrieved on 19 June 2007 from www.griffith.edu.au/conference/university-rankings/

Stiglitz, J. (1999). 'Knowledge as a global public good'. In I. Kaul, I. Grunberg, & M. Stern (Eds.), *Global Public Goods: International Cooperation in the 21st Century*. New York: Oxford University Press, 308–25.

Times Higher. (2008). 'World university rankings'. *Times Higher Education Supplement*. Retrieved on 30 March 2008 from www.thes.co.uk. [Subscription required.]

US News and World Report. (2006). *America's Best Colleges*, 2007 Edn. Washington, DC: Author.

Webometrics. (2008). 'Webometrics ranking of world universities'. Retrieved on 28 June 2008 from www.webometrics.info/

第八章　留学生与创造性世界主义者

Simon Marginson

在全球知识经济的巨大框架之下，存在着各种作用范围有限的次级经济模式，其中之一就是跨境学生市场。在 2005 年，全球有 270 万高校学生在他们国籍之外的其他国家和地区求学，其中大概四分之一在北美，另外四分之一在其他的英语国家，还有四分之一在欧洲。而在 1995 年，这一数字只有 130 万人。从 1995 年到 2005 年，跨境高校学生的数字增加了一倍，而同期 OECD 国家学生总人数则只上升了不到 45%。OECD 的教育体制正迅速变得更加国际化。

世界上一半以上的留学生来自于中国、印度和其他亚洲国家，多数留学生都必须跨越语言和文化的障碍才能完成求学任务，而且很多人也因此而支付了昂贵的费用。在欧洲，国际化教育是免费的，或者只收取中等水平的学费。很多留学美国的外国学生可以获取到学位，尤其是博士学位，而在日本，国际教育则受到政府的严格控制。其他大多数教育出口型国家在国际教育的学费收取方面则完全按照商业标准来制定具体的收费标准，其目的是通过产生税收来促使政府加大对高等教育的资金投入。现在国际教育已经成为 300 亿美元规模的世界性产业，而且学生数和资本流动量预计在 2025 年又可以翻一番。从税收角度而言，最大的国际教育出口国分别是美国、英国和澳大利亚，现在这种出口贸易在中国、马来西亚、新加坡和欧洲那些可以提供英语教育项目的国家也在不断增长，而且绝大多数都是硕士水平的教育项目。[1]

从 20 世纪 50 年代开始，留学生开始成为一些特定学术领域的研究对象，其中大多数研究成果来自于咨询和辅导领域，而且多数具体案例发生在美国，尤其集中在"旅居学生"的心理调节和健康方面。从 20 世纪 70 年代开始，相关研究也开始集中探讨社会文化调整的心理学、文化学习的行为特点以及与当地人的关系等问题。在心理学文献中，"旅居"被公认为具有暂时性的特征，尽管这种行为实际上很有可能最终导致移民行为的发生。多数人认为留学生给人的印象要么是脆弱的，总是在自己的家乡和旅居地文化中间遭遇冲突和矛盾；要么是在进行一场从家乡文化到旅居地文化的长途旅行,而这从根本上被看作是从一种文化向另一种文化的变迁。对于旅居的留学生而言,成功的学业以及个人调节的标志是旅居者个人特点与留学所在国家的各种要求之间的一种整合(或是同化,或是"文化适应")。"文化"在这里通常被看作是多种文化的混合,而且是个人整体形象的决定性因素。但同时必须认识到,每个人的个性特点都有其深刻的、潜意识的根源,并且很难改变。

这些智力的建构过程对留学生而言一直都产生着深远的影响,但从 20 世纪 90 年代开始,质疑的声音越来越多。因为留学生在留学过程中的失败越来越多,他们经常面临着各种压力;他们的生活总是在不断的变化之中,而且有时候会出现失控的情况。但是他们也很享受相对的开放性和自由,而且可以通过各种人际关系和活动体会到较高水平的控制感。国际教育为自我实现提供了一个机会,学生身上的很多变化都来自于他们自己的愿望和设计,通过自身资源、愿望和设计与国际化教育的互动,学生可以自己管理自己,就好像在管理自己的项目一样。但这需要更加强有力和积极向上的,而不是令人担忧的个人表现(当然在普遍现象中也会存在某些例外)。现在,关于留学生和国际教育的新思想已经充分考虑沟通交流、旅行及毕业生雇佣的国际化新趋势,以及知识经济时代文化碰撞与冲突现象的成倍增加,各种虚拟与现实的交互作用等等条件。全球化融合的趋势深刻地影响着人的流动性和身份认同感,而且这一趋势正在重塑"文化",这是文化/身份(结构/表现)二元组合中另一个重要的组成部分。全球化使得旅居者和旅程都变得更加多样化,它鼓励旅居者设计多个旅行地点而不是单一路程的旅行,进而造成更多的文化碰撞。而且现在旅行变成一件很普通的事情,与此同时,正如 Arjun Appadurai 所说,现代沟通和媒体技术的发展也允许旅行者在历史上第一次能够与他们的家乡保持完全的联系。换句话说,现在人们可以同时生活在多个地方,随心所欲地混合或搭配个人的某些特征及交流方式。[2]

现在,关于国际化教育的新观念和想法已经逐渐浮出水面,有一些来自于社会和文化理论的研究者;有一些则来自于心理学研究者,其中有些人具有双文化或留学生背景;有一些来自于国际教育界及留学生自己的看法;还有一些来自于对多重文化的相互碰撞及"世界公民"感兴趣的教育者。最后一部分人,即多重文化间的教育者,对于全球化碰撞中所需要的能力及识别力已经进行了多方面的研究并给出了相关的定义。这些研究中不乏在全球化时代关于课堂教学和学习的不同对策的探讨。这些教育研究者雄心勃勃地指出,应当首先在留学生群体及其文化碰撞的过程中尝试使用并验证这些不同的对策;其次应该将这些对策扩大运用于本地人的多文化教育过程中。

也就是说,这些教育研究者首先尝试在人数相对较少的、具有流动性和多元文化性的多语言使用者身上证明:对于全球化进程中的个体而言,不是经验,而是识别能力才是应对全球化的关键能力;在此基础上,他们会努力将这种观念普及到一般的学校和大学中。他们的目的是通过教育来创造一种全球化的世界主义。

关于世界主义,学术界一直有着不同的定义,但所有的概念都包括对多重身份的识别能力,同时也都包括开放性和悦纳性(tolerance)。这些特质被看作是在公平的基础上对多重文化进行管理所需要的基本品质。在建立全球化世界主义的过程中,与这一进程具有一致性的教育策略的参与和指导作用是非常重要的,这类教育策略的目的在于培养个体对全球化所具有的生态主义特征的敏感性和辨别能力,以及对可持续性发展的认识。时至今日,关于世界主义的教育探讨已经形成规模,并相当深入。目前,知识经济所具有的全世界范围的相互依赖特征不断提醒人们必须加强文化间的联系,因此有人提出,文化识别能力是学生必须要掌握的核心能力之一。此外,人们发现世界主义者关于开放式交换和多种教育关系的敏感性特征是与沟通中的开源性特征相一致的,但世界主义的教育水平却与全球化沟通所需的能力水平并不相称。教育系统仍然归属国家所有,而且很难将目前尚不够明晰的"全球化认识"和"文化交换"相关思想很好地融入教育体系中。为了反映这一矛盾冲突,现在关于世界主义教育的文章大多数都以很正式的语气来强调这一点。

本章将回顾全球化影响下的多元文化教育思想及与多边文化识别能力的培养相关的思想。首先将关注近来出现的对寄宿生制度的调整与整合观念的批评,以及常伴随正统心理学研究而出现的文化本质主义思想。然后将探讨关于人性、文化间性(interculturality)及世界主义的最新思想。

寄宿生心理学

正如很多心理学家所期望的那样,心理学完全有可能成为一门科学。心理学采用不同的方法,力求从不同领域、不同时间的证据中得出一致的结论,而且可以运用回归方程等统计方法进行分析和验证。自从 Talcott Parsons 对社会科学的量化分析特点进行了深入研究和阐述之后,就像正统经济学一样,理论家通常认为心理学理论发展的最终结果应当也是*均衡*。均衡是非常具有吸引力和生命力的社会科学主题:那是一个关于和平和宁静、时间与变化的尽头的乌托邦梦想,是天堂的特点之一。这一主题在文化的历史长河里常常出现,而且总是同时和美、死亡、顺从、亲近等特质相连。在摒弃了来自于社会的、纷繁复杂且非线性的内容和方面之后,这一主题同时也可以保持与数学这类学科之间冷酷而脆弱的联系。由此可见,心理的愉悦并非是一种由生活的丰富多彩或改变的兴奋所带来的快乐,而是一种无烦恼的单一状态所带来的个人内心的均衡。社会心理学的目标是促进各个社会组成部分以一种和谐的整体方式进行最终的整合,就好像在 Bach 的《哥德堡变奏曲》中最后再次出现的那支咏叹调一样。但是这种田园牧歌式的想象很难与留学生的生活联系在一起。在留学生的生活中,没有什么是不可更改的,所有的存在都是开放的、迅速变化的及不确定的;对于留学生而言,自我不仅会受到在不同情境之间进行迅速转换的影响,同时也会受到他们自身和相互之间所做出的各种选择的影响;对于他们来说,个人的身份总是会备受质疑,总是要身兼数职,而且总是处于一种不均衡的状态。

为了保证经验的获取,跨文化心理学以及对寄宿生的研究通常都会围绕文化多元性并基于对身份改变的认识提出各种理论,下面我们会谈到,这些理论都在某种程度上改变了这一领域之前得出的清晰但脆弱的研究结论。显然这种改变会冒很大的风险,因为这样做有可能会将以往的研究结果完全推翻。比如说,多重人格和多变的身份长期以来被病理学家们认为是人格崩溃的症状,但现在完全相反,研究者认为这是寄宿生自我调节的标准之一。而由主体驱动的身份认同的观点与老鼠走迷宫实验所得到关于经验习得的实证研究结果也并不一致。此外,更多的关于改变的不同观点都开始偏离以往的传统结论,而且与传统上的类别边际观点及所采用的数学方法也越来越不相容。但无论如何我们必须认识到,在跨文化心理学和寄宿生研究中,研究结果突破传统的程度仍是有限的。最典型的例子比如,关于身份的流动性和改变性的观点都必须以解释性描述的形式呈现,而其最终结果也必然会归于均衡的理论范畴,会归于固定的、单一文化的范畴。寄宿生研究的规范化程度也必然以教育研究的规范化程度为参照并进行调整,最终会被全部(同化)或部分地(整合)吸收进教育研究的范畴。而且,二元论的思想,比如双文化主义的观点将比多样性或混杂性的思想更加容易被人理解和使用。双文化主义经常被解读为身份冲突,即任何一个从单一身份中分离的行为以及随之而来的维持均衡的潜在可能性都有可能导致一个次级状态的出现。

总而言之,在心理学对寄宿生林林总总的研究中,并没有给本体论的开放性、分离性文化潮流、人类主体性的自我形成、身份的模糊性以及文化的平等价值等内容留下太多的研究空间。但从寄宿生心理学研究避免恢复到类型学研究及对多变性、复杂性维持一定的开放性的努力来看,这类心理学研究能够提高人们对国际化及多元文化中的关系的理解程度。这方面研究最优秀的成果不仅会改变咨询工作,而且会进一步塑造人们对多元文化教育和世界主义的认识。

Boshner 和 Berry

在 20 世纪 70 年代早期,Boshner 提出了一个文化学习理论模型,该模型包括自我指导式的发展、多重身份和非等级制文化评价等内容。Boshner 及其合作者认为寄宿生一方面缺乏熟悉的积极强化(比如认可和其他社会奖励),另一方面会接受到相反的刺激(比如不熟悉的环境,语言障碍和偶发性焦虑等)。寄宿生会因此而发展出全新的反应-强化模式,即文化学习。[3] 对于留学生和其他的寄宿生而言,他们的任务并不是全盘吸收留学所在国的新文化,或是根据新文化升华自己,"而是学习新文化突出的特点"从而使自己的行为更有效率。[4] 寄宿制学生在留学所在国的教育系统中会扮演多重角色,比如外国人、学生、年轻人、他们祖国的大使等,此外他们一直是父母的孩子以及家乡人际网络中的一份子。这些多重身份会促使寄宿生在新旧文化中进行多种混合和转化;尽管各种角色不会总是起促进作用,但所有的角色都会很快被习得。[5] "留学生适应能力的变化也是一种学习的过程,在这一过程中,陌生人会突然掌握本地人可能要花一辈子的时间才能掌握的技能"。[6] Pedersen 后来指出,从文化学习的观点来看,寄宿生身上所表现出来的失败和问题应该被看作是缺乏必要的学习技能的结果,而不是个人能力缺失的症状。[7] 寄宿生原先的价值观和行为并非是"错误的",而且家乡和留学所在国之间的联系也并不一定是一种零和关系。

> 补救性的措施中并不包括"解决"存在的问题,而是通过训练让留学生掌握适当的技能。基于同样的观点,"调整"包括文化沙文主义措施,比如学生应当抛弃原先的文化背景,全身心投入到对新的文化价值观和风俗习惯的学习中去……实际上,"学习"新文化的风俗习惯和价值观并没有像事先所强调的那样具有民族中心主义的色彩。[8]

Bochner 的观点改变了心理学范畴内由 Ward 等人提出的"社会文化调节"理论,该理论强调关系能力的培养。[9] 然而,"社会文化调节"理论后续的发展和阐述基本上完全无视了 Bochner 对民族中心主义调整观的批评。

Berry 的理论在实践中同样也容易引起歧义，但其影响力确实更大一些。Berry 认为"文化适应发生于两个相互独立的文化群体在一段时间内持续进行直接接触的情况下，其结果是其中一方或双方的改变"。这些群体的个体成员同样也会感受到变化；这就是心理的文化适应过程。[10] 这一观点包括"适应"或"个体或群体应环境要求而进行的改变"。[11] Berry 同时指出了文化适应过程中的两个基本维度：与原文化群体的联系，以及与其他群体关系的维系。[12] 这两个维度被看作是两个完全异质的维度，而不是一个单一系统中具有零和关系的两个部分。这两个维度下各种行为之间的不同联系都是有可能发生的。而且正如大多数寄宿生研究文献中所说的那样，并非所有的寄宿生都必须要从自己原来的身份转换到留学所在国的文化身份，我们完全可以一边探讨个体原来的"身份与风俗习惯"[13]，一边塑造新的社会族群关系。尽管 Berry 的观点仍然存在心理学方面的问题，比如他的两种身份类别观仍旧坚持异质性的核心假设，因此难以从量化和统计分析的角度来清晰地对其进行深入探讨，但这已经是一个很重要的理论发展与进步。

　　Berry 对四种"文化适应性态度"[14]或"策略"[15]进行了辨析，而这实际上是以一种对比的方式将他前边提出的两个基本维度联系了起来，这四种态度或策略是：同化、整合、分离/隔离和边缘化。同化发生于个体选择放弃自己原先的文化身份，然后迁移到更大的社会群体中去的时候。整合意味着个体之前的文化身份得以保留，但同时个体身份也变成"一个更大的社会文化框架整体的一部分"。[16] 在这一方面，另一个可用的术语是"双文化"。[17] 同化和整合都会促进文化适应中的个体与新情境的"适应"。[18] Berry 认为"只有当本地社会群体具有开放性，且这是其文化多样性取向的表现之一时，整合的策略才能够被非本地群体'自由地'选择并成功运用"。[19] 非本地群体必须要接受更大的社会群体的文化价值观，而本地群体也需要适应在健康、教育及宗教宽容度等方面出现的各种规则的变化，以满足各种不同文化群体的需要。[20] 整合从概念上来说与加拿大、澳大利亚的多元文化主义政策十分相似，也引起了许多跨文化心理学家的兴趣。而分离与隔离的态度或策略，只有在希望保持原来的身份且不希望与任何其他文化群体保持联系时才会用到。其中本地群体会用到隔离策略，而非本地寄宿者则会用到分离的策略。最后，边缘化态度或策略只有在一个群体同时失去了与其本源的文化以及更大的社会群体的文化与心理上的联系时才会出现或使用。[21]

　　Berry 及其同事开发了量表来测量文化适应性态度[22]和文化适应性压力，至于文化适应过程中最大的困难，也可以从"精神病理学"[23]角度进行测量。边缘化与分离和高水平的文化适应性压力有关,同化与中等水平的压力有关,而整合与低水平的压力有关。[24]Berry同时认为,"良好的心理适应"可以被人格层面的变量、持续一生的变化事件及社会支持所预测,而"良好的社会文化适应"可以被文化知识、沟通水平及族群间态度所预测。"对整合的文化适应性策略的成功运用以及文化间差距的缩小,常常可以用来预测这两个方面的适应情况"[25]。Berry的四种文化适应性态度可以被看作是整体的、复杂的和模糊的关于人格的描述,从认识论角度而言,这与心理学上的"大五"人格描述(神经质、外向性、开放性、悦纳性和尽责性)以及Hofstede的文化性描述(权力距离、不确定性避免、大男子主义/女权主义、以及个人主义/集体主义)都很相似,这些将在下面详细探讨。正像上面所提到的其他理论概念一样,Berry的这一套理论术语后来也被数百个实证研究所采纳。[26]

关于留学生的心理学研究使得人们更深入地了解了Bochner和Berry的理论,同时也使研究者们开始关注世界主义。在Church[27]和Pedersen对这一领域的回顾中,世界主义被认为是一种以"对本地文化的移情和兴趣、灵活性及容忍度"等特征为核心的跨文化优秀品质,Pedersen在这里采纳的是Adler的"多元文化人"相关理论,认为一个具有可塑性、多面性的人"能够熟练地、持续地采纳新的价值观,这样的人具有各种发展的可能性,而不只是在任何一种特定的文化领域内都具有渊博的知识",而且可以持续不断地"在各不相同的情境中重塑他博学的、灵活多变的个人身份特点"。[28]Pedersen认为寄宿生同时扮演着多重角色[29],而且具有二元文化主义的身份特征:

> 现在也有很多研究对具有双国籍或双文化特点的人进行分析,这一类人同时归属于两种不同的社会群体,同时保留着两种身份特征,以证明他们与这两种文化分别有着本质的联系。双文化个体在认知灵活性方面具有较大潜力,而且在他们任何一种文化身份中都具有创造性的适应能力。[30]

"双文化人"的概念比"多元文化人"这一说法要更具有生命力,而且这一概念中也暗含了家乡和留学所在地两种文化的价值观及行为之间的横向关系。然而,Pedersen所设想的可供留学生的选择策略种类却仍然受制于Berry所提出的四个选项,即"同化、整合、拒绝或去文化"。[31]这一理论给个人化发展轨道留下的空间并不足够,比如由Berry的四大选项其中两个到四个选项联合起来构成的混合文化适应模式(参见后面的论述)可能就会因此而受限。此外Zhang和Dixon指出,总体而言,"文化适应"、"同化"和"适应"在心理学中并不能清晰的区分开来(他们可能想加上"调节")。有时候"文化适应"是多方面的,可能同时包括家乡和留学所在国文化的不同取向,而在另一些时候却是指"个体从一种文化出发并开始接触另一种不同文化,然后逐渐采纳了主流文化的价值观和行为模式",[32]而社会文化调节则意味着文化层面的"融合"。此外,Berry本人越来越倾向于认同后来发展起来的民族中心主义观点,尤其是在他后期的研究中,[33]同时弱化了他关于寄宿生能够在保持家乡传统方面具有一种积极的、进化性的潜力,进而可以形成混合身份,并适当修改留学所在国文化的观点。[34]现在在文化调节的研究领域,民族中心主义观点已经被证明是一种非常有生命力的理论观点。

Pedersen也发现"寄宿生家乡与留学所在国文化之间的差异越大,则越有可能形成误解",[35]与Berry和Church类似,他认为"文化"可能具有固定性特征,而调节则反过来与"文化差距"直接相关。[36]Ward及其同事后来对该理论观点进行了扩展,然而他们并没有找到具有一致性的实证证据来进一步支持文化固定观。Leong和Ward也曾委婉地提出,"那些想进行跨文化转变的个体,自然而然都会希望遵守留学所在国的价值观、态度及行为标准"。[37]Ward得出结论说,如果来自于不同文化的留学生打破了留学所在国单一文化明显的均衡性,那么他就可能会被留学所在国的文化所拒绝。[38]甚至世界主义也曾经被描述为民族中心主义。在Redmond的"国际交流能力"理论模型中,不仅包括语言能力和沟通效率的因素,而且也包括适应、"所在国文化的知识"、社会整合以及"社会去中心化"等因素。最后还有"一种类似移情能力的对其他人观念、感受或思想的理解能力"。[39]尽管Redmond的理论模型在很大程度上偏重于对所在国文化的接受,但该模型也阐述了一种实践中的沟通形式,这可以被称之为模仿式的文化间交流模式,在这一沟通模式中,个体会通过模仿而简单地向另一文化体系进行学习。

Hofstede的思想

Hofstede关于文化差异的观点对于教育和商业领域的寄宿生心理学研究也有着重要影响,尤其是他关于个人主义社会和集体主义社会的辨析。Hofstede认为"文化"是人类的本质之一,"文化的核心要素"是价值观。"价值观是通过对各种事物的特定陈述而向他人传达出的一种个人偏好,这种价值观会在相当宽泛的范畴上体现出来,包括善与恶、美与丑、道德与不道德、非理性与理性等等"。[40]文化具有地理上的变化性——世界上不同的地方是被不同的文化传统所支配的——而且"会随着时间的推移显示出强有力的延续性"。[41] Hofstede 发现,"亚洲管理模式"与"西方管理模式"的本质区别在于集体主义与个人主义的二元对立,以及在权力距离上的大与小的差距。[42]"亚洲"与"西方"在长期目标定向与短期目标定向方面也有不同之处。Hofstede 认为这些文化差异均深刻地烙印在文化特征之中,会决定文化与其他要素之间的关系,比如经济生活、政治和教育。这一观点是对 Samuel Huntington 关于文明的不一致性观点的支持。

Hofstede 从规范的角度出发,将固定的文化类别看作是一个个静态的要素。他以质量不会减少的流体和一系列复杂且相关的人类活动来对文化的非反射性进行了形象的比喻和深刻的描述,即"文化"完全不会受到人类及其活动的影响,不管后者是否愿意承载文化。这一观点赋予文化决定性及一致性以特权,但同时也曲解了文化差异性。当"文化"被看作是根本的和恒定的,那么不同文化间的差异将不可避免地被看作是造成人际关系紧张以及破坏社会平衡的罪魁祸首。当文化本质主义与民族中心主义走到一起时,要求进行文化实践的呼声将越来越高,甚至一触即发,而实际上,文化实践是需要进行事先分析和谨慎思考的。但也必须认识到,对文化实践的要求往往也会导致偏见的产生。沿着 Hofstede 个人主义/集体主义二元论观点的思路,1988 年 Triandis 及其同事从历史的角度对"文化复杂性"的三阶段论观点进行了阐发:第一阶段是"个人主义原型阶段",主要出现于狩猎社会。第二阶段是阿兹台克、古罗马及当代中国的集体主义阶段,在这一阶段,"个人目标会屈从于一定的集体目标,而这种情况总是会发生在内群体(in-group)中"。第三阶段是"极端复杂的文化阶段(比如现代工业文明),在这一阶段,个体会同时归属于许多不同的内群体,但个体在这些内群体中都拥有更大的独立性";换句话说,这一阶段对于英裔美国人的个人主义而言具有足够的自由发展以及创造的空间。[43] Triandis 及其同事写道:

> 文化元素的变化是非常缓慢的。在一个拥有长期传统的社会中,尽管社会变得越来越复杂,但集体主义的元素仍有可能会被很好地保留(比如日本)。但我们应把集体主义向个人主义的转变看作是一种复杂性的提高……很有可能国民生产总值(GNP)既是个人主义的来源,也是个人主义的结果。富裕意味着社会中的每个人都可以"做自己的事情",而"做自己的事情"则意味着可以为社会贡献更多的创造力,因此更多的创新和更大的经济发展也会随之而来。[44]

第八章 留学生与创造性世界主义者

Triandis 相信集体主义文化中的内群体会更加严密地规范社会行为。在引用 Triandis 观点的基础上，Ward 等人也认为："集体主义文化更倾向于认为内群体规范是普遍适用的，而个人主义却会在更大范围内容忍多样性。"[45] 但在近 20 年，东亚出现了令人惊讶的快速发展，在这之后美国和欧洲社会基于经济水平的文化优先权也随之而逐渐旁落。Triandis 等人认为中国之所有拥有（快速的）经济现代化发展水平，主要是因为它开始（"缓慢地"?）接受西方的个人主义。这可以被看作是对前述文化复杂性历史描述的一种支持，同时也与具有类别界限的文化固定观的基本描述保持一致。但这种不太令人信服的观点只有在低估了中国的现代化进程，或者反过来说高估了中国西化的程度时才会得到支持。尽管对于多样性的尊重和自我决定是西方式自由的本质，但这一例子向我们说明了一种单一的、固定的、且在很大程度上没有太多变化的文化观是如何从根深蒂固的直觉角度驱动留学生以同化或部分同化（"整合"）的方式来进行自我"调节"并融入到留学所在国的。在这种情境下，"整合"同时也被理解为一种正常的个人策略，这种策略可以保证社会秩序和文明的进程，并为这些来自"发展中"文化的学生提供一个免费的机会来保护他们在现代化和自由方面所获得的利益。如果西方式的个人主义是正确的、有道理的，那么学生个体必须接纳这种个人主义的形式。

心理学的局限性

总而言之，以留学生为对象开展的心理学研究的出发点是基于平衡、线性数学方法、类别多样性的矛盾以及（有一些例外的）文化本质主义和民族中心主义而提出的各种假设。

也许有人会说在这一领域的研究中，文化本质主义和民族中心主义相对于前面的三个假设而言显得不那么基础，但在文化实践的过程中，所有这些要素都会在一定程度上相互依赖。一个有界限的、均衡的领域可以进行线性模式的分析，而一个开放的、具有偶然性和不可预测性的领域则无法进行类似的分析。当人们提出一个均衡性的假说之后，紧接着的问题就是均衡性所涉及的内容和领域，比如社会、经济、文化等领域的相关内容，以及个人的人格特征，这些都是最有助于获得和保持均衡的内容。在这些内容中，文化本质主义对于民族中心主义的合理化会起到不小的作用，它可以保证均衡的内容是由文化进行定义，并具体化、单一化和普遍化的。而且这些特点对于后续的量化分析和计算而言也是必要的前提条件。将留学所在国的文化看作是具有潜在均衡性的主体文化并不令人感到惊讶,对于寄宿生而言,尽管这是一种数字化的、组织化的、而且也是散布于各个方面和领域的全新文化,但也是他们必须依赖的文化背景。尽管数学分析方法本身具有客观性,但在此处也会基于特定的民族主义前提才能开展分析。其原因在于,在均衡性的前提下(这是解决问题的关键所在),在具有先进的非对称性的国际教育与文化强强联合的背景下,文化的本质开始偏向于民族中心主义,因此对于非民族中心主义或文化对称性假设则必须重新进行思考。

Bochner 和 Berry 对该领域的研究进行了一些非传统的发展和变更,因此扩展了研究的内容。但由于他们的研究是以类别的单一性、静态性和时间恒定性为基础的,而开放性和复杂性对于他们的研究而言具有内在的不确定性,因此该领域后续的研究又重新回到了民族中心主义的轨道上来。

对民族中心主义的批评

正统心理学对寄宿生的研究正如雨后春笋般发展起来,而且从心理学的其他分支中获益良多。主要的探讨集中于对 Hofstede 的文化本质主义的探讨,尤其是他认为来自于亚洲和非洲的学生"处于劣势"的观点,以及希望留学生能够根据留学所在国的文化进行调整,而且在调整过程中不存在任何交互作用的观点。而在所有这一类的探讨中,几乎都对寄宿生研究中所表现出来的民族中心主义特征进行了批评。

文化本质主义

Stephens 对 Hofstede 关于文化的定义[46]及相关的留学生身份的实证研究进行了质疑。她认为与众不同的中国式"思维模式"虽然在英国教育界非常流行,但这一思维模式很容易造成个体差异的刻板化或被掩盖的结果。[47] 她的研究数据显示,中国来的留学生从外表上与本地学生差异较大,而且具有个人主义和集体主义混合的个人特征。她认为中国留学生具有"独立的心理特征、喜欢争论、藐视权威,个体间的差异来自于其不同的教育经历及家庭环境背景",而且中国人群体内部"在文化上具有不一致和不和谐之处"。[48]

如果对中国人进行广泛的普查和了解,会发现他们相对于英国人而言更加具有集体主义取向,而英国人则是个人主义取向的。这种观点有助于我们了解不同文化意识形态发展的历史过程,但如果联系当代中国文化来看的话,这种观点错过的东西跟它所揭示的东西可能一样多。比如一位刚刚到达英国的中国留学生就十分惊讶于英国社会的良好秩序,从道路上司机的行为,到大众对洁身自好的权威的接纳和认可等等。该名学生指出,在中国,秩序是以更加外在和专制的方式被人们所遵守的,他认为这种近乎于花言巧语式的专制主义秩序之所以在中国一直被维系着,是因为个人主义所带来的各种弊端从未真正从中国消失。他还认为在英国社会中,表里如一的特点比在中国更加深化和普遍。[49]

正如 Tran 对大多数中国和越南留学生的学术论文所提出的批评一样,这些留学生的论文中普遍充斥着一种"将文化修辞模式进行进一步精炼"的趋势。在她的研究中,来自中国和越南的留学生显然具有某些共同的行为模式,即"集体主义",但这对于理解留学生在第二语言学习和表达过程中所使用的个人主义策略而言,只是一个相对肤浅的认识。"他们那种集体主义的知识构建方式显得比较复杂和与众不同"。[50]

对于 Rizvi 而言,全球的互联性、国际间沟通交流的便利性以及全球化发展趋势的不断增长,已经"动摇"了文化的限定性和一致性概念。身份与文化"现在比以往任何时候都变化得更快、更深刻,基本上这都是因为各种文化和身份在全球的迅速扩散和文化间的沟通交流越来越多所造成的"。[51]这些变化已经影响到政府的传统运作方式,以及由国家支持的涉及"少数民族"的社会科学的不断发展,而后者是保证社会整合为单一"文化"的关键要素之一。全球化鼓励人们将"文化"看作是一种动态机制而非静态的要素,是可以相互渗透和影响的,而不是相互之间界限明晰的。[52]这也是对早先的世界主义自由化思想的挑战,正如 Stuart Hall 所说的,这一较早的世界主义观点"认为世界是依照各自的独特性而分成不同部分的,界限分明,联系紧密,各种群体组织有序",而且传统上都崇拜权威。然而现在我们所生活的世界早已不是这个样子。不同的群体"仍然具有文化烙印"但"不再完全相互分离,而且会根据文化间的碰撞持续改变"。Hall 认为在我们目前所生存的这个全球化开放空间中,应当首先具有一种"地区性世界主义思想","清楚地知道任何单一文化或单一身份的局限性,完全清楚管理一个更宽泛的社会所存在的不足,但并不会因此而停下对不同文化进行探索的脚步,毕竟这会让我们的生活更加不同,更加重要"。[53]而地区与国家间的紧密关系应当从新的角度进行阐释。[54]关于同一性的理论发展与观察也应当经常与文化的本源和基础相互影响,比如从旧有身份所特有的真实性和解释性出发。Rizvi 还驳斥了对文化本源的习惯性想象。"文化"是具有创造性的,而且"总是处于一种*正在成为的状态中*……而不是对那种清晰界定的边界和标准的完全继承"或是"对已经失去的文化本源的重复发现"。[55] 实际上"文化"的界定本身就已经将文化间性以及不同文化之间的关系作为前提。人们原本只认识到自己的生活是由一系列有限的实践活动所构成,一旦他们与别的不同的实践活动进行比较,就会发现自身实践活动的范围和边界,而这时他们也就认识了文化。"那种存在于本地区的纯粹文化的观点,通常都只是个神话":[56]

> 如果我们不能直接认识和了解文化的原始及真实形态,那么我们就必须把关注点转移到文化的实践层面,尽量去了解不同的文化实践是如何从其"本源"逐渐分离开来,并根据其所处的新情境而改变其存在模式的,以及这种改变是如何在人们离开和想融入的新地区同时发生的……这种对于关系的关注必将改变那种把"其他"文化看作是与我们自己的文化完全不同的文化类型的观点。只有在理解了一种文化与其他文化之间的关系,比如政治特点的形成、历史沿革、通过流动过程而产生的全球互联、交换以及相互融合过程等方面之后,文化的形成过程才能被人们完全理解。[57]

综上所述,当"文化"被理解为一种流动的、持续变化且由一系列并不具有太多局限性的实践活动所构成的总体时,它会更容易被看作是人类个体,比如留学生的一种资产——而不是反过来人类个体被看作是所谓的基本文化类别的资产,或是由基本文化类别所决定。这也就允许人们在个体其他方面的交互作用中去理解文化的差异性。比如 Volet 和 Tan-Quigley 对澳大利亚一所大学中留学生与管理人员关系冲突的案例进行了研究。有时候,文化因素在两个不同群体的关系中是最重要的因素,但另一些时候,学生和管理人员各自角色中的结构性差异所起的作用则要明显大于文化差异。[58] 实际上文化差异能够在多大程度上起到决定性作用,或者是持续不变的作用,主要是由其社会关系及个体实践所决定的。比如说,本地生和留学生的人数差异越大,不管是通过实际上的文化和教育隔离或是学生自己的选择,抑或是两者兼而有之,文化因素所起到的塑造(或限制)学生经验的作用就会越大。

"西方文化"的包围

在对一些相关研究的回顾中,Church 指出"对寄宿生调整的早期研究大多都有待商榷,因为这些研究所使用的概念来自于留学所在国文化,但却将之用于寄宿生的其他文化情境。在这类研究中,文化调整的标准本身可能就具有文化局限性。"[59] 也就是说,在这些研究所使用的方法中,具体的价值观和行为模式被限定至北美或欧洲的特定文化情境之下(或是一种理想化的、经过具体化的文化模式),而且在其他文化情境中研究者会广泛使用这些特定模式,或是人为地提升这一文化模式的优先级,进而理所当然地认为这是一个对研究、教学、留学生日常生活与安排及教育组织都适用的文化标准。

Elliott 和 Grigorenko 曾经介绍了一个发表在 2007 年《比较教育》杂志上的专题,其主题是"西方中心主义"的教育。他们指出,在主流的英裔美国和欧洲教育理论与实践领域中,尽管学院派的专家们大部分都认同他们的想法具有"文化本位主义"特点,并因此抵制那种认为西方文化下的理论观点可以直接用于其他文化情境而且不会产生负作用的观点,但这种清醒的认识在政策制定者和顾问那里却相对比较罕见,他们仍旧"试图进行教育改革并不断介绍新思想和新技术"。这种民族中心主义"以及在很多时候具有意识形态特征"的模式在全世界的经济强国中甚至还在被强化。[60] Sternberg 曾对民族中心主义提出批评,他认为在对留学生学习生活的安排过程中[61]可以看出管理者其实既不能完全理解文化多样性,也无法在行为中尊重文化多样性。[62] Harkness 及其同事指出"西方"传统其实并不像一些西方国家所认为的那样具有单一性,比如基于价值观而得出的那种理想化的在校生概念,包括个人自理能力,在已经研究过的四个欧洲国家和美国之间具有显著的差别。对于"认知能力"的认识"与特定的文化有关,与儿童所参与的组织化的实践活动有关,与其生活的社会和物理环境、文化与社会需求相关"。[63]

Volet 和 Ang 曾经对一个学习小组中不同文化背景的学生行为进行了研究,他们认为在已有的研究中,大部分留学生都是按照文化背景的一致性进行分组,同一背景的学生分在一组,这就在事实上掩盖了文化混合的情况;而本地学生在从事同样的活动时,在整个活动过程中会出现一种近似于沉默的行为特点。他们认为之所以会出现这种无交谈的情况,原因是本地人的聚集是一种"自然的"分组过程,进而在这样一个组中出现质疑性交流是不太可能的。[64] 对于在英语国家中出现的无视留学生文化背景的情况,有人辩解说这是因为如果我们不能同样尊重所有文化背景的留学生,那我们就必须以一种明显"普遍的"民主方式来公平对待所有的学生。关于国际化教育，Dunn 和 Wallace 谈道：

> 有一种观点虽然没有得到过文献的支持，但在一般的学术讨论中经常出现，就是学生应当而且只需要接受西方的文化；应当努力赢得西方文化的认可，具有西化的思维模式及行为方式，并且接受原汁原味的西方式课程和教学。而另一种观点则认为全盘接受西化的课程和教学在某种程度上就意味着自我贬低，是另一种向殖民主义倒退的做法，是一种在推广西方文化的过程中全盘否定亚洲文化及其他文化的复杂性和可选择性的做法。[65]

毫无疑问，许多留学生会在一定程度上故意改变自己以迎合留学所在国文化的需要。在一项本地学生和留学生学习目标的比较研究中，Volet 和 Renshaw 发现一个学期之后，与本地学生相比，留学生已经降低了他们的学习目标。[66]这种现象背后的问题是，模仿式的遵从是否是文化间性的要点及留学生必须经历的过程。关于留学生满意度的研究发现，当人们对留学生原本的文化背景持一种整合的态度，比如在课堂上表现出这种文化态度时，留学生的满意度最低。[67] Anderson 特别提到在 Berry 关于整合的理论中，他认为少数民族可以保持他们的文化完整性，而"主流社会"必须接纳这种多样性，但同时少数民族也必须成为更大的社会网络中的"一个完整的部分"。因此在 Berry 的理论中，"适应"仅用于描述与次一级的"少数民族"的关系。[68] Anderson 还认为，可以想象那种所谓的基于民主和平等而开展的"智力的对话"实际上很有可能掩盖了背后真实存在的等级制度。她引用 Bhabha 的观点说，"在力量并不均衡的文化碰撞过程中，其实充满了'不和谐'和'斗争'"。[69]同样地，Goldbart 及其同事认为高等教育作为一个"充满了各种接触的领域"，文化会在不平等的力量关系及条件下"相互斗争"。[70]

这些批评试图改变留学所在国文化那种对调整的需求，认为留学所在国的社会应该对留学生有所反应，而不是相反。Anderson 认为 Berry 关于"整合"的观点允许留学生具有一个前后一致的身份，并与留学所在国的文化有所区别，但实际上这种观点在很大程度上并不包括互惠的思想。在谈到与其故乡文化之间的关系时，留学生往往被认为具有"某些方面的不足"，[71]或者被人理解为，按照 Rhee 的话来说，"只是某人的另一面"。[72]"那种认为整合应该同时包括留学生和本地生的观点往往只是嘴上说说而已,实际上大部分整合或改变的压力仍然落在了留学生的肩膀上"。[73]在美国这种情况并不稀奇,在那里高校学生中留学生只占了不到4%的比例,但在新西兰和英国留学生所占比例就要高不少,尤其在澳大利亚,留学生比例已经超过了20%。Lee和Rice指出,"并不是留学生所遇到的所有问题都应当归结为适应问题,尽管大多数研究都这么认为……至少有一部分严重的挑战是由留学所在国的缺陷所造成的……人们往往认为留学生应该为此负责,他们应该'调整'或'接受'留学所在国的文化,但实际上本地文化和政府机构应当多一些对留学生的理解,并适当地改变它们的特殊要求"。[74]这也正是美国的非白人留学生所遇到的问题中的一部分:

> 除了语言方面的困难之外,文化偏见与歧视开始逐渐在留学所在国社会中显现端倪,并超过了来自于留学生一方的类似偏见。我们发现绝大多数的研究都很关注留学生的经历,着力描述他们在适应或应对方面所遇到的困难与问题,这背后的假设就是留学生应当为自己的坚持、克服困难以及对主流社会的融入负起责任来。这其中有一些研究认为应当提高敏感性,但其前提假设是留学所在国的机构是公正无私的,它们并无过错。但同时极少有研究会探讨留学所在国的机构和个人是如何故意或在不经意间将留学生边缘化的。[75]

Lee和Koro-Ljungberg认为不同文化间的关系应当是基于自我调整的互惠关系,其基础是力求相互尊重。这是对具有中立性质的"传统文化适应模型"的挑战,该模型认为在双重的文化适应策略,比如整合和排除过程中,主流文化通常无需做什么。[76]"学生间更加深入的互动需要对多族群之间的平等状态有着更加深刻的认识,需要在政府机构的支持下形成一种鼓励合作的环境,并进行系统性的监管和专业化的发展"。[77]上述活动的目标是基于共同改变的愿望而建立起一个积极合作的空间。

Volet和Ang总结说,"总而言之,关于留学生在留学所在地环境中进行文化调节的社会-文化研究显得非常具有民族中心主义特征"。这一特征"与许多关于留学生学习情况的教育研究结果相符,这些研究几乎完全是基于一个缺陷模型(deficit model)来描述这些学生的学习风格和调整情况的"。[78]缺陷模型认为,文化差异只是对教育同质化任务的目标进行认识的第一步。缺陷模型会发挥两方面的作用:第一,建立起西方文化的包围圈。一个圆圈在文化的实践、范围和主体之外被画了出来,在这个圈子里,组织活动所需的空间("国际化教育"、"确保质量的教育实践活动"等)已经被划定。

而其他的文化和教育实践活动,比如留学生家乡的文化,却被排除在包围圈外,而且被忽略。第二,在这个圈子内,通过界定与主流文化的距离,通过消除那些"有缺陷的"教育经验,与主流文化"格格不入"的个体变得服从于主流文化。而那些所谓"有缺陷的"教育经验,不过是与留学所在国主流教育实践不同的学习习惯而已。

缺陷与优势

关于留学生"有缺陷"的观点通常都会和那些具有集体主义特点的"亚洲学生"联系在一起,而且在与理想化的"西方"教育相比较的时候,人们普遍认为后者对于学习者的自我管理能力有着更大的尊重——尽管在事实上,东亚、东南亚和南亚国家在社会价值和教育实践方面差异甚大,而且学习者的自我管理能力和批判性思维能力在英语国家和欧盟体系内并未得到普遍重视,尤其是在那些与科学相关的领域内。[79] Ninnes等人列举了一个以印度学生为被试进行的关于亚洲学生原型特征的实证调查研究。该研究所采用的文化缺陷范式认为在澳大利亚读书的这些"亚洲"学生在被改变前的特点包括"死板、重复劳动、表面化、以教师为中心、在学习中依赖性强、缺乏分析性和批判性的观点,而且这些都发生在以考试为主的教育情境下",除此之外,他们还缺乏教育资源。[80]这些观点中的一部分很符合印度高等教育的现状,比如考试主导的教育和分析性、批判性思维的缺乏等。[81]然而,这一原型首先就是有问题的,它错误地理解了记忆和复述等策略,而这实际上常用于加深学习与理解,而且在印度教育环境中,自我管理能力的缺乏、课堂上的形式主义以及教师中心主义实际上具有许多复杂而不同的表现形式。[82]他们认为在国际教育中不应采用这种文化缺陷范式,而如果采用Volet及其合作者、Biggs等人提出的"文化熟练"范式将会对研究更有帮助。这一理论范式认识到"在不同文化中有不同的学习方法,留学生所采用的那些'土生土长'的学习策略在澳大利亚大学的学习情境下仍然会起到某种程度的作用……而且学生有能力让他们的学习策略适应新的文化情境"。[83]

同时,除了缺陷范式之外,Michael Singh指出留学生处于一种相互关联的情境中,在这一情境里学生是"一个跨界的全球/国家/本地联系的媒介",每一个学生都有一个特定的、与众不同且明显的教育经历。[84]留学生既经历着持续的变化过程,同时也会对留学所在国的教育体系起着潜移默化的影响。这就是他们潜在的优势。这一潜力通常都被忽视了,因为在澳大利亚,留学生面对的英裔澳大利亚学生都已经"把自己当成是其他人"了。[85]这些英裔澳大利亚学生长期生活在澳大利亚"孤立主义"思想氛围之下,这种思想与美国人的孤立主义和排外主义思想如出一辙,只是他们没有美国人那么骄傲自大。本地学生从不觉得有必要对其种族的地位进行思考,在这种情况下,人们不仅要质疑国际学生的身份认同,同时也要质疑"英裔种族地位的力量"。[86]Anderson在谈到新西兰欧裔白种人的身份认同问题时,也做出了同样的论述。[87]这种关于主导性身份认同的相关论述经常出现在对世界主义的探讨中,下面就将对此进行分析。

理想的世界主义者

许多关于留学生的心理学研究都谈到了世界主义。在Matsumoto等人关于"调整"的观点中,就谈到了"对他人的移情能力"以及"积极地与他人互动,容忍人与人之间的差异,并且在此过程中丝毫不会出现心胸狭窄及固执己见等问题"。[88]Matsumoto等人,还有Savicki及其同事也发现情绪调节、开放性、灵活性及批判性思维对世界主义也很重要。[89]Leong和Ward认为对模糊性的容忍以及归因复杂性也属于世界主义的特征。[90]Kashima和Loh的研究表明,对文化的模糊性、复杂性拥有更大容忍性的学生会拥有更高水平的调节能力。[91]Ying和Han对"适应性的风格"进行了分析,他们认为这其中或许有性别差异:"越来越多的文献认为,年轻的亚洲女性在西方文化情境下的文化适应能力要快于年轻的亚洲男性。"[92]他们的研究发现,相比台湾男性而言,台湾女性会与美国人建立更多的关系。与此类似,Spencer-Rodgers和McGovern发现"男性大学生相比女大学生而言,对外国留学生的偏见更多,积极情感更少"。[93]还有一些研究认为寄宿生擅长于在不同文化间转换,Ward等人认为其中比较理想的文化转换者是新加坡人。[94]Perrucci和Hu指出"对于留学生而言,世界主义和灵活性特征对个人价值的作用要远大于那种保守且传统的外国人形象所能起到的作用"。[95]

与此类似,心理学以外的研究也都强调身份的多重关系性及灵活性形式。[96]比如Allan指出真正能把人们联系在一起的能力是不会因文化背景而异的,而且"作为遭遇到文化多样性的结果",这种能力会加强每个人自身的文化认同感。[97]Cannon发现印度尼西亚学生会通过学习而更加容忍和理解各种各样的观点。[98]"从心理学角度而言,这些学生身上发生的变化显得更加复杂,而实际上复杂性是由两种广泛的过程所导致的:分辨与整合。"他们会找到一个"第三地点",在这里他们可以和其他寄宿生进行分享与交流,"这是一个不受限制的交汇点,在这里来自不同文化和语言背景的交流者们会碰面并成功地沟通交流"。[99]同样,研究者认为在这里也有理想的文化转换者。

不仅如此,国际和跨文化教育中的全球主义还以一种元国家的视野将沟通技巧、容忍性、开放性和灵活性结合在一起。在这一结合的前提下,通过截然不同的文化改变措施,不同文化间的关系被置于一种全球化的框架而不是一个国家(国家间)的框架之下,并以全球化的潮流和知识经济为其指导方针。Schuerholz-Lehr 将"跨文化的能力"界定为"一系列统一的、由个人实施或展示的行为、态度与政策,从而使个体在跨文化的情境下能够有效地和他人进行互动与交流"。此外,"全球化觉悟"的意思是"一个人能够在多大程度上认识到自己的经验和经历的事件是国际化、全球化的,是全社会的一部分,以及他能够在多大程度上认识到自己是这一社会的一份子"。[100] Allan 认为"跨文化即全球化"这一特质的本质是"和任何一个相遇的不同文化的人进行舒适、有效的交流"的能力,并且在这一过程中不会对任何文化进行特殊对待。[101] Stone 设立人类优秀特质列表的目标也已经逐渐从"适应文化差异"转变为成为一个"世界公民",并且清楚地知道全球发展趋势与责任。[102]

Olson 和 Kroeger 将跨文化教育的发展过程看作是一个由单纯的开放性沟通向塑造完整的全球化视野不断进化的过程。这正像是启蒙运动发展到高级阶段之后潜在的佛教思想在这一运动中的发展历程。跨文化的沟通技能包括"适应性、移情能力、跨文化知觉、不同文化之间的关系以及文化调节能力等"。其中移情能力是指"站在他人的角度去看待他人的能力",跨文化知觉是指"从其他文化内部去理解其他文化的感受的能力",而不同文化间的关系则依赖于"发展人际关系的能力",文化调节则是指"在不同文化间架起沟通桥梁"的能力。[103]他们引用了 Bennett 的"跨文化敏感性六阶段"模型。[104]在这一模型中,有三个阶段是"民族中心主义的",被命名为"拒绝、防御和贬低",另三个阶段是"民族关联性的(ethnorelative)",被命名为"接纳、适应和整合"。

> 民族中心主义意味着在你做出决策和实施行动的时候,你始终认为自己文化的世界观要好于其他文化。与此相反,民族关联主义则认为文化只有在相互比较时才能被真正理解,人的行为只有在特定的文化情境下才能被真正理解。这一观点[的启示]……道德决策的基础并非是对某种文化自身世界观的保护,也不应基于某种绝对化的原则。当我们变得更加具有跨文化的敏感性,而且养成更多的跨文化沟通技巧时,我们同时也就能够超越民主中心主义的阶段,而提升到一个民族关联主义的阶段。[105]

"在民族关联主义的阶段,差异不再是一种威胁,保持一种文化的真实性也不再是问题,问题是如何创造新的文化类型,从而允许不同的文化真实性能够同时并存"。[106]在接纳的阶段,"文化差异被人们正确认识并得到尊重",在适应阶段则包括"在跨文化沟通过程中通过各种手段实现民族关联性接纳"以及通过使用"更加强力的技巧"从而使得人们"与来自其他文化的人进行联络和沟通"。Bennett认为这一阶段最重要的沟通技巧是移情,他认为移情是"从不同角度体验一些并非自身文化'给定'的、其他文化的真实性的能力"。[107]随着个体"适应"能力的增强,他或她应该具备"多元主义"的特征,即能够同时保持两种或多种文化的世界观,也能够对其他文化保持一定的敏感性。在适应阶段仍有可能产生内部压力及"文化冲击"的现象,但是一旦达到了启蒙运动的最终阶段——"整合阶段",个体会"致力于将个人身份的不同方面整合成一个结构清晰的整体"。同时,个体将不再属于任何特定的文化群体,他们具有"文化边缘性",而且"始终在创造着自己的真实性"。研究者认为这一阶段虽然很难达到,但具有很大的潜在力量。这类人通常被看作是存在于不同文化之间的,能够不断打破界限的人。[108]然而我认为Benette的观点并不够明晰。一方面,认为"整合过"的个体将不再属于其原本的文化群体,这是一种乌托邦式的想法;另一方面,更有可能的结果是,这类人基于可获取的文化资源,在一个不断变化的文化基础上创造了他们自己的身份。

  Gunesch提出了一个个人文化身份的理论模型,在这一模型中,跨文化的开放性和可沟通性再一次在全球化视野下被联合起来。"世界主义的文化身份被看作同时适用于世界各地和本地,其中涉及的问题包括文化控制性、元文化性、可变性、旅行、旅游、家园以及国家—地区的依赖关系等"。[109]尽管并未被普遍接受,但这种强调全球范围内的文化可变性的观点使得该理论模型的出现具有必然性,此外仍需要对该理论所阐释的身份概念进行修改,尤其是在文化特性的范畴内。Gunesch回顾了许多关于世界主义身份的理论文献,他指出在大量的全球化相关研究中,对于全球化还是地区化,很多人持相反意见。对他而言全球化的世界主义发展是无源之水。[110]世界主义者很清楚什么是本地化的,但他们从未变得本地化,而且他们认为传统的国家-地区间的依赖关系早已过时。世界主义者不再认为政治生活中国家利益高于一切,[111]他们反对以全球化的身份来重新理解国家—地区间的关系,也反对"只基于国家—地区关系来寻求一定形式的依恋和身份认同",但他们认为"对于世界主义的所有思想派别而言,基于国家—地区关系的身份认同以及依恋的形式问题仍是必须要得到解决的问题"。[112]在Hannerz的观点基础上,[113]Gunesch指出,无论如何世界主义者始终愿意与他人进行沟通交流。这事关"对不同文化经验的开放性,是一个智力的和道德方面的基本立场问题"。[114]

从 Lasonen 的观点来看,如果跨文化教育强调的是"知识、技能、态度和责任,而且这些要素与一个相互联接的、真实的世界密切相关",[115]那么构成"全球化"和"全世界范围"的要素又有哪些？一方面是在全球文化同质化过程中所遇到的文化多样性价值观;[116]另一方面则是"互联性本身"。[117]世界主义者不仅是元文化水平的界限打破者,而且也是互联性网络的建立者。Lasonen 认为,"国际教育的任务之一是指导公民持续不断地进行文化翻译和解释工作,这是必备的文化能力之一"。[118]但是从个体角度来说目前仍然缺少一种要素。世界主义者在观察、联系、沟通、分享、参与、促进及理解等能力方面具有流畅性和功能性的特点,但是有什么核心的身份特点是可以对这一系列能力进行管理,并能决定其行为目标的？正如 Rizvi 所说,[119]如果世界主义者处于所有特定的立场之外,那么他们是如何确定自己的观点和价值观的？

颇具讽刺意味的是,全球主义者在文化中所处的位置仍要依赖于本地文化特殊性的持续存在才能被确定,而这对于全球的世界主义者来说相当于导航的坐标一样重要。在全球化的过程中,当世界主义被看作是所有学校和高等教育体系的规范性基础之一时,这种讽刺性就变成了一种矛盾,而当那些自认为坚持世界主义思想的教育者要求那些明显已经过时的国家政治机器在一个具有局限性的文化领域推行世界主义思想时,这种矛盾性就显得更加深刻。而且这种矛盾与那些探讨留学生及其他人身份、个性的各种理论观点及其集中性也有很大的关系,下面将会就此进行分析和阐述。

身份是一种策略

如果把身份看作是我们对自己的各种认识,把个性看作是我们所有能力的总和的话,那么在教育心理学范畴内对这两个概念的探讨就显得都不够详尽。心理学中与这两个概念相关的术语是显得更加静态和被动的"人格",而这个术语并不能在知识经济的大框架下完全描述个人在全球化过程中的全部转变。正是通过对国际教育的批评和从世界主义角度开展的新探讨,最近的社会学、文化与政治学研究才有了真正的实质性进步。

这些研究、批评和世界主义角度的探讨,融合了一些有影响力的理论观点。第一,传统的民主化教育对此类批评研究产生了深刻的影响。这类教育源自 Dewey[120] 的思想,以及 20 世纪 60、70 年代民主主义传统的复兴,该类思想认为,塑造并形成具有灵活性、自我决定性,并且具有社会责任感的市民或活动家是个体发展的最终目标(可参考批评性政策研究和政策社会学研究)。[121] 在批评性的分析中"寄宿生"被重新看作是拥有人类个体和市民全部权利的行为主体。[122] 对于这些学生而言,其家乡的文化与他们留学所在国的文化是同等重要的,而且不同文化之间的关系是平等的、对称的(这并不是说那些提出批评的学者没有立场,下面会谈到)。第二,正如很多研究者所说,全球化理论认为留学生不仅是多重关系的承担者,而且也是具有复杂性和变化性的各种身份的承担者,而这些身份都是留学生赋予自身的。第三,同样的批评性观点也产生了对身份的混合性、综合性特点的认识,而这些也都强调自我决定的重要性。不仅如此,关于身份混合性的探讨也成为对个人身份进行管理的自我愿望不断积累的前提。而且关于多重性和混合性的观点也更加强调了身份的不固定性——不管社会科学如何自顾自地进行臆想,没有任何一种文化会产生哪怕一时的僵化。

关于身份,不论是其多重性还是混合性(这些会在下面进行更详细的探讨),目前都还无法从数据分析的角度进行深入分析。批评性质的和世界主义的研究倾向于使用丰富的描述和叙述来开展探讨,此外一些关于寄宿生的心理学研究也在人格特征方面进行了深入的分析,在此基础上,现在一些社会学和政治学的研究也在借鉴这些研究方法。比如 Kashima 和 Loh 在澳大利亚对寄宿生的研究,分析了寄宿生的社会关系随着"认知封闭性"的变化而变化的程度大小。[123] 另一个例子是 Yang 和同事的研究,他们分析了学生的"自我解释性"和"自我的行为方式",以及由个性主导的生活轨道是如何变化以及"由文化塑造"的。上述这些研究所使用的方法与其他研究者使用的那种"稳定的、普遍的、与人格特征框架保持一致的"研究方法形成强烈对比。[124]

自我的形成

所有研究国际教育和不同文化间关系的学者都知道,跨境旅行者必须要经常做出选择,而且其中往往存在着文化间的交互作用过程。但是在研究的基本观点上一直存在两种截然不同的看法:一种观点认为国际教育是一个他人塑造的过程,而另一种观点则把国际教育看作是一个自我塑造的过程。

如果初始假设是*他人塑造*,那么研究过程中的观察、数据分析及"寄宿生"描述性分析的对象将是一种个人再塑造过程,这种再塑造以留学所在国的需求、规范及个人要求为基础。在这一前提下,学生被认为是缺乏能力的,他们以前的生活已经与现在不相关了,他们的旧身份也存在着与当前文化的冲突性,他们以前的愿望和理想也已经被颠覆。他们既缺乏个人自由(身份的来源)也缺乏控制的自由(消极的自由)。相反,如果初始假设是*自我塑造*,也就是本章所采纳的观点,那么学生从一开始就会被看成是能够塑造他们自己的发展道路和身份的,并能够为了自己的发展而建构和理解文化,除非这一初始假设是错的。与其从一种文化的视角去解读学生的特点,许多研究则更喜欢将目光聚集在这些留学生是如何自我发展并指引自己的发展道路的。这类研究认为,留学生并不需要去迎合英裔美国或西欧的自由化个人主义标准,个性特点的建构通常都具有一定的文化和社会特性。服从整个族群还是脱离集体,个体在这两者之间的平衡情况通常会根据各种文化传统的不同(或是在一种文化传统之内)而发生变化,但与个人特点相关的要素是不可忽视的,它总是会发挥作用。

没有任何一种建构是一边倒的。将国际教育看作是由他人来决定的研究取向也对学生的选择充满了兴趣,但此类研究通常认为这种选择会在很大程度上屈从于"文化"或重要他人——比如家庭和老师——的意见。与此类似,自我塑造的研究取向也认识到,外部影响在自我建构过程中也会发挥一定的作用,在这一过程中个人意志也有可能会被引导或说服,但进行自我建构的个体始终是一个具有自我决定特性的个体。

基于这种自我决定特性的理论框架,自我塑造会持续发挥作用并持续终身,它会同时受到各种观察、体验、思考、记忆和习得的习惯的影响,而且这些要素在个体的教育经历显著影响自我的形成之前就会发挥作用。[125]留学生改变了他们所处的地理和/或文化/语言环境,进而改变了自己及未来的发展潜力。而留学生接受国际教育的动机则可以从心理学和社会学角度进行解读:比如获取或提升自己的社会地位,从而获取一定的优势;开创事业或创造财富;或是具有一定的文化或智力目标。所有这些都会影响到自我塑造。"自我塑造"这一术语强调的是自我指导及经常在身份转换过程中表现出的灵活性特征,对这类积极的个性特征的重视推动了不同的观察研究的开展及研究结论的出现,比如心理咨询的研究经常探讨寄宿生在充满压力和应对的消极环境中,其个性特征是如何发挥积极作用的。[126]基于国际教育而开展的自我塑造研究对想象力的自我创造过程进行了探究,在这一自我创造的过程中,留学生渐渐地会同时从原本的文化和留学所在国文化中充分利用各种可利用的身份资源来帮助自己进行创造,此外他们也会利用跨境的联系和沟通媒介来进行自我创造。因此身份被看作是多种文化协调的结果,而不再依赖于单一的身份/文化系统。

这一协调过程是通过两种工具其中之一来进行管理的,而且很多的情况下是两种工具共同发挥管理作用。这两种能够对个人身份进行管理的工具在留学生研究文献中经常会被提到，不仅在心理学研究中会出现，在社会学/社会理论研究中也会提及，尽管不同领域的研究所使用的术语并不完全相同。在本章中，我们将其命名为"多重性"和"混合性"。

多重性

自我塑造的第一类管理工具是多重性。正如前边已经谈到的，留学生不仅具有多重人格特征，而且过着不止一种生活。一种可能的结果就是到最后留学生会形成双文化自我。这是多重性观点的主流认识。研究认为，从出生开始就具有双文化特点的学生在文化固定性方面有着更加建设性的实践经验，对于移民的个体来说也是如此，[127] 对于那些与不同文化的同伴保持联系的个体来说也是如此。通常情况下，两个不同文化自我的自然分界线是由所使用语言的不同而确定的，学生在使用家乡语言的时候，是一种自我的身份，当他们与同一文化背景的伙伴在一起时也是这种自我身份，但如果在留学所在国生活、使用留学所在国语言时，他们又是在扮演另一个自我。

从研究文献中可以看出，关于双重文化自我，另一个可能的分界线是以编年形式来确定的。Berry 的影响力假说认为，双文化身份会在留学生原本文化的继承性和留学所在国更加新颖的文化体验的适应性两者之间来回摇摆。Church 和 Pedersen 认为身份的构成形式是一种上下分层的形式，就好像考古挖掘中发现的上层和下层的横截面一样。在寄宿期间，留学生仍然会保持一系列明显的原本文化的信念和行为方式，"基本的文化或宗教态度，人生目标及对家乡的态度甚少改变"，"若要让态度有利于建构心理的开放性，知识的价值、两性关系中更大的自由将会显得更加重要"。[128] 如果学生的文化身份超越了这些基本的层面，那么新颖的实践活动将会有助于保持留学生与本地人之间的关系，以及与其他留学生之间的关系。这些新颖的实践可能包括：饮食习惯、对运动的兴趣、对潜在的朋友更加开放及在不同文化间搭建桥梁。此外，学生会发展出较高水平的文化相对主义态度，[129] 以及如 Church 所说，[130] 以灵活性、更多的意志努力，甚至一种更加谨慎和策略性的方式来进行个人选择和自我形成。（最后一点下面会再探讨。）然而那种"新"、"旧"身份是以编年形式来确定的观点实际上值得怀疑，该观点认为在从文化继承到文化获取的发展进程中，个人的文化身份是以线性方式被叙述的，在个人特征上具有简单性和顺序性的特点，就好像先后产生的记忆和经验彼此会完全区别开来，而且从无交集。这种时间编年的范式来自于心理学对固定类别的需要,因为心理学研究认为,在探讨文化差距或调节的过程时,个体原本的继承性文化应当被看作是一个恒定的参照系,从而参与到分析过程中。很显然,根据这种观点,那种本源的或"继承性的文化"不仅在自我塑造过程中起着关键作用,而且这类文化相对而言十分稳定,是比较保守甚至会起到阻碍作用的力量。然而,留学生会持续不断地对他们家乡的文化进行改变或重新阐释,因此"继承"会变得更加灵活多变。此外那种认为留学生从不改变其文化中的基础性要素比如家庭、宗教和人生目标等的观点也是错误的。研究结果证实,有些留学生的确会改变其深层次的信念,而且不仅仅是新旧两种文化谁占上风的问题,Lee 和 Koro-Ljungberg 认为在这种深层次改变过程中,两种文化都会起作用。"文化的保持与适应并不会以针锋相对的两种力量的形式作用于文化身份的形成;相反,它们是以一种双文化的形式参与到个体身份形成过程中,人们称之为文化适应"。[131]在文化适应的框架下,身份可以有很多种形成的模式。[132]

另一个会对传统的双文化形成理论形成公然挑战的是全球化进程中的流动性,现在这种流动性已经开始削弱所有固定化的个人身份。Bradley 认为流动性降低了对单一地域文化或家乡文化身份的认同,"旅行的人们在流动过程中已经习惯了许多新的文化模式,而且随着流动会增加其'在家'的感觉;个人的身份与那个固定存在于特定地理区域的特定群体中的家之间的联系开始逐渐减弱"。对许多旅行者而言,"家"存在于他们的日常活动中,存在于社会性和媒介性的交互作用中。"通过改变寄宿地点,留学生被看作是文化全球化过程中各种改变的一部分,那些适应得更快、更有准备性的个体,更有可能将他们的世界带在身边",包括习惯性的"行为和对自我的感知"。[133]在这里个体自我决定能力的加强将有助于在文化碰撞中更加具有开放性和灵活性,但哪怕还有一小部分留学生的身份认同无法首先或特别地从其继承的文化联系中获得,或是从其当下生活的地区文化中获得,那么自我决定能力如何产生及维持的问题就始终没有完全解决。下面还将进一步探讨这一问题。

混合性

自我塑造的第二类工具是混合性。寄宿生会持续不断地将不同文化的特点及其相关要素综合进一个全新的、联系性的自我当中。Rizvi 认为,"混合性,其内涵包括混合和融合",是"一种空间化的特点,在这一空间中我们必须学着对各种文化的不确定性进行管理,而且必须同时基于国家和全球层面的各种条件进行考虑和表达"。[134]在身份研究中,关于综合或整合的相关概念在不同文化关系的不同研究领域中都经常出现,而且往往是跟提高灵活性的观点和文化相对主义理论联系在一起。Berry 的"整合观"同时包括了多重性和混合性;而他的"分离观"则强调在多重性中保持不同文化之间的固有差异;他的"同化观"则强调寄宿生家乡的文化以一种不对称的方式融入到留学所在国的文化当中。Anderson 认为 Berry 的整合观是"值得质疑的",因为留学生的身份显示出一种"持续的变化性、复杂性和压力感,而不是已经改变完毕并且身份问题都得以解决"。真正的生活是不会像帕森斯社会科学理论所说的那么单纯的,混合性的观点就在很大程度上支持自我概念的混乱性假设。该观点看到了身份内部的差异与不同,但不同于别的研究者所提出的面临其他身份时自我身份会保持封闭的观点,该观点认为"差异性是混合性的一个潜在来源",而且"对他人保持开放是所有学生的重要目标之一"。在这里"混合性并不总是像其他过程中那样能被'获取'"。[135] 在 Bennett 的不同文化敏感性形成模型中,最后一个阶段"个体……将其身份的各个方面整合进一个和谐统一的整体当中"。[136] Bennett 将这一最后阶段的混合看作是个人身份在国家或文化特殊主义情境中的一种全球化或"元"形式的形成途径。[137] 然而,这种将混合过程看作是一种元抽象(meta-abstract)模式的"全球化"观点也受到了质疑(见下)。Rizvi 指出尽管混合性是"对付文化本质主义的一剂有效的解药",但单靠这一特性并不能解释文化之间的关系,关于"混合是如何发生的、在特定情境中它以什么形式发挥作用、对于群体的特定部分其作用结果如何、特定的混合过程在什么时候以及会怎样继续前进或倒退"等问题仍有待于进一步解释。[138] 混合性只是身份形成策略的一种但并非全部,其内部可能也存在许多缺点和有待改进之处。

多重性和混合性都有助于构建身份形成策略,每一种工具都可以用完全不同的比喻来形容(尽管这些比喻解释力都有限)。比如说多重性与分离或分辨有关,而混合性与整合、弥合、组合及重组有关。尽管途径不同,但都是添加性的工具。换句话说,分离和重组是身份形成过程的两个方面。拥有多重身份的学生在不同角色的转换过程中会从不同身份中抽取一些共同要素,这通常被看作是一种部分地整合。除非进行混合,否则多重身份通常会被看作是分裂的或相互矛盾的,[139] 因此混合性是多重管理过程中的一部分内容。对于身份的自我管理而言,这两类工具的差异从来都不是绝对的,不仅如此,两类工具之间还经常会发生交互作用。

不论是使用多重性还是混合性的工具,都不必替换或放弃身份的任何一种要素。身份的置换对于身份形成而言是第三种工具,这类工具多用于外来学生的身份形成(尽管在所有的自我形成过程中都具有一些自主性)。有些教学方法以身份的置换为前提，尤其是当学生是学习或教育主体的时候。Doherty 和 Singh 的一项研究表明，在澳大利亚，提供给留学生的基础性课程通常会以一种文化缺陷模型为前提，首先向学生灌输一种"古朴的"和"纯粹的"西方学习理念，力求摒弃留学生脑中原本固有的学习理念及记忆，并压制那种认为东西方文化冲突具有破坏性的记忆和理念。一位教授这类基础课程的教师曾经谈到她对这种灌输的必要性的认识，她认为必须向留学生灌输这种学生为中心的教学观，"在辅导他们时要时时刻刻迫使他们做与这一情境相符合的事"。[140] 抛开任何可能建立起来的教学从属关系和混合性身份不谈，这类课程自始至终要求学生要服从，哪怕是在名义上"鼓励"他们成为自我实现的个体的时候。以 Bennett 的观点来看，这类课程的目的更像是"同化"而不是"适应"，同化的意思是要把个体的世界观完全替换掉；而适应意味着在个体的技能体系中增加"新的技能或自我实现的方式"。"一个人不需要放弃自己的文化"从而融入另一种文化。[141]

上述探讨的启示是，身份管理是一系列具有创造性的行为，在这一过程中留学生从记忆、周围的文化环境以及与他人的联系中获取思想和实践经验，并通过多重性和混合性等技术手段将这些要素整合进身份形成的策略中。当寄宿生与留学所在国文化之间有实质性的交流时，创造性发挥的作用会进一步扩大，但同时分离、隔离、刻板化、歧视以及种族歧视与虐待也会对身份形成造成较大限制。正如 Leong 和 Ward 在一项关于寄宿生身份冲突的心理学研究中所说的，歧视会增加身份冲突[142]而不是身份融合的可能性。

自我的中心化

在自我形成过程中使用多重性和混合性等工具，仍然依赖于其他要素的作用。比如说积极主动地塑造或协调自身的愿望，拥有这一强烈愿望的人可以更好地管理因不同身份切换所带来的潜在压力；在不同的族群和地区之间游历，以促使个体积极地建立社会关系并做出选择；并在认真反思的基础上重塑自我。Pyvis 和 Chapman 指出，身份可以通过自己或他人的标签和成员关系来理解，比如多重归属关系、"学习轨迹"（即自我形成的过程）以及"多种成员关系构成的网络，我们从中定义我们是谁，并通过这一网络将各种不同的身份合而为一"。[143]最后一个要素就是中心化的自我愿望，是中心化的自我。这不是一个单一的、有限的个体：即用大写字母"I"来代表的身份。已经中心化/正在中心化的自我是个人身份的各种要素中起到根本性作用的那一个。

Kettle 认为"自我是多重主体性的栖息地"，个性是塑造自我的过程。[144]他进行了一个针对一名泰国留学生的个案研究,这名留学生"按照自己的意愿不断改变自己",[145]整个改变的过程与时间和交流的能力有关。这名泰国留学生认为除非他能够有效地和留学所在国的文化及人们进行有效的交流与互动,否则他就不会拥有个性。随着这些交流能力的发展,与之相关的个性也会随之而发展。[146]这种明显将留学生的身份聚焦于其个性层面的观点和做法比较罕见。[147]Asmar 指出,绝大多数关于留学生及其不同文化间关系的研究对学生积极的自我决定的个性特征都没有引起足够的重视,[148]总认为他们是比较消极被动、缺乏能力的。尽管如此,大多数实证研究,包括心理学研究在内,并不像 Kettle、Asmar 或者 Michael Singh 等人的研究那样突出地重视身份问题。这些研究中有不少将中心化了的愿望(有时候是正在中心化的愿望)看作是问题的关键要素之一。用 Ward 及其同事的话来说,这是一种"应对风格的研究范式"。[149]Yoo 等人更倾向于使用"情绪认知"和"情绪管理"的概念,他们发现对愤怒的认知有助于人们对愤怒情绪进行相应的调节,但对恐惧和悲伤的认知则不会起到类似的作用。在形成个性的个人策略当中,我们更有能力对愤怒进行管理。[150]Chirkov 及其同事将研究的关注点集中于自我决定的层面,[151]而 Savicki 等人则强调积极的个性建构因素在不同文化间的成功调节过程中所起的决定性作用。[152]Ward 及其同事发现"跨文化研究已经对一种存在于心理幸福感、满足感与内部控制点之间的稳定联系进行了深入的探讨,这种联系与寄宿者、外来移民以及难民的家乡文化及目的地文化均不相关"。[153]其他研究者认为还有一些因素与已经中心化的/正在中心化的自我愿望有不同程度的联系:Matsumoto 及其同事,Li 和 Gasser 发现跨文化自我效能感与上述自我愿望之间的关系;Hullett 和 Witte 提到对不确定性的控制与自我愿望的关系;Yang 及其同事则声称发现了自我解释、自我行为方式与上述自我愿望之间的联系;[154]而 Ward 及其同事阐述了外向性所具有的价值,这其中既谈到了沟通度也谈到了中心化的个性的问题。[155]他们认为沟通能力本身并不足以构成个性,但会有助于个性的形成。相应地,Perrucci 和 Hu 认为是一种自我价值感帮助留学生进行沟通:

> 大学留学生在留学环境中的经历所造成的满足感在很大程度上会受到他们的语言能力、自尊及社会环境积极卷入感的影响。对当地语言的精通、留学生在自我价值及个人能力方面的强烈感受会极大地促进他们与美国大学生的交流。[156]

中心化的自我会指导留学生尝试并使用各种沟通技能,反过来,沟通技能的使用也会帮助留学生维持和建立能够发挥实际作用的个性特点及自我价值观,并借此不断地降低留学生关于自身身份的压力及对自己能力的质疑。尽管如此,有很多留学生实际上并不具有足够的沟通能力,那么他们必须具有强大的个人内驱力。有研究发现,与本地学生相比,留学生,尤其是那些文化背景与本地文化有本质区别的留学生,会因为其所具有的个人自主性内驱力在学生中脱颖而出,因此来自于 Hosftede 所说的集体主义文化背景的留学生同时也会展现出一定的"个人主义"特征(基于个人主义/集体主义两种文化背景而进行的零和回归式的身份与文化混合)。[157] 一段跨越不同文化的寄居生活会消耗寄宿者所具有的个人精力、情感资源以及想象力,但同时也会锤炼出健康的个性特征。因为这种寄居生活需要强大的自我意识来对多重性和混合性进行管理,同时,哪怕留学生在一些特定的文化领域中由于能力的一时缺乏而受制于环境,他们也能忍耐这种暂时的不便,面对束缚感也能做出得体的情绪反应,直至成功地适应新的文化环境。国际教育就是这些各种各样的、与众不同的个人成长轨迹的汇聚之所。

结论

全球化知识经济发展的标志之一就是跨境学生流在规模、数量等方面的不断增加,以及国际教育作为自我形成的一个相关因素所起作用的不断凸显。这种变化跟那些在开放性、流动性及文化间性方面的新政策的出台是分不开的,也跟那些在国际教育领域重建教学模式、管理措施的努力是分不开的。本章通过回顾国际教育领域的一些研究/学者的观点,对全球化在国际教育领域所产生的影响进行了探讨,尤其集中在流动性的建设、留学生的个性形成以及仍在持续的关于身份和文化的探讨等几个方面。基于此本章也开启了在全球化背景下,国际教育作为*自我形成*过程之一的相关理论探讨,主要集中在对多重性、混合性及自我中心化等几个与留学生身份形成策略相关的工具的探讨上,并通过一些相关文献介绍了对此内容的一些批评。

在国际教育领域有两个基本研究取向。它们会在不同的层面形成相互促进、相辅相成的关系,但在方法论和相关的规范与标准方面仍存在较大的本质区别。过去 50 年间,国际教育研究的主流,尤其针对不同文化之间关系而开展的研究主要是英语国家高等教育机构中开展的教学研究和心理辅导研究这两个方面,而且很多都归属于本章提到的心理学研究的范畴。过去 20 年间,第二类研究取向也出现了,主要由社会学、文化及相关政治领域的理论研究构成,并集中于全球化聚合趋势及自我决定的个人特点的应用研究方面。

心理学在观察、计算以及人类具体行为的研究方面有很大的用武之地,而且可以对行为管理进行标准化、规律性的解释。此外研究者也都发现,教育和跨文化心理学明显比其他领域的知识能更好地应用于教育、文化等相关领域的咨询工作当中。然而,在全球化沟通的大背景下,关于"寄宿生"的心理学研究却开始面临越来越多的困难。尤其是在明显从属于不同类别的数据的应用处理方面以及封闭空间中的规范控制方面,心理学履步维艰。此外,心理学在处理那些具有开放性、偶然性、模糊性及反映学生个体标准和目标的数据时,发挥作用的空间也很小。这其中关键的局限性来自于心理学基本的、均衡的、线性的数学分析所必需的标准化/方法学前提。可以说心理学中对个性的相对弱化的界定——即"人格"——在这一数学前提之下也无法正常开展探讨。心理学认为身份具有固定性、由深藏于个人内心的各种心理因素及其复杂的相互作用所左右。与这种观点相比,那种认为个性具有持续变化性、自我决定性以及自我意识具有增强性的个性观在本章的框架下更加具有解释力。比如说,Ramsay 及其同事将寄宿生自我调节的过程看作是留学生对"心理不满因素"的不断消除及产生"平衡"的过程,[158]其目的是建立一个稳定的对个人特点及身份的认识。但如果身份总是持续发生变化且永远无法达到平衡状态,同时又是寄宿生自己选择的一种自身发展模式且在很大程度上可以进行管理的状况下,上述心理学理论又该如何解释呢?调查发现,心理学在这一领域遇到的另一个困难是心理学在这一领域的研究现在已经具有国家局限性及民族中心主义倾向,前者反映的是教育系统的前全球化发展框架,而后者——即认为那种具有明显区别的"文化"会为历史和个体添加具有决定性的界限的观点——除了后来通过文化本质主义的分析而得以强化,同时也反映出在全球各个重要城市中,为来自于发展中国家的"寄宿生"提供英语教育服务的机构,其力量实际上并不对等。毫无疑问,民族中心主义在一定程度上也受到了种族主义阴暗思想残余以及文化优越性相关信念的影响,但不管导致这些思想的初始心态是什么,或是国家层面的,或是民族中心主义的,它们都会致使对方越来越无法包容全球化的流动性和身份认同。

只要心理学研究能部分地与其固化的类别观和身份观相分离,并与民族中心主义的思维习惯决裂,它就可以发展出重要的关于国际教育和不同文化间教育的新思想。最近的研究和教育取向更加尊重留学生的文化背景,更加关注改变中的个人身份、文化多重性以及更强势的留学生个性观,这些都是鼓励新思想不断发展的结果。尽管如此,心理学研究固有的思维模式仍然是强大的,而且随着时间的推移,规律的有限性原则都会演变成固定化的类别。哪怕国际教育的心理学研究能够与民族中心主义决裂,平衡以及线性数学分析方面的基本问题也仍旧无法从根本上得到解决,重新恢复类别单一性、静止状态及时间恒定性的趋势将无法避免。

除了心理学之外,关于国际教育的社会学、文化与政治领域相关理论研究已经在过去20年积聚了很多力量,但时至今日这一取向的研究仍然在很大程度上处于萌芽阶段。本章列举了这一大方向下诸多流派的理论探讨,其中绝大多数的探讨一直受到正统心理学,尤其是民族中心主义、国家有限性、弱化的特性观,以及固定化、静态化的类别观及其分析思路的批评。尽管如此,只要在文化研究方面与民族中心主义分道扬镳,并且采取更加具有流动性,且更少决定性特色的研究取向,必然会为这一系列研究/学问非常显著地开拓更加广阔的发展空间。最近主要的发展趋势是探讨与世界主义这一热门话题相关的本质及心态等问题,但一些试图对"全球化"观点的相关要素进行辨析的研究却并不能令人信服,且很容易陷入一种具体的空想和极端相对主义的迷思当中,就好像在全球规模上处理关系的能力不仅依赖于与所有国家或文化特殊主义决裂的水平,也依赖于该国家与所有本地化或道德定向的立场决裂的水平。然而也有人认为,在全球化视野下,该领域也在个人特性研究方面提出了非常重要的新观念,这种当代全球化理论由开放性、多重性和混合性等内容构成。与其将国际教育看作是一种从家乡到留学所在国的单一轨道发展模型(一个"学生寄宿"的过程),就好像传统的心理学思路那样,还不如将留学生想象为各种个人特征的携带者,他们会在塑造身份的过程中不断地回顾和解读各种记忆与经验,并在一个不断网络化的环境中来回穿梭于各种文化情境之中。但就目前的研究现状而言,除了对文化及语言异质性的关注之外,还很少有研究关注于对全球化情境的梳理与构建。

从心理学领域以外产生的对国际及不同文化间教育心理学研究的批评往往不会对心理学理论本身的发展产生什么影响,这就好比一个相对界限分明的社会科学领域(这方面比如新古典主义经济学)只会对其领域内部的变化做出反应一样。然而,全球化与知识经济对于更加适合于分析文化关系及各种个人发展模式的心理学思路与技术仍然会产生越来越多的需求,而这必将造成该研究领域的发展与创新。但现在仍不清楚这一创新是否会导致知识经济的研究从一定程度上不再遵循平衡假说的研究思路,并将人格变化作为一个关键变量(同时包括经济学领域中内生性生长理论的出现)

纳入到研究中来；或是会采取非线性的数学分析方法及发展出由个人特征驱动的"人格"观点；或是在一个由社会学和文化理论混合的研究范畴内有选择性地采取一些心理学研究技术，并从流动性和类别灵活性角度来开展研究。目前来说，心理学的研究框架仍然具有很强的生命力，因此上述任何一个方向的发展都会具有较强的挑战性。与之相比现在更加能够确定的是，尽管制度上的根本变化仍然会造成明显的障碍，但非民族中心主义的假说必然会获取更多的支持。此外现在仍不能确定的另一个研究取向是，世界主义及对心理学研究的批评思潮是否会、以及会怎样发展到一个更加系统化的研究水平，以超越目前这种颇具折衷主义特色的，将丰富的个案描述、主观叙述、话语分析、概念思考及规范尝试等内容混杂在一起的研究水平，从而在全球化和文化间性的未来发展趋势上形成一个更加系统的概念体系。

注释

1. OECD(2007,298-325)。
2. Appadurai(1996)。
3. Bochner(1972);Furnham and Bochner(1986)。
4. Pedersen(1991,26)。
5. Bochner(1972);Pedersen(1991,20)。
6. Pedersen(1991,26)。
7. Pedersen(1991,26)。
8. Pedersen(1991,26)。
9. Ward and Kennedy(1994,1999);Ward et al.(1998,2004);Ward and Rana-Deuba(1999)。
10. Berry et al.(1989,186)。
11. Berry(1997,13)。
12. Berry(1974,1984,1997)。
13. Berry et al.(1989,186)。
14. Berry et al.(1989,186)。
15. Berry(1997)。
16. Berry(1997,188)。
17. Berry(1997,11)。
18. Berry(1997,14)。
19. Berry(1997,10)。
20. Berry(1997,10-11)。
21. Berry et al.(1989,186-8)。一些说法和术语也因此而发生了变化。"分离"在早期文献中与"拒绝"意思相近，"边缘化"曾经一度被命名为"去文化化"(1989,187)。
22. 比如 Berry et al.(1989)。也可参见 Ward and Rana-Deuba(1999,425-8)。
23. Berry(1997,13)。
24. Berry(1997,424)。

25. Berry(1997,20-1)。
26. 这些理论概念在心理学中起着很重要的作用,就如同"人力资源投资"和"经济增长"这类概念在经济学中的作用一样。复杂而模糊的说法才有发展的潜力,因为它们处于该领域的核心思想当中,以及文化研究领域内"常识性"的均衡-寻找假说当中,而且看起来这些理论概念揭示出来的东西恐怕和它们所隐藏的东西一样多。当然这要分来开讨论。
27. Church(1982)。
28. Pedersen(1991,18);Adler(1975)。Pedersen也曾总结说,在对大多数心理学文献所体现出来的普遍性趋势所进行的批评中,并没有对人格类型与成功的调节之间的关系进行明确辨析,此外对人格相关变量的跨文化测量方式也是值得质疑的(1991,17)。
29. Pedersen(1991,12)。
30. Pedersen(1991,18)。
31. Pedersen(1991,16)。
32. Zhang and Dixon(2003,208)。
33. 比如说,Berry(1997)。
34. 引自Ward and Kennedy,Berry(1997,18)建议使用术语"调节"。
35. Pedersen(1991,20)。
36. Berry(1997,20)。
37. Leong and Ward(2000,765)。重点强调。
38. Ward et al.(2004);Ward and Masgoret(2004);Ward(2005);Anderson(2006,4)。关于文化适应会在三部曲中较靠后的章节中进行探讨。
39. Redmond(2000,151,153)。
40. Redmond(2000,413)。
41. Hofstede(2007,411)。
42. Hofstede(2007,406ff.)。关于如何避免不确定性及男子主义/女性主义二元论,"在亚洲内部及亚洲与西方的关系之间存在很多的变数"。
43. Triandis et al.(1988,324)。
44. Triandis et al.(1988,324)。
45. Ward et al.(2004);Triandis(1989)。
46. Stephens(1997,114)。
47. Stephens(1997,113)。
48. Stephens(1997,121)。
49. Stephens(1997,120)。
50. Tran(2006,122)。
51. Tran(2006,29)。
52. Rizvi(2008,23)。
53. Hall(2002,30)。
54. Rizvi(2008,5-26)。
55. Rizvi(2005,335;2008,30)。
56. Rizvi(2008,32)。
57. Rizvi(2008,32-3)。
58. Volet and Tan-Quigley(1999)。
59. Church(1982,561-2)。
60. Elliott and Grigorenko(2007,1)。
61. Sternberg(2007)。
62. Hoffman(2003,81-2)阐述了在芬兰这种情况的具体表现。

63. Harkness et al. (2007,113-14,131); Wang et al. (2004,227)。
64. Volet and Ang(1998,7-8)。
65. Dunn and Wallace(2006,359)。
66. Volet and Renshaw(1995,407,427)。
67. 比如说可参考 Selvadurai(1991)在纽约技术学院所做的研究,Trice and Yoo(2007)在美国另一所大学对留学生所做的调查,以及 2006 年澳大利亚教育国际调查(AEI, 2007)。
68. Ibid,p.4.
69. Ibid,p.4; Bhabha(1990)。
70. Goldbart et al. (2005,105)。
71. Anderson(2006,11)。
72. Rhee(2006,597)。
73. Anderson(2006,1)。
74. Lee and Rice(2007,381,385)。
75. Lee and Rice(2007,388)。
76. Lee and Koro-Ljungberg(2007,97)。
77. Lee and Koro-Ljungberg(2007,112)。
78. Volet and Ang(1998,8)。
79. Ninnes et al. (1999,325)。
80. Ninnes et al. (1999,323-4)。
81. Ninnes et al. (1999,340)。
82. Ninnes et al. (1999,337-9)。
83. Ninnes et al. (1999,325)。这段话中包含了对相关探讨的精辟总结,包括了一系列"文化精通性"的理论文章,尤其强调澳大利亚的相关状况。
84. Singh(2005,10)。
85. Singh(2005,16)。
86. Singh(2005,19)。
87. Anderson(2006,4)。
88. Matsumoto et al. (2004,299)。
89. Matsumoto et al. (2004); Savicki et al. (2004,312-13)。
90. Leong and Ward(2000,763)。
91. Kashima and Loh(2006)。
92. Ying and Han(2006,625)。
93. Spencer-Rodgers and McGovern(2002,620)。
94. Ward et al. (2004)。
95. Perrucci and Hu(1995,494)。
96. 比如说,Chang(2006)所列的教育计划。
97. Allan(2003,83)。
98. Cannon(2000,364-5)。
99. Cannon(2000,373)。
100. Schuerholz-Lehr(2007,183)。
101. Allan(2003,84)。
102. Stone(2006,410-11)。
103. Olson and Kroeger(2001,118-19)。
104. Bennett(1993)。
105. Olson and Kroeger(2001,119)。

106. Olson and Kroeger(2001,122)。
107. Olson and Kroeger(2001,122);Bennett(1993,53)。
108. Olson and Kroeger(2001,122-4)。
109. Gunesch(2004,251)。
110. Gunesch(2004,262)。
111. Gunesch(2004,254,263)。
112. Gunesch(2004,264-265)。
113. 比如 Hannerz(1990)。
114. Gunesch(2004,262)。
115. Lasonen(2005,400)。
116. Gunesch(2004,265)。
117. Gunesch(2004,256)。
118. Lasonen(2005,405)。
119. Rizvi(2005,332)。
120. 比如 Dewey(1916)。
121. 引用的例子之一比如 Taylor et al.(1997)。
122. 比如可参见 Deumert et al.(2005)。
123. Kashima and Loh(2006)。
124. Yang et al.(2006,489)。
125. Rose(1999)。
126. 这一观点也可参见 Ward and Rana-Deuba(1999,423-4)。
127. Volet and Ang(1998,8)。
128. Pedersen(1991,22)。
129. Church(1982,577)。
130. Church(1982,558)。
131. Lee and Koro-Ljungberg(2007,97)。
132. 比如说,Butcher(2002,355)对50名归国的新西兰留学生所做的研究。
133. Bradley(2000,419)。
134. Rizvi(2005,336)。
135. Anderson(2006,11)。
136. Olson and Kroeger(2001,123)。
137. Sen(1999)。
138. Rizvi(2005,338)。
139. 参见 Leong and Ward(2000,764)对 Baumeister 的"身份缺失"及"身份冲突"观点的讨论。
140. Doherty and Singh(2005,60-1)。
141. Olson and Kroeger(2001,123)。引自 Bennett(1993,52)。
142. Leong and Ward(2000,771)。
143. Pyvis and Chapman(2005,23)。
144. Kettle(2005,48)。
145. Kettle(2005,45)。
146. Kettle(2005,51)。
147. Kettle 指出澳大利亚关于留学生学业表现的研究主要集中于大学里由于学生背景与留学所在国学业要求之间的差异而造成的问题等方面(2005,45)。
148. Asmar(2005,293)。
149. Ward et al.(2004)。

150. Yoo et al. (2006)。
151. Chirkov et al. (2007)。
152. Savicki et al. (2004)。
153. Ward et al. (2004,138)。
154. Li and Gasser(2005); Hullett and Witte(2001); Matsumoto et al. (2004); Yang et al. (2006)。
155. Ward et al. (2004)。
156. Perrucci and Hu(1995,506)。
157. Yang et al. (2006,500)。
158. Ramsay et al. (1999,130)。

参考文献

Adler, P. (1975). 'The transnational experience: an alternative view of culture shock'. *Journal of Humanistic Psychology, 15*, 13–23.

AEI. (2007). *2006 International Student Survey: Higher Education Summary Report*. Canberra: Author.

Allan, M. (2003). 'Frontier crossings: cultural dissonance, intercultural learning and the multicultural personality'. *Journal of Research in International Education, 2*(1), 83–110.

Anderson, V. (2006). 'Who's not integrating? International women speak about New Zealand students'. Paper presented to the annual conference of ISANA, International Education Association Inc., Sydney, 4–7 December.

Appadurai, A. (1996). *Modernity at Large: Cultural Dimensions of Globalisation*. Minneapolis: University of Minnesota Press.

Asmar, C. (2005). 'Internationalising students: reassessing diasporic and local student differences'. *Studies in Higher Education, 30*(3), 291–309.

Bennett, M. (1993). 'Towards ethnorelativism: a developmental model of intercultural sensitivity'. In R. Paige (Ed.), *Education for the Intercultural Experience*. Yarmouth, MA: Intercultural Press, 21–71.

Berry, J. (1974). 'Psychological aspects of cultural pluralism'. *Topics in Cultural Learning, 2*, 17–22.

Berry, J. (1984). 'Cultural relations in plural societies'. In N. Miller & M. Brewer (Eds.), *Groups in Contact*. San Diego, CA: Academic Press, 11–27.

Berry, J. (1997). 'Immigration, acculturation and adaptation'. *Applied Psychology, 46*(1), 5–34.

Berry, J., Kim, U., Power, S., Young, M., & Bujaki, M. (1989). 'Acculturation attitudes in plural societies'. *Applied Psychology, 38*(2), 185–206.

Bhabha, H. (1990). 'DissemiNation: time, narrative and the margins of the modern nation'. In H. Babha (Ed.) *Nation and Narration*. London: Routledge, 291–322.

Bochner, S. (1972). 'Problems in culture learning'. In S. Bochner & P. Wicks (Eds.), *Overseas Students in Australia*. Sydney: University of New South Wales Press, 33–41.

Bradley, G. (2000). 'Responding effectively to the mental health needs of international students'. *Higher Education, 39*, 417–33.

Butcher, A. (2002). 'A grief observed: grief experiences of East Asian students returning to their countries of origin'. *Journal of Studies in International Education, 6*(4), 354–68.

Cannon, R. (2000). 'The outcomes of an international education for Indonesian graduates: the third place?' *Higher Education Research and Development, 19*(3), 357–79.

Chang, J. (2006). 'A transcultural wisdom bank in the classroom: making cultural diversity a key resource in teaching and learning'. *Journal of Studies in International Education, 10*(4), 369–77.

Chirkov, V., Vansteenkiste, M., Tao, R., & Lynch, M. (2007). 'The role of self-determined motivation and goals for study abroad in the adaptation of international students'. *International Journal of Intercultural Relations, 31*, 199–222.

Church, A. T. (1982). 'Sojourner adjustment'. *Psychological Bulletin, 91*, 540–72.

Deumert, A., Marginson, S., Nyland, C., Ramia, G., & Sawir, E. (2005). 'Global migration and social protection rights: the social and economic security of cross-border students in Australia'. *Global Social Policy, 5*(3), 329–52.

Dewey, J. (1916). *Democracy and Education: An Introduction to the Philosophy of Education*. New York: Macmillan.

Doherty, C., & Singh, P. (2005), 'How the West is done: simulating Western pedagogy in a curriculum for Asian international students'. In P. Ninnes & M. Hellsten (Eds), *Internationalizing Higher Education: Critical Explorations of Pedagogy and Policy*. Hong Kong: University of Hong Kong Comparative Education Research Centre & Springer, 53–74.

Dunn, L., & Wallace, M. (2006). 'Australian academics and transnational teaching: an exploratory study of their preparedness and experiences'. *Higher Education Research and Development*, 25(4), 357–69.

Elliott, J., & Grigorenko, E. (2007). 'Are Western educational theories and practices truly universal? Editorial'. *Comparative Education*, 43(1), 1–4.

Furnham, A., & Bochner, S. (1986). *Culture Shock: Psychological Reactions to Unfamiliar Environments*. London: Methuen.

Goldbart, J., Marshall, J., & Evans, I. (2005). 'International students of speech and language therapy in the UK: choices about where to study and whether to return'. *Higher Education*, 50, 89–109.

Gunesch, K. (2004). 'Education for cosmopolitanism? Cosmopolitanism as a personal cultural identity model for and within international education'. *Journal of Research in International Education*, 3(3), 251–75.

Hall, S. (2002). 'Political belonging in a world of multiple identities'. In S. Vertovec & R. Cohen (Eds), *Conceiving Cosmopolitanism: Theory, Context and Practice*. Oxford: Oxford University Press, 25–31.

Hannerz, U. (1990). 'Cosmopolitans and locals in world culture'. In M. Featherstone (Ed.), *Global Culture: Nationalism, Globalisation and Modernity*. London: Sage, 237–51.

Harkness, S., Blom, M., Oliva, A., Moscardina, U., Zylicz, P., Bermudez, M., Feng, X., Carrasco-Zylicz, A., Axia, G., & Super, C. (2007). 'Teachers' ethnotheories of the "ideal student" in five Western cultures'. *Comparative Education*, 43(1), 113–35.

Hoffman, D. (2003). 'Internationalization at home from the inside: non-native faculty and transformation'. *Journal of Studies in International Education*, 7(1), 77–93.

Hofstede, G. (2007). 'Asian management in the 21st century'. *Asia-Pacific Journal of Management*, 24, 411–20.

Hullett, C., & Witte, K. (2001). 'Predicting intercultural adaptation and isolation: using the extended parallel process model to test anxiety/uncertainty management theory'. *International Journal of Intercultural Relations*, 25, 125–39.

Kashima, E., & Loh, E. (2006). 'International students' acculturation: effects of international, conational, and local ties and need for closure'. *International Journal of Intercultural Relations*, 30, 471–85.

Kettle, M. (2005). 'Agency as discursive practice: from "nobody" to "somebody" as an international student in Australia'. *Asia-Pacific Journal of Education*, 25(1), 45–60.

Lasonen, J. (2005). 'Reflections on interculturality in relation to education and work'. *Higher Education Policy*, 18, 397–407.

Lee, I., & Koro-Ljungberg, M. (2007). 'A phenomenological study of Korean students' acculturation in middle schools in the USA'. *Journal of Research in International Education*, 6(1), 95–117.

Lee, J., & Rice, C. (2007). 'Welcome to America? International student perceptions of discrimination'. *Higher Education*, 53, 381–409.

Leong, C., & Ward, C. (2000). 'Identity conflict in sojourners'. *International Journal of Intercultural Relations*, 24, 763–76.

Li, A., & Gasser, M. (2005). 'Predicting Asian international students' sociocultural adjustment: a test of two mediation models'. *International Journal of Intercultural Relations*, 29, 561–76.

Matsumoto, D., LeRoux, J., Bernhard, R., & Gray, H. (2004). 'Unraveling the psychological correlates of intercultural adjustment potential'. *International Journal of Intercultural Relations*, 28, 281–309.

Ninnes, P., Aitchison, C., & Kalos, S. (1999). 'Challenges to stereotypes of international students' prior education experience: undergraduate education in India'. *Higher Education Research and Development*, 18(3), 323–42.

OECD. (2007). *Education at a Glance*. Paris: Author.

Olson, C., & Kroeger, K. (2001). 'Global competency and intercultural sensitivity'. *Journal of Studies in International Education*, 5(2), 116–37.

Pedersen, P. (1991). 'Counselling international students'. *Counseling Psychologist*, 19(10), 10–58.

Perrucci, R., & Hu, H. (1995). 'Satisfaction with social and educational experiences among international graduate students'. *Research in Higher Education*, 36(4), 491–508.

Pyvis, D., & Chapman, A. (2005). 'Culture shock and the international student "offshore"'. *Journal of Research in International Education*, 4(1), 23–42.

Ramsay, S., Barker, M., & Jones, E. (1999). 'Academic adjustment and learning processes: a comparison of international and local students in first-year university.' *Higher Education Research and Development*, 18(1), 129–44.

Redmond, M. (2000). 'Cultural distance as a mediating factor between stress and intercultural competence'. *International*

Journal of Intercultural Relations, 24, 151-9.

Rhee, J. (2006). 'Re/membering (to) shift alignments: Korean women's transnational narratives in US higher education'. *International Journal of Qualitative Studies in Education, 19*(5), 595-615.

Rizvi, F. (2005). 'Identity, culture and cosmopolitan futures'. *Higher Education Policy, 18*, 331-9.

Rizvi, F. (2008). 'Epistemic virtues and cosmopolitan learning'. *Australian Educational Researcher, 35*(1), 17-35.

Rose, N. (1999). *Powers of Freedom: Reframing Political Thought*. Cambridge: Cambridge University Press.

Savicki, V., Downing-Burnette, R., Heller, L., Binder, F., & Suntinger, W. (2004). 'Contrasts, changes and correlates in actual and potential intercultural adjustment'. *International Journal of Intercultural Relations, 28*, 311-29.

Schuerholz-Lehr, S. (2007). 'Teaching for global literacy in higher education: how prepared are the educators?' *Journal of Studies in International Education, 11*(2), 180-204.

Selvadurai, R. (1991). 'Adequacy of selected services to international students in an urban college'. *Urban Review, 23*(4), 271-85.

Sen, A. (1999). 'Global justice: beyond international equity'. In I. Kaul, I. Grunberg, & M. Stern (Eds.), *Global Public Goods: International Cooperation in the 21st Century*. New York: Oxford University Press, 116-25.

Singh, M. (2005). 'Enabling translational learning communities: policies, pedagogies and politics of educational power'. In P. Ninnes & M. Hellsten (Eds.), *Internationalizing Higher Education: Critical: Explorations of Pedagogy and Policy*. Hong Kong: University of Hong Kong Comparative Education Research Centre & Springer, 9-36.

Spencer-Rodgers, J., & McGovern, T. (2002). 'Attitudes towards the culturally different: the role of intercultural communication barriers, affective responses, consensual stereotypes, and perceived threats'. *International Journal of Intercultural Relations, 26*, 609-31.

Stephens, K. (1997). 'Cultural stereotyping and intercultural communication: working with students from the People's Republic of China in the UK'. *Language and Education, 11*(2), 113-24.

Sternberg, R. (2007). 'Culture, instruction and assessment'. *Comparative Education, 43*(1), 5-22.

Stone, N. (2006). 'Internationalising the student learning experience: possible indicators'. *Journal of Studies in International Education, 10*(4), 409-13.

Taylor, S., Henry, M., Lingard, B., & Rizvi, F. (1997). *Educational Policy and the Politics of Change*. London: Routledge.

Tran, L. T. (2006). 'Different shades of the collective way of thinking: Vietnamese and Chinese international students' reflection on academic writing'. *Journal of Asia TEFL, 3*(3), 121-41.

Triandis, H. C, Bontempo, R., Villareal, M. J., Asai, M., & Lucca, N. (1988). 'Individualism and collectivism: cross cultural perspectives on self-ingroup relationships'. *Journal of Personality and Social Psychology, 54*(2), 323-38.

Trice, A., & Yoo, J. (2007). 'International graduate students' perceptions of their academic experience'. *Journal of Research in International Education, 6*(1), 41-66.

Volet, S., & Ang, G. (1998). 'Culturally mixed groups on international campus: an opportunity for inter-cultural learning'. *Higher Education Research & Development, 17*(1), 5-24.

Volet, S., & Renshaw, P. (1995). 'Cross-cultural differences in university students' goals and perceptions of study settings for achieving their own goals'. *Higher Education, 30*, 407-33.

Volet, S., & Tan-Quigley, A. (1999). 'Interactions of Southeast Asian students and administrative staff at university in Australia: the significance of reciprocal understanding'. *Journal of Higher Education Policy and Management, 21*(1), 95-115.

Wang, W., Ceci, S., Williams, W., & Kopko, K. (2004). 'Culturally situated cognitive competence: a functional framework'. In R. Sternberg & E. Grigorenko (Eds.), *Culture and Competence: Contexts of Life Success*. Washington, DC: American Psychological Association, 225-50.

Ward, C. (2005). Comments made during the plenary session 'Internation alisation Ⅲ' at the annual conference of ISANA, International Education Association Inc., 2 December, Sydney. Reported in Anderson (2006, 4).

Ward, C., & Kennedy, A. (1994). 'Acculturation strategies, psychological adjustment and sociocultural competence during cross-cultural transitions'. *International Journal of Intercultural Relations, 18*, 329-43.

Ward, C., & Kennedy, A. (1999). 'The measurement of sociocultural adaptation'. *International Journal of Intercultural Relations, 23*(4), 659-77.

Ward, C., Leong, C., & Low, M. (2004). 'Personality and sojourner adjustment: an exploration of the Big Five and the cultural fit proposition'. *Journal of Cross-Cultural Psychology, 35*(2), 137-51.

Ward, C., & Masgoret, A. (2004). *The Experiences of International Students in New Zealand*. Wellington: New Zealand Ministry of Education.

Ward, C., Okura, Y., Kennedy, A., & Kojima, T. (1998). 'The U-curve on trial: a longitudinal study of psychological and sociocultural adjustment during cross-cultural transition'. *International Journal of Intercultural Relations*, 22(3), 277–91.

Ward, C., & Rana-Deuba, A. (1999). 'Acculturation and adaptation revisited'. *Journal of Cross-Cultural Psychology*, 30(4), 422–42.

Yang, R., Noels, K., & Saumure, K. (2006). 'Multiple routes to cross-cultural adaptation for international students: mapping the paths between self-construals, English language confidence, and adjustment'. *International Journal of Intercultural Relations*, 30, 487–506.

Ying, Y., & Han, M. (2006). 'The contribution of personality, acculturative stressors, and social affiliation to adjustment: a longitudinail study of Taiwanese students in the United States'. *International Journal of Intercultural Relations*, 30, 623–35.

Yoo, S., Matsumoto, D., & LeRoux, J. (2006). 'The influence of emotion recognition and emotion regulation on intercultural adjustment'. *International Journal of Intercultural Relations*, 30, 345–63.

Zhang, N., & Dixon, D. (2003). 'Acculturation and attitudes of Asian international students toward seeking psychological help'. *Multicultural Counselling and Development*, 31, 205–22.

第九章 在知识的世界中管理悖论

Peter Murphy and David Pauleen

有思想的人和社会资本

20世纪60年代和70年代,发达经济体在新兴的服务行业推动下不断发展;到了20世纪80年代和90年代,信息与通信技术开始成为引领全世界主要经济体不断发展的核心产业;现在这一接力棒传到了概念经济的手中(Pink, 2005)。当服务型行业继续吸引着对薪酬水平要求较低的工人,而信息行业开始在远离海岸的其他地区寻求发展时,先进的高薪酬经济模式却比以往更加依赖以研发为基础的知识型产业的成功(Florida, 2002)。这些知识型产业并不是一夜之间出现的,其发展的源头可以追溯到19世纪。然而,直到第二次世界大战结束的几十年后,知识型产业的发展才进入关键的提速期(Bell, 1999)。20世纪90年代,对智力资本(IC)的系统性审计及商品化过程开始加速,今天,据估计,IBM利润的20%来自于其专利授权行为(Howkins, 2001, 108)。

研究型产业在20世纪后半叶是许多最成功的经济体——比如加利福尼亚和日本——发展的关键要素。加利福尼亚以那些研究密集型的防卫和航空航天企业的发展为依托,跻身世界经济体前列,其防卫系统研究孕育了大量的信息技术企业。日本仅仅依靠对研发的长期、大量投资就使得其科技水平大大提高,从而奠定了经济发展的基础。这两个个案中,成功的关键因素都不仅仅是能够生产出销售状况良好的商品或提供高水平的服务,同时也要能将关键的技术、系统和设计概念化——使得企业和行业能够持续不断地生产新一代的商品,提供新的更高水平的服务,发展出新的产业以及提供新的工作岗位。这就需要具备高水平的创新及创造能力。

研究密集型组织的核心是智力资本。今天,在世界上最有价值的商业企业当中,很多企业已经将智力资本的经济价值视同于物质资本(Stewart, 1997, 2003; Roos et al., 1998; Sveiby, 2000; Bassy & Van Buren, 2000),因此这些企业会花费大量时间来生产概念。第一代概念比如示意图、电子表格、报告、分析、评估、设计以及发明创造等。这些概念被整合进各种专利、模型、计算机、商业及管理系统、商标及商品名称、图像、计划、文件及书籍中。概念化的工作主要由少数智力资本丰富的地区来承担，尤其集中在北美、东亚、澳大利亚和欧洲的一些中心地区。概念发展到第二代，那些概念化的思想开始从其发源地向其他地方出口和传播，为制造、建筑、编码及其他服务的大范围开展提供基础。而出口和传播的概念化商品大多数是不可见的思想的可视化人工制品——图像与计划、图表与文件等，这种能够在任何地方进行再生产的形式化思想也是智力资本的基础。

大量的智力资本都是以非正式形式存在的。其中有一些在组织内部和组织之间被循环利用，还有一些在公共领域中不断被循环使用。当然，有一些也会被正式化和私有化，并被注册为知识产权(IP)。智力资本密集型社会的指标之一就是他们所拥有的知识产权的数量和水平。正式的智力资本型资产现在迅速被公司、机构和社会所认证及接纳，同时人们也越来越深刻认识到其作为经济发动机和经济发展指示器的重要意义(Burton-Jones, 1999; Howkins, 2001)。从概念的重复再生产中(比如，通过特许经营权或专利授权的方式)所获取的租金现在已经能够产生巨大的经济价值。此外，在一个地方生产的概念化人工制品(比如建筑蓝图)将会为另一个地方的经济或社会活动提供基础，在一个国家设计的工厂将在另一个国家被建设起来。

智力资本的生产和使用方式是十分奇妙的，它不会产生污染，不会被消耗或磨损；在发挥作用期间它也很容易储存及重复获得，而这都要感谢信息技术的发展。然而它也向人们提出了一些有趣的挑战。本章中将要探讨的一个特殊挑战是，如何保证智力资本生产的社会基础。非正式的社会网络对于那些生产概念性产品的公司或机构而言十分重要，因为这些网络是创造开放式系统的关键所在，而开放式系统对于概念的创造及发展又是至关重要的。开放式系统可以消除熵的不平衡给组织带来的诸多困扰(Bertalanffy, 1976)，比如这类系统可以通过认知刺激和创造性能量输入的方式为企业提供应对熵不平衡性的方法；此外这类系统还能够改变那些容易消耗组织精力的日常程序的消极作用。因此那些跨越组织间界限的社会网络对概念化过程而言相当重要，是概念经济及其知识产权系统的基石。

非正式的社会网络对于智力资本生产所能起到的重要作用，从构建及维持这一网络的难度上就可见一斑。造成这一困难的原因来自于很多方面，其中一个原因是，智力资本型组织(intellectual capital organizations，ICOs)的管理程序通常很难协调同伴关系、实践型社区(Wenger，1999；Wenger et al.，2002)以及知识型友谊关系(Murphy，1998)，而上述因素恰好为概念的突破性进展提供了决定性的环境条件。问题不仅仅在于组织的正式管理逻辑与支持同行之间的专业化交换及智力型社会网络的非正式管理逻辑之间差异甚大；更重要的问题是由这些网络所代表的社会资本很难在第一时间被创造出来，因为创造性人格所表现出来的社会网络化行为是自相矛盾、阴晴不定的。

哲学家 Immanuel Kant 认为人的条件(human condition)是"非社会性社交能力"之一(1970)，对于 ICOs 而言也是这样。创造力研究的大量证据均明确指出，那些善于进行概念思考的人，显然也都具有一定的反社会特质。比如敌视社会、冷漠、不友好、内省、易怒、特立独行以及缺少温暖等，这都是经常听到的对这类人的形容(Henle，1962，45；Cattel & Butcher，1970，312-25；Storr，1972，50-73；Ludwig，1995，46-7，63-7；Feist，1999，273-96)。但这些绝不是创造性人格的全部特质(Kneller，1965，62-8)。具有创造性的个体在检验其想法的过程中也会体现出幽默感及爱玩的天性；他们的思维具有流畅性、灵活性和变通性；他们能够对问题做出不同寻常的反应；他们的思维并不因循守旧，且对自己的想法充满自信；他们同时也具有坚韧的意志品质；在孕育一个新的想法并实践它的时候有充分的耐心。但除了这些之外，创造性个体的人格通常也相当的分裂。

有研究者对20年的研究数据进行了总结并得出结论说，创造性的个体"对于人际交往通常都不太感兴趣，比较内向，不重视社交的价值〔并且〕比较冷漠"(Stein，1974，59)。尽管在服务型企业及组织中，这些人可能并不具有团队精神，但 Csikszentmihalyi(1996，10)认为不管这是否只是表面现象，也不管这是否会触及创造性人格的核心，都无关紧要。这么说的理由很简单，思想需要时间来孕育和发展。反社会行为作为一种防御机制，会帮助个体将有限的时间都集中在思考这件事情上而不至于白白浪费。另一方面，尽管用于思想"酝酿"的时间是宝贵的，但外界的干扰往往会对此产生不利影响(Wallas，1926；Henle，1962，41)。

只有在独处环境下进行思考才能使思想和观点有所发展(Storr，1988；Piirto，1998，48-50)，因为独处状态下的思考可以集中精力或全神贯注于某一疑惑或问题(Heller，1984，57-8，69，87；1985，110)，分心则会导致思维质量的降低。全神贯注反过来也会导致对他人的排斥，比如一个正在思考的人会关闭人际关系的百叶窗来隔绝日常社交生活中的闲言碎语及各种鸡毛蒜皮的琐事。这么做的效果之一就是在思考的过程中，个体可能会感到时间的正常流逝变得缓慢了（Maslow，1968；Murphy，2005b），因此思考通常被看作是一种个人调节方式或是一种冥想。而与日常问题及琐事的隔绝就意味着创造力作为一种个人特质，是与其内心的独立性紧密相连的。而且现在几乎没有实证研究的证据表明，创造力可以通过小组合作的方式成功实现，比如Simonton(2000)指出，在企业和商业界曾一度流行的小组头脑风暴法其实都并不成功。很显然，思考等于独处的观点，与那种认为智力资本的创造必须依赖于社会网络的观点构成了一对矛盾，然而这两种观点并非针锋相对。可以说它们看起来相互抵触，但实际上它们都是正确的。

艺术公司

独处在创造力过程中所扮演的角色有助于我们更好地理解社会网络的特殊本质及其对智力资本形成所起到的支持作用。我们应当将独处看成是一种社会现象，将个人创造力行为看作是一种集体行为。这的确是一种悖论，但我们很快就会发现，悖论处于社会创造的核心位置。当然，独处不能与浪漫主义的本质相混淆——尽管两者经常被混淆。实际上，一个喜怒无常且固执己见的人几乎是没有创造力的。创造力是一种具有外向性特点的行为，它也包括社会定位与客观化等过程，独立的概念生成与其社会化过程之间其实只隔着薄薄的一层纸（Allen，2004；Murphy & Roberts，2004）。知识常常体现在社会性的产品当中——从客观存在的物质产品到信息化的产品，因此知识的客观化即是一种社会行为。这当中的悖论是，这一社会行为最初那部分内容是在独处的情况下产生的，但其最终结果又具有公共性质；其成熟的过程在很大程度上依赖于同伴的参与和检验，但具有创造性的思想核心部分最初仍然来自于个人的冥想。

如果说独处时的个人反思与社会化行为之间有着明显的鸿沟，那么人们是如何在这条鸿沟之上建立起桥梁的？建立这样的桥梁，关键在于一个社会的艺术制度。艺术可以同时为自我掩饰与自我表现创造空间，在谈到绘画创作时这是不言而喻的。我们很容易理解，一名画家独自创作的作品是如何在各种公共场合被传递和欣赏的，比如在资助者、宫廷、画廊、画展及画家同行的圈子里等等。但这看起来只是表面现象，因为在商业创造过程中；集体化独处的审美条件与此并不相同。然而没有任何事物可以远离真相。知识创造本身不管是在艺术领域还是科学领域、技术领域或商业领域,都与艺术制度紧密相连。一个艺术密集型社会同时也会具有相当高的技术和商业创新水平。以日本为例,人们已经从各个方面对日本企业的发展能力和创新能力进行过分析和解释,其中在20世纪90年代产生了一个颇为流行的理论,认为日本企业的成功主要来自于日本公司间密切的社会联系(Nonaka & Takeuchi, 1995)。该理论认为日本企业的创造力来自于他们经常进行的头脑风暴法,来自于他们与雇员、各个部门、消费者、合约商、银行家经常性的会面及咨询活动。毫无疑问,大量的外源性关系是创造性环境的典型因素,但尽管这些外源性社会互动是创造力的必要条件之一,但它仍不足以解释创造力行为。这类理论错误地认为创造力是一个单维度的社会活动过程,但实际上创造力同时具备社会性与非社会性的特点。

对这一悖论最简单的理解是将创造力过程看作是一个"审美"的过程,这一过程既需要一个人独处和反思,也需要公众的检验,因此创造力就是一种从公众视野中全身而退而又重回公众视野的过程。审美过程具有众多形式,在很多情况下,创造力的审美过程具有宗教的色彩。日本正是如此,日本人创造力的一个关键媒介就是非正统的、受到道教影响的禅宗佛教及其具有强大影响力的精神遗产。正是禅宗佛教引起了所谓"审美宗教"在日本的普及。禅宗佛教的核心是个人调节及审美的仪式。这些仪式强调人应当从世俗牵绊的"燃烧的屋子"中解脱出来,而这是所有创造力行为的条件之一。任何类型的创造都需要从看似平常的日常生活中发现不同寻常之处,然后再将这些发现以一种同质化的方式进行客观化(Heller, 1984, 56-9)。所谓同质化,简单来说就是将事物联系在一起的能力,审美—调节的规则是达到这一整合效果的途径之一:它会保证不同事物各个要素之间能够维持和谐与平衡,此外也会保证受日常生活中各种琐事和内外部变化影响的认知结构能够不断进行整合并保持结构的完整性。简而言之,同质化或整体性的概念形成过程是创造性思维的基础。用日本茶道的话来说,它发现了混乱背后的秩序(Fling, 1998)。创造性行为所做的就是把那些第一眼看起来毫不相干的元素结合在一起——比如发明了3M便利贴的美国发明家Arthur Fry,他就是首先想到了两个完全相反的概念,一个是弱效粘合剂,一个是强效粘合剂,然后将之结合在一起,从而发明了一种具有创新性且极具商业价值的产品。值得注意的是,他是在自己的工作"之外",即他的教堂唱诗班团体中孕育产生这一想法的。

诸如此类的宗教—审美领域,比如教堂唱诗班这一群体,是一个典型的集体空间,在这一空间中经常会使用到诸如整体化、和谐化这样的心理功能,而这种功能对于创造性行为而言是必需的。非正统的宗教似乎对创造力过程尤其会有帮助,比如当代激进主义的道教思想,给日本的艺道(geido)或其他艺术形式带来了更高的要求和更多的约束,将思维提高至一个非常矛盾化的水平。在这一水平上,事物的非二元性及事物矛盾两面的可转换性是可以同时被考虑的,就好像在人和事表面的分离性、多重性背后还同时具有相互渗透性和同一性一样。Arthur Fry 的发明可以用禅宗佛教的哲学来解释,但在想法成熟之前,他本人肯定曾经被这个想法困扰过,然而这并非事情的重点所在。Fry 的发明,重点在于他成功地将两个相互矛盾的部分结合在了一起。我们并不关心这一结合的过程是如何被描述的,因为有足够多的艺术形式可以用来引发思维的跳跃,从而导致这类看起来并不明显但具有重大意义的配对行为的出现。

只有少数社会或者说是地区掌握了这种高水平的悖论式思维方式。如果我们自问为什么东亚在 20 世纪后半叶逐渐成为智力资产的发达地区,答案可能并非是因为这些地区延续了儒家文化,因为中国历史上大多数以儒家文化治天下的朝代都以失败而告终;实际上只有东亚的特定地区现在成为了经济的发动机——日本、韩国、台湾地区、香港、新加坡以及中国南部沿海地区,这些地区共有的特征是非正统的道家思想的盛行。颇具讽刺意味的是,各种悖论、似乎并无意义的故事,以及对规范和标准的怀疑共同构成了所有非正统思想的核心内容(Murphy, 2003b)。"那些只经历过天下大治却未经历过天下大乱的人,那些一生只做对的事但从不犯错的人,无法理解天地万物的运行规律"(Chang-tzu)。这是一个经典的道家悖论。与此相类似,我们可以说没有一种社会资本是不包括反社会资本的——事实上的确如此,有大量证据证明社会退缩与明智的社交行为往往同时出现。这是经常用来形容创造力行为特征的悖论式矛盾思想之一(Storr, 1972, 188-201)。理解这些悖论,事实上意味着你已经同时接受了孤掌难鸣和孤掌可鸣的说法。所以哪怕日常的社会关系对于创造性人格而言并不重要,但思想上与专业上的友谊、"隐身的同事"、亲密的伙伴、"实践型团体"等等对于创造性行为而言都是至关重要的(Castells & Hall, 1994, 12-28; Saxenian, 1994; Ludwig, 1995, 61-3; Wenger, 1999; Lesser & Prusak, 1999)。在友谊等类似的非正式情境下,人们也可以对思想的形成过程进行检验、塑造和梳理。

紧接着这些悖论之后的是一条关于"非社会性社交能力"的悖论。换句话说,那些总是有好想法的人往往具有"社交困难",但实际上他们最好的想法往往产生于与合作者共事的时候。有创造力的人往往喜怒无常或生性内向,而且从不注重遵守传统的社交礼节。然而他们工作中最有趣的部分,或是最重大的突破往往是在和人喝咖啡的时候完成的,或者说他们工作中的重要进展往往都是由伙伴之间的交谈来推进的。同伴之间的互动和合作是创新型知识生产的关键所在,这一点千真万确,但当知识的产生依赖于不同学术背景专家的合作时,也会遇到相当大的困难。虽然人们通常认为,当不同领域间的跨界行为产生之时往往也是有趣的突破发生之时,但不同的学术领域就其本质而言,与不同的组织一样,基本上都是封闭的系统。

内部和外部

ICOs的管理充满了挑战,而成功的关键在于对悖论的管理能力。管理者必须要鼓励那些孤僻、不合群的人多与他人进行交往,而且应当允许这种交往跨越系统内部的各种传统边界。当人们开始谈起他们思想上的伙伴及其自我组织过程时,通常就意味着这些人已经完全可以在已有的制度和系统中创造属于他们自己的、特殊的关系网络。从一个更加复杂的角度来说,合作几乎不会发生在相邻的两个办公室之间,因为智力资本很少关注空间位置和物理距离,而且充满睿智的人遍布于世界各地。随着现代科学技术的发展,人们更加清楚地认识到这个事实。而最早在管理中应用科学技术的行业就是从充分利用信函开始的。Henry Ford就是利用信函的大师,他通过信函直接从顾客那里获取反馈并在工程设计过程中充分考虑这些反馈,从而构建起一个学习的循环机制,他鼓励所有购买了福特汽车的顾客直接写信给福特的工程师,为汽车设计出谋划策,提出改进意见。

Henry Ford的做法只是概念创新基本原则的一个简化版本——概念创新是由外部关系驱动的。比如具有突破性进展的研究,它在企业研发过程中所起到的主导作用及其发展都是公司与外部合伙人联合经营的结果。总而言之,"大多数创新的源头都是外源性的"(Debresson et al.,1996,101),而且企业之间的相互依赖也是知识创造力经济的关键要素之一(p.77)。从空间角度来看,创新型公司经常会聚集于一处。这种地区性聚集的例子很多,比如五大湖环绕的加拿大蒙特利尔—渥太华—多伦多地区、巴黎外围的巴黎大区,以及意大利的伦巴第州("第一意大利")或属于"第三意大利"的威尼托州和托斯卡纳州地区——这要看你相信DeBresson还是Piore和Sable(1986)。就像加利福尼亚沿海城市一样,日本群岛或是正在兴起的创新型区域比如由航天工业驱动的从休斯敦到迈阿密的墨西哥湾弧形地区(Starner,2002;Kotkin,2005),其交通运输均非常发达——往来于这些地区的人流、各种货物及信息总是熙熙攘攘。不管是从公司还是产业层面的聚集情况来看,这些地区的可渗透性都是一样的。各种公司、它们的聚集以及特定地区的形成,——无一不显示出一种跨越边界和界限的高水平沟通与交流活动。

因此一个 ICO 成功的条件之一就是该公司的核心成员必须要拥有庞大的公司"之外的"或与公司"无关的"的关系网络。这可以部分地解释 20 世纪后期在发达经济体中公司联盟及战略伙伴关系不断出现的原因(Dodgson,1993;Dunning,1997)。很多公司联盟都具有很强的技术关联性和基本行为准则,这些联盟或合作伙伴不单单是想在力量上互相取长补短,或是扩大并达到一定的经济规模,他们同时也想将"环境"引入到"系统"中来——换言之,将各种外部条件和因素引入到企业内部来,这对于 ICOs 而言十分重要,因为这是概念形成的基本条件之一。创新的成功与"局外人"的介入有很大关系——比如说一个局外的公司进入到一个新的领域或地区,或者一个局外的管理者进入到一个新的公司中来(Porter,1990,124)。

ICOs 通过两种方式将环境引入到系统中来。一种方法是将自己的雇员派出去,将他们派到其他地区或其他国家去,去参加各种会议,或者与联盟公司的雇员以及项目合作伙伴一起工作。第二种方法是鼓励本企业内具有核心创新能力的雇员花时间与其他地方的合作伙伴进行远程沟通和互动,鼓励他们进行虚拟的合作。在科学界,这种虚拟形式的合作最早从 17 世纪就开始大规模出现。今天,诸如电子邮件等其他信息技术的发展已经为虚拟合作再一次注入了强大的活力,但虚拟合作的逻辑一直没有太大变化。在早期,值得信赖的邮政服务的发展使得虚拟合作成为可能,后来信件逐渐演化为通讯及简报,随后又衍生出多种形式,比如报纸和企业通讯等,而企业通讯后来成为组织间沟通的基石。此外,邮政服务系统直到今天还在产生着令人惊讶的影响。比如英国数学家 Alan Turing 在设计他的计算机雏形时就曾经把邮政服务模型作为计算机工作原理的灵感来源之一,"邮递"和"地址"作为将信息技术概念化的关键要素发挥了巨大的作用。

20 世纪 80 年代,大学中开始普遍运用信息技术;而在商业领域中信息技术的普及则是 20 世纪 90 年代的事情。从那时开始,数据整理和校对这种专门化的工作逐渐普及开来,然而所有的成功都是来之不易的。虚拟合作与创造力的关系一直都很密切(Murphy,2003a),这是因为概念化工作的首要条件就是进行概念化思考的人能够从日常生活各种琐事的打扰中解脱出来(Heller,1984,56 - 8,60 - 113),概念化思考必须将所有精力集中于一处(比如"解决问题"),这需要"全神贯注"(Henle,1962,43)于思维,而且不理会其他任何干扰或要求。要想达到这一理想状态,人们必须牺牲一些社会和组织的仪式化条件。具体来说,当合作者之间并不具有物理的联系或是在地理位置上十分接近时,虚拟合作的效率最高。也就是说哪怕他们相互知道对方的存在,他们对对方而言也都是陌生人。这种陌生人虚拟合作形式的好处在于,他们的沟通与互动是"抽象的",而这并不妨碍双方的友谊关系。就其本质而言,这种友谊关系是基于智力—社会性的,而不是形式—社会性的。这两者之间的区别虽然很微妙,但意义重大。具有智力特点的友谊关系通过分享思想的愉快过程而得以维持(Murphy,1998),在这种友谊氛围中,各种概念、直觉以及富有想象力的思想不断碰撞,可以获得最好的发展。相反,在那些倚重于人际关系的组织中,对会面时间、场合的过多关注会严重干扰到创造性个体的工作。比如说组织中任何熟识的人在沟通与交流时,首先考虑的一定是个人影响力及社会地位等因素。相反,在相隔很远的两个人所进行的虚拟交流过程中,一般都不会考虑对方的个人影响力及地位等因素。在这类沟通和互动过程中,抽象原则及直觉更加重要。换句话说,抽象及直觉的内隐加工是概念形成的重要驱动力。

通信与联系

现代 ICOs 的成功在很大程度上依赖于"不在场的"人与人之间的关系。现在有不少研究证据已经证明,一个充满了"不在场的"员工的组织比那些没有这类员工的组织更有可能获得成功(Burton-Jones,1999,159)。话虽如此,要想让那些充满睿智的人相互合作也不是一件容易的事情。如果是在面对面的情况下,如何让两个人进行合作大家基本上都明白,比如很多人喜欢到处去参加一些工作坊和小组讨论;还有一些众所周知的"第三地点",比如咖啡吧等,都是合作的好地点。甚至有人认为如果没有了咖啡吧,硅谷就没法继续发展下去(Castells & Hall,1994,12 - 28;Saxenian,1994)。这些地方为工程师、程序员、投资商等各色人等提供了一个进行社会化—专业合作的好去处。目前在社会—人类学领域中对于这种第三地点已经有相当长的研究历史,很显然这类地点对于诸如曼哈顿这样的商业区域的成功是十分重要的(Whyte,1988)。

从一个更加全球化的视角来看,大量证据表明在知识创新和环境建构之间存在着诸多紧密的联系,其中城市建设尤其重要(Csikszentmihalyi,1996,128 - 9,139 - 40;Murphy,2001;Allen,2004)。时至今日,电子邮件在虚拟环境交流中扮演着至关重要的角色,但人们对于如何在虚拟环境下进行社会化的知识交换和生产仍然知之甚少。比如说,科学家和艺术家们从很早以前就开始以通信的方式建立社交性质和专业性质的联系(Boorstin,1986,386-94),但人们对于各类专业团体内的专家们是如何进行通信的却一直知之甚少。不过从个人经验的角度我们也必须承认,实际上这种关系的建立并不太容易。换句话说,如果双方能够通过通信进行良好沟通,那这种方式一定会起到非常大的作用,但如何能够保持通信却是一个大问题。

这个问题一旦解决,ICOs就可以通过通信方式进行发展。发电子邮件本身就是一个写信的过程,不论电子邮件的功能再怎么复杂,技术再怎么花哨,这一基本事实也不会改变。我们知道,写信是一个社交行为,同时也是一个需要专业技巧并动脑筋的事情;通过通信可以在专业人士和发明家之间构建起强有力的社交伙伴关系。但我们也很清楚已经有太多的知识型组织在虚拟情境沟通这件事情上栽了跟头,吃了大亏。在这里技术要为沟通的失败负一定责任,因为通过机器媒介进行的通信会在一定程度上降低交流的灵活性,并微妙地改变面对面互动的特点。但人们可能高估了技术带来的损失。在知识创新和生产的同伴关系失败的背后,更大的罪魁祸首可能是所谓的"非社会性社交能力"。这么来看的话解决技术问题只能是杯水车薪,真正要想在组织的层面改善同伴关系并建立起具有智力性质的伙伴关系必须依赖于管理的改进。ICOs需要的是能够将那些具有"非社会性社交能力"的员工进行有效组织和管理的全新管理模式。

以商业顾问与咨询业为例。这个行业存在的理由是它能够为其客户创造有价值的概念。具体来说,一个顾问、咨询师或分析师首先需要在一个抽象的水平上处理各种知识,然后,他们要尽量把这些抽象的知识转变为具有创造力的概念并提供给客户。尽管在实际的工作过程中咨询顾问人员往往需要"强有力的"外援的支持,但整个工作过程仍然是一个有趣的独自思考与广泛求助相结合的过程。比如分析师需要有独处的时间来仔细进行思考,但他们同时也需要其他人的反面意见来修正自己的观点。他们不仅要能够从多个角度来分析同一个问题,而且也要能把不同人的不同意见进行融会贯通,巧妙结合并形成一份完美的报告。再好的调查员如果不事先与调查对象进行交谈,无论如何也无法形成具有远见卓识的好想法。同理,任何一个有才华和影响力的编辑,在文章中发出的都不仅是他自己的想法和声音,他的一言一行也必须符合他所在组织的思想。

"非社会性社交能力"的悖论对创造性劳动的伙伴及客户关系都会产生影响。智力资本的生产过去曾经,以后也将集中于范围相对较小的一些地区和较少的文化当中(Murray, 2003; Murphy, 2005c)。但今天越来越多的人将智力资本从这些地区出口到世界上其他地方,这就在无形中加剧了概念生产者与消费者之间的内在紧张关系。换句话说,出口加剧了ICOs当中那些具有"非社会性社交能力"的创造型知识工人与他们的伙伴或客户之间的紧张关系,因为后者往往在社交能力上更加具有"社会性",更加注重社交礼仪且彬彬有礼。对于创造型知识工人和消费者而言,这种关系都是前所未有的,未来这种关系会发展到什么程度,造成什么样的影响,对于产需双方而言都是一个棘手和复杂的问题。

这种紧张关系在全世界各种文化中都存在。比如正处于智力资本发展上升期的中国台湾地区与中国大陆地区之间的关系就不那么让人舒服。对于大陆而言,除了其南部沿海地区(比如上海; Lee, 1999)之外,各种艺术和科学产业一直都不是中国经济发展的主要支柱。从更深的层次分析,中国这两个地区的差异可以看作是非正统的道家商业文化与北京的正统儒家管理主义思想之间存在的那条鸿沟的生动写照。这条鸿沟也体现出商业文化中一个具有普遍性的差异,即非正统的商业文化更倾向于采取整体的、直觉的和视觉化的行为风格,相反正统的文化则更倾向于有条理的、分析式的和言语化的行为风格。在概念形成(概念经济的基础)的过程中,前者(直觉式的)可能更加重要(Murphy, 2005b; Pauleen & Murphy, 2005)。有研究指出,那种内隐的—整体的—直觉的—形象的—视觉化的思维模式与所有类型的创造性行为都具有很高的相关(Arnheim, 1970; Wertheimer, 1982; Miller, 1986, 2001; Finke, 1990; Finke et al., 1992; Ferguson, 1992; Castoriadis, 1997)。换句话说,具有高度创新性的智力资本形成过程在很大程度上依赖于直觉性抽象和形象化想象的能力。在非正统—正统认知风格这对矛盾中,非正统—直觉式的思维对于形式产生的过程而言至关重要,而形式的产生会进一步促进智力的发展与成熟。

概念化意味着一种将事物简单化的过程,它是一种不依赖于规则或代码而创造结构的能力。我们给这种能力赋予了很多不同的名字:思考、创造、研究、发展、设计等等。但每一个名字在某些方面都感觉少了点什么。形成概念则是人们不依赖于已有的规则而创造秩序最常用的方法,这里所说的概念总是以各种视觉、动觉或听觉的形式为基础而产生和形成。这就是为什么"流畅性"与创造性人格高度相关(Guilford, 1959, 145)。流畅性首先是一种产生词汇的能力,而且每一个词汇都包含一个特殊的字母或字母联合,这种能力乍一看只是一种并不太明显的个人资质,但实际上它是模式识别能力的指标之一。与模式相比，语言通常被看作是概念形成的第二种过程。语言来自于内源性概念直觉（Arieti，1976，37 - 65）或前言语内隐知识（Polyani，1967），最强有力的内源性概念是以偶然的形式出现的——比如对称性，而这种偶发模式会导致概念的形成——举例来说，对称性的特点导致桌子出现对称的形状。一旦我们有了概念，就可以将概念进一步转化为规则或规范，但我们无法从规则和代码中产生概念（"好的想法"）。

一个简单的例子可以帮助我们更好地来理解概念化过程。一个时间表就是一个代码系统，孩子从小被教育要学会"破译"这个时间表。为了达到这一目标，孩子们会学习时间表的排列、相关时间、地点的基本构成规则和运作模式。而第一个时间表的出现本身就是一种概念创新，将时间、空间相关的数据以一种表格的结构组织起来本身就是一种概念的突破。毫无疑问，随着现代经济从工业化时代前进至后工业化时代，将信息表格化的要求越来越多。随着经济大背景的变化，数据库技术也不断发展，并相应创造出如网络化数据库等新技术，而这也是表格相关思想的又一次概念化过程。与之相反，如果我们想将全世界所有的表格化信息转移到网络化数据库当中，这其中需要进行的概念化工作几乎为零，绝大部分工作都是一些常规性的数据输入与规则实施工作。从这个意义上讲，概念创新的工作在不断减少，而编码工作的重要性则不断上升，也可以说是产品的标准化与编码工作取代了之前的概念创新环节。

信息与概念化之间的差异在全球范围内都会普遍出现，让我们以一家名叫 Versaware 技术有限公司的企业为例来进行说明。这家公司主营业务是将纸质的书籍转换成数据文本文件，该公司在印度普纳雇佣了 700 人来从事这项工作，每个月他们可以转换 2000 本书籍。但在转换工作的同时，该公司在纽约设立了一个市场营销办公室，在耶路撒冷还开设了一间实验室（Howkins，2001，192）。信息技术及电信通信使得这种多部门管理模式成为可能并发挥着巨大作用。在全球化范围内建立编码及概念化劳动的分部则是另一种思路。一家生产工业模具的美国公司如果想要将其业务延伸至中国的话，那他绝不会只是坐在美国母公司的办公室里来做这件事（Siddens，2004），他会在中国设立一间办公室——以此来解决本地化的编码及管理工作。而且该公司会将中国办公室设立在大城市中，比如智力资本发达的上海来开展本地化管理工作。如果从智力资本集中的程度来看，上海脱离她所在中国省份的程度甚至比纽约脱离阿肯色州的程度还要深，这体现出一个历久弥新的经验法则：智力资本的集中。

两极性与矛盾性

今天,科学技术与艺术的高度发达给人类带来了无穷的益处,然而科技与艺术在发展的同时也给人类社会带来了深深的痛苦。许多人类文明在漫长的发展历程中止步不前,只是一次又一次机械地学习历史并复制过去,这种机械的复制主要依靠的就是对代码及规则的学习。在当前知识经济和知识管理的时代,人类社会想要突破自身的历史从而谋求新的发展,首先就会承受微妙但巨大的压力。因为概念发展不仅是一种抛开代码及规则而创造结构的过程,这一过程同时也会对已有的社会规范及组织程序带来不可估量的损害。在混乱的条件下,知识才能得到最好的发展和繁荣,知识生产者往往十分不屑于社会秩序及制度规范,任何具有创造力的知识生产过程也都具有这样的特点,毕竟创造性知识在生产结构的时候必须首先抛开那些约定俗成的代码或规矩。Sennett(2000)曾经指出,与知识相关的产业会逐渐腐蚀和改变人的特质。从某种程度上来讲这种说法是正确的,但必须认识到,知识创造本身就是人类的特质之一。各种美的特征——比如美丽、形式化、优雅,或建筑设计,以及内在秩序性——正在改变和替代人们互动与沟通过程中的各种准则和标准(Poincaré, 1970, 85; May, 1975, 124 - 140; Gruber, 1993)。在这里互动是内隐的("沉默的"),而沟通是外显的("嘈杂的")。

知识型企业的成功在很大程度上依赖于它获取内隐知识的能力,这已经是研究界的共识(Nonaka & Takeuchk, 1995),但内隐知识是由哪些因素构成的仍然存在争议。比如 Nonaka 认为企业中的内隐知识来自于广交朋友、各种社会活动、集体的头脑风暴以及非正式的交谈等活动。他认为日本公司聚会很多,与客户的聊天也比较常见,总体上社会生活很频繁,而这些条件对于内隐知识的获取是非常理想的。但这是否能够解释日本经济长期以来的高创新水准仍然值得怀疑,具体来讲,频繁的聚会和社交活动是日本企业独有的特质吗?更重要的是,这些活动与高水平的创新能力存在正相关吗?这些现象也有可能只是总体上的一种表象而已。在社交与聊天过程中产生的那种对事物的观察和理解是正规的生产流程永远无法实现的,这一点毋庸置疑,但这是否就是创造和创新的主要源泉却未可知。相比之下,创造力所具有的"美学"源泉已经在最大程度上得到了证实。在这里社交活动,尤其是组织之间的社交活动在其中起着重要作用,但社交活动在美学条件下的作用机制是十分特殊的。这种作用不论是在科学还是艺术创造力领域,不论是个人还是组织层面均会产生作用,在这方面日本是一个很好的例子。

　　Peter Drucker(1981)发现了一些关于日本非常有趣的现象。日本是一个极端两极化的社会,也就是说,尽管日本非常期望能保持制度的稳定与统一,社会的长治久安,但日本同时也有着长期的冷酷无情的经济争斗史和破坏性的企业关系史。在日本,神道教的极端国家主义与平静谦和的佛教和平主义长期共存;而作为世界上最发达的资本主义国家之一,日本又有着长期的社会主义民主政党传统。Drucker 认为日本社会这种极端化现象的特殊之处在于这是一种两极化的极端现象,但两极之间并不具有矛盾的关系。如果是一对矛盾的关系,那么日本社会应当择其一而从之。认识到这一点,Drucker 提出了他关于日本社会最重要的观点:日本社会的这种极端两极化现象是无法得到解决的,两极化的双方将会以一种紧张的关系状况永久共存下去。这是一个非常重要的观点,因为这一观点帮助我们从一个非常深入的角度来理解为什么日本是一个具有创造性的社会。就像创造性的个人特征一样,创造性的社会也会把那种深刻的、无法调解的两极性特点内化为整个社会的特征之一。而这正是社会创造力的源泉。只有从美学的角度来考量时,这种两极化的特征和作用方式才会有所不同。首先,不管是从个人、公司还是整个社会的角度而言,将具有相反特征的事物整合在一起并形成一种模式或模型都是创造力的特点之一(Ward et al., 1995, 45-50, 50-6)。其次,正是由于艺术(包括美术、科学与技术中的艺术、仪式中的艺术、公司管理的艺术等)的作用,人们才创造了这些模式或模型。在美的行为中,在追求美的过程中(从风景的美到机器的美),事物的两极性被联系起来,被规范、整合到一起,但绝不会让其中任何一方消失不见。这也正是为什么创造性社会都具有很高的内部矛盾性水平的原因。对他人而言,甚至有时候对他们自己而言,这都散发出一种神秘感。

　　日本禅宗大师 Hakuin Ekaku(1686-1769; Drucker, 1981)曾经对这种矛盾性的条件进行过十分精妙的阐释。曾经有人问 Ekaku 用了多久才画好一幅禅宗创始人 Daruma 的画像? 他回答说:"10 分钟和 8 年。"这个回答揭示了创造力的本质。也可以说,在创造力发挥的过程中,人往往表现得既热情又冷静。而正是这种冷静使创造性的社会看起来难以捉摸。日本人有一个日常的称谓叫:"我们日本人",意思是外人永远无法理解日本人,事实可能的确如此。但这句俗语用在任何智力资本丰富的社会中都是适合的,比如"我们美国人"听起来同样也不错。Drucker 的意思可能是,任何人都不要试图从"逻辑意义"的角度去理解这类创造性的社会,这只会让人钻牛角尖。具有创造性的社会由于充满了自相矛盾、两极化特点和异质性的内容而总是让人琢磨不透。当我们在谈论沙特阿拉伯吉达的苏菲派神秘禁欲主义(Schwartz,2005)、台湾的道教文化、日本的禅宗文化、英国的辉格党、美国的自然神论者和澳大利亚的怀疑论者时,都是如此(Murphy,2001,2003b,2005c)。想要读一本书那样去试图"读懂"这类社会,最后只会弄巧成拙。

Drucker认为,理解这类自相矛盾的社会最好的方法应当是从艺术的角度入手。从最宽泛的意义上来说,艺术作为一种美的力量,将会产生内隐知识,从而允许人们不依赖于已有的规则或代码而创造新的结构。因此,艺术的方式(艺道)贯穿于日本整个社会和商业领域——并且几个世纪以来一直如此就显得不足为奇了。同样,在所有智力资本丰富的社会中,美的"联系"都是社会网络关系的关键类型也就显得十分正常。没有了这种艺术方式,就不会有知识型社会。Robert Putnam曾提出过一个著名的关于合唱团组织的案例,他认为是一种隐形的胶水——社会资本——将极具创新精神的"第三意大利"作为一个典型的智力资本地区广泛地凝聚了起来。Putnam认为这一合唱团组织的自愿联合特征是"第三意大利"财富积累的关键驱动力,正如Francis Fukuyama(1995)认为是日本社会那种准非自愿的社团成员资格推动了日本社会财富的积累。这两种观点都把矛头指向了团队成员资格,但更重要的是,这是一种什么样的团队成员资格?在这里,应该说这个"团队成员资格"具体是指对各种美的活动的参与资格。这种对美的社会界定活动的参与在不同的社会中有不同的表现形式,而在一个创造力经济体中,这种表现形式体现在人们对美的活动有着非常广泛的参与度上。

所有与美有关的行为都可以让我们体会到什么叫"求同存异"——即在同质化的过程中,保持与他人或其他事物的不同。这就是美的创造过程。不管是数学的美还是机器的美,不论是韵律的美还是花瓶的美,也不管是运动的美还是舞蹈的美,都是如此。美是所有我们做的事、制造的物品及经历的过程背后那种沉默的、内隐的秩序,关于美的内隐知识使我们可以不依赖于规则或代码而创造新的结构,而且对这种知识的运用能力也已经迅速成为经济发展获得成功的条件之一。同样,内隐知识是不依赖于规则和标准的,然而这也意味着那些创造内隐知识或是依赖内隐知识的人看起来与其他人是那么的格格不入。通常,知识型社会与其他社会类型相比,在各个方面都会显得具有批判性、不够恭敬、不尊敬长者、蔑视社会权威、冷漠、骄傲、自大——还有很多其他特点。应当说这其中有很多形容是很贴切的。但是,无视标准和规范往往是要付出代价的,在这一过程中经常会导致社会的病态发展。历史上有一些知识型社会就曾经错误地极端怀疑内隐秩序的创造行为(Murphy,2005a)并反对进行各种思考(Bell,

1996)。从社会发展史的角度来看,没有人真正喜欢知识型社会:从威尼斯人到苏格兰人,从荷兰人到美国人,从古雅典人到现代的日本人,知识型社会都并不受欢迎,甚至被激烈地反对。这种情况很难避免,因为知识与社会发展之间的联系经常被人为地割断,人们总是过于冷静。这种社会层面的矛盾性反映到个人层面就形成了"非社会性社交能力",概念化的工作既需要独处也必须与人合作。如 Kneller(1965,59)所言,想象能够产生思想,判断能够沟通思想,而创造同时需要生产和沟通。

"10 分钟和 8 年"的管理模式

给创造性劳动的管理带来困难的是另一种矛盾。研究者、分析师等不同的人通过成功的同伴协作创造出并不断发展着社会资本,但是各种组织,甚至是那些看起来具有平行关系的组织,实际上仍然具有等级化特征。那些概念生产者哪怕放弃了独自工作的机会而全身心的投入到同伴合作当中去,也总是会被各种程序上的等级化要求,尤其是形式主义的要求所困扰。因此等级制组织中的创造性同伴合作创造了他们自己的两极化矛盾和紧张关系,而这是 ICOs 的管理者所必须面对的。

管理者很快就会发现自己在这种紧张关系中始终处于一个尴尬的境地。管理行为本身是具有等级制特点的,但 ICOs 的管理者管理的对象只有在自组织的同伴网络中才能真正发挥所长并将生产效率最大化。就像外向的人和内向的人必须和谐共处一样,等级制与同伴型组织也必须和谐共处。然而正式与非正式、自由散漫与程序化、平行与垂直之间不稳定的关系迟早是维持不下去的。对于每一个同伴网络来说,其背后都应当同时有一个树状的管理结构——反之亦然。现在的问题已经不是这种窘境的存在与否,而是管理者必须将平行的同伴网络与垂直的等级制管理系统整合到一起并保证它们步调一致。这就是概念经济时代,组织管理艺术的难点所在。要想解决这个问题,需要一种能够将"两种文化"紧密结合的管理者——一种文化上下运作,而另一种则采取平行的横跨和围绕的运作方式。这是一个全方位管理的时代。

综上所述,组织中同时存在社会与反社会、程序化与自由散漫这两对矛盾,对于管理者来说,要想同时让这两对矛盾和谐共处将是非常复杂和困难的。一个比较典型的管理情境就是管理者该如何应对那些决定不与他人沟通的雇员,或是从不回复电子邮件的雇员。不与他人交流可能是为了节省自己的时间;但也有可能是想表达对等级制的一种象征性的蔑视。在虚拟环境下,知识管理的范围会跨越时间、地点、组织及文化的界限，而上述问题通常也会更加严重。从另一个角度来看，在知识合作和沟通过程中如果频繁且明显地使用信息与通信技术，时间越久就越容易放纵那些难相处的雇员对制度的消极与反抗行为。

等级制度对于同伴合作而言是一种威胁或干扰。管理者为了平息合作者对于等级制的怨言和怒气，经常会使用的一种策略是充当上层管理者和合作者之间的缓冲器。这一策略最经典的做法是中层管理者始终持续不断地向更高层的管理者汇报同伴合作的情况，以此来降低高层管理人员的焦虑。这么做的意图是降低高层管理人员对同伴合作的无谓干扰，及有可能因此而引起的合作同伴的不满甚至是敌意。但这一策略同样也会造成一种矛盾，即中层管理者最后会随时随地地要求合作同伴报告他们的工作进展——最终还是会将等级制度引入到同伴合作的领域中去。而且如果真的这么做了，管理者也会遇到很多不配合的合作者，有时候这种不配合是故意而为之；也有一种可能，这种不配合只是单纯的由于等级制和非正式的同伴创造过程之间的本质差异造成的。

保持沉默是一种典型的不合作方式。通常这么做意味着对报告要求的简单拒绝。当ICO管理者连续向咨询对象发送电子邮件，但却总是被忽略或收不到回复时，他们该怎么办？这一策略的矛盾之处就在于，中层管理者的出发点是保护其咨询对象不被高层管理者的无理要求所干扰，但他们自己的做法却恰好会干扰到合作者的独处时间（Storr, 1988），而这种独处时间是雇员用来思考的关键时间。雇员尽力在保证自己有独处的思考时间，管理者想尽量保护雇员，但他们都没搞清楚问题真正的症结所在，都是在做无用功。

可自由支配的时间对于创造性工作而言是最有价值的，但这种自由时间通常很稀缺。虽然从历史的角度来看，此稀缺并非彼稀缺，但两种稀缺性同样很难从根本上得到解决。在ICO公司或实验室里，大概有20%的创造性工作时间是可以自由支配的。信息时代最重要的创新比如电子邮件和网络就是由个人（Ray Tomlinson and Tim Berners-Lee）通过在"工作时间"干私活儿而创造出来的。在顶尖的研究型大学里，这一自由时间占工作总时间的比例可以上升至30%。必需的工作时间通常由管理者来测量或确定（Burton-Jones, 1999, 28-9），但对于自由时间而言是没有最后期限的（自己定的最后期限除外）。就概念化工作的虚拟本质而言，这是非常有利的条件之一。基于规则和代码的活动则可以被分割成不同部分并可以设定最后期限，但关于概念创新的视觉化和比喻性质的工作则不可以。不论是ICO公司、实验室还是大学，都很难同时兼顾编码性质的和视觉化的工作（Csikszentmihalyi, 1996, 132-3），而且目前也没有一个简单有效的方法可以做到同时兼顾两方面的工作。传统的关于创造力的时间不确定性与无限性之间的矛盾现在又再一次出现了,毫无新意且更难解决。有些事情必须"现在"解决,但解决过程中最无法预料、也最有趣的部分往往并不是在这种"现在"的时间压力之下完成的(Csikszentmihalyi,1996,121;Murhpy,2005b)。

对于从事创造性工作的人而言,避免"现在时间"的压力而获取自由时间是他们行动的动力之一,然而对组织而言却正相反。雇主都害怕雇员偷懒或怠工,相应地,他们会对投入(努力)和产出(单位时间产量)进行监控,以保证雇员在工作时间决不偷懒。对于那些程序化的生产工作而言,监控是十分有效的,但对于那些非程序化的工作和生产而言,监控并不会起到太大的效果。一方面,人们很难对尚不存在的事物或行为活动进行监控;另一方面,监控就意味着雇员必须在"那里",但创造力意味着员工"并不在那里"。虽然大量证据表明最有创造力的人通常工作都很努力,也都会工作很长时间(Csikszentmihalyi,1996,58-9,83),而且也很渴望工作,但他们在工作的时候却不喜欢按照常理出牌。他们会独自工作,他们会在沉默中突然爆发,他们喜欢破坏规矩,还经常不在办公室出现。"无所事事"通常是创造力爆发的前奏(Csikszentmihalyi,1996,221)。在创造力出现的高峰时期,他们会全神贯注于自己的世界而不理会身边任何人的交流请求,这看起来虽然有些无礼,但确实能够抵抗所有的干扰——哪怕只是对他们进行测量、监控与评价的请求,也不会得到任何回应。

对于等级制管理与创造性工作的悖论而言,现在仍然没有直接的解决办法,实际上对于任何悖论来说从来都没有直接的解决办法。智力资本型组织的管理者和具有核心创造力的员工需要与众不同的技能和心理素质来应对这一力量强大且问题不断的悖论所带来的一个又一个的问题。ICOs与传统的服务型组织(团队)或信息技术型组织(项目组)不同,其管理模式不可能采用上述两类组织的传统管理技术。在概念型组织不断涌现的今天,构建新的合作与反思模式是至关重要的,而与悖论及矛盾共同生存的艺术就是构建这一新模式的关键一环。换句话说,这也是不断学习如何用10分钟和8年来做事的艺术。

参考文献

Allen, B. (2004). *Knowledge and Civilization*. Boulder, CO: Westview.
Arieti, S. (1976). *Creativity*. New York: Basic Books.
Arnheim, R. (1970). *Visual Thinking*. London: Faber & Faber.

Bassi, L., & Van Buren, M. (2000). 'New Measures for a New Era'. In D. Morey, M. Maybury, & B. Thuraisingham (Eds), *Knowledge Management: Classic and Contemporary Works*. Cambridge, MA: MIT Press, 355–374.
Bell, D. (1996). *The Cultural Contradictions of Capitalism*. New York: Basic Books.
Bell, D. (1999). *The Coming of Post-Industrial Society*. New York: Basic Books.
Bertalanffy, L. (1976). *General System Theory: Foundations, Development, Applications*. New York: George Braziller.
Boorstin, D. (1986). *The Discoverers*. Harmondsworth, UK: Penguin.
Burton-Jones, A. (1999). *Knowledge Capitalism*. Oxford: Oxford University Press.
Castells, M., & Hall, P. (1994). *Technopoles of the World: The Making of Twenty-First-Century Industrial Complexes*. London: Routledge.
Castoriadis, C. (1997). *World in Fragments*. Stanford, CA: Stanford University Press.
Cattell, R., & Butcher, H. (1970). 'Creativity in personality'. In P. Vernon (Ed.), *Creativity*. Harmondsworth, UK: Penguin, 312–326.
Csikszentmihalyi, M. (1996). *Creativity: Flow and the Psychology of Discovery and Invention*. New York: HarperCollins.
DeBresson, C. (1996). *Economic Independence and Innovative Activity*. Cheltenham: Edward Elgar.
Dodgson, M. (1993). *Technological Collaboration in Industry*. London: Routledge.
Drucker, P. (1981). 'A view of Japan through Japanese art'. In *Toward the Next Economics and Other Essays*. New York: Harper & Row, 181–203.
Dunning, J. (1997). *Alliance Capitalism and Global Business*. New York: Routledge.
Feist, G. (1999). 'The influence of personality on artistic and scientific creativity'. In R. Sternberg (Ed.), *Handbook of Creativity*. Cambridge: Cambridge University Press, 273–296.
Ferguson, E. (1992). *Engineering and the Mind's Eye*. Cambridge, MA: MIT Press.
Finke, R. (1990). *Creative Imagery: Discoveries and Inventions in Visualisation*. Hillsdale, NJ: Lawrence Erlbaum.
Finke, R., Ward, T., & Smith, S. (1992). *Creative Cognition*. Cambridge, MA: MIT Press.
Fling, S. (1998). 'Psychological aspects of the way of tea'. *Japan Studies Association Journal*, 2. Retrieved April 14 2005 from www.psych.swt.edu/Fling/index.php?page=/Fling/tea.html.
Florida, R. (2002). *The Rise of the Creative Class*. New York: Basic Books.
Fukuyama, F. (1995). *Trust: The Social Virtues and the Creation of Prosperity*. New York: Free Press.
Gruber, H. (1993). 'Aspects of scientific discovery: aesthetics and cognition'. In J. Brockman (Ed.), *Creativity*. New York: Simon & Schuster, 49–74.
Guilford, J. (1959). 'Traits of creativity'. In H. Anderson (Ed.), *Creativity and its Cultivation*. New York: Harper & Row, 142–161.
Heller, A. (1984). *Everyday Life*. London: Routledge.
Heller, A. (1985). *The Power of Shame: A Rational Perspective*. London: Routledge & Kegan Paul.
Henle, M. (1962). 'The birth and death of ideas'. In H. Gruber, G. Terrell, & M. Wertheimer (Eds), *Contemporary Approaches to Creative Thinking*. New York: Atherton, 31–62.
Howkins, J. (2001). *The Creative Economy*. London: Penguin.
Kalamaras, G. (1994). *Reclaiming the Tacit Dimension: Symbolic Form in the Rhetoric of Silence*. Albany, NY: SUNY Press.
Kant, I. (1970). 'Idea for a universal history with a cosmopolitan purpose'. In H. Reiss (Ed.), *Kant's Political Writings*. Cambridge: Cambridge University Press, 41–53.
Kneller, G. (1965). *The Art and Science of Creativity*. New York: Holt, Rinehart & Winston.
Kotkin, J. (2005). 'American cities of aspiration'. *Weekly Standard*, 10(21). http://www.weeklystandard.com/Content/Public/Articles/000/000/005/230yswkg.asp (accessed 6 September 2008).
Lee, L. O. (1999). *Shanghai Modern: The Flowering of a New Urban Culture in China 1930–1945*. Cambridge, MA: Harvard University Press.
Lesser, E., & Prusak, L. (1999). 'Communities of practice, social capital and organizational knowledge'. White Paper, IBM Institute for Knowledge Management. Retrieved April 12 2005 from www.clab.edc.uoc.gr/hy302/papers%5Ccommunities%20of%20practice.pdf.
Ludwig, A. (1995). *The Price of Greatness*. New York: Guilford.
Maslow, A. (1968). *Creativity in Self-Actualizing People: Toward a Psychology of Being*. New York: Van Nostrand Reinhold.
May, R. (1975). *The Courage to Create*. New York: Norton.
Miller, A. I. (1986). *Imagery in Scientific Thought: Creating Twentieth-Century Physics*. Cambridge, MA: MIT Press.

Miller, A. I. (2001). *Einstein, Picasso: Space, Time and the Beauty That Causes Havoc*. New York: Basic Books.
Murphy, P. (1998). 'Friendship's eu-topia'. In 'Friendship', Special Issue of *South Atlantic Quarterly*, 97(1), 169–186.
Murphy, P. (2001). *Civic Justice*. Amherst, NY: Humanity Books.
Murphy, P. (2003a). 'Trust, rationality and virtual teams'. In D. Pauleen (Ed.), *Virtual Teams: Projects, Protocols and Processes*. Hershey, PA: Idea Group, 316–342.
Murphy, P. (2003b). 'The ethics of distance'. *Budhi: A Journal of Culture and Ideas*, 6(2–3), 1–24.
Murphy, P. (2005a). 'Communication and self-organization'. *Southern Review*, 37(3), 87–102.
Murphy, P. (2005b). 'Social phusis and the pattern of creation'. *Budhi: A Journal of Culture and Ideas*, 9(1), 39–74.
Murphy, P. (2005c). 'Designing intelligence and civic power: maritime political economy from Athens to Australia'. In P. Murphy, J. Kahn, & J. Camilleri, *Australian Perspectives on Southeast Asia, Australia and the World*. Manila, the Philippines: PASN/Ateneo de Manila University, 39–87.
Murphy, P., & Roberts, D. (2004). *Dialectic of Romanticism: A Critique of Modernism*. London: Continuum.
Murray, C. (2003). *Human Accomplishment*. New York: Harper Collins.
Nonaka, I., & Takeuchi, H. (1995). *The Knowledge-Creating Company: How Japanese Companies Create the Dynamics of Innovation*. New York: Oxford University Press.
Pauleen, D., & Murphy, P. (2005). 'In praise of cultural bias'. *MIT Sloan Management Review*, 46(2), 21–22.
Piirto, J. (1998). *Understanding Those Who Create*, 2nd Edn. Dayton, OH: Gifted Psychology Press.
Pink, D. (2005). *A Whole New Mind: Moving from the Information Age to the Conceptual Age*. New York: Penguin Riverhead.
Piore, M., & Sabel, C. (1986). *The Second Industrial Divide: Possibilities for Prosperity*. New York: Basic Books.
Poincaré, H. (1970). 'Mathematical creation'. In P. E. Vernon (Ed.), *Creativity*. Harmondsworth, UK: Penguin, 77–88.
Polyani, M. (1967). *The Tacit Dimension*. London: Routledge & Kegan Paul.
Porter, M. (1990). *The Competitive Advantage of Nations*. London: Macmillan.
Putnam, R. (1993). *Making Democracy Work: Civic Traditions in Modern Italy*. Princeton, NJ: Princeton University Press.
Roos, G., Dragonetti, N., Edvinsson, L., & Roos, J. (1998). *Intellectual Capital: Navigating in the New Business Landscape*. New York: New York University Press.
Saxenian, A. (1994). *Regional Advantage: Culture and Competition in Silicon Valley and Route 128*. Cambridge, MA: Harvard University Press.
Schwartz, S. (2005). 'Getting to know the Sufis'. *Weekly Standard*, 10(20).
Sennett, R. (2000). *The Corrosion of Character: The Personal Consequences of Work in the New Capitalism*. New York: Norton.
Siddens, S. (2004). 'Going abroad'. *Consulting-Specifying Engineer*, 11 January. Retrieved April 14, 2005 from www.csemag.com/article/CA480935.html.
Simonton, D. K. (2000). 'Creativity: cognitive, developmental, personal, and social aspects'. *American Psychologist*, 55, 151–158.
Starner, R. (2002). 'Sparkling on the shore'. *Site Selection*, July. Retrieved April 12, 2005 from www.siteselection.com/issues/2002/jul/p460/.
Stein, M. (1974). *Stimulating Creativity*, Volume 1. New York: Academic Press.
Stewart, T. (1997). *Intellectual Capital: The New Wealth of Organizations*. New York: Doubleday Currency.
Stewart, T. (2003). *The Wealth of Knowledge: Intellectual Capital and the Twenty-First-Century Organization*. New York: Doubleday Currency.
Storr, A. (1972). *The Dynamics of Creation*. London: Secker & Warburg.
Storr, A. (1988). *Solitude: A Return to the Self*. New York: Free Press.
Sveiby, K. E. (2000). 'Measuring intangibles and intellectual capital'. In D. Morey, M. Maybury, & B. Thuraisingham (Eds.), *Knowledge Management: Classic and Contemporary Works*. Cambridge, MA: MIT Press, 337–354.
Wallas, G. (1926). *The Art of Thought*. New York: Harcourt, Brace & World.
Ward, T., Finke, R., & Smith, S. (1995). *Creativity and the Mind*. New York: Plenum.
Wenger, E. (1999). *Communities of Practice: Learning, Meaning, and Identity*. Cambridge: Cambridge University Press.
Wenger, E., McDermott, R., & Snyder, W. (2002). *Cultivating Communities of Practice*. Cambridge, MA: Harvard Business School Press.
Wertheimer, M. (1982). *Productive Thinking*. Chicago: University of Chicago Press.
Whyte, W. (1988). *City: Rediscovering the Center*. New York: Doubleday.

关于作者

Simon Marginson 是澳大利亚墨尔本大学高等教育研究中心的高等教育学教授，在这之前曾任澳大利亚莫纳什大学莫纳什国际教育研究中心教育学教授、中心主任。他的论著大多关注教育政策中的问题（尤其是高等教育与研究中的问题），民主与创造力，及其与全球化的关系等。他于 2002 年在澳大利亚获得教授头衔，是澳大利亚社会科学院成员，英国高等教育研究协会成员，及多个期刊杂志的编委会成员，如《高等教育》、《高等教育政策》、《高等教育季刊》、《教育与工作杂志》、《亚太教育杂志》及 *Thesis Eleven*[①] 等。他对于国际学术交流与合作十分积极，曾受邀在多个国际会议上作主题发言，并访问了许多亚太地区、西欧、英国、北美及墨西哥的大学，并经常公开发表对澳大利亚及其他国家与地区的高等教育及教育政策的评论文章。他编著的书籍包括《澳大利亚的教育与公共政策》（剑桥大学出版社，1993），《教育营销》（Allen & Unwin, 1997），与 Mark Considine 合著的《专业化的大学》（剑桥大学出版社，2000），该书于 2001 年荣获美国教育研究会出版奖。此外还参与编写了论文集《大学的观念》（Sense, 2007）。他还曾经为 OECD 撰写了三份报告，包括荷兰高等教育主题回顾（2007），而且还在 OECD 的高等教育制度管理国际会议上作了三个主题发言，内容关于当代高等教育政策发展。他的很多论文还被翻译成西班牙文，2008 年他还在法国的《批评》杂志上就全球大学生态现状发表了一篇论文。另外他有 5 本书已经在中国出版。

Peter Murphy 是澳大利亚莫纳什大学通信工程副教授。他是《浪漫主义的辩证观：对现代主义的批评》（Continuum, 2004）一书的合作者，《公民的正义：从古希腊到现代世界》（Prometheus/Humanity Books, 2001）的作者，《斗争、理念与城邦》（Franz Steiner, 2000）的编者，《迷失在寻找中心时》（伊利诺伊大学出版社，1996）的合作者，以及《南大西洋季刊》的一期关于友谊的专辑的编者（杜克大学出版社，1998）。他的研

[①] *Thesis Eleven*，澳大利亚著名批判理论杂志。——译者注

究成果广泛发表于超过 60 种期刊及书籍的章节当中。他曾以研究员及哲学访问教授身份在纽约市新学院研究生部开展社会学领域的研究；在俄亥俄州立大学做希腊语言与文学项目的访问学者；在希腊雅典 Panteion 大学做访问学者；在德克萨斯州贝勒大学做政治科学访问教授；在新西兰惠灵顿维多利亚大学通信工程项目中担任负责人；在菲律宾雅典耀大学做访问研究员，并在韩国首尔国立大学做通信与媒体研究访问教授；在丹麦哥本哈根大学艺术与文化研究系做访问教授。他也是国际批判理论与历史社会学期刊《Thesis Eleven：批判理论与历史社会学》(Sage) 的协调编委，并曾于 1998 至 2001 年在澳大利亚最成功的网络新兴公司——Looksmart 公司担任高级编辑职务。

Michael A. Peters 是伊利诺伊大学香槟分校教育学教授以及澳大利亚墨尔本皇家理工大学艺术学院副教授。他之前也曾在格拉斯哥大学(英国)和奥克兰大学(新西兰)任职。他曾在 20 个国家担任访问教授，包括英国、墨西哥、中国、哥伦比亚及南非等。他是《教育哲学及理论》(Blackwell) 的执行编辑，也是两本国际电子期刊：《教育的政治未来》和 E-Learning (专题) 的编辑。他的研究兴趣广泛，包括教育、哲学及社会学理论研究的诸多领域，并有超过 40 本专著及 300 多篇学术论文发表，最近出版发行的专著包括：《展示与尝试：作为教学哲学家的维特根斯坦》(Paradigm, 2008)(与 N. Burbules & P. Smeyers 合著)，《全球化公民教育》(Sense, 2008)(与 H. Blee & A. Britton 合著)，《全球知识文化》(Sense, 2008)(与 C. Kapitkze 合著)，《主观性与真理：福柯、教育与自我文化》(Peter Lang, 2007)(与 T. Besley 合著)，《为什么是福柯？教育研究的新方向》(Peter Lang, 2007)(与 T. Besley 合著)，《知识经济、大学的发展与未来》(Sense, 2007)以及《构建知识文化：知识资本时代的教育与发展》(Rowman & Littlefield, 2006)(与 T. Besley 合著)。

本书的合作者

Tina（A. C.）Besley 是美国伊利诺伊大学香槟分校教育政策研究专业的研究讲座教授，她也是加利福尼亚州立大学圣贝纳迪诺分校教育心理学与咨询教授。她以前曾经是伊利诺伊大学香槟分校教育政策研究专业的访问学者，也曾在英国格拉斯哥大学教育研究系担任了 5 年的讲师及研究员，Tina 是新西兰人，拥有咨询及教育学学位，曾在中学任教及担任学校咨询师。Tina 的研究兴趣包括青少年问题，尤其关注自我及同一性的当代问题、学校咨询、教育政策、教育哲学，以及对后结构主义及 Michel Foucault 的研究。她是六种学术期刊的编委会成员，并在多个学术杂志上发表论文。她的国际学术交流经历包括多个国家或地区的受邀研讨会或讲座课程，包括墨西哥、南非、加拿大、中国、瑞典、波兰、中国台湾、英国、新西兰以及塞浦路斯等。Tina 的专著《青少年咨询：福柯、力量以及主观性的伦理道德规范》(Praeger, 2002)现在已经出版了平装本(Sense)。和 Michael A. Peters 一起，她还撰写了《构建知识文化：知识资本时代的教育与发展》(Rowman & Littlefield, 2006)一书，《主观性与真理：福柯、教育与自我文化》(Peter Lang, 2007)，以及《为什么是福柯？教育研究的新方向》(Peter Lang, 2007)。

David Pauleen 是新西兰惠灵顿维多利亚大学信息管理专业高级讲师。他是《虚拟团队：项目、协议及过程》(2004)以及《知识管理的跨文化观点》(2007)的编者。他的文章发表在《标语管理评论》、《管理信息系统杂志》以及《全球信息管理杂志》上。他目前正在参与一本书的编写，负责书中关于个人信息管理的一个章节，并正在参与一个关于通信技术与工作行为的研究项目。

图书在版编目(CIP)数据

创造力与全球知识经济 /(澳)彼得斯,(澳)马吉森,(澳)墨菲著;杨小洋译. —上海:华东师范大学出版社, 2013.1

(创造力、教育和社会发展)

ISBN 978 - 7 - 5675 - 0317 - 5

Ⅰ.①创⋯ Ⅱ.①彼⋯②马⋯③墨⋯④杨⋯ Ⅲ.①创造能力-研究②知识经济-研究-世界 Ⅳ.①G305②F062.3

中国版本图书馆CIP数据核字(2013)第025213号

本书由上海文化发展基金会图书出版专项基金资助出版。
本书的翻译出版受到教育部2011年度人文社科研究青年基金项目(11YJC190031),2013年度中山大学文科青年教师培育计划(1209153)的资助。

创造力、教育和社会发展译丛
创造力与全球知识经济

著　者	[澳]迈克尔·A·彼得斯,[澳]西蒙·马吉森,[澳]彼得·墨菲
译　者	杨小洋
策划编辑	彭呈军
审读编辑	苏苗苗
责任校对	胡　静
装帧设计	卢晓红

出版发行	华东师范大学出版社
社　　址	上海市中山北路3663号 邮编 200062
网　　址	www.ecnupress.com.cn
电　　话	021-60821666 行政传真 021-62572105
客服电话	021-62865537 门市(邮购)电话 021-62869887
地　　址	上海市中山北路3663号华东师范大学校内先锋路口
网　　店	http://hdsdcbs.tmall.com

印刷者	上海商务联西印刷有限公司
开　本	787×1092　16开
印　张	18.75
字　数	361千字
版　次	2013年6月第1版
印　次	2013年6月第1次
书　号	ISBN 978-7-5675-0317-5/G·6189
定　价	38.00元

出 版 人　朱杰人

(如发现本版图书有印订质量问题,请寄回本社客服中心调换或电话021-62865537联系)